Koo van der Wal

Die Wirklichkeit aus neuer Sicht

Für eine andere Naturphilosophie

 Springer VS

Koo van der Wal
Amsterdam, Niederlande

ISBN 978-3-658-11041-3   ISBN 978-3-658-11042-0 (eBook)
DOI 10.1007/978-3-658-11042-0

Die Deutsche Nationalbibliothek verzeichnet diese Publikation in der Deutschen National-
bibliografie; detaillierte bibliografische Daten sind im Internet über http://dnb.d-nb.de abrufbar.

Springer VS

Lektorat: Frank Schindler

Gedruckt auf säurefreiem und chlorfrei gebleichtem Papier

Springer VS ist Teil von Springer Nature
Die eingetragene Gesellschaft ist Springer Fachmedien Wiesbaden GmbH

Inhalt

Kapitel 9: Die Ökologie 173

Kapitel 10: Vertiefende Betrachtungen 183

Kapitel 11: Einheit und Mannigfaltigkeit der Natur. Das Phänomen der Emergenz 209

Kapitel 12: Kausalität und Finalität 231

Kapitel 13: Die soziale Wirklichkeit 251

Motto 1: Das Universum ist nicht nur fremder, als wir es uns vorstellen, es ist fremder, als wir es uns vorstellen können.
Sir Arthur Eddington

Motto 2: Naturwissenschaft ohne Philosophie ist lahm, Philosophie ohne Naturwissenschaft ist blind.
Nach Albert Einstein

Vorwort

Der Plan, dieses Buch zu schreiben, hat erst allmählich schärfere Umrisse angenommen. Es ging mir damit, wie Thomas Mann mit einigen Romanen, die als Novellen entworfen wurden, sich aber dann zu umfangreichen Werken auswuchsen. Der Ursprung dieser Studie liegt in den letzten Jahren meiner aktiven akademischen Laufbahn, als ich einen Lehrstuhl für Umweltphilosophie innehatte. Mich vertiefend in das, was die Umweltkrise genannt wird, wurde mir immer klarer, dass ihre Wurzeln bis in tiefe Schichten der modernen Kultur hinabreichen.

Das Umweltproblem ist mit anderen Worten kein Betriebsunfall der modernen Gesellschaft, kein Zustand, der auf unglückliche Weise außer Kontrolle geraten ist, aber über das Gesellschaftssystem als solches wenig aussagt. Demgegenüber entpuppte es sich immer mehr als eine strukturelle Störung des Systems, ist es, anders gesagt, darin vorprogrammiert. Das zeigt sich namentlich im Unvermögen, eine wirklich effektive Umweltpolitik auf die Beine zu stellen. Ich spreche dann nicht vom niedriger hängenden Obst – in der Bildsprache der Äsopischen Fabel –, wie dem Zurückdrängen der Verschmutzung der Luft und des Oberflächenwassers, sondern vom höher hängenden wie der Aufwärmung der Erde, der zurücklaufenden Biodiversität oder der Erschöpfung der Grundstoffe. Dass die heutigen Maßnahmen nicht wirken, deutet also darauf hin, dass die zugrunde liegende Diagnose nicht stimmt.

Einer der Ausgangspunkte dieses Buches ist, dass bei unserer gestörten Beziehung zur Natur das dominante Naturbild, an dem die moderne Gesellschaft sich orientiert, ein wesentlicher Faktor ist[1]. Menschliches Handeln wird ja in nicht unwichtigem Maße durch unsere Sicht der Dinge bzw. durch das ‚symbolische Universum‘, in dem wir leben, bestimmt. Das gilt für unser individuelles Handeln, aber besonders auch für unsere kollektiven Handlungsweisen und Haltungen. Nicht anders ist es dann um unseren Umgang mit der natürlichen Umgebung bestellt, der, wie angedeutet, in engem Zusammenhang mit der modernen Lebensweise im Allgemeinen steht.

---

[1] Dass zur Überwindung der ökologischen Krise vor allem ein Werte- und Kategorienwandel erforderlich sei, in dessen Zentrum ein anderer Naturbegriff als in einem Großteil des neuzeitlichen Denkens stehen müsste, hat bereits vor mehr als zwanzig Jahren Vittorio Hösle in seiner *Philosophie der ökologischen Krise* (Beck, München 1991, S. 17 u. ö.) dargelegt.

Aber wenn Auffassungen in Bezug auf die Natur in der Tat von nicht zu unterschätzender Bedeutung sind für die Art und Weise, wie wir mit ihr umgehen, liegt es dann nicht auf der Hand, diesem Aspekt der Sache Aufmerksamkeit zu widmen, die Natur selber zu Wort kommen zu lassen, dazu jedenfalls einen Versuch zu machen? Maarten Coolen und ich haben vor einigen Jahren diesem Gedanken bereits Ausdruck gegeben, indem wir einer von uns herausgegebenen umweltphilosophischen Aufsatzsammlung den Titel ‚Das Eigengewicht der Dinge' gegeben haben.

Diese Linie fortsetzend bemerkte ich zu meiner steigenden Überraschung, dass in den Natur- und Lebenswissenschaften der letzten vier bis fünf Jahrzehnte, übrigens auf vielerlei Weise vorbereitet, faszinierende Entwicklungen in Gang sind, die eine ganz neue Sicht auf die Natur eröffnen. Es bedeutet einen radikalen Abschied von dem Bild einer Natur toter, blinder, inerter Dinge ohne Innenseite, wie es seit dem Aufstieg der frühmodernen Physik und Philosophie das moderne Denken stark geprägt hat, und auf diesem Weg ein wichtiger Faktor bei der Störung unserer Beziehung zur Natur gewesen ist. Denn durch die Brille des ‚Newtonschen' oder ‚mechanisierten' Weltbildes gesehen, wurde die Natur von einer beseelten Welt von Mitgeschöpfen zu einem Inventar von Ressourcen, die der Mensch nach Belieben ausbeuten kann.

Es gibt dieser Sichtweise zufolge zwei Gründe, das Thema der Natur wieder nachdrücklich auf die philosophische und allgemein gesellschaftliche Tagesordnung zu setzen: Einerseits den praktischen Grund, zu einer nachhaltigeren Beziehung der modernen Gesellschaft mit der Natur zu kommen und so zu verhüten, dass diese Gesellschaft auf die heutige Weise weitermacht und auf die Dauer ‚Ökozid' begeht, um einen Terminus von Jared Diamond zu verwenden. Daneben den theoretischen Grund, dass die genannten Entwicklungen in den neueren Natur- und Lebenswissenschaften Aussicht auf eine Natur bieten, die in fundamentalen Hinsichten von dem lange gehuldigten ‚mechanisierten Weltbild' abweicht. Denn damit zeichnet sich das Bild eines dynamischen, farbenreichen und kreativen Universums ab.

Das bedeutet nicht nur, dass Phänomene wie das Leben und dessen Evolution, das Bewusstsein, sogar die sozialen und kulturellen Erscheinungen, oder Themen wie Zeit, Kausalität, Ordnung, Zufall, der Status von Werten, die Erkennbarkeit der Wirklichkeit u.a. in einem neuen Licht erscheinen. Es bedeutet auch, dass neue Wege für festgefahrene Diskussionen ermöglicht werden, wie die der Beziehung von Körper und Geist oder die der Willensfreiheit.

In der zersplitterten Landschaft der heutigen Wissenschaft (und leider auch der Philosophie) bleiben die Ansätze zu einem neuen Denken über die Natur oft innerhalb der Grenzen der verschiedenen Disziplinen hängen. Wäre es nun nicht möglich, so die bei mir aufkommende Frage, die verschiedenen innovativen Impulse in einem größeren Rahmen zu sehen und so gleichsam zu einer ökologischen Hauptstruktur[2] eines neuen Denkens über die Natur zu kommen? Und läge ein solcher Versuch nicht auf dem Weg der Philosophie als einer auf Synthese, Integration und Übersicht eingestellten Disziplin, selbstverständlich im Dialog mit den betreffenden Wissenschaften?

Das Problem dabei ist, dass die Natur in der hauptsächlichen Entwicklungslinie der Geschichte der Philosophie der letzten zwei Jahrhunderte stets mehr zu einem marginalen Thema geworden ist. Immer ausschließlicher befassen Philosophen sich nur noch mit menschlich-gesellschaftlichen Angelegenheiten. Mit Recht kann meines Erachtens darum von der ‚Naturvergessenheit‘ der modernen Philosophie gesprochen werden, sehr zum Nachteil für eine systematisch adäquate Antwort auf eine ganze Reihe philosophischer Fragen, wie ich zu verdeutlichen hoffe.

Das Buch hat auf diese Weise, wie schon angedeutet, zwei Brennpunkte: in praktischer Hinsicht das Skizzieren eines Naturbildes, das als Beitrag zu einem anderen, schonenderen Umgang mit unserer natürlichen Umwelt funktionieren kann; und daneben das Befürworten einer Rehabilitierung der (auf eine neue Weise verstandenen) Natur in der Philosophie. Ich bin mir des anspruchsvollen Charakters dieses Unternehmens indessen völlig bewusst. Aber es schien mir der Mühe wert, jedenfalls zu versuchen, ein solch umfassendes Tableau zu entwerfen.

Mein lieber Kollege an der Philosophischen Fakultät der Erasmus Universität Rotterdam, Prof. Dr. Dr. h.c. Heinz Kimmerle, war so freundlich, das ganze Manuskript durchzusehen und viele Vorschläge zur Verbesserung des deutschen Textes zu machen. Ich bin ihm dafür sehr dankbar, auch wenn ich es ihm wegen seines plötzlichen Todes im Januar dieses Jahres leider nicht mehr persönlich zum Ausdruck bringen kann. Auch Frau Marion Busch MA möchte ich für ihre zahlreichen Korrekturvorschläge am deutschen Text an dieser Stelle auf das Herzlichste danken.

---

[2] Die ‚ökologische Hauptstruktur‘ ist ein Terminus zur Bezeichnung eines der Zwecke der niederländischen Umweltpolitik, und zwar um die vielen, oft kleinen Naturgebiete mit einander zu verbinden und so vielen Pflanzen- und Tierarten einen größeren ‚Lebensraum‘ und damit größere Entfaltungschancen zu bieten.

Kapitel 1: Die Naturvergessenheit der modernen Philosophie

Die marginale Rolle der Natur in der heutigen Philosophie

Die Natur ist in der heutigen Philosophie größtenteils außer Sicht geraten. Höchstens marginal spielt sie noch eine Rolle. Denn fast auf der ganzen Linie sind es menschliche Angelegenheiten, die im Zentrum des Interesses stehen. Ein kurzer Rundgang genügt, diesen Sachverhalt klar zu machen. Um damit anzufangen, nehmen Betrachtungen über sozial- und politikphilosophische Themen auf der philosophischen Tagesordnung einen breiten Raum ein, über Gesellschaftsauffassungen wie Individualismus versus Kommunitarismus, über Gewalt, über Wert und Grenzen des Marktmodells, über das Verhältnis von öffentlicher und privater Zuständigkeit, usw. Das Gewicht der sozialen und politischen Philosophie in der Landschaft der heutigen Philosophie wird schon daraus ersichtlich, dass viele namhafte Philosophen sich primär auf diesem Gebiet betätigt haben: Arendt, Rawls, Habermas, Sloterdijk, Sandel, Nussbaum, Lefort, Gauchet, Achterhuis u.a. Wir könnten das genannte Gebiet noch etwas verbreitern, indem wir die Kulturphilosophie in die Betrachtung einbeziehen. Es handelt sich dann um Fragen wie die nach den Quellen unserer modernen abendländischen Identität wie bei Charles Taylor[3]. Eine glückliche Ausnahme in dieser Hinsicht ist der niederländische Philosoph Ton Lemaire, bei dem eine eindringliche Kritik an der modernen Gesellschaft Hand in Hand geht mit dem immer erneuten Versuch, den modernen Menschen an Formen von Naturerfahrung zu erinnern, die in der modernen Kultur der Vergessenheit anheimzufallen drohen[4]. Neben Lemaire könnte an Philosophen wie Helmuth Plessner, Arne Naess, Hans Jonas, Alfred North Whitehead und Vittorio Hösle gedacht werden. Aber in der großen Mehrheit der heutigen philosophischen

---

[3] Siehe insbesondere sein Buch *Sources of the Self. The Making of the Modern Identity*, Cambridge University Press, Cambridge 1989.

[4] Für Lemaires Analysen in Bezug auf die Fehlentwicklung der modernen Gesellschaft, siehe z.B. seinen Aufsatz ‚Groei als obsessie‘ [Wachstum als Obsession], in: Koo van der Wal & Bob Goudzwaard (red.), *Van grenzen weten. Aanzetten tot een nieuw denken over duurzaamheid*, Damon, Budel 2006, 98-120. Und besonders auch seine große Studie *De val van Prometheus. Over de keerzijden van de vooruitgang*, Ambo, Amsterdam 2010. Für seine Betrachtungen in Bezug auf die Natur, siehe u.a. seine Studie *Met open zinnen, natuur, landschap, aarde*, Ambo, Amsterdam 2010.

Diskussion dreht es sich um den Menschen und sein Selbstverständnis mittels Analysen seiner gesellschaftlichen, politischen und kulturellen Schöpfungen.

Viele dieser philosophischen Untersuchungen haben, mehr oder weniger explizit, eine normative Dimension. Das wechselt dann ziemlich nahtlos in den ganzen Komplex ethischer Betrachtungen in breiterem Sinne hinüber, wie Theorien über Gerechtigkeit, Menschenrechte, Rechtsstaat, Demokratie, Legitimität, Verantwortung usw., weiterhin in die noch immer wachsende Zahl von Spezialdisziplinen wie Gesundheitsethik, Betriebsethik, Ethik der Technologie, der Informatik, usw. Immer handelt es sich auch hier um die menschliche Wirklichkeit, jetzt in der Form der Suche nach den richtigen Einstellungen und Verhaltensregeln in den sehr diversen Handlungssituationen und der Ermittlung der Prinzipien, an denen man sich dabei orientieren kann.

Nun gehören fundamentale Reflexionen bezüglich der Einrichtung der Gesellschaft und der Grundsätze, die verantwortlichem Handeln die Richtung angeben, von jeher zum Kernbestand der Philosophie. Bilden sie doch eine Form der menschlichen Selbstreflexion, die für die Philosophie als Streben nach Selbsterkenntnis und Weisheit kennzeichnend ist. An sich bildet das nicht im mindesten ein Hindernis für ein positives Interesse an der Natur; die philosophische Suche nach Einsicht in die eigene Situation beinhaltet also keinesfalls, dass die Natur dabei in den Hintergrund und sogar außer Sicht geraten muss. Mehr noch: die abendländische Philosophie begann im sechsten vorchristlichen Jahrhundert mit Denkern wie Thales, Anaximandros und Anaximenes, der sogenannten Jonischen Naturphilosophie. Das philosophische Streben nach Selbstverständnis nahm hier also die Form der Frage an, in was für einer Art Wirklichkeit wir eigentlich leben.

Die Wende nach innen bzw. nach dem Subjekt

Um den Ursachen der Naturvergessenheit der modernen Philosophie auf die Spur zu kommen, müssen wir deshalb tiefer in der abendländischen Geistesgeschichte graben. Eine Entwicklung, ein Prozess von großer Reichweite, den man sich in immer vertiefter und radikalisierter Form vollziehen sehen kann, ist die ‚Wende von außen nach innen‘, von der objektiven Außenwelt zur subjektiven Innenwelt hin. Die erste Station auf dieser Entwicklungslinie ist das Denken des Kirchenvaters Augustin, der sich wundert, dass die griechischen Philosophen den Blick ständig auf die Außenwelt, also die Natur, gerichtet haben, während es in der Innenwelt doch weit mehr Reichtümer zu bewundern gibt – eine Wende zum Subjekt hin also. Nicht zufällig ist Augustin denn auch der Verfasser der ersten Autobiographie, eines Berichts der eigenen Entwicklungsgeschichte von Seiten der Person selbst. Bei dieser Blickwendung droht die Objektwelt sogar ganz aus dem Gesichtsfeld zu geraten, wenn er z. B. schreibt, dass die einzigen Entitäten, die er zu kennen wünscht, Gott und die Seele sind. In seinen eigenen bekannten Worten: „Gott und die Seele will ich kennen lernen. Sonst nichts? Nein, gar nichts!"[5]

Eine Haupttendenz der abendländischen Philosophie kann nun so charakterisiert werden, dass auf diesem Weg immer weiter fortgeschritten wird und immer neue Konsequenzen aus diesem Ansatz gezogen werden. Um nur Folgendes herauszuheben: Der archimedische Punkt der Cartesianischen Philosophie ist das denkende Subject (‚ego cogito'). Auf der Grundlage der so gefundenen Selbstevidenz errichtet Descartes sein ganzes philosophisches Gebäude, insbesondere auch sein Bild der Natur. Für Kant und die Kantianer ist die Philosophie an erster Stelle Selbstanalyse der Vernunft. Erst auf diesem Weg ist Einsicht in das Gebäude der Natur (jedenfalls wie sie uns erscheint) möglich. Die Natur ist bei Kant also nicht die bestimmende und maßgebende Instanz in Bezug auf die Vernunft, wie es im prämodernen Denken der Fall ist[6]. Im Gegenteil, und darin besteht gerade Kants bekannte ‚Kopernikanische Wende', folgt hier doch die Natur der Vernunft, weil „die oberste Gesetzgebung der Natur in uns selbst, d.i. in unserem Verstande" liegt[7]. Auf derselben Linie liegt es, dass Kant die drei Hauptfragen der Philosophie: Was kann ich wissen? Was soll ich tun? Was darf ich hoffen? in der Frage: Was ist der Mensch? glaubt zusammenfassen zu können. Im Menschen liegt m.a.W. der Schlüssel aller philosophischen Besinnung[8]. Auf ähnliche Weise gibt der Neukantianer Cassirer eine Zusammenfassung seiner Philosophie unter dem Titel *An Essay on Man*[9]. Auch bei ihm liegt demnach der Brennpunkt aller Philosophie im Men-

---

[5] *Soliloquia* I,7. Vgl.: „Noli foras ire, in te ipsum redi, in interiore homine habitat veritas" [Gehe nicht hinaus, kehre zu dir selber ein, im inneren Menschen wohnt die Wahrheit], *ibid.*, I, II, 7.

[6] In der prämodernen Philosophie folgt das Denken dem Sein, wie es heißt. Daher wird Wahrheit hier als Korrespondenz mit der Wirklichkeit aufgefasst. Und entspricht bei Aristoteles die Struktur des ‛Logos' der des Seins. Oder: „Logik ist zugleich ‚Ontologie'", wie Ernst von Aster es formuliert (*Geschichte der Philosophie*, Kröner, Stuttgart 1960[13], S. 82).

Beim christlichen Aristoteliker Thomas von Aquin nimmt diese Beziehung von Denken und Sein dann eine dreigliedrige Form an: Bestimmende Instanz in der Erkenntnishierarchie ist das schöpferische und maßgebende Denken Gottes („mensurans non mensuratum"); die natürlichen (nicht von Menschen gemachten) Dinge sind maßempfangend in Bezug auf Gott und maßgebend in Bezug auf das menschliche Erkennen („mensuratum et mensurans"); das menschliche Erkennen schließlich ist maßempfangend und nicht maßgebend („mensuratum non mensurans"). Siehe dazu Josef Pieper, *Unaustrinkbares Licht*, Kösel, München 1963[2], S. 24.

[7] I. Kant, Prolegomena zu einer jeden Metaphysik, die als Wissenschaft wird auftreten können, *Kants gesammelte Schriften*, Akad.-Ausg. Bd. IV, Berlin 1903, S. 319. Vgl. S. 320: „der Verstand schöpft seine Gesetze (*a priori*) nicht aus der Natur, sondern schreibt sie dieser vor."

[8] In diesem Zusammenhang kann auch an die bekannte Aussage von Alexander Pope gedacht werden: „The proper study of Mankind is Man." An Essay on Man, in: *Poetical Works* (ed. H.F.Carry), Routledge, London 1870, S. 225.

[9] Yale University Press, New Haven/London 1944.

schen. Schon hier wird sichtbar, dass die abendländische Philosophie durch einen radikalen Anthropozentrismus gekennzeichnet ist und dass dementsprechend die Natur in eine Nebenrolle geraten ist. Ganz in Übereinstimmung damit ist für Fichte, um diesen Faden noch einen Moment weiterzuspinnen, die Natur Kontrastphänomen des Ich, in dessen Spiegel es sich selbst kennenlernt. Plastisch wird das von Richard Falckenberg in Worte gefasst: „Bei Fichte hatte die Natur nur die Bedeutung eines Fußschemels, den sich das Ich zimmert und den es besteigt, um erkennendes und wollendes Bewusstsein werden zu können."[10] Und in ähnlichem Sinn ist bei Hegel die Natur das Andere des Geistes, der durch seine Selbstentäußerung zum Begriff seiner selbst gelangt und so bereichert zu sich selbst zurückkehrt.

Nicht zuletzt die Philosophie Kierkegaards stellt ein wichtiges Glied in dieser fortschreitenden Wende zum Subjekt in der abendländischen Philosophiegeschichte dar, unter anderem mit seiner Aussage, dass die Subjektivität, und also nicht die Objektivität, die Wahrheit ist[11]. Diese ganze Philosophie kreist um den Menschen und seine subjektive Erfahrung, steht dann auch im Zeichen von Fragen, die mich, meine Herkunft und Stellung in der Welt betreffen. „Wer bin ich? Wie bin ich in die Welt hineingekommen; warum hat man mich nicht vorher gefragt (…)? Wie bin ich Teilnehmer geworden in dem großen Unternehmen, das man die Wirklichkeit nennt? Warum soll ich Teilnehmer sein? (…) Und falls ich genötigt sein soll es zu sein, wer ist denn da der verantwortliche Leiter - ich habe eine Bemerkung zu machen -?"[12] Die abwehrende Bewegung gegenüber diesem ganzen ‚Unternehmen‘, einer äußeren Wirklichkeit, die nicht die meinige ist, kann niemandem entgehen.

Diese Art des Denkens wird dann mit großem Nachdruck von der sogenannten Existenzphilosophie fortgesetzt, die die durchlebte Erfahrung, z.B. in der vielfältigen Welt der Stimmungen, in immer neuen Versuchen anpeilt und thematisiert. Und wiederum ist die Natur hier das unverständliche Andere, das in Kontrast zur Selbsterfahrung und -explikation gestellt wird. Man denke nur an die Szene in Sartres *La Naussée*, wo Roquentin, die Hauptfigur der Novelle, sitzend auf einem Bänkchen in einem Park bei regnerischem Wetter, den radikalen Gegensatz zwischen seiner eigenen Seinsweise und derjenigen der massiven Kastanienwurzel ohne Inneres an seinen Füßen erfährt. In der Existenzphilosophie droht die ‚Außenwelt‘ abermals außer Sicht zu geraten. Z.B. wenn Jaspers schreibt, dass „die Welt (..) ein verschwindendes Dasein zwischen Gott und Existenz" hat[13] – ein bemerkenswertes

---

[10] *Hilfsbuch zur Geschichte der Philosophie seit Kant*, Veit, Leipzig 1898, S. 29.
[11] *Abschließende unwissenschaftliche Nachschrift*, Erster Teil, Diederichs, Düsseldorf/Köln 1957, 198, 200 u.a.
[12] S. Kierkegaard, Die Wiederholung, Brief vom 11. Oktober, *Gesammelte Werke*, 5. und 6. Abteilung (übersetzt von Emanuel Hirsch), Diederichs, Düsseldorf 1955, S. 70.
[13] Karl Jaspers, *Der philosophische Glaube*, Piper, München 1954, S. 28. Vgl. *Philosophie*, Springer, Berlin 1956³, Bd. I, 64f.

Echo der oben zitierten Aussage von Augustin, gut tausendfünfhundert Jahre früher.

Phänomenologie und Hermeneutik

Nicht ohne Zusammenhang mit dem Vorhergehenden, um diesen Gedanken noch kurz weiter zu führen, ist die Thematik einer anderen Strömung der neueren Philosophie, nämlich der Phänomenologie. Auch darin dreht es sich gänzlich um menschliche Angelegenheiten. In der von Husserl inaugurierten Linie geht es der Phänomenologie um die Analyse der Strukturen des Bewusstseins. Zwar ist ihr Ziel die Beschreibung der Art und Weise, wie die Dinge erscheinen. Aber, so lautet die Argumentation, sie erscheinen dem Bewusstsein und werden somit bestimmt durch die Weisen, wie das Bewusstsein sich auf die Dinge richtet. Diese Intentionalitätsmodi und deren Analyse sind das eigentliche Thema der phänomenologischen Philosophie. Sie biegt sich reflexiv auf das Bewusstsein oder ‚ego‘ zurück, und wird demnach ‚Ego-logie‘, Selbstreflexion des menschlichen Organs, das das Erscheinen einer Objektwelt erst ermöglicht. Heideggers *Sein und Zeit* liegt noch ganz auf dieser Linie, dass Philosophie allererst Analyse der menschlichen Seinsweise, des ‚Daseins‘ und dessen Grundstrukturen, von ihm als ‚Existenzialien‘ bezeichnet, ist. Dass Heidegger in wichtigen Punkten von Husserl abweicht, dass das ‚Dasein‘ bei ihm in ganz anderer Weise positioniert und näher bestimmt ist als das Bewusstsein bei Husserl, ist evident. Aber der Einstieg ist bei beiden grundsätzlich ähnlich: ehe sich der philosophierende Mensch mit ‚der Welt‘ befasst, richtet er vorher seine Aufmerksamkeit auf die eigene Seinsweise als Bedingung des Erscheinens der nichtmenschlichen Wirklichkeit.

Der Phänomenologie nahe verwandt (aber mit ihr nicht identisch) ist die Strömung der Hermeneutik (wörtlich übersetzt: Interpretationskunde). Auch hier wieder geht es um das Selbstverständnis des Menschen. Der Grundgedanke ist, dass Menschen ihrer Art nach interpretierende (und daher auch sich selbst interpretierende) Wesen sind. Sie leben m.a.W. immer in einem symbolischen Universum, einer Welt von Bedeutungen, mit Hilfe derer sie sich selbst und ihre ganze Umwelt verstehen und nach denen sie sich in ihrem Handeln richten. Menschen stehen damit, so ist der Gedanke, ‚immer schon‘ innerhalb geistiger und kultureller Traditionen, sie fangen bei ihrem Denken und Handeln also nie an einer Art Nullpunkt an, sondern bewegen sich immer innerhalb von der Tradition vorgegebener Rahmen. Menschliche Aktivität, sei es nun auf intellektuellem, kulturellem oder sozialem Gebiet, wird hier verstanden als ein Mitbauen an Bedeutungen, die immer noch im Werden sind, von denen also auch eine Ideen- oder Überlieferungsgeschichte geschrieben werden kann. Aber, und darauf kommt es mir selbstverständlich an, auch hier wieder reflektiert der philosophierende Mensch über sich selber, über die Art und Weise, wie er in der Welt steht, denkt und handelt.

Dieses Selbstbild des Menschen, der wesentlich in einer interpretierten Welt lebt und sich durch das Medium dieses Interpretationsrahmens zu seiner Mit- und Umwelt verhält, ist dann in dieser Sichtweise dasjenige, was den Menschen von der nichtmenschlichen Wirklichkeit unterscheidet. Letztere, bzw. ‚die Natur‘, so ist der Gedanke, kennt diese Bedeutungsdimension nicht. Naturphänomene interagieren miteinander, Bäume z.B. mit den Stoffen im Boden oder mit dem Sonnenlicht, ohne die Vermittlung einer Bedeutungswelt, während die menschliche Wirklichkeit (Denk- und Handlungsweisen, Institutionen, Phänomene wie Recht, Ökonomie, Kunst, Moral, Religion) wie gesagt nur verstanden werden können, indem man sie befragt auf die Bedeutungen hin, die im Spiel sind. Oder: Menschen *handeln* aus Beweggründen, Naturprozesse *geschehen* auf Grund kausaler Einflüsse.

Diese Sichtweise führte zu der großen Spaltung in Natur- und Geisteswissenschaften mit ihren dazugehörigen Methoden des Erklärens und Verstehens. Die Philosophie ist dabei weitgehend in das Lager der Geisteswissenschaften geraten. Sie befasst sich ja mit Auffassungen und Ideen und deren Wahrheitsansprüchen, und letztendlich, wie gesagt, mit dem menschlichen Bemühen um Selbstverständnis. Deshalb verstand sie sich selber als auf Verstehen gerichtete Disziplin, grenzte sie sich z. B. in Gadamers Hermeneutik mittels des Begriffs ‚Wahrheit‘ gegenüber den Naturwissenschaften ab, die sich der ‚Methode‘ bedienen. Stärker noch: in der radikalen Hermeneutik von Heidegger und Gadamer wird die hermeneutische Perspektive zur allumfassenden Sichtweise, indem sie den Menschen als das Wesen kennzeichnet, das seiner Art nach in einer Welt der Bedeutungen lebt und von sich her also ‚verstehend‘, auslegend und interpretierend in der Welt steht. Das ‚Verstehen‘ bezieht sich m.a.W. nicht nur auf bestimmte Wirklichkeitsgebiete, sondern ist die fundamentale Art und Weise, wie der Mensch sich zur Wirklichkeit verhält. Damit erhält die ganze Wirklichkeit gewissermaßen Textcharakter, eine Auffassung, die dann von Philosophen wie Derrida weitergeführt und radikalisiert wird.

Aber wird man auf diese Weise der Natur gerecht, indem man auf sie das Textmodell anwendet? Es ist nicht so, dass das nicht schon oft getan worden wäre, z.B. von Galilei u.a. Aber dann lautet die nächste Frage selbstverständlich sofort, was denn die Buchstaben, die Syntax, Semantik und Pragmatik dieses Textes sind, und insbesondere, ob damit die ‚ganze Geschichte‘ erzählt worden ist. Wird auf diese Weise der Text nicht zu sehr oder gänzlich als ein menschliches Projekt betrachtet, wobei die Natur zu wenig selbst zu Wort kommt und sie eigentlich zu einem

Grenzphänomen in der menschlichen Welt verblasst? Das ist z.B. genau die Kritik, die von Löwith an Heidegger (als dem Verfasser von *Sein und Zeit*) geübt wird, nämlich dass die Natur zur (letztendlich unverständlichen) Randerscheinung in der menschlichen, durch Verstehen gekennzeichneten Welt degradiert wird. „Was ich an der existential-ontologischen Fragestellung vermisste [an der Selbstanalyse des menschlichen Daseins, vdW],", so schreibt Löwith, „war die *Natur*", und zwar die echte, schaffende, übermächtige, in sich selbst ruhende Natur[14]. „Die Natur wird in *Sein und Zeit* nicht als selbständig und schöpferisch, sondern als etwas bloß in unserer Welt Begegnendes verstanden, und die Welt überhaupt als eine existentiale Struktur, das heißt relativ auf das geschichtliche Dasein."[15] Denn, so noch immer Löwith, Heideggers Kritik an der Cartesianischen Ontologie mit ihren zwei unabhängig voneinander bestehenden Seinsregionen von Geist und Materie beruht ihrerseits „auf der Unterscheidung von zwei grundsätzlich verschiedenen Seinsweisen: menschliches Dasein, das existiert, sich selbst und anderes Sein versteht, und Seiendes von der Seinsart des bloß Vorhandenen."[16]. Kurzum, die Natur wird hier in die menschliche Welt eingesponnen und damit ihres „selbständigen und kreativen" Charakters beraubt. Das heißt, die Natur wird geisteswissenschaftlich gelesen, als existentiale Struktur innerhalb des Ganzen der Daseinsanalyse. Sie wird also nicht als die unendlich komplexe und formenreiche Wirklichkeit thematisiert, die durch die neueren Natur- und Lebenswissenschaften und die Wahrnehmungen interessierter ‚Laien' wie Amateurbotaniker, -vogelkundler, -geologen, -astronomen und nicht zu vergessen Wanderer enthüllt wird.

Und wenn Philosophen sich schon mit der Natur befassen, dann eigentlich nur auf indirekte Weise, und zwar über die Wissenschaftstheorie der Naturwissenschaften, die Metareflexion der naturwissenschaftlichen Theoriebildung. Gegenstand der Forschung ist also nicht so sehr ‚die Natur selbst' als die Analyse naturwissenschaftlicher Kategorien wie Raum, Zeit, Materie, Kausalität, Teleonomie, System usw., und mehr im Allgemeinen die ‚Logik der Forschung' (Popper), die ‚Logik' somit der naturwissenschaftlichen Theoriebildung. Die ‚Natur selbst' kommt m.a.W. dabei nicht in den Blick, sondern die menschliche Aktivität des Beschreibens und Erklärens von Naturprozessen. Kurz, Philosophen – von einigen interessanten Ausnahmen nochmals abgesehen – haben es größtenteils aufgegeben,

---

[14] Karl Löwith, ‚Zu Heideggers Seinsfrage. Die Natur des Menschen und die Welt der Natur', in: ders., *Sämtliche Schriften*, Metzler, Stuttgart, Bd. 8, 1984, S. 280. Siehe auf derselben Seite: „die Natur ist ‚sie selbst' – absolut selbständig (id quod sustat), von sich her bestehend und ständig bewegt"; und „diese Natur, die ich als erstes und letztes voraussetze".

[15] *Sämtliche Schriften*, Bd. 2, 1983, S. 281.

[16] Ibid.

eine Philosophie der Natur zu entwickeln, zu versuchen, ein philosophisch (und wissenschaftlich) haltbares Naturbild zu entwickeln.

Naturbilder sind von Bedeutung

Dennoch kann und soll ein solcher Versuch der Philosophie zugemutet werden. Im Gegensatz zu den Fachwissenschaften, wo die Spezialisierung immer weiter wuchert und damit die Übersicht über das gesamte Feld immer mehr außer Sichtweite gerät, ist die Philosophie ihrem Wesen nach eine aufs Allgemeine, auf Synopsis und Synthese gerichtete Disziplin. Auf ihrem Weg läge es also, zu versuchen, alles, was zu einer bestimmten Zeit über die Natur, oder über wichtige Regionen wie das Gebiet der Lebenserscheinungen bekannt ist, zu einem zusammenhängenden Bild zu verarbeiten – überflüssig zu sagen, dass ein solches Bild immer zeitgebunden und vorläufig sein wird. Aber Natur- und Weltbilder spielen, wie diffus und wenig artikuliert auch immer, auf dem Hintergrund unseres Denkens und Handelns fortwährend eine Rolle, wenn auch nur in der Form dessen, was wir, lediglich aus unseren Handlungsweisen ersichtlich, *nicht* glauben. Wenn moderne Menschen beim Legen der Fundamente ihrer Häuser keine Opfer darbringen, wenn sie beim Unternehmen einer Reise oder bei wichtigen Gelegenheiten wie einer Eheschließung keine Geister oder Heilige anrufen, oder wenn sie beim Treffen einer wichtigen Vereinbarung die Sterne nicht befragen, so sagt das indirekt etwas über ihre Wirklichkeitsauffassung, wenn sie sich davon auch nie bewusst Rechenschaft gegeben haben.

Ist es aber nicht vorstellbar, dass dieses mehr oder weniger implizite, unser individuelles und besonders auch kollektives Handeln lenkende Wirklichkeitsbild Mängel aufweist, indem es von inzwischen überholten Voraussetzungen ausgeht? Dass das in der heutigen Situation in der Tat der Fall ist, dass m.a.W. die moderne Gesellschaft, wie sie zur Zeit funktioniert, sich an überholten Ideen in Bezug auf Natur und Wirklichkeit orientiert, ist eines der Dinge, die ich im Laufe dieses Buches klar zu machen hoffe. Diese kritische Wirkung ist eine der Aufgaben, welche die Entfaltung eines haltbaren neuen philosophischen Naturbildes haben kann.

Natur- bzw. Wirklichkeitsbilder sind also aus verschiedenen Gründen von Bedeutung. Ein kurzer Blick auf die Kulturgeschichte der Menschheit genügt übrigens, sich davon überzeugen zu lassen. In den verschiedensten kulturellen Kontexten ist das Denken der Menschen auf entscheidende Weise (mit)bestimmt durch den kollektiven Vorstellungsrahmen bzw. das ‚symbolische Universum‘, innerhalb dessen sie sich bewegen. Ich nehme nochmals Bezug auf die oben erwähnte diesbezügliche Auffassung der Hermeneutik, eine Sichtweise, die von soziologischen

Strömungen wie dem symbolischen Interaktionismus und der humanistischen Soziologie unterschrieben wird. Die Religionen können in dieser Hinsicht als große Deutungssysteme betrachtet werden[17]. Alle bieten sie eine Gesamtperspektive auf die Wirklichkeit und das menschliche Dasein, worin allem seine Stellung im Ganzen und dessen Sinn und Bestimmung zugesprochen wird. Alle spannen sie auf diese Weise über der Welt, der Gesellschaft und dem Menschen einen ‚himmlischen Baldachin‘ auf, um einen Ausdruck des Soziologen Peter Berger zu verwenden. Oder, anders formuliert, sie erzählen alle eine ‚große Geschichte‘, wie die Dinge in der Welt und im Leben aufzufassen sind und, sehr wichtig, was dies für die Einrichtung des menschlichen Daseins bedeutet. Religion ist ja nicht primär eine Sache theoretischer Betrachtungen – obwohl selbstverständlich auch das. Ihrer Art nach ist sie vielmehr auf eine bestimmte Praxis ausgerichtet, eine Stilisierung des Lebens in Riten, Zeremonien, Feiern, Festen, kurz: eine Lebensweise und -haltung. Die Geschichten bzw. Mythen erzählen in religiöser Sprache, wie alles entstanden und gemeint ist und wie alles von Neuem eingerichtet werden muss, wenn das Leben der ursprünglichen Absicht entsprechen soll. Die Riten *sind* die ‚re-enactments‘ der Ereignisse, von denen die Mythen berichten. Mythen und Riten sind demnach die jeweilige Kehrseite derselben religiösen Medaille. Mythen fordern ihrem Sinn nach entsprechende Riten – sonst verblassen sie zu erbaulichen, aber sonst bedeutungslosen Geschichten. Und umgekehrt ist der Ritus ohne zugehörige Geschichte ein leeres Ritual. Es ist übrigens ein nicht undenkbarer Vorgang, dass eine Geschichte ihre Glaubwürdigkeit einbüßt und solcher Art zu einem ‚Mythos‘ im heute oft verwandten Sinn wird. Riten, deren Geschichten unplausibel oder sogar unverständlich geworden sind, können, wie die Praxis lehrt, ihr Dasein durch eine Art sozialer Trägheit noch eine ganze Weile fristen, aber sie sind faktisch dem Aussterben anheim gegeben, jedenfalls auf lange Frist. Kurzum, Geschichten und namentlich ‚große Geschichten‘ und die darin niedergelegten Wirklichkeitsauffassungen oder Weltbilder sind von entscheidender Bedeutung.

Ist dies alles jedoch nicht eine überholte Denkweise, wenn es auch noch immer große Gruppen von Menschen gibt, die solchen Ideen huldigen? Anders gefragt: ist in unserer, in hohem Maße durch die Wissenschaften bestimmten Zeit solch ein überwölbendes Natur- und Wirklichkeitsbild noch möglich und glaubwürdig? Der Philosoph Karl Jaspers hat argumentiert, dass die moderne Wissenschaft, im Gegensatz zu prämodernen Wissenschaftsformen wie denen der Griechen oder der Renaissance, kein Weltbild mehr hat und auch nicht mehr haben kann. Moderne Wissenschaft, so schreibt er, ist ihrer Art nach spezialisierte Wissenschaft, welche

---

[17] Ich komme hierauf im nächsten Kapitel ausführlicher zurück.

die Wirklichkeit immer unter einem bestimmten Aspekt neben anderen möglichen erforscht. Sie kennt deshalb seiner Auffassung nach grundsätzlich keinen ‚letzten' Gesichtspunkt, vom dem her die Wirklichkeit als ganze überschaut werden kann. Aus wissenschaftlicher Perspektive ist die Welt ‚zerrissen', zeigt sie viele Gesichter, stoßen wir niemals zu den letzten Fundamenten vor, denn sie ist im Gegenteil ‚bodenlos'. Wissenschaftliche Erkenntnis, kurz gesagt, rundet sich Jaspers zufolge nie zu einem Totalbild der Realität. Der moderne Wissenschaftler, der in dieser Beziehung die richtige Einstellung hat, „weiß, dass er auf menschliche, endliche Weise erkennt, fortschreitend ins Unendliche, und er misstraut jeder erkannten Ordnung des Ganzen. Daher gibt es heute kein gültiges Weltbild mehr. Die frühere philosophische und mythische Einheit eines Totalwissens ist für menschliches Erkennen unerreichbar. Die Wissenschaften sind grundsätzlich für immer unfertig."[18] Zwar sehen wir es immer wieder, so sagt Jaspers, dass wissenschaftliche Theorien sich zu Weltbildern schließen – der Marxismus und die Freudsche Psychoanalyse bilden davon in seinen Augen eine nicht zu übersehende Illustration. Aber dann haben wir es nicht länger mit methodisch sauberer Wissenschaft zu tun, sondern mit Weltanschauungen in wissenschaftlichem Gewand.

Weltbilder in den Natur- und Lebenswissenschaften

Dennoch kann man Zweifel daran hegen, dass überall Weltbilder von Bedeutung sein sollen, nur nicht in den Wissenschaften. Schon ein flüchtiger Blick auf die Literatur lässt das Gegenteil vermuten. So veröffentlichte der Physiker und Philosoph Carl Friedrich von Weizsäcker ein mehrmals neu aufgelegtes Buch *Zum Weltbild der Physik*[19], schrieb sein einige Jahre älterer Kollege Werner Heisenberg ein Buch mit dem Titel *Das Naturbild der heutigen Physik*[20], schrieb der Begründer der Tierverhaltenslehre Jacob von Uexküll seine *Bausteine zu einer biologischen Weltanschauung*[21] und sein Kollege, der prominente Biologe Ludwig von Bertalanffy sein Buch *Das biologische Weltbild*[22]. In den vergangenen Jahrzehnten ist eine ganze Reihe von Publikationen mit vergleichbaren Titeln erschienen. Wie, um einige zu nennen: Bernulf Kanitscheider, *Von der mechanistischen Welt zum kreativen Universum. Zu einem neuen philosophischen Verständnis der Natur*[23];

---

[18] Karl Jaspers, *Wahrheit und Wissenschaft* (zusammen mit Adolf Portmann, *Naturwissenschaft und Humanismus*), *Zwei Reden*, Piper, München 1960, S. 9; *Philosophie*, Bd. I, Springer, Berlin 1956³, 104ff, 212ff und passim.
[19] Hirzel, Stuttgart 1949⁴.
[20] Rowohlt, Hamburg 1957.
[21] Hg. Felix Gross, München 1913.
[22] Francke, Bern 1949.
[23] WBG, Darmstadt 1993.

Kenneth Denbigh, *The Inventive Universe*[24]; Hans Christian von Bayer, *Das informative Universum. Das neue Weltbild der Physik*[25]; und, um es dabei bewenden zu lassen, Brian Green, *Das elegante Universum, Superstrings, verborgene Dimensionen und die Suche nach der Weltformel*[26]. Letztgenannter Autor schreibt z.B., dass wenn wir die Ideen der Superstringtheorie und ihrer sehr abstrakten mathematischen Fassung einmal verstanden haben, sie uns „ein verblüffendes und revolutionäres Bild des Universums" zeigen.

Schon früher übrigens hatte der niederländische Wissenschaftshistoriker E.J. Dijksterhuis in seiner imposanten Studie *Die Mechanisierung des Weltbildes*[27] gezeigt, wie Wissenschaft und Weltbild zusammenhängen. Am Schluss seines Buches schreibt er: „Die Mechanisierung, die das Weltbild [!] beim Übergang von antiker zu klassischer Naturwissenschaft erfahren hat, bestand in einer Naturbeschreibung mit Hilfe der mathematischen Begriffe der klassischen Mechanik; sie bedeutet den Anfang der Mathematisierung der Naturwissenschaft, die in der Physik des zwanzigsten Jahrhunderts ihre Vollendung findet." Seiner Ansicht nach bestand die Mechanisierung also allererst in der Mathematisierung der Physik. Aber, und darum geht es hier, es ist eine ganz bestimmte Mathematisierung, und zwar, wie er schreibt, „mit Hilfe der mathematischen Begriffe der klassischen Mechanik". Das war aber nur möglich, indem man sich die Natur nicht länger in Analogie zum Organismus vorstellte, wie im prämodernen Bezugsrahmen, sondern in Analogie zur Uhr oder Maschine (deshalb im Englischen auch als ‚clockwork universe' angedeutet). Die Mathematisierung des Naturbildes (oder besser also: diese bestimmte Mathematisierung) setzt den Übergang zu einer anderen Weise, sich die Wirklichkeit vorzustellen, kurz, zu einem anderen Weltbild, voraus.

Der bekannte Wissenschaftsphilosoph Paul Feyerabend ist dann auch (mit Recht, wie ich meine) der Meinung, dass neue wissenschaftliche Theorien eine neue Wirklichkeitsauffassung verkörpern, eine neue philosophische oder sogar ‚metaphysische' Sicht der Dinge, um seine eigenen Worte zu verwenden. Selbstverständlich hängt der Übergang von einer Theorie zur anderen mit dem Bekanntwerden neuer Fakten und mit im Rahmen der ‚alten' Theorie unlösbaren Problemen zusammen. Aber allein damit kann der Wechsel des theoretischen Rahmens nicht erklärt werden. Er besteht insbesondere auch in einer neuen Sicht der Dinge im fraglichen Wirklichkeitsgebiet, einer neuen Art der Vorstellung und Begriffsbildung. Ein intuitiver ‚erster Wurf', der erst hinterher genauer ausgearbeitet wird,

---

[24] Hutchinson, London 1975.
[25] Beck, München 2005.
[26] Goldmann, München 2006[2].
[27] Springer, Berlin/Heidelberg/New York, 1956, Reprint 1983.

spielt dabei eine wesentliche Rolle. Um Feyerabend zu zitieren: „Es ist klar, dass neue Theorien nicht sofort in vollem Detail entwickelt werden können. Man beginnt immer mit allgemeinen Ideen, ‚metaphysischen' [!] Ideen, und man entwickelt diese Ideen erst später in mehr konkreter, und auch in formal einwandfreier Form. Woraus folgt, dass die Entwicklung metaphysischer Ideen, die den akzeptierten und ‚erfolgreichen' wissenschaftlichen Theorien widersprechen, die Voraussetzung wissenschaftlichen Fortschrittes und die Voraussetzung der Entdeckung fundamentaler Fehler in diesen akzeptierten Theorien ist."[28]

Aber wenn Wissenschaftler sich bei ihrer Forschung durch ein bestimmtes Denk- und Vorstellungsmuster führen lassen (wofür der Begriff ‚Paradigma' allgemein geläufig geworden ist), dann ist es auch nicht verwunderlich, dass sie solche Schriften publizieren wie *Mein Weltbild* (Einstein)[29] oder *Meine Weltansicht* (Schrödinger)[30] – man denke auch nochmals an die obengenannten Titel. Das wäre irrelevant oder sogar irreführend, wenn ein Wirklichkeits- oder Naturbild in der Wissenschaft nicht möglich oder nicht erlaubt wäre. Es stellt sich vielmehr heraus, dass eine bestimmte Auffassung des betreffenden Wirklichkeitsgebietes, besonders wenn sie sich in ihren Grundprinzipien zu einem fast axiomatischen Status verdichtet, dem Denken Richtung gibt. Bekannt ist in diesem Zusammenhang Einsteins Aussage „Gott würfelt nicht", die mehr als eine einfache Hypothese war. In diesem Licht erklärt sich auch der oft heftige Widerstand gegen Ideen, die ein ganzes Wissenschaftsgebiet revolutionieren. Denn es zwingt Wissenschaftler, die einen Großteil ihres Lebens in einer bestimmten Vorstellungsweise gearbeitet haben, sich damit gleichsam identifiziert haben, ihre Ideen nicht nur in konkreten Punkten anzupassen. Es nimmt ihnen ihre ganze Sicht der Dinge und desorientiert sie tiefgreifend. Wissenschaftliche Debatten auf diesem fundamentalen Niveau werden dann auch oft nicht in der kühlen, distanzierten Weise geführt, die man mit der wissenschaftlichen Rationalität verbindet, sondern verraten oft ein großes persönliches Engagement. Bekannt ist in dieser Beziehung der Seufzer von Max Planck, dass neue Theorien die alten verdrängen, nicht indem Anhänger der neuen Theorie

---

[28] Paul K. Feyerabend, ‚Über konservative Züge in den Wissenschaften und insbesondere in der Quantentheorie, und ihre Beseitigung' in: *Club Voltaire. Jahrbuch dür kritische Aufklärung* (Hg. Gerhard Szczesny), Bd. I, Rowohlt, Hamburg 1969,280-293, Zitat auf S. 289.
In ähnlichem Sinn ist z.B. der Wissenschaftsphilosoph Kurt Hübner der Ansicht, dass der Unterschied der Interpretation der Quantenphysik zwischen der Kopenhagener Schule und David Bohm letztendlich ein Unterschied der philosophischen Sicht der Natur ist: *Kritik der wissenschaftlichen Vernunft*, Alber, Freiburg/München 1986³, 42 Anm., 43ff. Und auf der gleichen Wellenlänge liegt das Urteil des englischen Wissenschaftsphilosophen Nicholas Maxwell: „it is essential to see science making a hierarchy of metaphysical assumptions about nature and the universe (…)" *The Human World in the Physical Universe*, Rowman & Littlefield, Lanham 2001, S. 41; vgl. 47 u.ö.
[29] Ullstein, Frankfurt a.M. 1956.
[30] Fischer, Frankfurt a.M. 1963.

diejenigen der alten Theorie überzeugen („dass aus einem Saulus ein Paulus wird, ist eine große Seltenheit"), sondern indem letztere aussterben[31].

Daraus kann man den Schluss ziehen, dass auch für die Wissenschaft wie für jedes andere Gebiet menschlichen Denkens und Handelns gilt, dass sie sich an einem Bild der Wirklichkeit orientiert. Und das ist, wie angedeutet, nicht zufällig. Menschliches Denken kann nicht anders, als sich innerhalb bestimmter Rahmen und Muster zu bewegen, die den Dingen erst eine Gestalt geben. Ohne solch ein strukturiertes symbolisches Universum sind die Dinge ungreifbar, kann man gewissermaßen kein Glied rühren. Dass auch die Wissenschaft nicht ohne vorstellbare Modelle des betreffenden Forschungsgebiets, und indirekt der Wirklichkeit als solcher auskommt, hat dann, wie schon bemerkt, zu dem bekannten Gedanken geführt, dass sie (und noch einmal: nicht nur nebenbei) von Paradigmen gesteuert ist.

Das Zurückweichen der Natur in der Philosophie

Um nun zur Philosophie zurückzukehren, wir haben oben festgestellt, dass namentlich in der Philosophie der letzten zwei Jahrhunderte die Natur immer weiter aus dem Blickfeld verschwunden ist[32], als selbständiges Reflexionsthema wohl verstanden. Denn Auffassungen in Bezug auf die Natur haben auch weiterhin in der Philosophie eine Rolle gespielt – ich erinnere nochmals an die Szene mit der Kastanienwurzel in Sartres *La Nausée*. In seinem ersten Hauptwerk *L'être et le néant* (Das Sein und das Nichts) bringt er, wie bekannt, jene Erfahrung auf die Formel der zwei unvereinbaren Seinsweisen des ‚pour-soi' (Für-sich) und des ‚en-soi' (An-sich), das heißt der menschlichen Daseinsweise, die von sich weiß und erkennt, wie verletzlich sie ist im Vergleich mit jener anderen Seinsform, der massiven Wirklichkeit der Natur. Innerhalb letzterer ist der Mensch in einer anderen Formulierung ein ‚Loch im Sein' oder ein ‚Nichtsein'. Sartre kleidet damit in extremer Form eine Auffassung in Worte, die sich durch die ganze moderne Philosophie hinzieht, nämlich dass der Mensch ein Verirrter oder eine ‚displaced person' in einer ihm gänzlich fremden Wirklichkeit ist, in den Worten des französischen Molekularbiologen Jacques Monod ein ‚Zigeuner am Rand des Universums'[33]. Kurzum, auch wenn die Philosophie sich immer mehr auf die menschliche Wirklichkeit zurückgezogen hat,

---

[31] Max Planck, *Wege zur physikalischen Erkenntnis. Reden und Vorträge*, Hirzel, Leipzig 1933, S. 267.

[32] Für die moderne Philosophie gilt auf diese Weise etwas Ähnliches wie Joseph Brown zufolge für die historischen Religionen: „the lack today within the historical religions of an adequate metaphysics of nature". *The Spiritual Legacy of the American Indian*, Crossroad, New York 1987, 71.

[33] *Zufall und Notwendigkeit. Philosophische Fragen der modernen Biologie* [Deutsche Übersetzung des Französischen Originals *Le hasard et la nécessité*, Seuil, Paris 1970], Piper, München 1971, S. 211, vgl. 42 u.a.

spielt eine Sicht der Natur dabei als Kulisse dennoch eine nicht zu unterschätzende Rolle.

Das kann auch kaum anders sein. Es gibt gute Gründe für die Behauptung, dass eine treibende Kraft hinter der Philosophie die sogenannten ‚Lebensfragen‘ oder ‚ewigen Fragen‘ sind, wie die Frage nach unserer eigentlichen Identität, nach der Herkunft des Übels in der Welt und nicht an letzter Stelle nach dem Warum und Wozu unserer Anwesenheit hier, die Frage also nach Sinn und Bestimmung unseres Daseins und damit auch der Wirklichkeit als ganzer. Es sind Fragen, die Menschen sich immer wieder stellen, was sich in der Welt sonst auch alles ändert, und die auf diese Weise die philosophische Reflexion immer wieder in Gang setzen. Der polnisch-englische Philosoph Kolakowski ist sogar der Meinung, dass die genannten Fragen und insbesondere die Frage nach dem Sinn des Lebens *die* zentralen Themen der Philosophie sind[34].

Eine der Fragen, die sich die Menschen wohl immer gestellt haben, ist, in was für einer Wirklichkeit wir eigentlich leben. Wie schon gesagt, hat die abendländische Philosophie bei den Joniern sogar mit dieser Frage angefangen, der Frage nach dem Wesen und den Grundprinzipien (‚archai‘) der Natur. Und in der griechischen und mittelalterlichen Philosophie hat die Besinnung auf die Natur oder den Kosmos immer einen breiten Raum eingenommen. Die dominante Auffassung dabei war, dass die Natur ein allumfassendes und sogar beseeltes Ganzes ist, innerhalb dessen auch der Mensch seinen wohlbestimmten Platz hat. Er bildet nämlich ein Glied in der großen Kette der Seinsformen, der ‚Great Chain of Being‘, wie diese einflussreiche, von Platon bis zur modernen Zeit reichende Wirklichkeitsauffassung bezeichnet wird[35]. Oder, wie es auch heißt, er steht auf seiner eigenen spezifischen Sprosse auf der ‚Leiter der Natur‘ (‚scala naturae‘), die von der höchsten, gewöhnlich Gott zuerkannten Sprosse bis zur niedrigsten, derjenigen der Materie reicht. Wie dem aber auch sei, in dieser Sicht hat alles seine wohlbestimmte Stellung im zusammenhängenden Ganzen der Natur, also auch der Mensch. Er ist m.a.W. in der Natur als der großen Gemeinschaft aller Seinsformen zuhause.

Der große Bruch in dieser philosophischen Tradition ereignet sich dann mit dem Übergang vom Spätmittelalter zur frühmodernen Zeit.[36] Die Sicht der Natur und die Selbstauffassung des Menschen erfahren gleichzeitig und in engem Zusammenhang mit einander eine radikale Transformation. Die Natur verliert in der

---

[34] L. Kolakowski, *Der Mensch ohne Alternative*, Piper, München 1964.

[35] Siehe für ein glänzendes Exposé der Geschichte dieser Idee: Arthur O. Lovejoy, *The Great Chain of Being. A Study of the History of an Idea*, Harper, New York 1960 (1936).

[36] Siehe meine Studie *Die Umkehrung der Welt. Über den Verlust von Umwelt, Gemeinschaft und Sinn*, Königshausen & Neumann, Würzburg 2004, Kap. 1-3, bes. Kap. 3.

modernen Optik ihre ideelle Dimension, die sie in der prämodernen Betrachtungsweise besaß. Dort trugen die Dinge nämlich ihr Ideal, welches das Ziel ihrer Aktivität ist, in sich. Sie sind m.a.W. ihrer Natur nach teleologisch strukturiert und besitzen in jenem Ideal eine inhärente normative Dimension. Deshalb kann die Natur in dieser Sichtweise auch Richtlinien für das menschliche Handeln bieten, wie z. B. bei den Stoikern, wo das höchste moralische Prinzip die Übereinstimmung mit der Natur ist[37], oder in der in Antike und im Mittelalter vielfach vertretenen Naturrechtsidee, dass der Natur richtungweisende Grundsätze für Moral, Recht und Politik zu entnehmen sind[38].

Die moderne Naturauffassung. Anthropologische, erkenntnistheoretische und gesellschaftliche Implikationen

Mit alledem bricht die moderne Naturauffassung. Das Weltbild wird nunmehr, wie schon erwähnt, ‚mechanisiert', d.h. dass die Natur zu einem Ensemble toter und blinder Dinge ohne Innenseite wird, völlig träge, ohne eigene Aktivität, entledigt jeder Form von Zielstrebigkeit, beraubt auch ihrer ideellen und normativen Dimension – kurzum, eine rein faktische Größe. Mit dieser Natur, die nur mechanisch wie eine Uhr oder ein Automat arbeitet, kann der Mensch von seiner Selbsterfahrung her keinerlei Affinität empfinden. Sie wird damit zum gänzlich fremden Anderen, mit dem keinerlei Form der Verständigung möglich ist, nur noch das äußerliche Verhältnis des Manipulierens auf kausalem Weg.

Der Mensch katapultiert sich selbst in der frühmodernen Philosophie aus der Natur heraus und zieht sich, wie schon gesagt, auf einen Bereich außerhalb der Natur zurück. Gleichzeitig damit setzt sich ein ganz neues Selbstbild durch, das eines aktiven Wesens *par excellence* (das einzige in der Wirklichkeit), das, emanzipiert von einer Natur, die ihm ihrerseits Normen darreichte, nun seinen eigenen Kurs verfolgt und ungehindert durch von außen kommende Begrenzungen, unternehmend, entdeckend, innovierend und bahnbrechend in die Welt hineinzieht, die nun unbeschränkt sein Jagdrevier ist. Es ist diese Konstellation, in der die Freiheit zur normativen Leitidee der Moderne aufrückt. Das ist eine Entwicklung, die nur verständlich ist im Zusammenhang mit der Mechanisierung des Weltbildes[39]. Wiederum ist eine Auffassung in Bezug auf die Natur eine wesentliche Komponente des philosophischen Panoramas.

---

[37] Siehe z.B. Maximilian Forschner, *Die stoische Ethik*, WBG, Darmstadt 1995, 1ff, 39ff u. passim.
[38] Siehe die prächtige Studie von Hans Welzel, *Naturrecht und materiale Gerechtigkeit*, Vandenhoeck & Ruprecht, Göttingen 1962[4].
[39] Siehe *Die Umkehrung der Welt* (Anm. 34), Kap. 2.

Das bestimmt auch weiterhin die Situation. Um nur einige Beispiele zu nennen: Die politische Philosophie von Hobbes ist nur verständlich vor dem Hintergrund einer völlig entzauberten Wirklichkeit, die jeder normativen Dimension entledigt worden ist. In anderer Formulierung: der natürliche Zustand ('Naturzustand') ist hier eine völlig ordnungslose Situation, in der alles, mit Einschluss des Menschen, blind durch den Selbsterhaltungsdrang angetrieben wird. Und was Kant anbetrifft, als sein zentrales Anliegen kann wohl die Rettung der Moral betrachtet werden in einer total determinierten Welt, die der menschlichen Willens- und Handlungsfreiheit und also der Moral nicht den geringsten Raum zu lassen scheint. Auch hier wird also die philosophische Fragestellung in entscheidendem Maße durch eine Auffassung der Wirklichkeit, in der wir leben, bestimmt.

Diese Ansicht ist übrigens auf viel breiterer Front als nur in der Philosophie einflussreich gewesen, für die ganze moderne Lebens- und Denkweise nämlich. Denn sie geht mit einer neuen Auffassung von Erkenntnis und damit mit einem neuen Verhältnis zur Wirklichkeit einher. In einer prächtigen und bemerkenswerten Abhandlung mit dem etwas umständlichen Titel 'Vicos Grundsatz: verum et factum convertuntur. Seine theologische Prämisse und deren säkulare Konsequenzen'[40] hat der schon genannte Karl Löwith, einer der Großmeister der Ideengeschichte, gezeigt, dass sich in der nachmittelalterlichen Zeit eine Auffassung in Bezug auf Erkennen durchsetzt, bei der dieses in einer inneren Beziehung zum Machen steht. Dieser operativen Konzeption von Rationalität zufolge kann nur dasjenige, was man selbst hervorbringen kann, wirklich erkannt werden. „Kriterium des Wahren ist, es selber gemacht zu haben", so kann man bei Vico lesen.[41] In Kants Worten: „Denn nur das, was wir selbst machen können, verstehen wir aus dem Grunde."[42] Analoge Gedanken finden sich dann, wie Löwith zeigt, bei Bacon, Hobbes, Hegel, Marx, Dilthey und vielen anderen Philosophen, kurzum, dem Hauptstrom des modernen Denkens. Machbarkeit wird zur Bedingung von Erkennbarkeit. Aber das ist nur möglich, wenn das Objekt von der Art des Machbaren ist, wenn es 'factum' in der buchstäblichen Bedeutung des Produzierten ist. Auch dies passt, wie klar ist, wieder zur Vorstellung des 'mechanisierten Weltbildes', in dem die Dinge ihrer Natur nach manipulierbares Material sind. Und dass die Dinge grundsätzlich machbar sind, obwohl vielleicht noch nicht mit den heutigen Mitteln und Möglichkeiten, ist wohl die Basisidee der technologischen Gesellschaft. Nicht zu verges-

---

[40] In: Karl Löwith, *Sämtliche Schriften*, Metzler, Stuttgart 1986, Bd. 8, 195-227.
[41] „Veri criterium est id ipsum fecisse", bei Löwith, *a.a.O.*, 199.
[42] Kant, Brief an Plückner vom 26-1-1796, *Kants gesammelte Schriften*, Akad.-Ausg. Bd. 12, Berlin/Leipzig 1922, S. 57; im gleichen Sinn *Kritik der Urteilskraft*, B 310.

sen schließlich, liegen hier die eigentlichen Wurzeln des modernen Umweltproblems.

Es ist in diesem Zusammenhang bemerkenswert, dass die Philosophie schon seit der frühmodernen Zeit, und sogar schon früher, bei einem Denker des 15. Jahrhunderts, Nicolaus Cusanus, einem operativen und technischen Erkenntnisbegriff huldigt[43], während die moderne Technologie, d.h. Technik auf wissenschaftlicher Grundlage, sich als soziales Phänomen erst im Laufe des 19. Jahrhunderts durchsetzt. Die Philosophie hat m.a.W. die Geister für die moderne Technologie reif gemacht, für sie sozusagen den roten Teppich ausgerollt.

Mittlerweile sind im Blick auf dieses technokratische Welt- und Gesellschaftsbild von verschiedenen Seiten Zweifel angemeldet worden. Denn es gibt eine ganze Reihe von Phänomenen, die nicht von der Art des Machbaren sind, zudem noch diejenigen, die wir als die wichtigsten und wertvollsten im Leben betrachten, wie Vertrauen, Treue, Loyalität, Authentizität, Originalität, Freundschaft, um nur einige zu nennen. Sie können nicht zufällig, sondern prinzipiell nicht gezielt bewerkstelligt werden, müssen im Gegenteil spontan wachsen. Scheler hat das mal so ausgedrückt, dass sie sich nur ‚auf dem Rücken‘ anders gerichteter Aktivitäten ereignen. Oder, mit Jon Elster zu sprechen, sind es „states that are essentially byproducts"[44] oder ‚Zugabephänomene‘, wie ich sie selbst betitelt habe. Sie sind kurzum ‚nicht herstellbar‘[45]. Selbstverständlich fordern diese Phänomene dann auch eine andere Erkenntnisweise als die des äußerlich operativen Typus, und zwar eine empathische und intuitive Form des Erkennens.

Neue Fenster zur Natur in den gegenwärtigen Naturwissenschaften

Nun könnte man von den soeben genannten Erscheinungen noch behaupten, dass es sich um typisch menschliche Angelegenheiten handelt, die als solche anderer Ordnung sind als die Naturphänomene und deshalb auch andere Merkmale aufweisen. Das setzt indessen eine dualistische Weltsicht voraus, wie sie sich in der Tat bei vielen modernen Philosophen in der Nachfolge von Descartes findet und sich auch spiegelt in der schon kurz erwähnten Zweiteilung der Wissenschaften in Natur- und Geisteswissenschaften. Jedoch sind innerhalb der Naturwissenschaften auch immer mehr Zweifel in Bezug auf das klassische Newtonsche Weltbild aufgekommen. Die dort vorausgesetzte Transparenz, Berechenbarkeit, Vorhersagbarkeit

---

[43] Siehe dazu die ausgezeichnete Dissertation von Theo van Velthoven, *Gottesschau und menschliche Kreativität. Studien zur Erkenntnislehre des Nikolaus von Kues*, Brill, Leiden 1977.

[44] Jon Elster, *Sour Grapes. Studies in the Subversion of Rationality*, CUP, Cambridge 1983, 43-108.

[45] Siehe *Die Umkehrung der Welt*, Kap. 4, ‚Nicht herstellbar‘.

und Beherrschbarkeit von Naturprozessen stellte sich nicht nur in praktischer, sondern besonders auch prinzipieller Hinsicht als viel beschränkter heraus als auf der Grundlage des Newtonschen Modells angenommen wurde[46]. Die Chaostheorie, die Theorie der offenen, komplexen, nichtlinearen dynamischen Systeme, die Entdeckung der selbstorganisierenden Vermögen der Natur, die Idee der emergenten Eigenschaften und Phänomene, um im Moment nur diese zu nennen, haben gänzlich neue Fenster zur Natur geöffnet. Damit erscheint auch eine Reihe philosophischer Probleme und Ideen, die, wie oben angedeutet, durch das vorhandene Naturbild mitbestimmt wurden, in einem neuen Licht, wie die Frage des Verhältnisses von Leib und Seele, die Problematik der Eigenständigkeit des Lebens und Bewusstseins, das Determinismusproblem, die Frage, ob bestimmte Wirklichkeitsgebiete teleologisch strukturiert sind und wie das etwa zu denken wäre, das Problem der Willensfreiheit, u.a.

Kurz, tiefgreifende Änderungen in den Natur- und Lebenswissenschaften insbesondere in der zweiten Hälfte des vergangenen Jahrhunderts haben eine überraschend neue Sicht der Natur eröffnet. Nicht zuletzt für die Philosophie sind diese Entwicklungen sehr relevant, weil, wie bereits gesagt, ein Naturbild mindestens implizit immer im Hintergrund philosophischer Betrachtungen mitspielt, nicht an letzter Stelle, wo es die Selbstauffassung des Menschen betrifft. Es muss aber leider festgestellt werden, dass innerhalb des Gebiets der Philosophie wenig Interesse an den faszinierenden Entwicklungen in den Naturwissenschaften besteht, voreingenommen wie sie ist insbesondere durch das, was sich auf der menschlichen Ebene abspielt. Damit läuft sie aber das Risiko, in überholten Ansichten stecken zu bleiben, was m. E. in der Tat nicht selten der Fall ist. Es besteht also aller Anlass, die Natur wieder als Thema der Reflexion auf die philosophische Tagesordnung zu setzen bzw. nach Rehabilitierung der Natur in der Philosophie zu streben. Und auf diese Weise die ziemlich einseitige geistes- und sozialwissenschaftliche Ausrichtung der heutigen Philosophie, oder mehr allgemein gesprochen die starke menschliche Selbstbezogenheit, oder vielleicht besser: die obsessive Beschäftigung des Menschen mit sich selbst zu durchbrechen.

In den folgenden Betrachtungen dieses Buches mache ich einen Versuch, die Umrisse des sich neu abzeichnenden Naturbildes zu skizzieren, um danach auf eine Reihe philosophischer Implikationen einzugehen. Ich denke übrigens, dies nebenbei bemerkt, dass es eine der besten Weisen, Philosophie zu betreiben, ist, indem man von Entwicklungen und Problemen, die auf welchem Gebiet auch immer auf-

---

[46] Siehe z.B. Ilya Prigogine, ‚Die Wiederentdeckung der Zeit. Naturwissenschaft in einer Welt begrenzter Vorhersagbarkeit', in: Hans-Peter Dürr & Walther Ch. Zimmerli (Hg.), *Geist und Natur. Über den Widerspruch zwischen naturwissenschaftlicher Erkenntnis und philosophischer Welterfahrung*, Scherz, Bern 1989, 47-60.

kommen, ausgeht, um dann die damit zusammenhängenden philosophischen Aspekte zu untersuchen. Eine derartige Auffassung der Philosophie als Besinnung auf Hintergrundfragen, gleichgültig wo sie aufkommen (in der Wissenschaft, dem Recht, der Moral, der Politik, der Kunst, der Religion, usw.) ist auch genau das, was die großen Philosophen immer praktiziert haben – und nicht so sehr das Erklären und Kommentieren philosophischer Texte. Nicht, dass mit letzterem etwas nicht in Ordnung wäre [„Morbus Hermeneuticus" (Schädelbach)]. Wohl aber, wenn es dabei bleibt, man also nicht von den Problemen der eigenen Zeit ausgeht und dann die Vorgänger zu Rate zieht, ihre Texte folglich in aktualisierender Sicht befragt. Sonst bleibt Philosophie ein Gesellschaftsspiel innerhalb einer Gruppe von Spezialisten.

Zugleich bedeutet die hier vorgestellte Vorgehensweise, Philosophie anhand der Auffassungen und Probleme eines bestimmten Wirklichkeitsgebiets zu betreiben, dass man jene Auffassungen und Probleme dann auch vollauf zu Worte kommen lässt – selbstverständlich immer im Hinblick auf ihre philosophische Dimension. Deshalb war es notwendig, in diesem Buch mehr oder weniger ausführlich zu skizzieren, welche Entwicklungen sich in den Natur- und Lebenswissenschaften im letzten Jahrhundert, und besonders in den letzten Jahrzehnten, vollzogen haben. Nur so konnten sich die Umrisse eines überraschend neuen Naturbildes abzeichnen und die damit verbundenen philosophischen Implikationen sichtbar werden.

Aufriss des Buches

Der Plan des Buches sieht wie folgt aus: Ich unterscheide in der menschlichen Geistesgeschichte idealtypisch drei Natur- oder Wirklichkeitsbilder, und zwar das prämodern-mythische, das klassisch-moderne ‚Newtonsche' und das sich jetzt abzeichnende postklassische Naturbild. In Kapitel 2 wird die mythische Sicht der Wirklichkeit in ihren Hauptzügen beschrieben, um im Kontrast dazu das Besondere des klassisch-modernen Naturbildes schärfer ins Visier zu bekommen. Dieses moderne Wirklichkeitsbild ist in der menschlichen Kulturgeschichte in der Tat außergewöhnlich. Den niederländischen Historiker Jan Romein[47] paraphrasierend könnte von der großen Ausnahme vom allgemeinen mythischen Muster gesprochen werden, weil die mythische Denk- und Lebensweise, trotz der oft großen Un-

---

[47] Von ihm stammt der Ausdruck ‚Het algemeen menselijk patroon' (‚Das allgemein menschliche Muster', AMM), die analoge Tiefenstruktur aller prämodernen Kulturen (trotz ihrer oft großen Unterschiede im Vordergrund). Von diesem AMM ist die moderne Kultur dann die große Ausnahme. Jan Romein, 'De Europese geschiedenis als afwijking van het Algemeen Menselijk Patroon' [Die europäische Geschichte als Abweichung vom allgemein menschlichen Muster], in: ders., *In de ban van Prambànan*, Amsterdam 1954, 23-57; und 'Het Algemeen Menselijk Patroon', in: ders., *Eender en anders*, Amsterdam 1964, 65-83.

terschiede an der Oberfläche zwischen den diversen Kulturen, dennoch als die Grundstruktur für alle prämodernen Gesellschaften kennzeichnend gewesen ist.

In Kapitel 3 wird dann das ‚Newtonsche' oder ‚mechanisierte' Weltbild in seinen Grundzügen gezeichnet, eine Sicht der Natur, die sich in der Frühmoderne durchsetzt und in den vergangenen Jahrhunderten einen ungeheuren Einfluss auf die Geister ausgeübt hat und zum Teil immer noch ausübt. Anschließend wird in Kapitel 4 beschrieben, wie nach und nach immer mehr Risse in diesem Naturbild hervorgetreten sind. Kapitel 5 zeigt dann, wie tief dieses Naturmodell sich in den Geistern festgesetzt hat, so dass sogar große Erneuerer in den Naturwissenschaften entgegen den eigenen Entdeckungen dennoch weiterhin an fundamentalen Ausgangspunkten des Modells festhielten.

Kapitel 6 gibt dann in einem ersten Rundgang eine Skizze der Konturen des neu sich Bahn brechenden Naturbildes. In den nachfolgenden Kapiteln untersuche ich, was die so in Hauptzügen umrissene Sicht der Natur des Näheren für unsere Auffassung der Lebenserscheinungen (Kapitel 7), der Bewusstseinsphänomene (Kapitel 8) und der Ökologie beinhaltet (Kapitel 9).

Danach unterziehe ich in einem zweiten vertiefenden Rundgang eine Reihe der in den vorhergehenden Kapiteln zur Sprache gekommenen Kernideen des neu sich abzeichnenden Naturbildes, wie Selbstorganisation, Komplexität, Emergenz, Pluralität und Diskontinuität der Natur u.a., einer näheren Analyse, und ich untersuche die Konsequenzen des neuen Denkrahmens für unsere Auffassung in Bezug auf Begriffe wie Materie, Kausalität, Teleologie, Geltung der Naturgesetze, Zufall, u.dgl. (Kapitel 10-12).

Sodann sind einige Kapitel den philosophischen Implikationen des hier entwickelten Naturbildes gewidmet, und zwar für unsere Sicht der sozialen Realität (Kapitel 13), für den Status von Werten in der Wirklichkeit (Kapitel 14) und für eine Anzahl erkenntnistheoretischer, mit dem skizzierten Naturbild zusammenhängender Fragen.

In einem letzten Kapitel taste ich zum Schluss die Grenzen der in diesem Buch befürworteten Sicht der Natur ab, namentlich, ob es Dimensionen geben könnte, die hinter dem Horizont dieser Wirklichkeitsauffassung liegen, und wie eventuell unser Verhältnis dazu gedacht werden könnte.

Kapitel 2:   Das prämodern-mythische Wirklichkeitsbild

Die Religion als bestimmender Faktor, als ‚himmlischer Baldachin‘

Das erste Wirklichkeitsbild, das ich unterschieden habe, ist das mythische. Die Geschichte der Menschheit überschauend, soweit dies möglich ist, ist es nicht zu gewagt, zu behaupten, dass die mythische Vorstellungs- und Denkweise auf dem ganzen Planeten die dominante gewesen ist. Dies bedeutet zugleich, dass erst die moderne Kultur mit der mythischen Wirklichkeitsauffassung gebrochen hat – obwohl, wie sich herausstellen wird, nicht auf der ganzen Linie. Dieser Vorbehalt bedeutet jedoch nicht, dass mit der modernen Kultur eine Denk- und Lebensweise auf der Bildfläche erscheint, die fundamental von der mythischen Art des Denkens und Lebens abweicht, oder besser: damit unvereinbar ist.

Ein Symptom für diesen Sachverhalt ist, dass die moderne Kultur eine säkulare Kultur ist, im Gegensatz zu allen prämodernen Kulturen, wo die Religion der bestimmende Faktor ist. Alle Bereiche des Daseins, die Politik, das Recht, die Landwirtschaft, der Handel, die Kunst, die Technik, der Unterricht usw., stehen dort unter religiösem Vorzeichen. Oder wie der Soziologe Peter Berger es ausdrückt: alle prämodernen Gesellschaften werden durch den ‚himmlischen Baldachin‘ der Religion überwölbt[48]. Im Gegensatz dazu hat in der modernen Kultur die Religion diese alles beherrschende Position verloren, ist sie ein Bereich des Daseins neben anderen geworden, die sich von der Religion emanzipiert und ihre eigenen Gesetzmäßigkeiten und Standards entwickelt haben. Die moderne Kultur ist damit, wie gesagt, eine weltliche Kultur geworden, der Intention nach jedenfalls. In der Praxis liegen die Dinge oft komplizierter. Aber, und das ist selbstverständlich der springende Punkt, als (im Prinzip jedenfalls) säkulare Kultur unterscheidet sie sich fundamental von allen vormodernen Gesellschaften[49]. Diese Tatsache deutet darauf hin, dass die moderne Kultur entsprechend einer anderen ‚Logik‘ organisiert ist, bzw. sich an einem anderen Wirklichkeitsbild oder Bedeutungsschema orientiert,

---

[48] Peter Berger, *The Sacred Canopy*, Anchor, New York 1990 (1967). Im gleichen Sinn der bekannte Religionswissenschaftler G. van der Leeuw, *Wegen en grenzen. Een studie over de verhouding van religie en kunst*, Paris, Amsterdam 1955, S. 1, 3, und passim.

[49] So schreibt der bekannte Anthropologe J. van Baal in seiner letzten Veröffentlichung *Mysterie als openbaring* [Mysterium als Offenbarung], ISOR, Utrecht 1990, dass die moderne „Religionslosigkeit (…) ein Novum (ist), das nur aus der modernen Zivilisation bekannt ist". (S. 20)

kurzum, dass sie unter den Kulturen eine Ausnahmestellung einnimmt. Dies hatte wohl auch der bereits genannte Jan Romein im Auge, als er die moderne Kultur die große Abweichung vom Allgemein Menschlichen Muster (AMM)[50] nannte, womit er, wie schon gesagt, die gemeinschaftliche Tiefengrammatik der prämodernen Kulturen, trotz ihrer oft großen Unterschiede an der Oberfläche[51] meinte. Diese gemeinsame Tiefenstruktur, das ist dann die hier vertretene These, hängt unmittelbar mit der mythischen Vorstellungs- und Bewusstseinsform zusammen.

Für eine nähere Charakterisierung der mythischen Denkungs- und Erfahrungsart können wir an den Mythosbegriff selber anknüpfen. Das aus dem Griechischen stammende Wort ‚Mythos‘ bedeutet ursprünglich ‚Wort‘ oder ‚Geschichte‘. Aber die vorherrschend gewordene Bedeutung ist die einer ganz besonderen Geschichte, und zwar einer heiligen Geschichte von der Natur, der Herkunft und dem Sinn der Dinge, indem auf Ereignisse in einer außerhalb unserer gewöhnlichen Zeit gelegenen Urzeit verwiesen wird. Denn damals, ‚in eo tempore‘, so der Gedanke, wurde die Welt von überirdischen Wesen geordnet und sind von allen Phänomenen die Natur und Verhaltensweise auf exemplarische Weise festgelegt.

Um ein Beispiel aufzugreifen: Die Pawnee-Indianer (im heutigen Staat Nebraska in den Vereinigten Staaten) hielten sich treu an die Traditionen ihrer Vorfahren, indem sie zur Zeit des Bearbeitens der Felder Hütten aus Lehm bauten, die genau mit überlieferten Modellen übereinstimmten, oder indem sie das ringförmige Zeltdorf aus der Zeit des Umherziehens bauten. Wesentlich ist dabei, dass jedes Zelt und jedes Dorf eine getreue Abbildung des Sternenhimmels und seiner Beziehung zur Mutter Erde ist, eine getreue Wiedergabe m.a.W. der kosmischen Ordnung. Die menschliche Welt oder der Mikrokosmos richtet sich auf diese Weise nach der Ordnung des Universums im Großen bzw. des Makrokosmos. Dieser Kosmos ist somit die natürliche Wohnstätte des Menschen, in der er sich zuhause fühlt. Um einen ihrer Gewährsleute zu zitieren: „Das Dach des Welthauses schützt Pflanze, Tier und Mensch; alle drei Bereiche vereinigen sich zu einer großen Verwandtschaft. Der Häuptling-Oben (…) segnete alle Pflanzen und Tiere und sagte, sie seien Freunde des Menschen, und die Menschen seien Freunde von ihnen; Pflan-

---

⁵⁰ Siehe Kap. 1, Anm. 44.

⁵¹ Auf ähnliche Weise spricht Theo Sundermeier vom „gemeinsame(n) Grundmuster aller Stammesreligionen", in einem Artikel „Jeder Teil dieser Erde ist meinem Volke heilig. ‚Naturreligiöse Frömmigkeit'", in: Gerhard Rau, Adolf Martin Ritter und Hermann Timm (Hg.), *Frieden in der Schöpfung. Das Naturverständnis protestantischer Theologie*, Gütersloher Verlagshaus Gerd Mohn, Gütersloh 1987, S. 23. John V. Taylor spricht in diesem Zusammenhang über die ‚primal vision‘. Er meint damit nicht nur, dass Religionen in Afrika und anderswo „eine bemerkenswerte Reihe von Zügen" gemeinsam haben, sondern besonders auch „a basic World-view which fundamentally is everywhere the same", *The Primal Vision*, SCM Press, London 1975⁴, S. 19; vgl. 64f, 75 u. ö.

zen und Tiere solle man nicht missbrauchen, sondern mit Respekt behandeln."[52] Hier gibt es also, einen wichtigen Gesichtspunkt im Hinblick auf die moderne ökologische Problematik, eine Ethik der Ehrfurcht und der Verbundenheit, im Gegensatz zur modernen Haltung von Herrschaft und Distanz in Bezug auf die Natur – ich komme darauf noch zurück.

Eine gegebene Ordnung

Einst, in einer fernen Vorzeit, ist also, wie gesagt, die Welt von Göttern oder Vorfahren geordnet worden. Und diese einst eingesetzte Ordnung ist seitdem für alle Zeiten und Orte gültig, für das Hier und Jetzt und für die Zukunft genauso gut, wie sie es in der Vergangenheit war. Die Ordnung der Dinge ist so ein für alle Mal gegeben – der bereits genannte Peter Berger hat das so formuliert, dass die prämodernen Kulturen im Zeichen von ‚givenness‘, Gegebenheit stehen, im Gegensatz zur modernen Gesellschaft, die primär in Kategorien von ‚choice‘, der eigenen Wahl denkt, und sich nicht länger an eine von Göttern oder höheren Wesen eingesetzte gegebene Ordnung für gebunden erachtet.

Die Orientierung in der Zeit der prämodernen Kulturen ist damit eine ganz andere als die der modernen Gesellschaft. Da ist der Blick auf die Zukunft, worauf im modernen Zeiterleben denn auch der Akzent liegt, gerichtet, da ist man mit dem Planen von Projekten beschäftigt, denkt man in Kategorien des Verlegens der Grenzen, von Innovation, Wachstum und Fortschritt. Das moderne Denken steht, mit Heidegger zu sprechen, im Zeichen des ‚Sich-vorweg-Seins‘, sich selber immer schon um einen Schritt Vorausseins. Die Zeit ist auf diese Weise Medium der Veränderung, der Erneuerung, des Fortschritts. Ganz anders, wie angedeutet, das mythische Denken. Wenn in der Urzeit die Prototypen aller Dinge festgelegt worden sind, wenn das die Art und Weise ist, wie die Dinge ‚gemeint‘ sind, kann von Veränderung und Erneuerung nicht die Rede sein. Wenn eine Veränderung auftritt, kann das nur eine Abweichung von der Norm sein. Die Zeit kann hier demnach nur eine negative Wirkung haben. Und die Konsequenz kann keine andere sein, als dass sie regelmäßig rückgängig gemacht werden muss. Das geschieht, indem die Dinge immer wieder in ihre anfängliche Form zurückgebracht werden, bzw. man die Zeit zu ihrem Ursprung zurückkehren lässt. So wird in den altindischen Veden eine kosmische Ordnung beschrieben und die Rituale, um diese Ordnung aufrechtzuerhalten. Dies ist der Sinn aller Rituale, des Ritus überhaupt: aufs Neue wird die Situation der Urzeit präsent gestellt (wie dies möglich ist, kommt im Folgenden

---

[52] Sundermeier, *a.a.O.*, S. 27.

noch zur Sprache), werden die eingetretenen Abweichungen vom Original rückgängig gemacht, indem man die Dinge wieder mit ihrem Urbild zusammenfallen lässt, die Uhren werden sozusagen wieder auf den Anfangszustand gestellt. Wie gesagt, geschieht das in jedem Ritus, der ein ‚re-enactment‘, eine Wiederholung der mythischen Geschichte ist – Ritus und Mythos, es wurde im vorigen Kapitel bereits gestreift, sind Kehrseiten derselben Medaille. So ist das Ziehen der ersten Furche durch den Fürsten in der Zeit des Pflügens und Säens die Wiederholung des Ziehens der ersten Furche von einem Gott oder Kulturheros in der Urzeit, ist das Vollziehen des Beischlafs auf dem Acker zur Förderung der Fruchtbarkeit die Reaktivierung der heiligen Hochzeit von Himmel und Erde, usw. Ein Beispiel *par excellence* dieser Denk- und Lebensweise ist die Begebenheit um Neujahr herum. Bei vielen Völkern werden dann die Häuser gereinigt, der alte Schmutz hinausgefegt, werden die alten Feuer ausgelöscht, wird kurzum ein Schlussstrich unter das alte, vergangene Jahr gezogen. Am Neujahrstag wird dann ein neuer Anfang gemacht, werden die Feuer wiederum angezündet, mit dem Höhepunkt des Rezitierens und aufs Neue Aufführens der Schöpfungsgeschichte, die auf diese Weise reaktiviert wird. In dieser Optik ist die Zeit notwendigerweise eine zyklische Zeit und die Dinge kehren immer wieder zu ihrem Anfang zurück, um mit neuer Energie aufgeladen zu werden[53] .

Durch die gewöhnliche Zeit, jedenfalls alle wichtigen Zeitmomente, scheint also eine Zeit höherer Ordnung hindurch, bzw. alles Gewöhnliche, ‚Profane‘, muss im Lichte einer höheren, ‚heiligen‘ Ordnung gelesen werden, die angibt, wie alles ‚gemeint‘ ist. Das bleibt die Hauptrichtung dieses mythischen Denkens bis zu den sogenannten höheren Religionen. Im Christentum ist die Geschichte auf diese Weise primär Heilsgeschichte, wird alles menschliche Geschehen aus der Perspektive des kosmischen Dramas von Schöpfung und Sündenfall, Geburt, Sterben, Auferstehung, Himmelfahrt und Wiederkunft Christi betrachtet, um schließlich auf die Wiederherstellung aller Dinge in einer erneuerten Welt hinauszulaufen. Auf entsprechende Weise erzählen Hinduismus, Buddhismus, Parsismus, Islam, Judentum usw. alle ihre ‚große Geschichte‘, wie die Wirklichkeit verstanden werden soll, entwerfen sie also alle eine Totalsicht des Weltgeschehens.

Der Handlungscharakter alles Geschehens

Aber nicht nur auf der Ebene der Welt als ganzer vollzieht sich ein allumfassendes Drama. Der mythischen Sichtweise zufolge hat alles Geschehen Handlungscharak-

---

[53] Siehe für diese ganze Vorstellungsweise Mircea Eliade, *Le mythe de l'éternel retour*, Gallimard, Paris 1949; ders., *Mythos und Wirklichkeit*, Insel, Frankfurt a.M. 1988.

ter, sind also bei allem, was geschieht, Aktoren im Spiel, Wesen mit persönlichen Merkmalen, die bei ihrem Handeln durch Motive geleitet werden und Zwecke im Auge haben. Deshalb geht der Schamane, der Medizinmann, der Prophet, kurz, der in das höhere Wissen eingeführte Stammesgenosse auf die Suche nach dem Verursacher von Krankheit, Viehsterben, Missernte, Überschwemmung, Krieg oder irgendwelchem anderen Unheil. Denn dass hinter solchen Katastrophen ein erzürnter Gott, Geist oder Vorfahre steckt, spricht in dieser Weltanschauung für sich. Und wenn der Anstifter gefunden worden und das Motiv bekannt ist, kann der Zorn beschwichtigt und die gestörte Beziehung durch Opfer, Gelübde usw. wiederhergestellt werden. Besser noch ist es, dem Unheil zuvorzukommen, indem zu bestimmten Zeiten Opfer dargebracht, die Vorfahren bei Gastmählern bewirtet, die heiligen Feste und Rituale eingehalten werden, kurzum, indem man sich genau an die einmal eingeführte Ordnung hält.

Aber wenn bei allem Geschehen ‚personhafte‘ Aktoren im Spiel sind, die ihre Absichten haben und aus Motiven handeln, dann geschieht in dieser mythischen Sicht der Dinge nie etwas ‚nur so‘, unabsichtlich oder zufälligerweise. In einer Welt, in der hinter jedem Ereignis ein wollendes Wesen vermutet wird, ist, wichtig dies festzustellen, für den Zufall kein Platz. Und ebenso wenig für so etwas wie einen Unfall. Wie Taylor schreibt: „for the man who assumes a personal causation in every event there is no such thing as accident."[54]

Wir sind, wie oben angegeben, auf der Suche nach der Tiefengrammatik des mythischen Denkens. Dabei wird vorausgesetzt, dass diese Denkform innerlich konsistent ist, d.h. dass die verschiedenen Komponenten zu einem zusammenhängenden Ganzen mit einem erkennbaren Muster gehören. Man kann es dann so sehen, dass jede dieser Komponenten die Struktur des Ganzen wiederspiegelt, wie sie sich auch gegenseitig bestimmen. Darum: wo man auch in diese Welt eintritt, welchen Teil man auch als ersten einer Betrachtung unterzieht, immer zeichnet sich darin schon das ganze Denk- und Vorstellungsmuster ab und sind virtuell schon alle anderen Komponenten ins Blickfeld gekommen. Oben waren es insbesondere die Zeit und ihr spezifischer Charakter, womit wir uns befasst haben – wir kommen noch näher darauf zurück. Aber in der Auffassung der Zeit spiegelt sich schon die ganze mythische Sicht der Wirklichkeit, abermals eine Bestätigung der Redensart: Nennen Sie mir ihre Zeitauffassung und ich werde Ihnen sagen, wie Ihre Weltanschauung aussieht. Das Obenstehende kann auch so zusammengefasst werden, dass der Mythos eine bestimmte ontologische Struktur hat, ‚Ontologie‘ verstanden im klassisch philosophischen Sinn einer Interpretation der fundamentalen Seinsweisen

---

[54] Taylor, *a.a.O.*, S. 71.

der Dinge in der Wirklichkeit. Und diese ontologische Struktur kann, wie es sich herausstellte, näher dadurch charakterisiert werden, dass alle Entitäten persönliche Züge haben und dass im Zusammenhang damit alle Ereignisse Handlungscharakter besitzen.

Diese Sachlage beinhaltet eine Reihe weiterer Merkmale des mythischen Wirklichkeitsverständnisses. Wenn alle Geschehnisse nach dem Modell von Handlungen gedacht werden, wobei Motive, Absichten und Zwecke im Spiel sind, so ist alles Geschehen in der Wirklichkeit im emphatischen Sinne vorstellbar, kann im Prinzip also das Warum und Wozu desselben ermittelt werden. Naturprozesse können so in Analogie zur Art und Weise, wie wir uns selbst und das Verhalten unserer Mitmenschen verstehen, begriffen werden. Die Welt zeigt so ein vertrautes Gesicht, im Prinzip jedenfalls, wenn auch vielleicht nicht sofort in konkreten Situationen. Aber die können aufgeklärt werden, weil alles Geschehen seiner Natur nach nachvollziehbar ist. Aus diesem Grund wird dieses Wirklichkeitsbild auch *sympathetisch*[55] genannt: alles, was geschieht, ist uns von innen heraus zugänglich. Nichts in dieser Sicht der Dinge ist uns also radikal fremd und rätselhaft, nichts auch zufällig und kontingent. Beruht doch alles auf einem Motiv und einer Absicht.

Allverwandtschaft alles Seienden

Dass alle Entitäten Subjektcharakter haben, bedeutet weiter, dass es eine Art von Allverwandtschaft aller Lebens- und Seinsformen gibt. Eigentlich ist das ein Pleonasmus: wenn alle Wesen persönliche oder personhafte Züge aufweisen, leben auch alle. Tote Dinge kommen in der mythischen Denk- und Erfahrungsweise nicht vor. Im Gegenteil ist alles lebendig und ‚beseelt‘, ist es Teil eines Ganzen, das seinerseits als ein ‚beseelter Zusammenhang‘ gesehen wird. Alles gehört auf diese Weise zu einer großen Seinsfamilie, für die auch Bezeichnungen wie ‚solidarity of life‘, ‚metaphysische Solidarität‘, ‚große Demokratie des Seienden‘ oder ‚Great Chain of Being‘ verwendet wurden. Für den Menschen bedeutet dies, dass er, wie alles übrigens, seine bestimmte natürliche Stellung im umfassenden Zusammenhang der Wirklichkeit als Ganzer hat und dass er an der Allverwandtschaft aller Seinsformen teilnimmt. Darum kann er sich im direkten Einvernehmen mit Allem, das ihn umringt, erfahren. Das hat der indianische Häuptling Seattle in seiner berühmten Rede von 1854 schön zum Ausdruck gebracht: „Die duftenden Blumen sind unsere Schwestern, das Rentier, das Pferd, die großen Adler unsere Brüder. Die Schaum-

---

[55] Siehe dazu u.a. Ernst Cassirer, *An Essay on Man*, Yale UP, New Haven/London 1962², 82ff; Kurt Hübner, *Die Wahrheit des Mythos*, Beck, München 1985, passim; Maximilian Forschner, *Die stoische Ethik*, WBG, Darmstadt, S. 55 (‚sympatheia‘).

kronen im Fluss, der Saft der Wiesenblume, der Schweiß des Ponys und des Mannes, es ist alles vom gleichen Geschlecht (...) Alles hängt zusammen wie das Blut, das eine Familie verbindet. Alles hängt mit allem zusammen."[56] Dieses Bewusstsein der Verbundenheit mit allem Umringenden ist weit verbreitet über die ganze Erde, z.B. in der Gestalt des Totemismus, der besonderen Schicksalsgemeinschaft einer menschlichen Person oder Gruppe mit einem Tier oder einer Tierart. Derselbe Gedanke einer Verbundenheit des Menschen mit allem Seienden ist, sei es in philosophisch sublimierter Form, noch kennzeichnend für das Weltbild der Stoa: „Man, according to the Stoics, ought to regard himself, not as something separated and detached, but as a citizen of the World, a member of the vast commonwealth of nature."[57] Und zu denken ist auch an Franziskus von Assisi, der in seinem Sonnengesang die Sonne, den Mond, den Wind, das Wasser und das Feuer seine Brüder und Schwestern nennt und die Erde sogar seine Mutter.

Mit dem letzteren Motiv haben wir eine Vorstellung des prämodernen Denkens vor uns, die sich bei den Germanen, Semiten, Griechen und Römern, Indern, Polynesiern, Maoris usw. findet, die kurzum weltweit verbreitet ist, und zwar die Vorstellung der Mutter Erde bzw. der Großen Mutter, die alle anderen Geschöpfe hervorgebracht hat, meistens durch ihre ‚heilige Hochzeit' mit dem Himmelgott[58]. Auch Häuptling Seattle spricht die wohl allen Indianern gemeinsame Überzeugung aus, dass „die Erde unsere Mutter ist", dass deshalb die Erde nicht dem Menschen gehört, sondern umgekehrt der Mensch der Erde. Ihr gegenüber passt denn auch nur eine Haltung der Ehrfurcht, so dass z.B. der Bergbau als Wühlen im Körper von Mutter Erde als ein Sakrileg betrachtet wird. Es handelt sich hier übrigens um eine Vorstellung, von der auch bei späteren Autoren noch Echos vernehmbar sind, eine Art archetypischer Idee also, die tief im kollektiven Gedächtnis verankert ist. So sagt in Chaucers *Canterbury Tales* der alte Mann, der nicht sterben kann (so wie das Leben ein Hervorkommen aus der Mutter Erde ist, ist das Sterben ein wieder in sie Einkehren):

> So wandre ich, ein ruheloser Unseliger,
> Und klopfe an die Erde, welche meiner Mutter Pforte ist,
> Mit meinem Stabe, früh und spät,
> Und sage: liebe Mutter, lass mich ein.

---

[56] Eigene Übersetzung. Für eine ausführlichere Beschreibung des indianischen Wirklichkeitsverständnisses, siehe u.a. Werner Müller, *Indianische Welterfahrung*, Klett-Cotta, Stuttgart 1987³; und Joseph Epes Brown, *The Spiritual Legacy of the American Indian*, Crossroad, New York 1987. Für die Idee des Zusammenhangs aller Dinge, siehe noch J.V. Taylor, *a.a.O.*, S. 64: „all things share the same nature", u.ö.

[57] Adam Smith, *The Theory of Moral Sentiments*, (intr. By G.E. West), Liberty Classics, Indianapolis 1976, III,3,10.

[58] Siehe zum Thema ausfürlicher G. van der Leeuw, *Phänomenologie der Religion*, Mohr, Tübingen 1956², 86-99; Mircea Eliade, *Traité d'histoire des religions*, Payot, Paris 1949, 211-231.

Ebenso wird in Hofmannsthals *Das Bergwerk zu Falun* die Erde angesprochen:

> Haus, tu dich auf! Gib deine Schwelle her:
> Ein Sohn pocht an! Auf tu dich, tiefe Kammer,
> Wo Hand in Hand, und Haar versträhnt in Haar,
> Der Vater mit der Mutter schläft, ich komme!

Um noch einmal kurz zu Franziskus zurückzukehren, an dessen Sonnengesang wir anknüpften: dass er alle Mitgeschöpfe als seine Geschwister betrachtet, bedeutet auch, dass er sich mit ihnen unterhalten kann. Es wird denn auch erzählt, dass er den Vögeln und Fischen predigte. Es gibt in diesem symbolischen Universum m.a.W. keine wesentlichen Barrieren, welche die Kommunikation zwischen den verschiedenen Seinsformen unmöglich machen. Alles spricht eine Sprache und alles ist im Prinzip fähig, sie zu verstehen, wenn auch dazu, wie schon bemerkt, nicht selten die spezielle Kenntnis von in ein höheres Wissen eingeweihten Personen benötigt wird. Aber nicht nur alles Bestehende gehört zu einer kommunikativen Gemeinschaft, die Allverwandtschaft macht auch Übergänge von einer Seinsform in andere möglich[59]. Die Zahl der Geschichten von Verwandlungen ist Legion, von Göttern, die in der Gestalt von Tieren auftreten, wie Zeus in der eines Stiers oder Schwans, von Menschen, die (z.B. zur Strafe) in Frösche oder Steine verwandelt werden – in den unterschiedlichsten Mythologien kein ungewöhnlicher Hergang, und nicht weniger in den aus allen Weltgegenden stammenden Märchen, die eine unverkennbar mythische Denkweise spiegeln. Und selbstverständlich gehört auch der Gedanke der Seelenwanderung zu demselben Ideenkomplex.

Eine Ethik der Verbundenheit und Ehrfurcht

Die Idee, dass der Mensch mit allem Daseienden in einer Verwandtschaftsbeziehung steht, kann keine anderen als weitreichende Konsequenzen für den Umgang mit seinen Mitgeschöpfen haben. Verwandten, ‚Geschwistern‘ und selbstverständlich der Mutter gegenüber passt ja eine Haltung von Sorge und Rücksicht. Die zum mythischen Wirklichkeitsbewusstsein gehörende Ethik ist, wie gesagt, dann auch eine Ethik der Verbundenheit und Ehrfurcht. Aber Leben kann oft nicht anders als zu Lasten anderen Lebens gehen, wie bei der Jagd, der Ernte (dem Abschneiden der Getreide- oder Reishalme) oder dem Fällen von Bäumen. Aber wenn dann schon Leben genommen und vernichtet werden muss, dann geschieht das mit allerlei

---

[59] Siehe Ovidius, *Metamorphosen*.

Ritualen: man entschuldigt sich beim Beutetier oder dem Baum, bringt ihm Opfer oder Libationen dar oder macht Gelübde. Zur Veranschaulichung ein Beispiel, das für viele andere steht: Im Gebiet der Dschagga, einem Volk am Fuß des Kilimandscharo, will man einen Baum einer nur dort vorkommenden Sorte fällen. Der Baum wird als die ‚Schwester' des Grundbesitzers, auf dessen Boden er steht, angedeutet. „Man bereitet das Fällen des Baumes vor, als ob eine Hochzeit zu veranstalten sei. Am Tage, bevor der Baum gefällt wird, tritt der Besitzer mit Milch, Bier und Honig und anderen Gaben unter den Baum: ‚Mana mfu', das heißt ausscheidendes Kind meiner Schwester, ‚ich gebe dir einen Ehemann, der soll dich heiraten, meine Tochter! (…) Glaube nicht, dass ich dich mit Gewalt antreibe, sondern du bist nun erwachsen (…) Es gehe dir gut, mein Kind.' Beim Fällen des Baumes am nächsten Tag wird der Besitzer nicht anwesend sein, es würde ihn zu sehr schmerzen und den Baum beleidigen. Der Kolonnenführer selbst beginnt nach ausführlichem Ritual, zu dem Libationen gehören, den ersten Schlag mit den Worten: ‚Du, ausziehendes Kind eines Menschen, wir schlagen dich nicht ab, sondern wir verheiraten dich! Und nicht mit Willkürgewalt verheiraten wir dich, sondern mit Milde und Güte!' Kommt später der Grundbesitzer zurück und sieht den gefällten Baum, wird er in Klagen und Weinen ausbrechen: ‚Ihr habt mir meine Schwester geraubt', und nur langsam lässt er sich beruhigen, bis dass schließlich der Friede wiederhergestellt ist."[60]

Kurzum, in dieser Sicht der Dinge kann mit der Natur nicht anders als umsichtig und so schonend wie möglich umgegangen werden. Wenn alle uns umringenden Wesen als unsere Brüder und Schwestern und die Erde sogar als unsere Mutter erfahren werden[61], können wir ihnen nur mit Respekt und Ehrfurcht begegnen, und gänzlich, wenn sie eine Verkörperung göttlicher Mächte sind. Dies steht, ich komme noch darauf zurück, in schroffem Gegensatz zur modernen Auffassung der Natur als totes und willenloses Material, mit dem nach Belieben umgegangen werden kann.

---

[60] B. Gutmann, ‚Die Imkerei bei den Dschagga', in: *Archiv für Anthropologie*, N.F. XIX (1922), 8ff, zitiert bei Theo Sundermeier, *a.a.O.*, S. 28.

[61] Siehe z.B. noch die Worte des Häuptlings Smohalla (im oberen Kolumbien), gerichtet an Major Mac Murray, Vertreter der amerikanischen Regierung: „Du forderst mich auf, den Boden zu pflügen. Soll ich ein Messer nehmen und die Brust meiner Mutter zerfleischen? (…) Du forderst mich auf, nach Steinen zu graben. Soll ich unter ihrer Haut nach ihren Knochen wühlen? Wenn ich sterbe, kann ich nicht in ihren Leib zurückgehen, um wiedergeboren zu werden. Du forderst mich auf, Gras zu mähen, Heu zu machen und es zu verkaufen, um reich zu werden wie die Weißen. Doch wie kann ich es wagen, meiner Mutter Haare abzuschneiden?" Zitiert bei Werner Müller, *a.a.O.*, S. 48.

In dieser mythischen Sichtweise ist, wie oben schon bemerkt wurde, alles, was geschieht, nachfühlbar und verständlich (wiederum: im Prinzip), alles in der Welt kann also in Analogie zu unserem eigenen Erleben und Streben gedacht werden. Aber wenn dem so ist, gibt es in diesem Universum nichts, was uns prinzipiell fremd ist und wir können unserer menschlichen Evidenz trauen. Es ist in dieser Denkungsart m.a.W. kein Platz für einen tiefgreifenden Zweifel an unserem Erkennen. Die mythische Denkform kennt denn auch keine kritische Besinnung auf unser Erkennen, was seine Möglichkeiten und Grenzen betrifft, kurzum, sie kennt keine explizite Erkenntnistheorie. Unausgesprochen wird von der Kommensurabilität von Denken und Wirklichkeit ausgegangen. Die mythische Denkform ist deshalb ‚realistisch' in dem Sinne, dass die Realität auch wirklich so ist, wie wir sie erfahren. Sie ist ferner nicht-konventionalistisch, nicht historisierend und nicht-perspektivistisch, das heißt unsere Kenntnis wird nicht durch eine konstruierende Aktivität unsererseits (mit)bestimmt, sie ist nicht zeitgebunden und mit der Zeit fortschreitend, und sie ist an keinem bestimmten Standpunkt neben möglichen anderen gebunden.

Die mythische Erfahrung von Zeit und Raum

Wir kehren einen Augenblick zu der mythischen Zeitauffassung zurück, in der sich, wie gesagt, in Kurzfassung die ganze mythische Denkweise spiegelt. In und hinter der gewöhnlichen (‚profanen') Zeit verbirgt sich, wie oben schon zur Sprache kam, eine höhere (‚heilige') Zeitordnung, die des Urgeschehens, das als Modell für die alltägliche Wirklichkeit dient. Oder: alles ist seiner Absicht nach Verkörperung einer Ordnung dahinter. Alles mehr als triviale Geschehen in der Welt (und vielleicht gibt es genaugenommen keine rein trivialen Geschehnisse) ist auf diese Weise Wiederholung oder ‚re-enactment' von Urereignissen, die aufs Neue präsent gemacht werden.

Für modernes Denken ist dies schwer vorstellbar: dass die Dinge sind, wie sie sich zeigen und zugleich auf eine Dimension dahinter verweisen, die ihre eigentliche Identität bildet. Oder, von der anderen Seite her betrachtet, dass das Urgeschehen überall ist: überall, wo die Schöpfungsgeschichte aufs Neue rezitiert und aufgeführt wird, wo das Uropfer, die Urtat des Säens und Erntens, das Bauen eines Tempels als Abbildung des Himmelbergs oder was auch immer wiederholt wird. Dies ist auch die ursprüngliche Idee hinter der römisch-katholischen Messe, und zwar dass stets aufs Neue das Opfer von Christus wiederholt und aktuell vollzogen wird. Brot und Wein nehmen dann durch die Rezitation der Einsetzungsworte durch den Priester realiter am Leib und Blut Christi teil, *sind auch wirklich* sein Leib und Blut.

Die Lehre der Transsubstantiation ist dann eben ein Symptom des Verlorengehens der mythischen Bewusstseinsform in der Übergangszeit von der prämodernen zur modernen Denkungsart. Für diese moderne Denkweise ist es absurd, dass etwas Brot und Wein und zugleich Leib und Blut Christi sein sollte. Es ist entweder das eine oder das andere, ein Ding kann nicht zugleich Teil eines Geschehens in einer ganz anderen, außerhalb der gewöhnlichen Zeit stehenden Zeitordnung sein *und* sich im Hier und Jetzt vollziehen. Modernes Denken ist trennendes Denken, Denken in der Unterscheidung von dies oder das, hier oder dort, damals oder jetzt. Etwas kann sich nicht zugleich in der Gestalt von zwei verschiedenen Sachen (‚Substanzen‘) darbieten. Was für das mythische Wirklichkeitsbewusstsein gänzlich unproblematisch, ja eben kennzeichnend ist, und zwar dass zwei Seinsweisen intern mit einander verbunden sind, ergibt für das moderne trennende Denken ein unüberwindliches Problem, das im Fall des Messopfers auch nur durch eine besondere theoretische Konstruktion, die eines Übergangs von einer Substanz in die andere (‚Transsubstantiation‘), gelöst werden kann.

Was für die Zeit gilt, nämlich dass aus mythischer Sicht im Heute die Urzeit gegenwärtig ist, das gilt in entsprechender Weise auch für den Raum: alle Orte sind Abspiegelungen der räumlichen Ordnung des Kosmos. Im mythisch gedachten Raum nimmt die Idee des Zentrums, der Achse oder des ‚Nabels‘ der Welt eine besondere Stellung ein, weil sie den Orientierungspunkt der räumlichen Ordnung der Wirklichkeit bildet. Das gilt namentlich für besondere Orte wie etwa Tempel (von Babylon, Delphi, Jerusalem usw.), den Pipal-Baum bei dem heutigen Bodh Gaya, wo Buddha (‚der Erwachte‘) die Erleuchtung empfing, oder Golgotha in der christlichen Religion, kurzum, alle Orte, wo sich besondere Manifestationen des Heiligen oder Numinosen ergeben haben: alle sind sie Verkörperungen des ‚Nabels‘ der Welt, der also hier und dort und an vielen Orten zugleich Gestalt annimmt. Aber eigentlich gilt das für jeden Ort, ja jedes Geschöpf, wie aus den Worten des Häuptlings Seattle hervorgeht: „Jedes Stück dieses Landes ist meinem Volke heilig. Jede in der Sonne glänzende Tanne, jeder Sandstrand, jeder Nebel in den dunklen Wäldern, jede Lichtung, jede summende Biene ist heilig in den Gedanken und Erinnerungen meines Volkes." Selbstverständlich steht das in unmittelbarem Zusammenhang mit dem in allen Kulturen sich findenden Gefühl starker Verbundenheit mit dem Boden, auf dem man lebt. Dieser Boden ist doch das Land der Vorfahren, imprägniert mit allen Widerfahrnissen der Gemeinschaft, Wohnstätte auch aller Mitgeschöpfe. Aber vor allem: alle Orte und Bewohner des Landes sind ‚heilig‘, weil sie Manifestationen des Göttlichen sind, das sich in ihnen bekundet.

Eine symbolistische Wirklichkeitsauffassung

Dass in allen Phänomenen der gewöhnlichen Welt eine Realität höherer Ordnung durchscheint, ja, dass all jene Phänomene ihren Prototyp nicht nur repräsentieren, sondern dieser auch *wirklich sind*, hat man als den *symbolistischen* Zug der mythischen Denkweise bezeichnet. Noch Schillers Gedicht ‚Die Götter Griechenlands'[62] beschwört diese Wirklichkeitsauffassung herauf und stellt sie der modernen entgegen. Einst, so das Gedicht, als die Götter noch die Welt regierten, die damals eine ‚schöne Welt' war, voller Freude und Anmut, war alles von ihrer Anwesenheit erfüllt. Brunnen, Bäche, Bäume, Hügel, Felder, Schilf, Sonne, Wind, usw., alles war eine Wohnstätte von Göttern, Najaden, Nymphen und anderen göttlichen Figuren. Alles zeugte von ihrer Präsenz:

> „Alles wies den eingeweihten Blicken,
> Alles eines Gottes Spur." (Symbolismus!)

Aber, so fährt das Gedicht fort, wie sehr hat sich die Situation geändert, wie öde sieht die Welt jetzt aus:

> „Wo jetzt nur, wie unsere Weisen sagen,
> Seelenlos [!] ein Feuerball sich dreht,
> Lenkte damals seinen goldenen Wagen
> Helios in stiller Majestät (…)
> Ausgestorben trauert das Gefilde,
> Keine Gottheit zeigt sich meinem Blick;
> Ach, von jenem lebenswarmen Bilde
> Blieb der Schatten nur zurück."

In dieser verlassenen und ärmlichen Natur vollzieht sich alles mechanisch, sklavisch dem Gravitationsgesetz gehorchend:

> „Fühllos selbst für ihres Künstlers [d.i. Gottes] Ehre,
> Gleich dem todten Schlag der Pendeluhr,
> Dient sie knechtisch dem Gesetz der Schwere –
> Die entgötterte Natur."

---

[62] *Schillers Werke*, Nationalausgabe, Böhlaus, Weimar, Bd. II,1 (1983), S. 363ff.

Aus dieser Welt haben sich die Götter zurückgezogen, sie sind „nach Hause zurückgekehrt" und sie haben, von Schiller sehr bedauert, „alles Schöne, alles Hohe" mitgenommen. „Und uns blieb", wie er abschließend sagt, „nur das entseelte Wort".

Eine entgötterte Natur, aus der jede Verweisung auf eine höhere Dimension verschwunden ist, eine ‚seelenlos' gewordene Sonne (nur noch ein ‚Feuerball'), und überhaupt eine Wirklichkeit, die öde und kahl geworden ist – Schiller präludiert hier deutlich das, was Max Weber später die ‚Entzauberung der Welt' nennen wird.

Aber vielleicht ist auch Schiller schon zu viel durch modernes Denken angerührt, um seine Evokation der griechischen Götterwelt als eine adäquate Wiedergabe einer mythischen Erfahrungsweise betrachten zu können, und die Bezeichnung der mythischen Denkform als symbolistisch ist ebenfalls nicht ganz zutreffend. Bei Schiller geht es ja um ‚Spuren' von Göttern und im Begriff ‚Symbol' steckt deutlich das Element der Verweisung. Dabei wird unterstellt, dass das verweisende Phänomen nicht identisch ist mit demjenigen, worauf es verweist. Für das mythische Empfinden kann der Unterschied jedoch nicht gemacht werden: zwischen dem Verweisenden und demjenigen, worauf verwiesen wird, besteht eben eine Form von Identität. Deshalb verwendet Schelling in seiner *Einleitung in die Philosophie der Mythologie* in diesem Zusammenhang den Terminus ‚tautegorisch' im Gegensatz zu ‚allegorisch' als Andeutung einer bildlichen Sprechweise, wobei zwischen zwei Sachen zwar eine äußerliche Übereinstimmung, aber keine innere Verbundenheit besteht. Letzteres ist, wie gesagt, eben kennzeichnend für den Mythos: da geht es nicht um Phänomene, die nur ein Gleichnis anderer Dinge sind und darauf verweisen, sondern die an einer höheren exemplarischen Wirklichkeit teilnehmen und sie auf diese Weise verkörpern und gegenwärtig machen. Die Sonne *ist* so der Himmelsgott Helios, der morgens auf seinem Sonnenwagen hinausfährt, oder wie bei den Ägyptern der Gott, der tagsüber auf seiner Sonnenbarke am Himmelgewölbe entlang fährt. Und der Fluss, das Meer, der Wind usw. *sind* die numinosen Mächte, die darin wohnen. Die ganze Welt ist demnach aus dieser Perspektive die Wohnstätte göttlicher Mächte, überall sind sie gegenwärtig[63], alles ist ‚Hierophanie', Manifestation des Heiligen, mit dem der Mensch sich ständig umgeben weiß. Die ganze Wirklichkeit ist somit ‚bezaubert' in dem Sinne, dass sie durch das Numinose, mehr als Gewöhnliche, Mysteriöse durchwaltet ist.

Damit sind wir auf einem anderen Weg abermals bei einem Merkmal der mythischen Wirklichkeitsanschauung, mit dem wir schon früher Bekanntschaft machten, angelangt, nämlich dass in dieser Sichtweise alles von einem idealen Standpunkt

---

[63] Taylor spricht über ihre „pervading" und „tremendous Presence", *a.a.O.*, 75, 195.

aus betrachtet wird, und zwar von oben her. Deshalb geht es in der prämodernen Literatur auch immer um besondere Figuren: Könige, Helden, Heilige, geistliche Führer usw., und selten oder nie um den gemeinen Menschen oder alltägliche Situationen[64]. Diese besonderen Personen haben eine spezielle Beziehung zu den numinosen Mächten, daher auch ihre selbstverständliche, höhere Legitimation. Sie sind von ausschlaggebender Bedeutung für das Wohlergehen ihres Stammes oder Volkes oder sogar für dasjenige der ganzen Welt. Deshalb muss der Mikado, der japanische Kaiser, sein Haupt regungslos stillhalten, um keine Störungen der Weltordnung herbeizuführen. Und aus demselben Grund regiert der chinesische Kaiser von einem Palast aus, der auf alle vier Hauptwindrichtungen gerichtet ist. Bei vielen Völkern wird bei Unheil der König oder Häuptling abgesetzt, verjagt oder sogar umgebracht, weil er offenbar seine Funktion nicht gut erfüllt hat. Es muss darum ein Wechsel stattfinden, um die Dinge wieder auf die rechte Bahn zu bringen. Der Punkt ist also, dass das Wohlergehen der Gemeinschaft von der richtigen Erfüllung ihrer Aufgaben durch besonders dazu bevollmächtigte Personen abhängig ist, was ihre hohe gesellschaftliche Stellung verständlich macht.

Eine anschauliche und sinnreiche Wirklichkeit

Ein kennzeichnender Zug der mythischen Wirklichkeitsanschauung, die nicht unerwähnt bleiben darf, ist, dass alle Phänomene eine konkrete anschauliche Gestalt besitzen – selbstverständlich steht dies im Zusammenhang mit dem schon genannten Merkmal, dass alles Geschehen nachvollziehbar ist. Am leichtesten lässt sich dieser konkrete Charakter aller Erscheinungen wieder am Raum und an der Zeit veranschaulichen. In der modernen Denkweise ist es sehr gangbar, sich den Raum als eine uniforme homogene Entität vorzustellen, d.h., alle Positionen sind einander gleich außer in der Hinsicht, dass sie, z.B. in Bezug auf ein bestimmtes Koordinatensystem, verschieden platziert sind. In jeder anderen Hinsicht sind sie unbestimmt und leer, was insbesondere beinhaltet, dass es keine innere Beziehung zu dem gibt, das sich *im* Raum befindet. Der Newtonsche Raum z.B., der die moderne Auffassung vom Raum stark beeinflusst hat, ist eine Art von riesigem leerem Behälter (oder Zimmer), in den dann die materielle Wirklichkeit gestellt wird. Aber die Wirklichkeit hat in dieser Sichtweise überhaupt keine innere Beziehung zum Raum, den sie einnimmt: alle Dinge sind einander ganz und gar äußerlich.

---

[64] In Homers *Ilias*, B 212-276, nimmt im Rat des Heeres einmal ein Mann aus dem gemeinen Volk das Wort, Thersites (er wird, ein charakteristischer Zug, als grundhässlich vorgestellt). Ihm wird aber von Odysseus unsanft das Wort entnommen und zu verstehen gegeben, dass im Rat der Adligen das gemeine Volk schweigen soll.

Ähnlich gilt für die Zeit, dass sie eine homogene Serie von Zeitmomenten ist, ebenfalls ohne interne Beziehung zu den Dingen *in* der Zeit. Man kann sich das z.B. vorstellen, indem man die Zeit wie eine Art Fließband sieht, auf das dann die Realität gestellt und durch das Band mitgeführt wird.

Im Gegensatz zu dieser abstrakt formalen Auffassung von Raum und Zeit haben sie in der mythischen Vorstellungsweise einen ausgesprochen konkreten Charakter, besonders auch, weil sie innerlich mit den Inhalten verbunden sind. Dieser räumliche Ort hier, dieser Hügel, dieses Haus oder Dorf, dieser Fluss oder diese Landschaft unterscheiden sich qualitativ von jenen anderen dort. Auch wir kennen diese Erfahrungsweise: den besonderen Charakter des Dorfes oder des Stadtviertels, in dem man aufgewachsen ist und mit dem man auch weiterhin eine besondere Bindung behält, oder von der Stelle, an der man ganz bestimmte Dinge erlebt hat. Legion ist die Zahl der Orte, die ein ganz eigenes Gesicht haben wegen der Assoziation mit Ereignissen, die dort stattgefunden haben, wie wenn man über die Agora Athens geht und sich vergegenwärtigt, dass Sokrates hier seine Gespräche führte, oder wenn man auf der Schwelle des Zimmers in der Wartburg steht, wo Luther das Neue Testament übersetzte und gewissermaßen das Hochdeutsch geboren worden ist, oder in Weimar im Sterbezimmer von Goethe oder Schiller steht oder an der Stelle, wo Premierminister Palme von Schweden ermordet wurde. Oder wenn man das Anne-Frank-Haus in Amsterdam besucht oder das Konzentrationslager von Buchenwald, usw., usw. All jene Orte, und etwas Ähnliches gilt für historische Momente, haben sich für unser Empfinden mit den Dingen, die dort geschehen sind, vollgesaugt, sind damit unlöslich verwoben[65].

Noch eine letzte Beobachtung zum Schluss dieser Skizze der mythischen Anschauungsweise. Wie oben gesagt, wird in dieser Optik die ganze Wirklichkeit überwölbt (oder getragen, wie man will) durch eine alles bestimmende Ordnung, die ‚am Anfang' eingestellt worden ist. Eine Konsequenz davon haben wir schon genannt, und zwar dass in dieser Sicht der Dinge für so etwas wie Zufall oder Unfall kein Platz ist. Alles hat also seinen guten Grund, dass es da ist und dass es ist, wie es ist. Alles steht an seinem Ort oder hat seine ‚natürliche Stellung' im Totalzu-

---

[65] Ein interessantes Beispiel einer solchen mythischen Empfindung eines Gebäudes ist noch folgendes: In seinen Memoiren erwähnt Heisenberg eine von Bohr gemachte Bemerkung, als sie zusammen Schloss Kronborg besuchten: „Ist es nicht sonderbar, wie sehr dieses Schloss sich ändert, so bald man sich vorstellt, dass Hamlet hier gelebt hat? Als Wissenschaftler glauben wir, dass ein Schloss aus nichts mehr als Steinen besteht und wir bewundern die Art und Weise, wie der Architekt sie zusammengefügt hat. Die Steine, das grüne Dach mit seiner Patina, die Holzschnitzerei in der Kirche, das insgesamt bildet das Schloss. Nichts davon dürfte sich ändern durch die Tatsache, dass Hamlet hier gewohnt hat, und dennoch ändert es sich vollkommen. Die Mauern und die Brustwehr sprechen plötzlich eine ganz andere Sprache." W. Heisenberg, *Physics and Beyond. Encounters and Conversations*, Harper, New York 1972, S. 51.

sammenhang des Seienden, den Menschen nicht ausgenommen, der deshalb im Universum auch ‚zuhause' ist.

Kein Wunder, dass Sinn ein fundamentales Merkmal dieser Vorstellungswelt ist. Er bildet von ihr sogar eine derart selbstverständliche Komponente, dass er nicht speziell thematisiert wird. Oder besser, weil die Bezeichnung von Sinn als ‚Komponente' den Eindruck erwecken könnte, dass er auch entfernt werden könnte, während das Tableau als Ganzes intakt bliebe, muss man sagen: Sinn ist ein so fundamentales Merkmal der ganzen Konfiguration des mythischen Denkens, dass er davon nicht isolierbar ist. Sinn ist, anders ausgedrückt, ‚nicht lose erhältlich'. Er ist, kurz gesagt, das Fluidum, das diese ganze Wirklichkeitsanschauung durchzieht.

Es besteht dann auch niemals so etwas, wie das Problem einer Sinnlosigkeit. Manchmal sind Stimmen hörbar, die, wie es scheint, einen Sinn der Dinge anzweifeln, wie der Text aus dem ägyptischen Mittelreich, der als das Gespräch eines Lebensmüden mit seiner Seele bekannt ist, oder das alttestamentliche Buch ‚Prediger'. Stellt es sich doch zum Ziel, eine Untersuchung anzustellen „nach dem Sinn von allem, was unter dem Himmel geschieht". Und es kommt, wie bekannt, zu dem Befund, dass alles sinnlos, „eitel und leer" ist. Jedoch, sogar dieser ‚Prediger', der am Rand einer Verneinung eines Sinnes der Dinge entlang geht (und aus diesem Grund in der jüdisch-christlichen Gedankenwelt auch immer wieder Argwohn erweckt hat) fügt sich schließlich der Tradition, in der er steht. Er akzeptiert m.a.W. letztlich eine Anzahl Grundüberzeugungen der jüdischen Vorstellungswelt, wie rätselhaft sie ihm auch sind.

Das Tableau des mythischen Denkens überschauend, können wir nicht anders als Kurt Hübner recht geben, dass wir es hier mit einer konsistenten Wirklichkeitsanschauung einer ganz bestimmten Prägung zu tun haben[66]. Es ist in der Tat nicht zu viel gesagt, hier von einer eigenen spezifischen ontologischen Struktur zu sprechen. Alle Komponenten: die Art und Weise, wie die allumfassende Ordnung, wie die Art der Seinsformen und ihre gegenseitige Beziehungen sowie die Phänomene von Raum und Zeit gedacht werden, der sympathetische und symbolistische Charakter dieser Vorstellungswelt, die zugehörige Ethik und (mehr implizite als explizite) Erkenntnislehre – dies alles ist Teil eines zusammenhängenden Gewebes von Vorstellungen. Eben auch angesichts dieser mythischen Wirklichkeitsauffassung und -erfahrung wird deutlich, wie abweichend, mit Jan Romein zu sprechen, die moderne Sicht der Wirklichkeit und Haltung ihr gegenüber ist. Sie bilden das Thema des nächsten Kapitels.

---

[66] Kurt Hübner, *a.a.O.*, S. 184; vgl. 91, 257ff und passim.

Kapitel 3:   Das klassisch-moderne Naturbild

Ich komme nun zum zweiten Fenster zur Natur, das ich zuvor als das moderne oder mechanisierte Weltbild angedeutet habe. Letzterer Terminus stammt, wie gesagt, vom niederländischen Historiker der Naturwissenschaft E.J. Dijksterhuis[67]. Nur verwende ich den Ausdruck in einem breiteren Sinn als er. Dijksterhuis verstand unter diesem Titel namentlich die Mathematisierung der modernen Naturwissenschaft. In meiner Optik ist es ein Teil einer viel umfassenderen Entwicklung in der frühmodernen Geistesgeschichte, die auch als die ‚Entzauberung der Welt‘ angedeutet wird, um einen Terminus zu benützen, der durch Max Weber zwar nicht geprägt, aber eingebürgert worden ist. Man könnte für diesen Prozess auch Ausdrücke wie Prosaisierung, Versachlichung, Desakralisierung, Intellektualisierung oder Veralltäglichung des Wirklichkeitsbildes verwenden.

In einem früheren Buch habe ich die Wende des Denkens, die im Übergang vom Spätmittelalter zur frümodernen Zeit stattfindet und im Naturbild des 17. und 18. Jahrhundert seinen Abschluss findet, als die ‚Umkehrung der Welt‘ beschrieben[68]. In der Tat ist die Blickrichtung des frühmodernen Denkens der des prämodernen mit großer Konsequenz entgegengesetzt. Es hat sich m.a.W in der Sicht der Wirklichkeit, aber nicht weniger im menschlichen Selbstbild und in den Auffassungen in Bezug auf Erkenntnis und normative Fragen, eine gigantische Umkehrung vollzogen. Noch anders gesagt: im modernen Universum werden die Dinge im Vergleich zu der vormodernen Situation systematisch unter umgekehrtem Vorzeichen gelesen. Diese Entwicklung ist Teil der großen Transformation der abendländischen Gesellschaft und Kultur, die als der Modernisierungsprozess bekannt ist und in der städtischen Kultur und Lebensweise des späteren Mittelalters ihren Ursprung hat.

Historische Wurzeln in der jüdisch-christlichen und griechischen Kultur

Ein solcher Prozess fällt nicht vom Himmel. Auch in diesem Fall ist er in einer langen Vorgeschichte vorbereitet worden. Max Weber war ebenfalls der Ansicht, dass die Entzauberung und Intellektualisierung schon einige Tausend Jahre im Gang

---

[67] E.J. Dijksterhuis, *Die Mechanisierung des Weltbildes* [niederländische Originalausgabe, 1950], Spinger, Berlin 1956.

[68] Koo van der Wal, *Die Umkehrung der Welt. Über den Verlust von Umwelt, Gemeinschaft und Sinn*, Königshausen & Neumann, Würzburg 2004, insbes. 74-100.

sind. In diesem Zusammenhang wird mit Recht oft auf die Desakralisierung der irdischen Wirklichkeit hingewiesen, die sich in der jüdischen Religion zur Zeit des Alten Testaments vollzieht. Die Predigten der alttestamentlichen Propheten wie Elias, Jesaja, Jeremia und anderen richten sich in hohem Maße gegen die Naturreligionen, in denen das Sakrale in einer Vielheit von Naturphänomenen erscheint und in dieser Form verehrt wird. Im Gegensatz dazu zieht sich das Heilige namentlich in den späteren Teilen des Alten Testaments immer ausschließlicher auf einen in der Höhe thronenden transzendenten Gott zurück, im Vergleich zu dem die Realität von Natur und Menschen immer unbedeutender wird: „Siehe, die Völker sind geachtet wie ein Tropfen am Eimer, wie ein Sandkorn auf der Waage; siehe, er hebt die Inseln auf wie ein Staubkörnchen! (…) Alle Völker sind wie nichts vor ihm; sie gelten ihm weniger als nichts, ja, als Nichtigkeit gelten sie ihm! Mit wem wollt ihr denn Gott vergleichen? Oder was für ein Abbild wollt ihr ihm an die Seite stellen?" (Jesaja 40, 15-18). Hier haben wir eine der Wurzeln des Prozesses der Desakralisierung und Entzauberung der Welt und der Natur vor uns, die über das Christentum für die abendländische Sicht der Dinge in hohem Maße bestimmend gewesen ist.

Ein nicht weniger wichtiger Faden im Gewebe der europäischen Kultur ist der Beitrag der (insbesondere griechischen) Antike. Die Entwicklung derselben ist wohl als eine Bewegung ‚vom Mythos zum Logos'[69] charakterisiert worden, weg also von der mythischen Wirklichkeitsauffassung, wie sie im vorigen Kapitel beschrieben worden ist. Eine wichtige Station auf dieser Route, es war zuvor schon die Rede davon, ist die sogenannte jonische Naturphilosophie, mit der man oft die Geschichte der griechischen und überhaupt der abendländischen Philosophie beginnen lässt und die eine neue Sicht der Natur repräsentiert. Diese Philosophen, Thales, Anaximander, Anaximenes und ihre Nachfolger Anaxagoras, Empedokles und Demokrit, stellen die Frage nach den ‚archai', den Grundprinzipien der Natur. Die Antworten, die sie auf diese Frage geben, erscheinen uns als reichlich merkwürdig und simpel: alles ist Wasser, oder Luft, oder Feuer, usw. Aber nicht die Antworten sind das Bemerkenswerte als vielmehr die Art der Fragestellung. Hier werden die Naturphänomene nicht länger, wie im mythischen Denken, in ihrer Konkretheit als Manifestation und Wohnstätte ‚personhafter' sakraler Mächte gesehen[70]. In dieser Optik hat, wie bereits gesagt, alles Geschehen Handlungscharak-

---

[69] Siehe Wilhelm Nestle, *Vom Mythos zum Logos. Die Selbstentfaltung des griechischen Denkens von Homer bis auf die Sophistik und Sokrates*, Scientia, Aalen 1966².
[70] Z.B. behauptete Anaxagoras, Sonne und Mond seien glühende Steinmassen, eine Auffassung, die ihm als erstem der griechischen Philosophen eine Anklage wegen ‚asebeia', Leugnung der Götter, eintrug.

ter, verbergen sich dahinter Motive, die ermittelt werden müssen, um zu verstehen, warum die Dinge sich ereignen, wie sie es tun.

Auch die griechische Kultur hat, wie überall auf der Welt, ihre mythische Periode gekannt, die vor allem in ihrer Religion zum Ausdruck kommt – Religion ist ihrer Art nach mythisch. Noch Schiller ruft in seinem Gedicht ‚Die Götter Griechenlands‘, von dem im vorigen Kapitel schon die Rede war, das Bild einer Wirklichkeit auf, die in all ihren Erscheinungsformen, wie Brunnen, Bächen, Bäumen, Hügeln, Schilf, Sonne, Wind, usw. von Göttern, Nymphen, Najaden usw. bewohnt wurde. Alles zeugte dann auch von ihrer Anwesenheit und kann auf diese Weise symbolisch gelesen werden:

> „Alles wies den eingeweihten Blicken,
> Alles eines Gottes Spur" (Symbolismus!)

Der Entzauberungsprozess setzt in der griechischen Kultur schon früh ein. Schon Homer mit seinem enormen Einfluss auf die griechische Vorstellung und Denkungsart ist ein Dichter, der keine echt religiöse Antenne besitzt und in seinen Geschichten ein stark vermenschlichtes und veralltäglichtes Bild der Götterwelt gibt – aus diesem Grund will Plato nicht, dass er, als ‚unfrommer‘ Dichter, in seinem Staat gelesen wird. Aber bei Homer greifen die Götter wenigstens noch in allerlei Ereignisse ein, wenn auch getrieben durch menschliche, allzu menschliche und oft wenig vornehme Motive. Bei den Joniern verliert das Naturgeschehen jedoch seinen Handlungscharakter, im Prinzip jedenfalls, in der Praxis bleiben noch allerlei mythische Einflüsse spürbar. Die Natur ist bei ihnen m.a.W. Erscheinungsform anonymer Prinzipien, sie ist die Bühne unpersönlicher Prozesse, hinter denen sich keine subjekthaften Kräfte mehr verbergen. Dann hat es auch keinen Sinn, nach dahinter steckenden Motiven zu fragen, sondern nur nach wirkenden Ursachen. Eine Konsequenz dieser Änderung der Blickrichtung ist, dass im Gegensatz zur mythischen Sicht der Dinge, in der der Zufall nicht vorkommt (alles hat doch einen Grund), jetzt der Zufall in die Naturbetrachtung eintritt, bei Demokrit und den Epikureern z.B.: ihnen zufolge ereignen sich in der Natur Prozesse, die ‚nur so‘, ohne Grund stattfinden.

Mit ihrer teleologischen Naturauffassung gehen Platon und Aristoteles gegen diese Entwicklung vor (obwohl sie zugleich auch Teil derselben sind). Und der überwiegende Teil des mittelalterlichen Denkens folgt dieser Spur, obwohl es zugleich in seiner Orientierung an allgemeinen Seinsprinzipien stark durch die griechische Philosophie in den Spuren der Jonier beeinflusst ist. Wir haben hier eine Denkart vor uns, die durch ihre teleologische Prägung und ihre religiöse Verankerung (z.B. in der Form einer Schöpfungstheologie) noch deutlich mythische Züge trägt, aber zugleich eine der mythischen Sichtweise fremde Denkart verwendet. Ich komme hierauf noch zurück.

Die Naturauffassung, die sich im Übergang vom Spätmittelalter zur frühmodernen Zeit durchsetzt, bricht in der Tat konsequent mit der mythischen Denkform. Ein Symptom dafür ist, dass die teleologische Anschauungsweise über Bord geworfen wird. Spinoza z.B. betrachtet eine teleologische Naturauffassung als das Vorurteil aller Vorurteile[71]. Naturprozesse streben nach nichts, sie werden ausschließlich durch kausale Faktoren angetrieben. Dies ist das Naturbild, wie es durch den Einfluss von Kepler, Galilei und Huygens Gestalt annimmt und durch Newton seine abschließende Form findet. Philosophen wie Bacon, Descartes, Hobbes, La Mettrie, Helvétius, Holbach und Kant werden dieses Naturbild als Ausgangspunkt ihres Denkens nehmen und die philosophischen Implikationen desselben entwickeln.

Eine Natur seelenloser, inerter Dinge

Das mechanisierte Naturbild, das sich dann entfaltet, ist das Tableau eines völlig entseelten Universums, eine Natur von lediglich toten Dingen ohne Inneres, Gefühl, Wahrnehmung oder eigenes Streben, total passiv[72], in der nur etwas geschieht, wenn von außen her Kräfte auf die Materieteilchen einwirken[73], welche die letzten Bausteine der Natur bilden. Diese Welt toter, inerter Dinge ist also das völlige Gegenteil des beseelten Ganzen des mythischen Denkens, das, weil alle Wesen da ‚desselben Blutes' sind, als ein Familienverband erfahren werden kann, wozu Haltungen von Rücksicht, Sorge und Ehrfurcht für die Mitgeschöpfe gehören. Nichts von alledem gilt für eine Natur als ein Ensemble toter Dinge, die keinen Wert und keine Bedeutung in sich selbst haben und deshalb zum Status reiner Objekte hinabsinken: bloßes Material, das man beliebig ausbeuten und manipulieren kann. Wenn Naturdinge schon einen Wert haben, dann kann das in dieser Optik nur ein

---

[71] Spinoza, *Ethica*, III, Vorwort.

[72] Trägheit, Inertie, ist Kant (und vielen anderen) zufolge eine Grundeigenschaft und sogar ein definierendes Merkmal der Materie. Darum ist Materie auch wesentlich leblos (Leben bedeutet doch das Entfalten einer eigenen Aktivität). „Aber der Begriff einer lebenden Materie (deren Begriff einen Widerspruch enthält, weil Leblosigkeit, *inertia*, den wesentlichen Charakter derselben ausmacht) lässt sich nicht einmal denken (…)" *Kritik der Urteilskraft*, B 328. Deshalb erachtet Kant es, im Anschluss an Blumenbach, als vernunftwidrig, „dass aus der Natur des Leblosen Leben habe entspringen (können)", *a.a.O.*, B 378. Siehe auch Kant, *Vorlesungen über Enzyklopädie und Logik*, Bd. I, Berlin 1961, S. 99: „Trägheit besteht in der Leblosigkeit."

[73] Siehe z.B. Jean d'Alembert: „ein Körper kann nicht durch sich selber in Bewegung gesetzt werden, weil es keinen Grund gibt, weshalb er sich in eine Richtung vielmehr als in eine andere bewegen sollte. „*Traité de dynamique*, Paris 1921, vol. I. 3f. zitiert bei J.L. Mackie, *The Cement of the Universe. A Study of Causation*, Clarendon, Oxford 1980, 219.

von außen zuerkannter Wert sein – in Kants[74] Worten ein ‚Preis‘, im Gegensatz zu einem intrinsischen Wert oder einer ‚Würde‘, die Entitäten kraft ihrer besonderen Art zukommt. Letzteres ist bei Kant und in dieser ganzen modernen Sicht nur beim Menschen der Fall, weshalb er in dieser Sichtweise kein Teil der Natur mehr ist, sondern zu einer völlig anderen Ordnung gehört.

Die Entfremdung von Mensch und Natur, die von Descartes über Kant und Fichte bis zur Existenzphilosophie und darüber hinaus für das abendländische Denken kennzeichnend ist, ist also eine logische Begleiterscheinung der modernen Naturauffassung. Die These der Sinnlosigkeit und sogar Absurdität der Wirklichkeit, die schon bei Pascal und im letzten Jahrhundert z.B. bei Sartre und Camus anzutreffen ist, war faktisch im Ansatz schon im Naturbild der frühmodernen Zeit anwesend, ist dann im Laufe der Zeit nur immer ungeschminkter an den Tag getreten.

Ich habe vorhin Max Webers Ausdruck ‚die Entzauberung der Welt‘ zur Charakterisierung des Übergangs von der mythischen zur modernen Denkform angeführt. Während in der mythischen Perspektive alle Dingen mit Sinn geladen sind, weil sie Symbolwert haben, d.h. Erscheinungsform des Sakralen sind oder wenigstens als Abbildung desselben darauf verweisen, geht diese Dimension in der modernen Sicht der Wirklichkeit ganz verloren. Die Dinge haben nicht länger Verweisungscharakter, sind kein Teil mehr einer tieferen, alles durchdringenden sinnreichen Ordnung, sondern besitzen ausschließlich noch eine faktische Seinsweise. Was hier geschehen ist, kann auch als die Entkoppelung von Realität und Idealität charakterisiert werden. Während in der mythischen Sichtweise in alles eine Absicht und ein Ideal hineinprogrammiert sind (das ist die Grundtendenz der Einrichtung der Welt, wie sie in den Schöpfungsmythen, in der Form der Schöpfung der Urmodelle alles Bestehenden, erzählt wird), bleibt in der modernen Sicht davon nur die faktische Seinsweise übrig. Die Dinge sind einfach, was sie sind, bloße Faktizität, jeder tieferen Dimension entkleidet.

Diese Entzauberung der Wirklichkeit ist ein Merkmal der gesamten modernen Sichtweise. C.G. Jung[75] zufolge leidet der moderne Mensch an Symbolarmut, hat er keine Antenne mehr für den symbolischen Aspekt der Wirklichkeit. Kein Wunder dann, dass die Religion in der modernen Kultur schwere Zeiten erlebt. Religion kann nur mit dem Bewusstsein des Symbolcharakters und des Verweisungszusammenhangs der Dinge bestehen. Wenn dieses Bewusstsein erodiert, verliert sozusagen die Religion ihren Boden.

---

[74] Grundlegung zur Metaphysik der Sitten, *Kants gesammelte Schriften*, Akad.-Ausg., Bd. IV, Berlin 1902, S. 434f.
[75] Siehe z.B. *Von den Wurzeln des Bewusstseins*, Rascher, Zürich 1954, S. 17. 31 u. ö.

Entzauberung der Wirklichkeit

Etwas Ähnliches ist auch mit der Kunst der Fall. Ton Lemaire hat in seiner schönen Studie *Filosofie van het landschap* (Philosophie der Landschaft) die Entzauberung der Welt (ein Terminus, den er auch explizit verwendet) beschrieben, wie sie in der modernen Malerei auftritt. Jede Zeit bekommt, kann man sagen, die Kunst (ebenso wie die Philosophie, Literatur, Ökonomie, usw.), die sie ‚verdient', d.h. die zu ihr passt. Um Lemaire zu zitieren:

> „In der *Filosofie van het landschap* wird vorausgesetzt, dass eine Kultur aus der Weise, wie sie dem Raum Form gibt und sich eine Vorstellung von ihm macht, untersucht und verstanden werden kann. Deshalb kann man auch versuchen, eine Diagnose der modernen Zivilisation zu geben aus der Weise, wie sie mit dem Raum umgeht. Es erweist sich als möglich, den Prozess der ‚Entzauberung' [!], den der Westen seit dem Mittelalter durchgemacht hat, in der Darstellung der Landschaft, namentlich in der Malerei, widergespiegelt zu sehen."[76]

Kurzum kann dann gesagt werden, dass das Erscheinen der Landschaft die Kehrseite des Verschwindens des transzendent orientierten Weltbildes ist. In der vormodernen Malerei ist man nicht auf die Landschaft als solche aufmerksam: sie dient als Hintergrund und Ausschmückung religiöser Darstellungen, wie z.B. die Anbetung der Hirten. Auch in der frühen Renaissance bleibt sie noch eine Zeitlang zugefügter Hintergrund von z.B. Porträts. Aber um 1450 wird die Landschaft zum selbständigen Thema von Malereien, dies im Zusammenhang mit einem neuen ‚diesseitigen' Naturverständnis. In dieser Weise des Malens drückt sich ein neuer Umgang mit der Wirklichkeit aus, und zwar die des Erkundens und Eroberns der erfahrbaren Realität (die Parallele mit der neuen empirischen Wissenschaft ist unverkennbar). Dass es um eine neue Haltung der Wirklichkeit gegenüber geht, die uns in den Stand versetzen soll, sie in den Griff zu bekommen, geht aus der Erfindung der Perspektive hervor: die Dinge werden dadurch auf uns zu geordnet[77].

---

[76] Ton Lemaire, *Filosofie van het landschap*, Ambo, Baarn 1996⁶, S. 8f.

[77] Von der Perspective sagt der Kunsthistoriker Erwin Panofski, es sei "that representational method which more than any other single factor distinguishes a ‚modern' from a medieval work of art (…)". *Early Netherlandish Painting*, Cambridge, Mass. 1966⁴, Bd I, 3. Siehe auch Brigitte Scheer, *Einführung in die philosophische Ästhetik*, WBG, Darmstadt 1977, 30f, die die Einführung der zentralen Perspektive eine Angleichung des Objekts an das Auge des Betrachters nennt. Diese Perspektive hat ihrer Ansicht nach eine ähnliche Bedeutung wie die Kategorien Kants, durch welche die Objekte vom erkennenden Subjekt aus geordnet werden.

Lemaire beschreibt die Entwicklung der Landschaftsmalerei in einer Reihe von Etappen. Nach der soeben genannten ersten Phase kommt ein Zeitabschnitt, für den insbesondere die holländische Landschaftsmalerei charakteristisch ist: „Lässt man die vielen holländischen Landschaften vorbeiziehen, dann drängt sich uns unwillkürlich eine Stimmung der Ruhe, des Vertrauens und der Zufriedenheit auf. Die Landschaft wird ohne die Teufel und Ungeheuer von Bosch abgebildet, meistens auch ohne biblische Figuren und ohne Gestalten jener anderen abendländischen Mythologie, der griechischen (…). Die holländische Landschaft ist damit die erste gänzlich weltliche, irdische Landschaft, jeder mythologischen Aufmachung oder Verweisung entledigt, ent-idealisiert. Es ist die endgültige Emanzipation der gewöhnlichen, alltäglichen Landschaft, der Welt des Menschen, und damit der Triumph dessen, was im fünfzehnten Jahrhundert als Hintergrund einer religiösen Szene angefangen hatte. Es ist dem Menschen gelungen, sich in einem profanen Raum niederzulassen."[78]

Die Entkoppelung von Realität und Idealität

Auch für diese total desakralisierte, entzauberte Kunst gilt demnach, dass ihre Bilder keinen Symbolwert mehr besitzen. Die abgebildeten Dinge, der Stier von Potter, die Flussansichten von Ruysdael usw., sind einfach was sie sind und verweisen nicht mehr auf eine dahinter liegende, ‚ideelle' Dimension, bzw., auch für diese Kunst gilt die Entkoppelung von Realität und Idealität, die kennzeichnend für das moderne Wirklichkeitsempfinden im Allgemeinen ist. Zwar hat die Romantik als Gegenbewegung gegen die Horizontalisierung und Versachlichung des modernen Wirklichkeitsbildes eine Resakralisierung von Natur und Landschaft zu bewerkstelligen versucht. Bemerkenswert dabei ist, dass sie glaubt, dazu neue Mythen zu benötigen[79]. In diesem Streben nach Resakralisierung und Remythologisierung ist sie

---

[78] A.a.O., S. 32f.
[79] Erwähnenswert ist in diesem Zusammenhang auch das Urteil des bekannten Anthropologen Claude Lévi-Strauss. Seiner Meinung nach befindet sich die moderne Kunst in einer Krise wegen der „Anomie der symbolischen Funktion". Während er ursprünglich sehr an Picasso interessiert war, begann dieser ihn nach und nach immer mehr zu ärgern. „Er wurde sich bewusst, dass er [i.e.Picasso, vdW] kaum eine Botschaft in Bezug auf die (Außen)Welt hat, sondern dass sein Werk ein malerischer Diskurs über den malerischen Diskurs ist (…)". Die moderne Kunst hat sich m.a.W. in eine eigene menschliche Welt zurückgezogen. Der einzige Ausweg aus dieser Sackgasse „bestünde in einer Art Zurückkehr zu den ‚Dingen selbst', zur Frische und Ursprünglichkeit der Natur aus Respekt, um nicht zu sagen Ehrfurcht vor dem unerschöpflichen Reichtum der Welt." Ton Lemaire, *Claude Lévi-Strauss*, Ambo, Amsterdam 2008, S. 108.

jedoch nur in gewissen Grenzen erfolgreich gewesen, sogar in ihrem Kernbereich, der Kunst. Entzauberung ist offenbar ein Wesensmerkmal der modernen Kultur[80].

Die Abspaltung von Realität und Idealität hat nicht zuletzt tiefgreifende Folgen für den Bereich des Normativen gehabt, d.h. für die Auffassung des Ästhetischen, Moralischen, Rechtlichen, Politischen und Ökonomischen. Während in der mythischen Sichtweise die Dinge Träger einer ideellen Ordnung sind, ihre Seinsweise also durch ein inhärent normatives Element bestimmt wird, wird die Wirklichkeit aus moderner Perspektive ‚normlos'. Schönheit, Wahrheit, Güte, Gerechtigkeit u. dgl. haben nicht länger einen ontologischen Status, bzw. sind nicht länger konstitutiv für die Wirklichkeit, wie sie an sich ist. Im Gegenteil werden sie den Dingen von außen her zuerkannt. Die Dinge *sind* demnach nicht schön, sondern werden als solche empfunden und beurteilt. Aber wenn die Schönheitserfahrung keine Verankerung in der Seinsweise der Dinge mehr hat, wenn sie m.a.W. kein objektives Merkmal der Realität repräsentiert, sondern ganz in die subjektive Sphäre gezogen wird[81], wie ist es dann zu verantworten, dass es sich um mehr als eine reine Geschmackssache handelt, wie wir dennoch zu denken und erfahren nicht unterlassen können?

Die Frage ist noch dringender im Blick auf die Gültigkeit moralischer Urteile, die wir ihrer Wichtigkeit wegen noch weniger als die ästhetischen Urteile dem subjektiven Empfinden überlassen können. Aber wie kann die ‚Objektivität' des moralischen Urteils gerettet werden, wenn die Kluft zwischen Tatsachen und Normen unüberbrückbar ist, und für die Untermauerung der Gültigkeit moralischer Urteile ‚die Tatsachen' nicht in Anspruch genommen werden können? Derartige Erwägungen können mit Bezug zum politischen, juristischen, ökonomischen und erkenntnistheoretischen Bereich vorgebracht werden.

Normativität gehört in dieser Sichtweise also nicht zum ‚Gefüge der Wirklichkeit'. Deshalb kann von Bertalanffy sagen, dass im mechanistischen Weltbild die Wirklichkeit als Chaos aufgefasst wird[82]. Denn Ordnung, jedenfalls im normativen Sinne, ist kein Merkmal der Wirklichkeit. Sie muss von außen herangetragen bzw. *gestiftet* werden. Diese Ansicht ist z.B. charakteristisch für die frühmoderne politi-

---

[80] Anderseits zeigt Charles Taylor überzeugend, dass die Romantik einen großen und bleibenden Einfluss auf die abendländische Denk- und Lebensweise gehabt hat, z.B. was unsere Auffassungen in Bezug auf Originalität, Kreativität, Authentizität, Selbstentfaltung usw. betrifft. Siehe seine *Sources of the Self, a.a.O.,* 368ff, 418ff u.ö. Die moderne Kultur wird m.a.W. durch eine spannungsvolle Beziehung zwischen Aufklärungs- und romantischem Denken gekennzeichnet.

[81] In Bezug auf die Subjektivierung des ästhetischen (und religiösen) Phänomens bei Kant, und damit faktisch die Aufhebung desselben, siehe die vorzüglichen Analysen von Kurt Hübner, *Kritik der wissenschaftlichen Vernunft,* Alber, Freiburg 1986³, 27ff, insbes. 30f.

[82] Ludwig von Beralanffy, *General System Theory,* Penguin, Harmondsworth, Middlesex 1971, 198ff.

sche und soziale Philosophie. Alle politik- und sozialphilosophischen Entwürfe fangen hier mit einem ‚Naturzustand' an, der ein Zustand der Ordnungslosigkeit oder, mit Hobbes zu sprechen, sogar des ‚Krieges' ist. Danach wird dann die Gemeinschaft mit ihrer politischen und juristischen Ordnung ins Leben gerufen, die also keine natürliche Gegebenheit, sondern ein Artefakt ist. Der Mensch wird auf diese Weise als ein von Hause aus nicht sozialisiertes bzw. ‚asoziales' Wesen betrachtet – dies im Gegensatz zur prämodernen Auffassung, wo der Mensch von Natur aus ein Gemeinschaftswesen ist, jedenfalls auf der menschlichen Ebene, wo er, mit Aristoteles zu reden, ein ‚zoon politikon', ein im Polisverband lebendes Wesen ist. Und in mythischer Sicht ist der Mensch, wie im vorigen Kapitel dargelegt wurde, sogar Teil der kosmischen Gemeinschaft aller Seinsformen. Demgegenüber ist im modernen politisch-sozialen Denken die Ordnung in Staat und Gesellschaft kein Naturfaktum, sondern etwas, was noch zustande gebracht bzw. gestiftet werden muss. Um Kant anzuführen: „Der Friedenszustand unter Menschen, die nebeneinander leben, ist kein Naturzustand (…), der vielmehr ein Zustand des Krieges ist (…) Er [der Friedenszustand, vdW] muss also *gestiftet* werden (…)"[83].

Aber von Bertalanffy begreift seine Aussage, dass im mechanistischen Weltbild die Wirklichkeit als Chaos erscheint, in einem breiteren als nur normativen Sinn. In der mechanistischen Wirklichkeitsauffassung kann vom Phänomen Ordnung überhaupt keine Rechenschaft gegeben werden. Denn Ordnung, in welcher Form auch immer, ist der Wirklichkeit nicht inhärent, völlig inert wie sie von sich her ist. Ordnung kann darum, wie gesagt, nur von außen her kommen. Sie setzt m.a.W. eine außerhalb der Natur stehende ordnende Instanz voraus. Im frühmodernen Deismus galt Gott als der ‚große Uhrmacher', der die Wirklichkeit entworfen und ein für allemal in Bewegung gesetzt hat, so dass er sich danach hinter die Kulissen zurückziehen konnte. Das göttliche Auftreten wird übrigens mehrmals als Ersatzstück verwendet, wenn die natürliche Erklärung der Erscheinungen unzureichend blieb.

Berühmt ist in dieser Hinsicht das ‚allgemeine Scholium', mit dem Newton seine *Principia* abschließt. Er sagt dort, er sei „bisher nicht imstande gewesen (…), die Ursachen der Eigenschaften der Gravitationskraft von den Erscheinungen aus zu entdecken" und wolle darüber auch keine Spekulationen anstellen („hypotheses non fingo", ich stelle darüber keine Mutmaßungen an). Die Ursache und überhaupt die Ordnung der Wirklichkeit müsse Gott zugeschrieben werden, den er dann auch den ‚Universalen Leiter' nennt. „All that diversity of natural things which we find suited to different times and places could arise from nothing but the

---

[83] Kant, Zum ewigen Frieden, *Kants ges. Schriften*, Akad.-Ausg. , Bd. VIII, Berlin 1912, 348f (Kursivierung von Kant).

ideas and will of a Being necessarily existing."[84] Stärker noch: Newton war der Ansicht, dass seine Bewegungsgesetze Bedingungen für das Entstehen zunehmender Unordnung in der Natur enthielten, so dass Gott regelmäßig würde intervenieren müssen, um die Ordnung wiederherzustellen und die Natur in Gang zu halten. In dem Sinne ist Newton also kein Anhänger der Idee des ‚Uhrwerkuniversums', das sich selbst instand halten kann, eine Auffassung, die in der Folge mit seinem Namen verbunden wurde.

Der Primat des Substanzbegriffs

Soeben war die Rede vom ‚asozialen' Individuum der frühmodernen politischen und sozialen Philosophie. Auch das passt zum weiteren Rahmen der frühmodernen Wirklichkeitsauffassung. Aus dieser Sicht ist nämlich die Realität aus letzten ‚atomaren' Bausteinen oder ‚Monaden' (Einheiten), um den Terminus von Leibniz zu verwenden, aufgebaut. Das gilt allererst für die materielle Wirklichkeit. Um Newton zu zitieren: „Nach allen diesen Betrachtungen ist es mir wahrscheinlich, dass Gott im Anfange der Dinge die Materie in massiven, festen, harten, undurchdringlichen und beweglichen Partikeln erschuf (...). Damit also die Natur von beständiger Dauer sei, ist der Wandel der körperlichen Dinge ausschließlich in die verschiedenen Trennungen, neuen Vereinigungen und Bewegungen dieser permanenten Teilchen zu verlegen (...)."[85] Die Welt ist m.a.W. ein Aggregat von letzten, in sich selber ruhenden Teilchen oder ‚Substanzen'[86]. Und alle Naturprozesse können als ein Zusammenfügen jener Bausteine oder als ein Trennen solcher Kombinationen, um neue zu bilden, beschrieben werden. Das Ganze ist auf diese Weise die Summe der Teile. Und die Natur als ganze ist das Aggregat aller Aggregate, ein geschlossenes System, das an Umfang gleich bleibt, physikalisch zum Ausdruck kommend in den Gesetzen der Erhaltung von Masse und Energie. Faktisch geschieht in diesem Universum nie etwas Neues, weil alles Geschehen aus einer Umgruppierung der elementaren Bausteine besteht.

---

[84] Sir Isaac Newton's *Mathematical Principles of Natural Philosophy*, transl. by Andrew Motte (1729), revised by Florian Cajori, University of California Press, Berkeley, Calif., 1934, S. 546.

[85] I. Newton, *Optics* (ed. B Cohen), New York 1952, S. 400. Zitiert bei Michael Esfeld, *Einführung in die Naturphilosophie*, WBG, Darmstadt 2002, S. 18f. In einer Linie damit sagt Kant z.B. in *De mundi sensibilis atque intellegibilis forma et principiis* von 1770, das man als eine Vorstudie der *Kritik der reinen Vernunft* betrachten kann, „dass überhaupt keine Materie entstehe oder vergehe und aller Wechsel der Welt allein die Form betreffe (...)" *Kants ges. Schriften*, Akad.-Ausg., Bd. II, 418.

[86] Der Substanzbegriff ist bei Kant, wie bekannt, ein Grundbegriff oder Kategorie des reinen Verstandes, d.h. ein apriorischer Begriff, der Erfahrung erst möglich macht. Die Einheit der Erfahrung erfordert Kants Ansicht nach etwas Bleibendes, dass aller Veränderung zugrunde liegt: „bei allen Veränderungen in der Welt bleibt die Substanz [oder das Beharrliche], und nur die Akzidenzen wechseln." *Kritik der reinen Vernunft*, B 224ff.

Der Substanzbegriff, es wurde beiläufig schon erwähnt, spielt in dieser Denkart eine zentrale Rolle. Er ist dann auch einer der grundlegenden Kategorien der frühmodernen Philosophie, neben demjenigen der Kausalität[87]. Eine Substanz ist, der gängigen Definition nach, eine Entität, die in sich selber besteht und von sich her verstanden werden kann, die also für ihr Sein und ihren Begriff kein anderes Seiendes benötigt. Par excellence ist das eine Form des Ding-Denkens: Dinge sind die letzten Gegebenheiten der Realität. Und Prozesse vollziehen sich ‚an' jenen Dingen. Sie selbst bleiben in diesen Prozessen, die ihnen äußerlich sind, unverändert, bzw.: die Prozesse sind in Hinsicht auf die Substanzen sekundär.

Dieser sekundäre Charakter gilt nicht an letzter Stelle für Relationen. Auch sie sind den Substanzen äußerlich, nicht bestimmend für die Identität derselben. Leibniz leugnet sogar die Realität von Beziehungen, welche ihm zufolge nur Gedankendinge sind. Sein Universum besteht denn auch aus beziehungslosen, ‚fensterlosen' Monaden, die jedoch den Eindruck erwecken, auf einander zu wirken (demnach in Beziehung zu einander zu stehen), indem Gott sie in einer ‚harmonia praestabilita' in vollkommener Parallele zueinander eingestellt hat – abermals ein Beispiel einer aus der Not geborenen Berufung auf göttliches Eingreifen.

Die oben schon angesprochene Situation auf der menschlichen Ebene, und zwar eines Naturzustands separater Individuen, die ihre Identität offenbar außerhalb aller Beziehungen bereits besitzen und dann in zweiter Instanz, über den Sozialvertrag, die Brücken zueinander herunter lassen – diese Situation steht selbstverständlich in vollkommener Parallele zum Zustand auf der Ebene der Natur. Überall zeigt sich dasselbe Muster, und zwar einer Wirklichkeit von unabhängigen und einzeln stehenden Substanzen, die nur sekundäre und äußerliche Beziehungen zueinander unterhalten. Ist es dann so sonderbar, dass die moderne Kultur eine Kultur der Äußerlichkeit ist? Eine Kultur des äußeren Erfolgs in Technologie, Wissenschaft und Sport, des Jeder für sich, wie das in der Figur des ‚homo oeconomicus' für den Hauptstrom des ökonomischen Denkens Modell steht, und ebenso paradigmatisch für eine Sozialtheorie ist, die alle Gemeinschaftsverbände als funktionale Zweck- und Nutzverbände auffasst und soziale Beziehungen in Kategorien von Vereinbarung und Vertrag als äußere Beziehungen denkt? Mit den Worten von David Gauthier: „The conception of social relationships as contractual lies at the core of our [modern] ideology."[88]

---

[87] Wenn Wilhelm Windelband in seinem viel gebrauchten *Lehrbuch der Geschichte der Philosophie* (Mohr, Tübingen 1921[10]) das Naturbild des 17. und 18. Jahrhunderts erörtert, tut er das unter dem Titel ‚Substanz und Kausalität' (§ 31, S. 337-358).

[88] David Gauthier, ‚The social contract as ideology', in: *Philosophy and Public Affairs* 6/2 (1977), S. 130.

Die psychologische Version dieser Denkweise ist, sich die Bewusstseinsinhalte (Wahrnehmungen, Ideen, Erinnerungen, Begriffe) als separate, einander nachfolgende und aufrufende psychische Einheiten vorzustellen – die Assoziationspsychologie dankt dieser Anschauungsweise ihren Namen. Dem Behaviorismus zufolge funktioniert die psychische Wirklichkeit gemäß dem Modell von Stimulus und Respons, demnach ist das psychische Leben in hohem Maße konditionierbar. In der Biologie wurde lange (und wird noch) einem ‚Atomismus‘ von separaten Merkmalen gehuldigt, ist der Organismus also ein Aggregat einzelner Eigenschaften. Und in der Genetik wurden (und werden) Gene als separate selbständige Einheiten der Erblichkeit betrachtet, die als solche (also ohne Zusammenarbeit mit anderen Genen und mit dem körperlichen und außerkörperlichen Kontext) somatische und/oder psychische Eigenschaften des Organismus bewirken können[89].

Wenn Wirklichkeitsauffassung und Erkenntnislehre, wie es plausibel ist, einander entsprechen, ist es in Anbetracht des oben Gesagten auch nicht verwunderlich, dass im Hauptstrom der modernen Wissenschaftslehre die analytisch-synthetische Methode als die adäquate wissenschaftliche Verfahrensweise betrachtet wird. Wie die Bezeichnung schon andeutet, werden bei dieser Vorgehensweise die zu beschreibenden und erklärenden Dinge in ihre Komponenten zerlegt und danach (eventuell in anderer Form) wieder aufgebaut. So werden z.B. in der Mechanik, dem Paradigma der frühmodernen Physik, Geschwindigkeiten und Kräfte in ihre zusammensetzenden Vektoren zergliedert, um dann daraus die Resultante zu konstruieren.

‚Bottom-up‘-Denken

Man kann diese Denkweise auch charakterisieren, indem man sagt, dass die Blickrichtung immer eine von unten nach oben ist. Ganzheiten und ihre Eigenschaften werden, wie gesagt, dadurch verstanden und erklärt, dass sie als eine Funktion der Eigenschaften und Verhaltensweisen ihrer zusammensetzenden Teile betrachtet werden. Phänomene höherer Ordnung haben m.a.W. keine anderen Merkmale und Funktionsweisen als diejenigen des elementarsten Niveaus. Dann herrschen demnach auf allen Ebenen der Wirklichkeit dieselben Gesetzmäßigkeiten. Und wenn die letzten Bausteine der Natur die undurchdringlichen materiellen Punkte sind, wie Newton sie bezeichnete, dann ist alles, was geschieht, auch auf dem Niveau höher organisierter Entitäten, erklärbar mit Hilfe der Wissenschaft, die sich mit dem Verhalten jener elementaren Teilchen befasst, und zwar der Physik. An-

---

[89] Noch Dawkins' ‚Memen‘, atomare kulturelle Bausteine der Gesellschaft liegen auf derselben Linie (*The Selfish Gene*, OUP, New York 1976).

ders gesagt: alle Wissenschaften sind Nebenstellen oder Teildisziplinen der Physik[90]. So ist, um nur dieses Beispiel zu geben, noch der prominente Physiker Stephen Weinberg der Ansicht, dass alles, was im Universum stattfindet, in den Gesetzen der Physik „beschlossen liegt" („is entailed"). Auf diese und andere Formen von Reduktionismus, denn darum handelt es sich hier, komme ich in späteren Kapiteln noch zurück.

Auch in anderen Hinsichten als der Zurückführung aller Erscheinungen höherer Ordnung auf diejenigen des grundlegendsten physikalischen Niveaus ist eine reduktionistische Tendenz dem modernen Wirklichkeitsbild eigen. Eine der Formen, in der sich dieser Trend ergibt, ist der enorme Verlust an Qualitäten, der für die moderne Anschauungsweise kennzeichnend ist. Um zu beginnen, wird dem ganzen Komplex sekundärer und tertiärer Qualitäten sein ‚objektiver' Charakter genommen. Farben, Klänge, Gerüche, Geschmack, taktile Qualitäten (glatt, hart usw.) sind moderner Einsicht nach keine Eigenschaften der Wirklichkeit, sondern nur Widerspiegelungen von physikalisch-chemischen Prozessen im Subjekt wie elektromagnetischen Wellen, Luftschwingungen u.a. Es findet hier sogar eine zweifache Reduktion statt: neben der soeben genannten wird die unendlich reiche und diverse Wirklichkeit qualitativer Farbtönungen, wie sie uns von Malern vorgezaubert wird (im Licht der Toskanischen Landschaft, dem Spiel mit dem Licht der Impressionisten usw.) zu quantitativen Unterschieden auf der Skala der Wellenlänge. Etwas Ähnliches trifft auf die nicht weniger reiche Welt der Klänge in Musik und Vogellauten zu, indem dies alles als eine Angelegenheit von Unterschieden in Schwingungsfrequenz aufgefasst wird. Und nicht nur, dass sekundäre Qualitäten zu Nebenerscheinungen physikalisch-chemischer Prozesse reduziert werden, es besteht im modernen Denken, völlig kontraintuitiv übrigens, eine starke Neigung, die ganze Wirklichkeit des Mentalen (oder des Bewusstseins) zum Epiphänomen materieller Prozesse zu reduzieren[91].

Und was für die sekundären Eigenschaften gilt, gilt in noch verstärktem Maße für die tertiären Qualitäten wie Werte (vornehm, gerecht usw.), kurzum für den ganzen normativen Bereich. Dieser wird, wie schon zur Sprache kam, in seiner Ganzheit als rein subjektiv betrachtet, ohne jede Verankerung im objektiven Schema der Dinge.

---

[90] Siehe z.B. Ludwig Wittgenstein, *Tractatus logico-philosophicus*, 4.11: „Die Gesamtheit der wahren Sätze ist die gesamte Naturwissenschaft (oder die Gesamtheit der Naturwissenschaften)."

[91] So, unter vielen anderen, Francis Crick. In seinem Buch *The Astonishing Hypothesis: The Scientific Search for the Soul* (Simon and Schuster, New York 1994) glaubt er, das Bewusstsein sei gänzlich aus der Aktivität von Nervenzellen im Gehirn erklärbar. Siehe für diese Thematik ferner Kapitel 8.

Aber sogar die primären Qualitäten, die als Eigenschaften der Realität als solcher aufgefasst werden, entgehen nicht einer Form von Reduktion: sie werden mittels einer Methode begriffen, die nur einen oder höchstens einige Parameter, wie Veränderung des Ortes oder der Bewegung, kennt.

Zunehmende Abstraktheit, abnehmende Anschaulichkeit

Die Modernität wird auf diese Weise durch eine Entwicklung immer zunehmender Abstraktheit gekennzeichnet, mit der Kehrseite einer ständig abnehmenden Anschaulichkeit. Nicht an letzter Stelle wird hier der Abstand zum mythischen Denken und Erfahren sichtbar, wo doch die Wirklichkeit in ihrem Reichtum von konkreten Gestalten und Eigenschaften die weiter nicht problematisierte Wohnstätte des Menschen ist. Deshalb kann die mythische Welt eine poetische Welt sein, kann die poetische Geschichte das Mittel par excellence sein, Sicht auf die Wirklichkeit zu bieten. Im Gegensatz dazu hat in der modernen abstrakten Welt die Poesie und die Kunst überhaupt ihr wirklichkeitserschließendes Vermögen schon längst verloren und verleiht sie nur noch der Art und Weise Ausdruck, wie Menschen die Wirklichkeit wahrnehmen und erleben.

Illustrativ für diesen Umstand ist die Auffassung von Raum und Zeit. Das mythische Denken und Erfahren ist auch in diesem Punkt, wie es sich schon im vorigen Kapitel herausstellte, sehr konkret: jedes Phänomen hat seine eigene qualitativ gefärbte Räumlichkeit und seinen eigenen Rhythmus und zeitlichen Ablauf. Raum und Zeit werden also keineswegs als selbständige Größen betrachtet, ohne Beziehung zum ‚Inhalt‘. Demgegenüber hat sich im modernen Denken ein abstraktes Bild von Raum und Zeit entwickelt: das Bild eines homogenen Mediums, in dem alle Orte und Momente einander gleich sind, eben weil sie ‚leer‘ sind, ohne Beziehung zu den Dingen ‚in‘ dem Raum und ‚in‘ der Zeit. Der Raum wird auf diese Weise sozusagen zu einem großen Zimmer, in das dann sekundär die Welt gestellt wird. Und die Zeit könnte man, wie im vorigen Kapitel schon gesagt worden ist, mit einem Fließband in gleichmäßiger Bewegung vergleichen, auf das dann die Welt gestellt wird. Das führte dann zu der Frage, warum die Welt hier und nicht dort in dieses Zimmer und auf das Fließband gestellt würde. Leibniz stellte in der Tat diese Frage. Um dem Prinzip des zureichenden Grundes zu genügen und Gott als Weltschöpfer gegen Willkür in Schutz zu nehmen, sieht er dann keine andere Lösung, als die Realität von Raum und Zeit zu leugnen und sie zu Ordnungsformen unseres Denkens zu degradieren.

Relativ wenige Denker sind ihm auf diesem unseren Intuitionen ziemlich widersprechenden Weg gefolgt. Meistens werden Raum und Zeit in realistischem Sinn aufgefasst, aber wohl, wie gesagt, als Entitäten einer ganz bestimmten Prägung: homogene Größen ohne jede Beziehung zu ihrem Inhalt. Newton nennt den so verstandenen Raum sogar den echten Raum und die so verstandene Zeit die echte Zeit, die er dann gegen den Raum und die Zeit der alltäglichen Erfahrung ausspielt. „Absolute, wahre und mathematische Zeit fließt von sich aus und ihrer Art nach gleichmäßig, ohne Beziehung zu etwas, was in Hinsicht auf sie äußerlich ist; relative, scheinbare und alltägliche Zeit ist ein sinnlich wahrnehmbares und äußeres (…) Maß, an dem Zeit mittels Bewegung gemessen wird und die gewöhnlich, wie eine Stunde, ein Tag, ein Monat, ein Jahr, anstatt wahrer Zeit gebraucht wird." Und: „Absoluter Raum bleibt, seiner Art nach, ohne Beziehung zu etwas Äußerem, immer gleich und unbeweglich."[92] In dieser abstrakten und homogenen Form sind die Begriffe von Raum und Zeit in hohem Maße für die moderne Auffassung derselben, z.B. diejenige Kants, bestimmend geworden.

Ich versuche in diesem Kapitel eine idealtypische Skizze der modernen Sicht der Wirklichkeit. Dieses Wirklichkeitsbild ist seinerseits in hohem Maße bestimmend für die moderne Lebensweise. Um ein mögliches Missverständnis abzuwehren: damit ist nicht behauptet worden, die Wirklichkeitsauffassung einer Gemeinschaft, in diesem Fall der modernen Gesellschaft, wäre die einzige Determinante der Lebens- und Handlungsweise dieser Gemeinschaft. Eine solche ‚idealistische‘ Interpretation sozialer Prozesse ist unhaltbar in Anbetracht von Faktoren wie Klima, geographischen Umständen (wohnt man in den Bergen oder am Meer), Stand der Technik, Erwerbsmitteln und Produktionsweise (Fischerei, Landwirtschaft, Handel usw.), historischen Ereignissen (z.B. den Eroberungszügen Alexanders des Großen, die zu einer Vermischung griechischer und asiatischer Kulturen führten), usw. Aber der ideelle Faktor ist, obwohl in einer Reihe mit anderen, zweifellos ein sehr wichtiger führender Gedanke dabei, dass menschliches Handeln, im Gegensatz zu bloß reaktivem Betragen, durch derartige Determinanten mitbestimmt wird, durch Vorstellungen, denen Menschen über die Natur der Wirklichkeit, über unsere Identität und Stellung in der Welt, über das, was richtig, erstrebenswert und wertvoll ist, huldigen. Menschliches Handeln, anders gesagt, ist immer auch ‚symbolisch vermittelt‘, nicht zuletzt, wenn es um kollektive Verhaltensweisen und Haltungen geht. Gemeinschaften, die an Astrologie oder an eine innere Verbundenheit mit bestimmten Tieren wie im Totemismus glauben, oder an eine natürliche Ungleichheit zwischen Kategorien von Menschen in Bezug auf andere (Herren und Sklaven, Männer und Frauen, usw.), werden eine andere Einrichtung des Daseins kennen als Gemeinschaften, die diesen Glauben nicht teilen.

---

[92] I. Newton, *Principia mathematica philosophiae naturalis*, übersetzt von Florian Cajori, zitiert bei Jon. Westphal & Carl Levenson (Hg.), *Time*, (Hacketts Readings in Philosophy), Hackett, Indianapolis 1993, S. 37.

Das Wirklichkeitsbild einer Gemeinschaft ist, kurzum, ein integrierender Bestandteil der Kultur als ganzer, bzw. der für die betreffende Gesellschaft kennzeichnenden kollektiven Lebensweise. Wittgenstein drückte das, wie bekannt, so aus, dass die ‚Sprachspiele' (die das Medium bilden, in dem das Vorstellen und Denken sich vollzieht) in Lebensformen verankert sind. Und man kann in diesem Zusammenhang auch an die Sapir-Whorf-These denken, dass Sprachen keine neutralen Kommunikationsmittel sind, mit denen beliebige Ideen adäquat zum Ausdruck gebracht werden können, sondern dass sie, bis hin zur grammatischen Struktur, ein Wirklichkeitsbild spiegeln, mit dem jeder Neuling in der Sprachgemeinschaft imprägniert wird.

Eine faustische bzw. prometheische Grundhaltung

Diese ausschlaggebende Rolle des Wirklichkeitsbildes gilt dann selbstverständlich auch für die moderne Kultur. Die Grundhaltung derselben ist als faustisch oder prometheisch bezeichnet worden. Die Hauptsache dabei ist, dass der moderne Mensch Faust zum Vorbild hat, den Mann, der bereit war, dem Teufel seine Seele zu verkaufen im Tausch für außergewöhnliche Kenntnis, die ihm Macht und weltlichen Erfolg einbringen würden, oder auch Prometheus, der nach demjenigen greift (dem Feuer), was den Göttern vorbehalten ist. Beide brechen damit mit der mythischen Sichtweise und Haltung. In dieser Optik ist alles von höheren Mächten autoritativ geordnet worden und sind damit für den Menschen unüberschreitbare Grenzen bzw. Tabus gesetzt. In der Tat bedeutet die mythische Daseinsweise, in einer geschlossenen, ein für allemal eingerichteten Welt zu leben. An diese Einrichtung hat der Mensch sich zu halten, bei Strafe, Unheil auf sich herabzurufen.

Im Gegensatz dazu ist die moderne Welt eine Welt ohne Grenzen. Und das in zweierlei Hinsicht. Erstens faktisch. Während die prämoderne Wirklichkeit nicht anders als endlich gedacht werden kann – sie hat eine äußerste Grenze, nach oben hin die letzte Himmelssphäre und nach unten hin der letzte Grund (bzw. den Rücken einer Schildkröte), auf dem die Pfeiler der Erde ruhen –, setzt sich am Anfang der modernen Zeit die Idee der Unendlichkeit des Universums durch. Alexandre Koyré hat diesen Umschlag treffend als die ‚Entwicklung von der geschlossenen Welt zum unendlichen Universum' charakterisiert[93].

Aber nicht nur im kosmischen Ausmaß wird die Welt aufgeschlossen, auch auf der menschlichen Ebene ist das der Fall. Die Fenster nach anderen Kontinenten öffnen sich; nicht umsonst ist die frühmoderne Zeit auch die Periode der begin-

---

[93] A. Koyré, *From the Closed World to the Infinite Universe*, Harper, New York 1958.

nenden Entdeckungsreisen über den ganzen Erdball, von denen die Raumfahrten die heutige Folge sind. Der moderne Mensch fängt also an, sich selber als denjenigen zu sehen, der Grenzen überschreitet und verrückt, als den großen Entdecker und Innovator.

Dass die Welt ohne Grenzen ist, ist jedoch, und das ist der zweite Punkt, nicht nur eine faktische, sondern zugleich eine normative Angelegenheit. Im mythischen Wirklichkeitsbild haben Grenzen wohl vorwiegend einen normativen Aspekt: sie sollen, auch wo das faktisch möglich wäre, nicht überschritten werden. Aus moderner Perspektive wird dieser Aspekt nicht länger anerkannt. Normativität gehört, wie gesagt, nicht zum Schema der Dinge. Diese sind, was ihre Seinsweise betrifft, rein faktisch und enthalten keinerlei Verpflichtung, z.B. die Dinge intakt zu lassen, wie sie sind. Wenn es in dieser Sichtweise schon Grenzen gibt, sind sie rein faktischer Art, wie in der Form der Eigenschaften natürlicher Materialien (ob sie Leiter von Elektrizität oder eben Isolatoren sind) oder der Naturgesetze, die bestimmte Prozesse oder Erscheinungen (z.B. das Perpetuum mobile) ausschließen. Aber durch den Einsatz menschlichen Erfindergeistes können die Grenzen des Möglichen in allerlei Fällen verschoben werden, können Eigenschaften von Materialien oder Organismen manipuliert werden. Das ist es dann auch, was in der modernen Naturforschung mit aller Macht betrieben wird.

Bei Dante findet sich in seiner *Divina Commedia* eine schöne Geschichte über den Zusammenstoß von prämodernem und modernem Denken eben auch in dem Punkt der Haltung in Bezug auf Grenzen. Im 26. Gesang der ‚Hölle‘ (es ist nicht zufällig, dass die Geschichte dort spielt) kommt ein Gespräch zwischen Dante und Ulysses, wie Odysseus in der lateinischen Literatur genannt wird, vor. Odysseus erzählt dort die Geschichte seiner Irrfahrten nach der Eroberung von Troja, aber auf eine andere Weise als Homer es tat. Denn im Gegensatz zum Ablauf bei Homer kehrt Odysseus nicht mehr nach Hause zurück. Er erzählt, wie er, mit nur noch wenigen Gesellen zum äußersten Westen des Mittelmeers verschlagen, in Sicht der sogenannten Säulen des Herkules kommt, den emporragenden Felsen auf beiden Seiten der Straße von Gibraltar. Diese galten in der Antike als das Ende der vertrauten Welt, als Wächter, „dass der Mensch nicht weiter dränge“. Odysseus jedoch, getrieben durch den „Durst nach Kenntnis von dem Weltgetriebe“, ruft seine Kameraden auf, an den Säulen vorbeizufahren, um sich auf die Suche nach dem Unbekannten zu machen (dem „Kontinent, wo keine Menschen wohnen“): „Bedenkt doch euren Ursprung, denkt, ihr seid nicht wie das Vieh [das immer dasselbe Leben lebt] und nie dürft ihr erkalten bei dem Erwerb von Kenntnis, Tüchtigkeit.“[94]

---

[94] Dante, *Die göttliche Komödie,* übertragen von Wilhelm G. Hertz, Fischer Bücherei, Frankfurt a.M. 1955, S. 108f.

Es gelingt ihm, seine Gefährten zu überreden. Sie fahren in südliche Richtung, fünf Monate lang. Dann ragt ein Berg empor, Dantes Ansicht nach wahrscheinlich der Läuterungsberg. Dorther erhebt sich ein heftiger Sturm, der das Schiffchen dreimal um seine Achse kreisen lässt, wonach es von den Wellen verschlungen wird.

Dante ist noch ein echter mittelalterlicher Mensch. Die Moral der Geschichte ist natürlich, dass derjenige, der die gesetzten Grenzen überschreitet, zu Fall kommt. Aber Dante sieht in seiner Umgebung, dem Norditalien der beginnenden Renaissance – er lebt um 1300 –, einen neuen Menschentypus heraufkommen, der sich der Tradition nicht mehr fügt, sondern entdeckend und grenzüberschreitend in die Welt zieht, der Prototyp, kurzum, des modernen Menschen.

Beherrschungsdenken

Es ist ein Klischee, aber deshalb nicht weniger wahr, dass die moderne Zivilisation durch die Idee der Beherrschung der Wirklichkeit gekennzeichnet wird. Die sichtbarste Form des Beherrschungsdenken ist selbstverständlich die moderne Technologie, die so sehr das Gesicht der modernen Gesellschaft bestimmt, dass sie oft als die technologische Gesellschaft gekennzeichnet wird. Technologie ist die moderne, auf wissenschaftlicher Kenntnis der Wirklichkeit beruhende Gestalt der Technik, die ihrerseits oft als Wesenszug des Menschen betrachtet worden ist[95]. Technik ist die Umgestaltung der vorgegebenen natürlichen Wirklichkeit im Hinblick auf unsere menschlichen Bedürfnisse und Wünsche. Sie setzt demnach einerseits ein Subjekt mit seinen Zwecken und anderseits eine wenigstens in gewissem Maße formbare Wirklichkeit und dazugehörige Mittel zur Beeinflussung dieser Realität voraus.

Aus mythischer Sicht ist der Mensch, wie im vorigen Kapitel dargelegt wurde, Teilnehmer an einer Welt, die er nicht selbst gemacht hat und deren Ordnung von höheren Mächten eingesetzt worden ist. Damit sind dem Spielraum des menschlichen Handelns und somit auch der Technik in beträchtlichem Maße Grenzen gesetzt. Und nicht nur, dass die mythische Weltordnung der Technik nur relativ schmale Spielräume zulässt, innerhalb deren sie sich ihrer eigenen Gesetzmäßigkeit nach entfalten könnte, auch innerhalb dieser Spielräume durchzieht die mythische

---

[95] So wurde in der kulturellen Anthropologie das Herstellen und Gebrauchen von Werkzeugen lange als das wichtigste definierende Merkmal des Menschseins betrachtet. Siehe z.B. Harry L. Shapiro, *Man, Culture and Society*, OUP, New York 1960, Kap. 1 u.ö. Der Mensch also als ‚tool-making animal' bzw. ‚animal instrumentificum' (Benjamin Franklin). Ähnliche Auffassungen bei Philosophen wie Arnold Gehlen oder José Ortega Y Gasset: „(…) dass der Mensch in der Wurzel seines Seins sich vor jeder andern in der Lage des Technikers befindet", *Betrachtungen über die Technik*, Deutsche Verlags-Anstalt, Stuttgart 1949, 57; vgl. 84 u. ö. Man findet diese Idee sogar schon bei Platon in seinem Mythos von Prometheus, dem mythischen Vater der Technik, *Protagoras* 320-322.

Betrachtungsweise noch das technische Handeln. Jede technische Handlung, wie Jagen, Pflügen, Säen, Ernten, das Bauen von Zelten oder Häusern, das Weben von Decken oder Kleidung, das Schneiden von Geräten oder was auch immer, es hat alles einen ‚sakralen‘ oder ‚zeremoniellen‘ Aspekt und muss nach bestimmten Regeln ausgeführt werden. In dieser Lebens- und Denkweise ist die Technik also in das Ganze der Kultur eingewoben, was sowohl die Bandbreite als die nähere Gestaltung derselben bestimmt. Es kann hier darum auch nicht die Rede von einem Subjekt sein, das souverän seine eigenen Wünsche und Ambitionen als bestimmend betrachtet bzw. seinem eigenen Willen folgt, und ebenso wenig von einer beliebig formbaren Wirklichkeit.

Das ist nun aber genau die Situation, die für die moderne Sicht kennzeichnend ist. Descartes kann als derjenige betrachtet werden, der mit seiner Zweiteilung der Welt in einen Bereich denkender gegenüber ausgedehnter Dinge dafür die philosophische Formel gefunden hat – es muss bemerkt werden, dass dies par excellence auch wieder eine Form des Ding-Denkens ist: alles, auch der denkende Geist, hat die Seinsweise einer ‚res‘ oder ‚chose‘, eines Dinges also.

Auf den ersten Blick ist nicht sofort ersichtlich, was in einer solchen Charakterisierung der (ganzen) Wirklichkeit alles impliziert ist. Das wird sichtbar, indem man sie in einen breiteren Horizont und namentlich in Kontrast zur prämodernen mythischen Sichtweise stellt. Wenn die Natur hier als die Gesamtheit der ausgedehnten materiellen Dinge betrachtet wird (Ausdehnung *ist* Descartes zufolge das Wesensmerkmal der Materie), so gehört der Geist und damit die bestimmende Seinsform des Menschen nicht mehr zur Natur – ich nehme damit das oben über die Entfremdung des Menschen von der Natur Gesagte wieder auf. Das kann jetzt wie folgt ergänzt werden: während die Natur die Gesamtheit der toten, inerten Dinge ist, ist die Realität des Geistes, der denkenden und selbstbewussten ‚Dinge‘, auch der Bereich, wo in der Welt Aktivität lokalisiert ist. Für Descartes sind alle geistigen Vermögen, wie Wollen, Wahrnehmen und Fühlen Formen des ‚Denkens‘ und ist das Denken schlechthin Aktivität, im Gegensatz zur prämodernen Auffassung des Denkens als Zurkenntnisnehmen in einer rezeptiven, kontemplativen Einstellung. Und ebenso wie bei Descartes, nur noch expliziter, ist bei Kant, Fichte, Hegel, Husserl und Neokantianern wie Cassirer die Vernunft in ihrer ‚reinen‘ Form pure ‚Aktuosität‘. Diese Vernunft ist weiter, äußerst wichtig, selbstbestimmend, nicht mehr von außen kommenden Geboten oder Ordnungen unterworfen – das ist Kant zufolge das große Missverständnis einer heteronomen Auffassung von Normativität. Im Gegenteil ist diese Vernunft selber die einzige Gesetzgeberin und Quelle von Normativität. Kurzum, der Mensch als das einzige vernünftige Wesen hat sich von jeder kosmischen Ordnung emanzipiert bzw. ist nicht länger in einen übergreifenden Verband eingebettet.

Soweit könnte es noch einzig um eine Ordnung im normativen Sinne gehen, könnte demgegenüber die Natur als faktische Wirklichkeit stehen, die ihren eigenen Gesetzmäßigkeiten gehorcht, denen sich der Mensch gezwungenermaßen fügt. Die Sicht der Wirklichkeit, wie sie im modernen Rationalismus seit Descartes Gestalt annimmt, entwickelt sich jedoch zu einem radikalen Konstruktivismus: die Welt ist das Produkt und die Konstruktion des Geistes. Als Instanz, die ihrem Wesen nach reine Aktivität ist, bringt die Vernunft die Natur hervor und bestimmt gänzlich ihre Seinsform und Eigenschaften. Die Natur ist m.a.W. Widerspiegelung des Geistes. Daher kommt auch, dass dieser Hauptstrom der abendländischen Philosophie, seit Kant als Transzendentalphilosophie bekannt und dann über Fichte, Schelling, Husserl, Cassirer und andere bis zum frühen Heidegger reichend, sich nicht zu allererst mit der Erforschung der ‚objektiven' Wirklichkeit bzw. der Natur befasst, sondern mit der Analyse der Strukturmerkmale der Vernunft oder des Bewusstseins, weil dort, es war schon die Rede davon, der Schlüssel zum Verständnis der Wirklichkeit zu finden ist. Diese Art philosophischer Analyse ist, außer als Transzendentalphilosophie, auch als Egologie charakterisiert worden. Der archimedische Punkt dieses Denkens ist das in sich selbst ruhende und seiner selbst mächtige Ego, das die Wirklichkeit nach seinem Bilde hervorbringt.

Eine machbare Welt

Das Obige könnte auch so ausgedrückt werden, dass wir es hier mit einer Philosophie des *Machens* zu tun haben – wir haben uns im Einführungskapitel schon damit befasst. Alles Bestehende kann dieser Ansicht nach als gemacht und produziert gedacht werden. Das gilt in erster Linie für die Natur. Aber nicht weniger gilt es für das soziale Phänomen – ich erinnere nochmals daran, dass die Gemeinschaft, die Rechtsordnung, der Friede usw. ‚gemacht' oder ‚gestiftet' werden müssen (und sollen). Und schließlich gilt das sogar für das Ich, das sich Kant und Fichte zufolge selber ‚setzt' (Lehre der ‚Selbstsetzung'). Um Kant anzuführen: „Ich bin ein Gegenstand von mir selbst und meinen Vorstellungen. Dass noch etwas außer mir sei, ist ein Produkt von mir selbst. Ich mache mich selbst (…) Wir machen alles selbst."[96] Ein Widerhall hiervon ist selbstverständlich die Idee des sich selbst entwerfenden Ichs bei Heidegger und Sartre.

---

[96] Opus postumum, *Kant's gesammelte Schriften*, Akad.-Ausg. Bd XXII, Berlin 1936, S. 82.

Auch in diesem Fall entsprechen Wirklichkeitsauffassung und Erkenntnislehre einander: wenn das Objekt des Erkennens ein Produkt oder eine Konstruktion des Geistes ist, entspricht dem eine Auffassung des Erkennens als konstruierender Aktivität und begreifen wir die Dinge nur, soweit sie gemacht und machbar sind. Um nochmals Kant zu zitieren: „Denn nur das, was wir selbst machen können, verstehen wir aus dem Grunde".[97]

Wenn Philosophie Ausdruck des Lebensgefühls ihrer Zeit ist, und diesem zugleich Form verleiht, indem sie dafür die Bilder und Begriffe entwickelt, dann bedeutet das Obenstehende, dass die moderne Philosophie eine technologische Sicht der Wirklichkeit entwickelt hat, die, wie früher gesagt, für die technologische Gesellschaft einen roten Teppich ausgerollt hat. Womit also behauptet wird, ich komme nochmals darauf zurück, dass die abendländische Gesellschaft, in ihrer Denkart nämlich, schon eine technologische Gesellschaft war, bevor sich die moderne Technologie als soziales Phänomen durchsetzte (das geschah erst ab etwa 1840).

Alle Ingredienzien für eine technologische Kultur sind mit dem Obigen gegeben: der Mensch als das einzige wirklich aktive Wesen, das entdeckend, grenzverlegend und umgestaltend in der Welt steht, das niemandem außer sich selber Verantwortung schuldig ist und das in seinem ganzen Handeln auf die Realisierung seiner Wünsche, Ambitionen und Ziele gerichtet ist. Demgegenüber eine Natur aus formbarem Material, welches die Ressourcen für die umgestaltende Aktivität des Menschen bereitstellt. Der moderne Bezugsrahmen kennt solcherart zwei Brennpunkte: einerseits ein aktivistisches und anthropozentrisches Selbstbild des Menschen, mit dem Ingenieur und dem Manager als Leitbild, die die natürliche und soziale Welt dem eigenen Entwurf gemäß einrichten; anderseits die Natur als Material dieser umgestaltenden Aktivität.

Über die Natur noch folgende Bemerkung: Sie wird, wie gesagt, unter dem Aspekt der Form- und Machbarkeit wahrgenommen. Das setzt voraus, dass sie kein oder nur in minimalem Maße ein inhärentes Organisationsmuster mit irreduziblen Eigenschaften besitzt. Das ist der Fall, wenn sie in der Tat bis auf das elementarste Niveau zergliederbar ist und jede höhere Ordnungsform ohne Verlust an Bedeutung auf die Ordnung des grundlegendsten Niveaus zurückführbar ist. Das entspricht, nochmals, dem Bild einer Realität von letzten Bausteinen, die in den Naturprozessen nur getrennt und umgruppiert werden – ich erinnere an die früher zitierte Aussage von Newton. Eine weitere Voraussetzung dieses Naturbildes ist, dass die Ordnung auf diesem elementarsten Niveau, und damit auf allen ‚höheren'

---

[97] Brief an Plückner vom 26.1.1797, *a.a.O.*, (Kap. 1, Anm. 5), S. 57.

Niveaus, lückenlos ist. Und das ist sie, indem ein vollkommen ‚blinder'[98] kausaler Determinismus angenommen wird. Indem man die Natur als Aggregat letzter, sich gleicher Bausteine denkt, die Eigenschaften derselben für mittels eines (oder höchstens einiger) Parameters ausdrückbar hält und die Verhaltensweisen und Interaktionen durch einige einfache Kausalgesetze für vollkommen reguliert erachtet, am liebsten durch eine letzte Weltformel – durch dieses Gesamt von Annahmen ist, jedenfalls im Prinzip, eine vollkommene Beschreibung der Natur möglich. Dies ist auch der Hintergrund der Idee einer ‚Theorie von allem', wie sie noch immer von herausragenden Wissenschaftlern wie Stephen Hawking und Gerard 't Hooft vertreten wird. Wir wüssten dann alles, was es über die Natur zu wissen gibt, die Naturwissenschaft wäre m.a.W. abgeschlossen. Die natürliche Wirklichkeit wäre übersichtlich, bis auf den Grund transparent und somit verständlich.[99] Und wenn alles transparent ist, ist es auch gänzlich erklärbar und vorhersagbar geworden, und damit *berechenbar*. Denn das ist letztendlich die Pointe der Entzauberung der Welt, wie schon Max Weber scharf erkannte. Nachdem er angegeben hat, was die Entzauberung oder Intellektualisierung der Welt *nicht* ist, nämlich keine zunehmende Kenntnis der Lebensumstände, unter denen man lebt (nur wenige in der modernen Gesellschaft wissen z.B. genauer, wie die Straßenbahn oder die Ökonomie, und, so könnte man hinzufügen, das Fernsehen, der Computer oder das Handy funktionieren), fährt er fort: „Sondern sie bedeutet etwas anderes: dass man, wenn man *nur wollte*, es jederzeit erfahren *könnte*, dass es also prinzipiell keine geheimnisvollen unberechenbaren Mächte gebe, die da hineinspielen, dass man vielmehr alle Dinge – im Prinzip – durch *Berechnen beherrschen* könne. Das aber bedeutet die Entzauberung der Welt. Nicht mehr, wie der Wilde, für den es solche Mächte gab, muss man zu magischen Mitteln greifen, um die Geister zu beherrschen oder zu erbitten. Sondern technische Mittel und Berechnung leisten das. Dies vor allem bedeutet die Intellektualisierung als solche."[100]

---

[98] Kant spricht in dieser Beziehung von „blinder Naturmechanik", die er als kennzeichnend für die ganze Natur hält und die er denn auch, aber erfolglos, auf die Lebenserscheinungen anzuwenden versucht: „Ich habe auch bisweilen zum Versuch in den Golph gesteuert blinde Naturmechanik hier [scil. bei der Erzeugung von Organismen] zum Grunde anzunehmen und glaubte eine Durchfahrt zum kunstlosen Naturbegriff zu entdecken, allein ich geriet mit der Vernunft beständig auf den Strand." Reflexion aus 1787, *Kant's ges. Schriften*, Akad.-Ausg. Bd. XXIII, S. 75. Aber trotz der Tatsache, dass ein solcher naturmechanistischer Zugang zu den Lebenserscheinungen misslingt (und deshalb auch kein ‚Newton des Grashalms' möglich ist), hat die Zweckmäßigkeit der Lebenserscheinungen bei ihm nie den Status eines objektiven Merkmals der Natur bekommen, sondern nur den eines subjektiven Prinzips zur Beurteilung derselben. So stark war also der Einfluss des Newtonschen Bildes einer Natur als eines Ortes blinder Notwendigkeit.

[99] St. Hawking, *Eine kurze Geschichte der Zeit*, Reinbek 1989, Kap. 10: ‚Die Unifizierung der Physik'.

[100] Max Weber, *a.a.O.*, S. 317. Dass Beherrschung der Welt letztlich das Ziel der theoretischen Wissenschaft ist, ist zahllose Male ausgesprochen worden. Z.B. von Carl Menger, *Untersuchungen über die Methode der Sozialwissen-*

Alle Dinge können in diesem Gedankengang, vielleicht im Moment noch nicht faktisch, sondern doch im Prinzip, berechnet und damit beherrscht werden. Schon früher hatte, wie bekannt, Laplace seine Vision eines allwissenden Dämons gehabt, eines Wesens, das auf der Grundlage einer Totalübersicht der Dinge, kombiniert mit einer vollkommenen Kenntnis der Naturgesetze, nun beliebig jeden Zustand der Welt in Zukunft oder Vergangenheit vorher- oder ‚zurücksagen‘ könnte.

Es ist klar, dass diese Idee der im Prinzip erreichbaren gänzlichen Durchsichtigkeit, Vorhersagbarkeit und Berechenbarkeit der Dinge die Hintergrundgeschichte (‚große Geschichte‘) bzw. die Ideologie der technischen Zivilisation ist. Es ist der Bezugspunkt aller Bestrebungen, sich eine immer umfassendere Übersicht über die Wirklichkeit zu verschaffen, um sie mit ihrer Hilfe immer radikaler in Regie zu nehmen.

Die moderne Naturauffassung und die zugehörige Praxis können sich spektakulärer Erfolge rühmen, darüber braucht kein Wort verloren zu werden. Von vielen auszehrenden Leiden oder katastrophalen Krankheiten (wie z.B. Seuchen) sind Art und Ursachen geklärt worden, so dass sie behandelt werden können oder sogar praktisch ausgelöscht sind. Natürliche Materialien wie Metalle oder Phänomene wie Elektrizität haben durch die Einsicht in ihre Eigenschaften ein breites Spektrum von Anwendungsmöglichkeiten bekommen. Die Zahl der Kunststoffe mit gewünschten Eigenschaften ist fast unübersehbar. Ein alter Traum des Menschen, nämlich fliegen zu können, wurde realisiert. Usw., usw.

Es ist ein ganzes Genre utopischer und Science-Fiction-Literatur entstanden über die Möglichkeiten zur Umgestaltung der Wirklichkeit auf der Grundlage wissenschaftlicher Kenntnis. Francis Bacons *Nova Atlantis* (1627) gilt als einer der wichtigsten und sehr ernst zu nehmenden frühen Entwürfe einer Technopolis. Das Buch hat, dies ist der Erwähnung wert, einen Anhang mit dem Titel ‚Die wunderbaren Werke der Natur; hauptsächlich diejenigen, die dem Menschen dienlich sind‘. Es ist in der Tat frappant, mit welch vorausschauendem Blick hier eine lange Liste von Dingen zur Verbesserung der Lebensumstände des Menschen aufgeführt wird: die Verlängerung des Lebens, die Wiederherstellung (in gewissem Maße) der Jugend, die Verlangsamung des Alterns, das Umsetzen von Stoffen in andere, Vernichtungswerkzeuge wie Waffen und Gift, das Herstellen neuer Fäden für Kleidung, Voraussagen natürlicher Ereignisse, Vivisektion und das Austesten von allerhand Giften an Tieren „und anderer, sowohl heilkundlichen wie purgierenden Arzneimittel", das künstliche Vergrößern oder Verkleinern von Tieren, das Hemmen ihres Wachstums oder Fördern ihrer Fruchtbarkeit oder umgekehrt, kurzum,

---

schaften (Leipzig 1833), S. 33: „Der Zweck der theoretischen Wissenschaft ist (…) die *Beherrschung* der realen Welt." Zitiert bei Karl-Heinz Brodbeck, *a.a.O.*, S. 17 Anm.

allerlei Formen von Biotechnologie, usw. Bei alledem wurde noch angenommen, dass der Mensch ungefähr derselbe bleiben würde, der er immer gewesen ist. Heutzutage wird jedoch, vor allem auf der Grundlage der stürmischen Entwicklungen in der Genetik und der Informationstechnologie, mit dem Gedanken gespielt, dass auch der Mensch selber in absehbarer Zeit Gegenstand wissenschaftlich gesteuerter Modifikation und ‚Reprogrammierung‘ werden kann. Um Jos de Mul zu zitieren: „Schließlich wird der Mensch selber der letztendliche Grundstoff für die kühnsten Kunststücke (…). Der Mensch ist damit das erste Tier geworden, das imstande ist, seine eigenen evolutionären Nachfolger zu schaffen (…). Auf Informationstechnologie gegründete Wissenschaften werden, anders als die klassischen mechanischen Wissenschaften, nicht durch die Frage angetrieben, wie die Wirklichkeit ist, sondern wie sie *sein könnte*."[101] Und noch immer ist bei allen technologischen Entwicklungen, nicht an letzter Stelle beim Programm der ‚Verbesserung des Menschen‘, ein euphorischer Unterton spürbar.

Schattenseiten des ‚Projekts der Moderne‘

Nach und nach sind jedoch auch die Schattenseiten dieses ‚Projekts der Moderne‘ immer sichtbarer geworden. Symptomatisch dafür ist die Tatsache, dass nur noch wenige echte Utopien geschrieben werden, Entwürfe einer Zukunft also, der mit Optimismus entgegengesehen werden kann, sondern dass ihr Pendant, die Dystopie, tonangebend geworden ist[102]. Und in der Tat sieht sich die Menschheit infolge der diversen wissenschaftlich-technischen Durchbrüche mit allerlei voll unbeherrschbaren Prozessen und Risiken konfrontiert, haben wir uns m.a.W. recht viele Schwerter des Damokles über den Kopf gehängt, so die Bevölkerungsexplosion, den Treibhauseffekt mit möglich (bzw. wahrscheinlich) tiefgreifenden klimatologischen Folgen (in diesem Fall durch umfangreiche Migrationsströme gefolgt, die ihrerseits stark destabilisierende Folgen auf der sozialen Ebene mit sich bringen werden, verglichen mit denen die heutigen gesellschaftlichen Spannungen nur Kinderspiel wären), die drohende Erschöpfung natürlicher Ressourcen, das Kernenergieproblem, fortschrittliche Massenvernichtungswaffen und neue Formen von Kriegsführung (cyber-/space-war), u.a. Anders formuliert: wir schaffen immer neue Technologien ohne Vorbild wie Atom-, Nano-, Informations- oder Gentechnologie, um nur diese zu nennen, haben aber keine Ahnung, zu welchen Folgen das

---

[101] Jos de Mul, *Cyberspace Odyssee*, Klement, Kampen 2010⁶, 239; vgl. 25, 121f u.ö.
[102] Siehe dazu z.B. Chad Walsh, *From Utopia to Nightmare*, Bles, London 1962.

führen wird oder welche Risiken das mit sich bringen wird[103]. Aber was kann man Anderes dazu sagen, als dass wir verantwortungslos handeln und mit Natur und Gesellschaft Russisches Roulette spielen? Damit ist keineswegs behauptet, dass wir auf technologische Entwicklungen verzichten müssten, wohl aber, dass wir viel überlegter und weniger übereilt vorgehen sollten.

Allem Anschein nach funktioniert m.a.W. die Wirklichkeit anders, als in den gangbaren Modellen angenommen wird, dass folglich unsere Kenntnis inadäquat ist. Die Voraussetzung, noch anders gesagt, des im Prinzip übersichtlichen, voraussagbaren, berechenbaren und beherrschbaren Charakters der Realität ist anscheinend fundamental unrichtig. Und damit taugt die ideelle Basis, auf der die moderne Technopolis beruht, nicht, mit allen katastrophalen Folgen, von denen oben einige genannt wurden. Es besteht deshalb aus dringenden praktischen Gründen aller Anlass, unser Naturbild einer kritischen Inspektion zu unterziehen. Aber auch theoretisch gibt es eine Reihe von Entwicklungen, die wahrscheinlich machen, dass die dominante Wirklichkeitsauffassung in hohem Maße defizient ist, und wir werden auf diese Weise in die Richtung eines alternativen Naturbildes gewiesen. Ich gehe in den nun folgenden Kapiteln zur Beschreibung der Umrisse desselben über.

Ich fange von der negativen Seite her an mit einer Skizze der zunehmenden Schwierigkeiten, mit denen das klassisch-moderne Naturbild zu kämpfen hat. Ein Zwischenkapitel wird zeigen, wie stark diese Sicht der Natur sich in den Geistern festgesetzt hatte. Danach gehe ich zur Exposition des neu sich abzeichnenden Naturbildes über.

---

[103] Siehe dazu meinen Aufsatz ‚Bittere Früchte vom Baum der Erkenntnis? Über problematische Aspekte der Wissensvergrößerung', in: Koo van der Wal, *Die Umkehrung der Welt, a.a.O.* (Anm. 2), 185-205.

Kapitel 4: Risse im klassisch-modernen Naturbild

Praktische Gründe für eine Revision des Naturbildes

Im vorigen Kapitel habe ich die Umrisse des Naturbildes skizziert, das sich in der frühmodernen Zeit durchsetzt und bestimmend für den Hauptstrom des wissenschaftlichen und philosophischen Denkens in der modernen Ära wird. Und diese Sicht der Dinge ist allmählich auch immer mehr auf die Ebene des alltäglichen Denkens und Erfahrens durchgesickert. Obwohl das eher zitierte Scholion Newtons, in dem er die ‚wahre' Zeit gegenüber derjenigen der ‚gewöhnlichen' Erfahrung stellt, verrät, dass das wissenschaftliche Wirklichkeitsbild (in diesem Fall die Zeit betreffend) die alltägliche Natur- und Wirklichkeitserfahrung nie ganz hat kolonisieren können. Um ein Beispiel zu geben: in der Lebenswelt hat man Tiere wohl nie wirklich als Maschinen oder Automaten wahrgenommen, wie es dem mechanisierten Weltbild entsprochen hätte [104]. Wohl aber wurde mit dem Durchsickern der wissenschaftlich-philosophischen Naturbetrachtung auf die alltägliche Ebene –gut in Übereinstimmung mit den gesellschaftlichen Entwicklungen – ein Raster über Wahrnehmung und Denken gelegt, das Aspekte der Naturerfahrung zwar nicht ganz verdrängte, aber wirkungslos und diffus erscheinen lässt.

Das moderne mechanisierte Weltbild, namentlich in der von Newton kanonisierten und von Descartes und Kant philosophisch legitimierten Form, hat mehr als drei Jahrhunderte das Denken in hohem Maße beherrscht. Und noch immer übt es großen Einfluss aus, in der Wissenschaft, in der Philosophie wie auch in der Denkweise der Gesellschaft im Allgemeinen. Dennoch besteht sowohl aus theoretischen wie aus praktischen Gründen aller Anlass, dieses Naturbild einer drastischen Revision zu unterziehen. Die theoretischen Gründe werden im Folgenden dargelegt. Die praktischen Gründe liegen in der Art und Weise, wie die moderne Gesellschaft mit der Natur umgeht, mit allen ihren Folgen wie die Klimaproblematik, die stark zurücklaufende Biodiversität, die Erschöpfung der natürlichen Ressourcen und eine ganze Reihe anderer Folgen der Überbelastung der ökologischen Systeme. Wenn es richtig ist, wie oben beschrieben wurde, dass die moderne Lebensweise in beträchtlichem Maße durch das in der frühmodernen Zeit aufgekommene Natur-

---

[104] Siehe für den tierischen (und menschlichen) Körper: Descartes, *Discours de la méthode*, V. In ähnlichem Sinn Jacques Monod: „Die Lebewesen sind chemische Maschinen." *Zufall und Notwendigkeit*, Piper, München 1971, 61; vgl. 105, 109, 139.

und Wirklichkeitsbild bestimmt ist und diese Sicht der Dinge sich im Licht neuerer Entwicklungen als immer inadäquater erweist, dann ist es immer schwieriger, sich der Schlussfolgerung zu entziehen, dass die moderne Gesellschaft auf der Grundlage eines überholten Wirklichkeitsbildes funktioniert. Insofern könnte eine mehr oder weniger radikale Revision dieser Anschauungsweise einen Teil der Therapie unserer modernen Leiden bedeuten.

Theoretische Gründe für eine Revision: der Zeitbegriff

Gründe für eine solche Revision auf der theoretischen Ebene hat es nachgerade immer mehr gegeben. Sie machen sich, wie das in der Wissenschaft und Philosophie eigentlich immer der Fall ist, bemerkbar in der Form von Rissen, Lücken, Paradoxien und anderen Mängeln des gängigen Modells, um auf befriedigende Weise Rechenschaft über die Phänomene zu geben. Ich leite die Darstellung des neuen Naturbildes daher mit der Beschreibung der Probleme ein, die in Bezug auf eine der zentralen Komponenten des mechanisierten Weltbildes ans Licht getreten sind, und zwar den Zeitbegriff.

Die Zeit wird in dieser Weltsicht, um es zusammenfassend darzustellen, als ein gleichmäßiger Strom aufgefasst – ich habe dafür das Bild eines sich mit gleichmäßiger Geschwindigkeit bewegenden Laufbands gebraucht. Die Zeit steht ganz für sich selbst, ohne Beziehung zu den Dingen *in* der Zeit. Man kann das auch so ausdrücken, dass die Zeit ein externer Parameter der Naturprozesse ist. Diese Zeit ist weiter homogen in dem Sinn, dass alle Zeitmomente einander gleich und also mit Ausnahme ihrer Lage ununterscheidbar sind. Deshalb kann für die Zeit immer wieder das Bild einer Linie verwendet werden, auf der ebenfalls alle Punkte gleich sind mit Ausnahme ihrer Lage auf der Linie. Und, als äußerst wichtiger Zug dieses Zeitbegriffs, um den es sich hier vor allem drehen wird: diese Zeit hat keine Richtung oder keinen ‚Pfeil‘. D.h., alle Prozesse in der Natur werden als reversibel bzw. alle Trajektorien als richtungsneutral betrachtet. Mittels des soeben verwendeten Bildes ausgedrückt: das Laufband kann sowohl nach vorwärts als auch nach rückwärts in Bewegung gesetzt werden. In den Gleichungen der klassischen Physik kommt das darin zum Ausdruck, dass sie gültig bleiben, wenn für t sein entgegengesetzter Wert $-t$ eingesetzt wird. Und viele chemische Reaktionen können in beide Richtungen gelesen werden, z.B.:

$$BiCl_3 + H_2O \rightleftarrows BiOCl + 2\,HCl$$

(Bismuthchlorid und Wasser ergeben Bismuthychlorid und Chlorwasserstoff und umgekehrt).

Dies alles stimmt offensichtlich völlig mit Newtons Idee überein, dass alles, was im Universum geschieht, in einem Vereinigen und/oder Trennen von letzten materiellen Bausteinen besteht, was ebenfalls beinhaltet, dass alle Prozesse ihrer Art nach umkehrbar sind. Und die Konsequenz daraus kann keine andere sein, als dass alles, was im Universum stattfindet, immer das Gleiche ist. Das Neue oder Unerwartete ist hier prinzipiell unbekannt. Und das wieder bedeutet, dass was hier Zeit heißt, diesen Namen eigentlich nicht verdient.

Unumkehrbare Naturprozesse. Die Wärmelehre

Dass die Umkehrbarkeit jedoch *nicht* für alle Naturprozesse gilt, wurde im 19. Jahrhundert nach und nach deutlich, und zwar mit dem Aufkommen der Wärmelehre[105]. Diese eröffnete ein neues Kapitel der Physik und entfesselte damit zugleich eine Grundlagenkrise. Das Interesse an der Art und Weise, wie Wärme und Wärmeleitungsprozesse funktionieren, entstand mit der Erfindung der Dampfmaschine, einer Maschine, die Wärme in Arbeit umsetzt. Weil dabei viel Wärme ungenützt wegfließt, ergab sich die Frage, wie diese Apparate optimal eingerichtet werden könnten. Die Wärmelehre ist deshalb in der Anfangszeit eine praktische Angelegenheit gewesen, betrieben von Technikern, denen es um die Berechnung und Optimierung des Wirkungsgrades von Dampfmaschinen ging. Deshalb entfaltete sich die Wärmelehre anfangs außerhalb der anerkannten mechanistischen Physik und wurde auch kaum als ernst zu nehmendes theoretisches Unternehmen betrachtet.

Wohl wurde schon in diesem Stadium deutlich, dass in zweierlei Hinsicht von Unumkehrbarkeit gesprochen werden kann. Erstens, dass Wärme sich in einem Körper oder gasförmigen Medium irreversibel zu einem homogenen Endzustand verbreitet, von dem her es für diesen Körper oder dieses Medium unmöglich ist, auf spontanem Weg (also ohne Hilfe von außen) zur ursprünglichen Situation ungleichmäßiger Verteilung der Wärme zurückzukehren. Wenn z.B. zwei wärmeleitende Gegenstände, von denen der eine warm und der andere kalt ist, miteinander verbunden werden, wird letztlich in allen Teilen beider Gegenstände die gleiche Temperatur herrschen, während es nicht möglich ist, spontan zum Anfangszustand zurückzukehren. Und zweitens kann Arbeit wohl ganz in Wärme, Wärme aber nur sehr teilweise in Arbeit umgesetzt werden[106]. Letzteres bildete selbstverständlich das

---

[105] Ich stütze mich im Nachfolgenden auf die Darlegung von Mike Sandbothe, *Die Verzeitlichung der Zeit. Grundtendenzen der modernen Zeitdebatte in Philosophie und Wissenschaft*, WBG, Darmstadt 1998, 18-73.
[106] Das gilt sogar für die fortgeschrittensten Kraftwerke. Auch ihr Nutzeffekt ist höchstens 42 %.

Problem der Erbauer der Dampfmaschine, sie so zu entwerfen, dass der Wärmegebrauch doch so optimal wie möglich ist.

Schon in diesem Frühstadium der Thermodynamik regte sich nun bei orthodoxen Newtonianern der Verdacht, hier sei subversive Physik im Entstehen. Als Joseph Fourier, der schon seit 1807 die Verbreitung von Wärme in festen Körpern untersuchte und darin auch eine bestimmte Regelmäßigkeit entdeckte, seine Befunde an die Öffentlichkeit bringen wollte, hintertrieben seine Beurteiler Lagrange, Laplace und Legende als Protagonisten der klassischen Mechanik die Veröffentlichung. Erst 1822 wurde es Fourier möglich, sein Buch *Théorie analytique de la chaleur* mit den Ergebnissen seiner Untersuchung erscheinen zu lassen. Schon aus diesem Geplänkel wurde deutlich, dass das Phänomen der unumkehrbar in einen homogenen Zustand ausmündenden Verbreitung der Wärme auf gespanntem Fuß mit der Reversibilität aller Prozesse im Newtonschen mechanistischen Modell steht.

Solange die Thermodynamik vorwiegend eine phänomenologische Theorie war, welche die Erscheinungen und ihre Eigenschaften beschreibt, aber nicht erklärt, die z.B. den Zusammenhang zwischen Temperatur, Volumen und Druck eines Gases feststellt, ohne davon eine begründende Theorie zu geben, schwelte das Problem, ob klassische Mechanik und Thermodynamik vereinbar seien, mehr oder weniger unterschwellig weiter, ohne sich zu einem offenen Konflikt zu verhärten. Wohl loderte die Debatte darüber immer wieder auf, z.B. in der Form, dass mit den irreversiblen Prozessen der Wärmelehre die Zeit ihren ‚Pfeil‘ zurückbekam und der alltägliche intuitive Zeitbegriff, der von Newton als Scheinzeit abserviert worden war, ihr Recht zurückerhielt[107]. Dieser Zusammenhang wird auch in der Tat anerkannt, sowohl von den Newtonianern in verneinendem wie von den Thermodynamikern in bejahendem Sinn. Interessant ist in dieser Beziehung z.B. eine Passage eines Briefes von James Clark Maxwell, einem der großen Physiker der zweiten Hälfte des 19. Jahrhunderts. Maxwell war ein leidenschaftlicher Anhänger des

---

[107] Eddington kann deshalb sagen, dass mit der Wiedereinführung des Richtungscharakters der Zeit der physikalische und der alltägliche Zeitbegriff den Gleichschritt wieder aufgenommen haben. Man kann es auch so sagen: die Physik entdeckt wieder, was unser Bewusstsein unmittelbar erfährt: „Der Richtungscharakter der Zeit wird von unserem Bewusstsein direkt erfahren." „(…) wir müssen (wenigstens in gewisser Hinsicht) unser unmittelbares Gefühl für ‚Werden‘ als Einblick in die wahre Natur des physikalischen Weltgeschehens auffassen." Wenn wir an der physikalischen Auffassung des dynamischen Charakters der Welt festhalten, „geben wir damit implizit zu, dass das Bewusstsein imstande ist, gleichsam durch ein privates Tor einen unmittelbaren Einblick in den Sinn des Weltgeschehens zu bekommen." Arthur S. Eddington, *The Nature of the Physical World*, Macmillan, New York/Cambridge 1928, S. 77, 95, 96.
Wir haben hier, dies als Randbemerkung, einen der Fälle vor uns, in denen neue wissenschaftliche Einsichten zu einer Rehabilitierung von früher durch die Wissenschaft unterdrückten Auffassungen des alltäglichen Verstandes führen. Siehe für Auffassungen in Bezug auf den Geist: Francesco J. Varela et al., *The Embodied Mind. Cognitive Science and Human Experience*, MIT Press, Cambridge, Mass. 1993, 46.

Newtonschen Modells der Physik und demnach überzeugt von der Umkehrbarkeit aller physikalischen Prozesse, einer Überzeugung, die er unter anderem durch ein subtiles Gedankenexperiment untermauerte[108]. Im genannten Brief an seinen Freund Lord Raleigh schreibt Maxwell: „Wenn die Welt ein rein dynamisches System ist und wenn man die Bewegung eines jeden seiner Teilchen im selben Augenblick genau umkehrt, so werden alle Ereignisse rückwärts bis zum Anfang aller Dinge ablaufen, die Regentropfen werden sich auf dem Erdboden versammeln und zu den Wolken emporfliegen usw. usw., und die Menschen werden das Leben ihrer Freunde vom Grab bis zur Wiege verstreichen sehen, bis wir die Umkehrung unserer Geburt erleben, was immer das sein mag. Es wird dann heißen, es sei unmöglich, etwas über die Vergangenheit zu erfahren, es sei denn durch Analogie mit der Zukunft. Es erscheint zweifelhaft, dass sich ein solches Experiment durchführen lässt, doch ich glaube auch nicht, dass es eines solchen Kunststücks bedarf, um den zweiten Hauptsatz der Thermodynamik umzustoßen."[109]

Der zweite Hauptsatz der Thermodynamik

Diametral entgegengesetzt dazu nahm ein anderer großer Forscher des späten 19. Jahrhunderts, William Thomson, auch bekannt als Lord Kelvin, Stellung. Thomson ist eine für die Entwicklung der Thermodynamik sehr wichtige Person gewesen. Der Terminus ‚Thermodynamik' zur Bezeichnung der Wärmelehre stammt von ihm, aber viel wichtiger ist, dass er als erster den für den Zeitbegriff entscheidenden zweiten Hauptsatz der Thermodynamik formulierte. Thomson hatte Gedankenexperimente wie diejenigen Maxwells, um die Umkehrbarkeit aller Naturprozesse zu untermauern, schon als ‚höchst nutzlos' qualifiziert, weil damit der Eindruck erweckt werde, die ‚realen Erscheinungen' auf adäquate Weise zu charakterisieren, während eine solche Erkenntnis „unendlich weit am menschlichen Wissen vorbei" gehe. Aber, schreibt er dann, die Anwendung der Reversibilität des mechanisti-

---

[108] Das Gedankenexperiment, das als ‚Maxwells Dämon' bekannt ist, ist z.B. beschrieben worden in James Trefil, *Cassell's Laws of Nature*, Cassell, London 2002, 256f.

[109] Zitiert bei Sandbothe, *a.a.O.*, 43f. Wie sehr sich in dieser Hinsicht die Auffassungen geändert haben, geht aus einer Aussage von Eddington hervor: „Das Gesetz, das aussagt, dass die Entropie immer zunimmt – der zweite Hauptsatz der Thermodynamik – nimmt, wie ich denke, die allerhöchste Stelle unter den Naturgesetzen ein. Wenn dich jemand darauf hinweist, dass die von dir gehegte Theorie nicht mit den Maxwellgleichungen übereinstimmt – umso schlimmer für die Maxwellgleichungen. Wenn sie sich im Widerspruch mit den Wahrnehmungen zeigt – nun ja, die Experimentatoren verpfuschen die Sache ab und zu. Aber wenn deine Theorie sich nicht in Übereinstimmung mit dem zweiten Hauptsatz der Thermodynamik erweist, kann ich dir keinerlei Hoffnung mehr machen; es bleibt nichts anderes über, als in äußerster Erniedrigung zusammenzubrechen." Eddington, *a.a.O.*, S. 74. Denis Noble bemerkt dazu, dass die Beschuldigung von Lamarckismus in der Biologie etwa gleich schlimm ist wie „creating a Maxwell's Demon (breaking the laws of Thermodynamics) in the physical sciences." *The Music of Life. Biology Beyond Genes*, OUP, Oxford 2006, 99.

schen Denkens auf die menschliche Situation würde zur absurden Konsequenz führen, dass „die Lebewesen, im Besitz bewusster Erkenntnis der Zukunft, aber ohne Erinnerung an die Vergangenheit, rückwärts wachsen und (…) wieder ungeboren" würden[110].

Ich flechte jetzt einen kurzen Exkurs ein, der für das Verständnis des Folgenden unentbehrlich ist. Soeben erwähnte ich, dass Thomson als erster den zweiten Hauptsatz der Thermodynamik formuliert hat. Dieser lautet in der Version, die der österreichische Physiker Boltzmann ihm gegeben hat (es gibt auch andere Formulierungen): In einem geschlossenen System kann die Entropie (ein Maß der Unordnung eines Systems) nur zunehmen, jedoch nie abnehmen. Ein solches System bewegt sich m.a.W. in die Richtung eines Verlusts an Verschiedenartigkeit und Struktur (die Formen von Ordnung repräsentieren), und letztlich eines Zustands totaler Egalisierung und Auslöschung aller Unterschiede. Der deutsche Physiker Helmholtz zog daraus die Schlussfolgerung, dass, auf das Universum angewandt (das also als ein geschlossenes System betrachtet wird), dieser Satz die Vorhersage beinhaltet, dass die Welt sich in die Richtung des ‚Wärmetodes' als Endzustand bewegt.

Logischerweise muss es neben einem zweiten, einen ersten Hauptsatz der Thermodynamik geben. Dieser, das Gesetz der Erhaltung der Energie, lautet: In einem geschlossenen System bleibt die totale Quantität der Energie konstant. Es gibt auch noch einen dritten Hauptsatz, der aber für den Zweck dieser Betrachtung weniger wichtig ist[111]. Der Punkt ist nun, dass, während der erste Hauptsatz in guter Übereinstimmung mit den Prinzipien der Newtonschen Physik ist, der zweite damit auf gespanntem Fuß steht, weil er einen ‚Pfeil' der Zeit voraussetzt.

Solange die Thermodynamik nun aber, wie gesagt, sich in phänomenologischen Gewässern bewegte, blieb auch unentschieden, ob es hier einen wirklichen Fall von Inkompatibilität betraf, und wenn ja, welcher Seite eventuell die Priorität zuzuerkennen wäre. Vom bereits genannten Physiker Boltzmann wurde diese Sache dann zur Diskussion gestellt[112]. Er versuchte nämlich, eine mechanistische Begründung der Thermodynamik zu geben. Dazu bediente er sich der von Clausius und Thomson entwickelten kinetischen Wärmelehre, wobei Wärme, ein makroskopisches Phänomen, auf die mehr oder weniger heftigen Zusammenstöße der zahllosen Gasteilchen (auf mikroskopischer Ebene) zurückgeführt wird. Weil es unausführbar ist, die Bewegungen dieser ungeheuren Anzahl von Teilchen zu berechnen (obwohl Maxwell in seinem Gedankenexperiment annahm, es sei im Prinzip mög-

---

[110] Zitiert bei Sandbothe, *a.a.O.*, S. 42.
[111] Für den ersten und dritten Hauptsatz, siehe Trefil, *a.a.O.*, 396ff und 402f.
[112] Siehe für das Folgende auch Karl R. Popper, *Unended Quest*, Routledge, London 1992, Kap. 35, S. 181ff.

lich), arbeitet die kinetische Wärmetheorie mit probabilistischen anstatt deterministischen Gesetzen.

Der englische Astrophysiker und Philosoph der Naturwissenschaften Arthur Eddington hat diese deterministischen und probabilistischen Gesetze als Gesetze der ersten und der zweiten Art bezeichnet. Eine Reihe Physiker von Maxwell bis Einstein, für die das Newtonsche Paradigma das ideale Modell der Naturwissenschaft verkörpert, konnte die probabilistischen Gesetze nicht als ‚echte' Naturgesetze ansehen, sondern nur als vorläufige Beschreibungen des Verhaltens großer Sammlungen von Teilchen, wobei aus praktischen Gründen auf eine Zurückführung der Makroerscheinungen auf die Mikroprozesse der zahllosen einzelnen Teilchen als undurchführbar verzichtet werden muss. Aber, dies ist auch weiterhin die Überzeugung dieser Physiker, im Prinzip müsste eine solche Reduktion möglich sein, müssen sich m.a.W. die Gesetze der zweiten Art auf die fundamentaleren der ersten Art zurückführen lassen. Wahrscheinlichkeit ist in dieser Sichtweise also eine rein epistemologische Kategorie, die nur etwas über das (vorläufige) Defizit unserer Kenntnis aussagt, und keine ontologische Kategorie, die etwas über die Art der Wirklichkeit zum Ausdruck bringt. Denn das würde bedeuten, dass die Wirklichkeit ein (möglicherweise nicht unbeträchtliches) Moment von Unbestimmtheit oder ‚Zufall' enthalten würde, was selbstverständlich mit dem lückenlosen Determinismus des Newtonschen Naturbildes unvereinbar ist. Inzwischen hat sich, um einen Augenblick vorzugreifen, die Situation in dem Sinne tiefgehend geändert, dass die Naturgesetze der zweiten Art als geeignet erachtet werden, das Verhalten der Natur auf adäquatere Weise zu beschreiben als diejenigen der ersten Art. Letztere gelten, so ist jetzt die herrschende Auffassung, nur unter bestimmten einschränkenden Bedingungen, und selbst dann nur annäherungsweise.

Die Unversöhnbarkeit von Wärmelehre und Mechanik

Wenn wir jetzt zu Boltzmann zurückkehren, lautet sein Problem: ist es möglich, irreversible makroskopische Prozesse mit Hilfe der Dynamik, d.h. reversibler Prozesse zu beschreiben und zu erklären? Anders ausgedrückt: ist es möglich, den zweiten Hauptsatz der Thermodynamik mechanistisch herzuleiten? Kurzum, ist es dennoch möglich, Wärmelehre und Mechanik mit einander zu versöhnen? Boltzmann dachte, das Problem in bejahendem Sinn lösen zu können.

Damit war der Handschuh in den Ring geworfen, der von den Newtonianern aufgegriffen wurde. Ihre Strategie, die Unmöglichkeit des Boltzmannschen Projekts nachzuweisen, ist sehr ähnlich, wenn auch auf verschiedenen Wegen. Erstens wurde von ihnen ins Feld geführt, dass probabilistische Gesetze nur die Chance des

Auftretens von Phänomenen anzeigen, m.a.W. dass die Wahrscheinlichkeit einer Umkehrung des Wärmestroms vielleicht (verschwindend) klein, aber nicht gleich null ist. Und dass auf diese Weise die Unumkehrbarkeit der Verbreitung von Wärme und die Egalisierung der Temperatur kein unumgängliches Faktum und die Zeit folglich in manchen Fällen doch wieder reversibel wären.

Daneben wird, gestützt auf das vorhin erwähnte Gedankenexperiment von Maxwell, vorgebracht, dass jedenfalls im Prinzip eine vollständige Beschreibung der Prozesse auf der Mikroebene denkbar ist, was die Wärmelehre wieder in die Gewässer des Newtonschen Modells mit seiner reversiblen Zeit zurückführen würde. Und schließlich werden subtile mathematische Argumente als Einwand gegen Bolzmanns Unternehmen, die thermodynamische Unumkehrbarkeit mit den Mitteln der klassischen Mechanik zu erklären, verwendet. Ausschlaggebend ist hier ein von dem großen Mathematiker Poincaré entwickeltes Theorem, das sogenannte Rekurrenztheorem, auf dem Ernst Zermelo, einer von Boltzmanns Kritikern, weiterbaut. Das Theorem besagt, dass ein geschlossenes dynamisches System, das nur durch die Gesetze der Mechanik beherrscht wird, immer wieder durch einen beliebig dicht bei seinem Anfangszustand liegenden Zustand hindurchgehen wird[113]. Mike Sandbothe schreibt dazu: „Das aber bedeutet, dass die Entwicklung zum thermodynamischen Gleichgewicht kein irreversibler und einmaliger Prozess sein kann. Denn der Anfangszustand dieses Vorgangs muss nach einer bestimmten Zeit notwendig wiederkehren, d.h., der scheinbare Endzustand des Universums muss sich als Ausgangspunkt einer neuen Entwicklung erweisen. Es kann also eine ausgezeichnete Richtung der Zeit im Rahmen der mechanistischen Weltauffassung nicht geben."[114]

Durch diese Anhäufung von Argumenten wurde Boltzmann dermaßen in die Defensive gedrängt, dass er nach einigen Rückzugsbewegungen letztendlich das Handtuch warf. Gezwungen, zwischen der Mechanik und der Thermodynamik zu wählen, zwischen denen eine Versöhnung, jedenfalls in der damaligen Form der Thermodynamik, sich als unmöglich erwies, wählte er schließlich dennoch die Mechanik, und damit eine Welt mit einer Zeit ‚ohne Pfeil'. Oder besser gesagt, er hielt auf bestimmte Weise an der Überzeugung fest, dass die Zeit eine Richtung hat, aber nur als eine Anomalie, als eine Eigentümlichkeit nämlich der Zeiterfahrung in unserem Winkel des Weltalls, als ein kontingentes Faktum also und nicht als ein fundamentales physikalisches Merkmal des Universums als Ganzes.

---

[113] Der Text von Poincaré, ‚La mécanique et l'expérience', erschien in *Revue de Métaphysique et de Morale*, Bd. 1, 1893, 534-37.
[114] Sandbothe, *a.a.O.*, 45f.

Dennoch war Boltzmanns Projekt richtungsweisend für die Zukunft. Nur hatte es in der von ihm gewählten Form keine Aussicht auf Erfolg. Um erfolgreich zu sein, mussten die Voraussetzungen und Ausgangspunkte, auf denen es beruhte, tiefgreifend geändert werden. Dazu musste die ‚echte‘, irreversible Zeit (genau der Gegensatz der ‚wahren‘ Zeit von Newton) in den Grundlagen der Physik (und der Natur) verankert werden. Das war aber nur möglich Hand in Hand mit einer Reihe anderer Änderungen des physikalischen Denkens und demnach des Naturbildes. Denn, wie bereits gesagt, gehört die Idee einer umkehrbaren Zeit (eigentlich einer Non-Zeit) zu einem ganzen Netz von Annahmen (oder ‚Postulaten‘) bezüglich der Natur, wie ihre Trägheit, ihr Aggregatcharakter, ihr kausaler Determinismus, die homogene und isotrope Natur von Raum und Zeit, die keinerlei Beziehung zu ihrem ‚Inhalt‘ haben, usw. Diese Postulate stützen sich gegenseitig und können nicht beliebig gegen andere ausgetauscht werden. Wird also die Idee einer irreversiblen Zeit eingeführt, wozu die Befunde der Thermodynamik zwingen, so hat das tiefgreifende Rückwirkungen auf alle Postulate der klassischen Physik und demnach auf das ganze Naturbild.

Ein neuer Ansatz: das offene, nichtlineare System weit entfernt vom Gleichgewicht

Ein Wissenschaftler, der eine wichtige Rolle im Zustandekommen einer neuen Sicht der Natur gespielt hat, nicht zuletzt auf der Basis einer neuen Zeitauffassung, ist der belgische Chemiker und Nobelpreisträger Ilya Prigogine[115]. Beim breiteren Publikum ist er insbesondere bekannt geworden durch seine in Zusammenarbeit mit der Philosophin Isabelle Stengers verfassten Bücher *Dialog mit der Natur. Neue Wege naturwissenschaftlichen Denkens* und *Das Paradox der Zeit. Zeit, Chaos und Quanten*[116]. Er charakterisiert seine Ideen unter anderem als die „Wiederentdeckung der Zeit"[117]. Dazu musste er den Horizont im Vergleich zu Boltzmann erweitern. Dessen Auffassung der Thermodynamik war, so Prigogine und Stengers, orientiert am Gleichgewichtszustand in idealisierten und isolierten Systemen. Nun sind das geschlossene System und der Gleichgewichtszustand, auf den hin alles tendiert, Standardingredienzien der mechanistischen Physik (die Materie ist in klassischer Sicht völlig träge und passiv). Ein Durchbruch kann nur darin bestehen,

---

[115] Der österreichische Astrophysiker und Mitbegründer des ‚Clubs von Rom‘, Erich Jantsch, widmet sein sehr instruktives Buch *Die Selbstorganisation des Universums*, DTV, München 1982, „Ilya Prigogine, de(m) Katalysator des Paradigmas der Selbstorganisation".

[116] Piper, München 1986 bzw. Piper, München/Zürich 1993.

[117] Siehe seinen schon in Kap. 1, Anm. 43 genannten Artikel ‚Die Wiederentdeckung der Zeit. Naturwissenschaft in einer Welt begrenzter Vorhersagbarkeit‘.

die Thermodynamik zu der Situation offener, nicht im Gleichgewicht befindlicher Systeme zu erweitern, wie es Prigogine auch tatsächlich tut. Und zwar tut er das in zwei, auch für seine eigene Entwicklung kennzeichnenden Schritten: Erweiterung a) zu linearen Systemen, die sich nicht im Gleichgewicht befinden, aber davon nicht weit entfernt sind; b) zu nichtlinearen Systemen weit entfernt vom Gleichgewicht.

Besonders die nichtlinearen, nichtstabilen, gleichgewichtsfernen Systeme sind also ‚eye-openend'. Sie zeigen Verhaltensformen, die durch plötzliche spontane und unerwartete Umschwünge gekennzeichnet sind. D.h., beim Überschreiten kritischer Schwellen gehen diese Systeme sprunghaft zu Verhaltensweisen über, die völlig von den vorhergehenden Zuständen verschieden sind. Sie zeigen dabei Eigenschaften, die in Hinsicht auf die Situationen vor den Schwellenübergängen ganz diskontinuierlich sind.

Prigogine gibt dazu eine Reihe von Beispielen, von denen ich zur Veranschaulichung zwei erwähne. Das erste ist die Bénard-Konvektion[118], benannt nach dem französischen Chemiker Henri Bénard, der sie im Jahre 1900 als erster beschrieben hat. Bei diesem Experiment wird eine dünne Schicht einer Flüssigkeitsmischung einer Temperaturdifferenz ausgesetzt, die auftritt, wenn sie von unten erhitzt wird, während die Oberfläche in Verbindung mit der Umgebung steht. Bei einem bestimmten Wert des Temperaturunterschieds entsteht neben dem Wärmetransport durch Leitung (‚Konduktion'), bei der Wärme durch Zusammenstöße der Moleküle übertragen wird (das ist die ‚Normalsituation'), plötzlich eine andere Form von Wärmetransport, und zwar durch ‚Konvektion'. Dabei nehmen die Moleküle an einer kollektiven Bewegung teil, zeigen sie m.a.W. ein gemeinschaftliches Verhalten, bei dem auf einmal hexagonale, honigwabenartige Ordnungsmuster in der Flüssigkeit entstehen. Im Gegensatz zu dem, was erwartungsgemäß ist und sich bei Konduktion allein auch ergeben würde, nämlich dass mit dem Steigen der Temperatur die Unordnung im System zunehmen würde, geschieht das Gegenteil, dass durch Selbstorganisation der Flüssigkeit eine neue makroskopische Struktur entsteht. Inzwischen sind viele Beispiele solcher abrupt erscheinenden, neuen Muster in Flüssigkeiten und Gasen bekannt. Sie treten unter bestimmten Umständen bei Erwärmung auf, als Folge einer Entfernung vom Gleichgewichtszustand, wobei die Materie sich in neuen Formen ordnet.

Noch treffender als die Bénard-Konvektion ist das zweite Beispiel, nämlich die sogenannte Belousov-Zhabotinsky-Reaktion, der erste und am meisten erforschte

---

[118] Siehe dazu Prigogine/Stengers, *Dialog mit der Natur, a.a.O.*, S. 150f; und Jantsch, *a.a.O.*, 52f.

Fall einer chemischen Uhr[119]. Die Reaktion wurde von Boris Pawlowitsch Belousov in den fünfziger Jahren des vergangenen Jahrhunderts zufälligerweise entdeckt, als er den Zitronensäurezyklus in einer vereinfachten Laborversion zu entwickeln versuchte. Als er zu diesem Zweck Zitronensäure und Schwefelsäure zusammen mit Kaliumbromat und einem Ceriumsalz in Wasser löste, zeigte sich ein regelmäßig zurückkehrender Farbenwechsel zwischen gelb und farblos. Anatol Zhabotinsky hat in den sechziger Jahren diese Reaktion weiter untersucht und in die heute gängige Form gebracht, indem er das Ceriumsalz durch eine Eisenverbindung ersetzte. Das Ergebnis war ein periodischer Farbenwechsel zwischen blau und rot, wobei spiralförmige Wellen auftraten. Wie gesagt war die Belousov-Zhabotinsky-Reaktion das erste Beispiel einer räumlich oszillierenden und periodisch sich ändernden Reaktion, deshalb als *chemische Uhr* benannt. Auch hier haben wir es mit einem spektakulären Fall von Selbstorganisation einer chemischen Mischung zu tun. Wie unerwartet und nicht in Übereinstimmung mit den gangbaren physikalisch-chemischen Auffassungen die Reaktion war, geht aus dem Faktum hervor, dass es Belousov nicht gelang, seine Entdeckung zu veröffentlichen. Das Manuskript, in dem er 1951 erstmals die Reaktion beschrieb, wurde von einer wissenschaftlichen Zeitschrift, der er es zugeschickt hatte, abgelehnt. Erst 1959 erschien sein Bericht, nun nicht länger als zwei Seiten, in den Protokollen eines Radiologiesymposiums.

Eigenzeiten und Eigenrhythmen in Chemie und Biologie

Was hier vor sich geht, ist in verschiedenen Hinsichten bemerkenswert. Erstens zeigt das System nach Überschreitung einer kritischen Schwelle plötzlich und spontan eine ganz bestimmte Struktur oder Konfiguration. Wir haben es hier auf der chemischen Ebene, wie gesagt, mit einem Fall von Selbstordnung des Systems zu tun. Anders ausgedrückt: das System zeigt eine eigene Aktivität, von sich aus also, im Gegensatz zu einer ihm von außen her auferlegten Beeinflussung. Daneben, und im Rahmen dieser Betrachtung über die Zeit von besonderer Bedeutung, zeigt sich bei der Belousov-Zhabotinsky-Reaktion, wie gesagt, ein regelmäßig zurückkehrender periodischer Farbenwechsel. Das System erweist sich demnach im Besitz einer eigenen Zeit und eines eigenen Rhythmus. Diese Tatsache hängt also offenbar mit einem bestimmten, von sich aus entwickelten Organisationsmuster des Systems zusammen, kurz, mit dessen selbstorganisierendem Vermögen.

---

[119] Siehe Sandbothe, *a.a.O.*, 63ff. Für eine ausführlichere Beschreibung, siehe L. Kuhnert & U. Niedersen (Hg.), *Selbstorganisation chemischer Strukturen*, Leipzig 1987, 40-47.

Es ist demnach zu erwarten, dass im Allgemeinen Systeme mit einem bestimmten Organisationsgrad ihre Eigenzeiten und -rhythmen haben. Und tatsächlich ist, als die Augen für dieses Phänomen geöffnet wurden, auf einer Vielfalt an Niveaus das Bestehen eigener innerer Zeitrhythmen und Zeitskalen festgestellt worden[120]. Überdeutlich ist in dieser Hinsicht die Situation auf der organischen Ebene. Jeder Organismus besitzt seine eingebaute *biologische Uhr*[121]. Darin sind äußere Einflüsse verarbeitet, wie der Wechsel von Tag und Nacht oder der Einfluss der Jahreszeiten, wie auch der jährliche Rhythmus oder derjenige der Gezeiten und des Mondes. In dieser Hinsicht steht die innere Uhr im Zusammenhang mit dem äußeren ‚Zeitgeber‘, wie er benannt wird. Aber die innere Uhr verhält sich nicht nur sklavisch und folgend, sondern sie besitzt eine eigene Elastizität, so dass aktiv auf die Umgebungsfaktoren reagiert wird. Die Bandbreite dieser Elastizität ist jedoch nicht unbeschränkt. Wird sie überspannt, treten Störungen im Funktionieren des Organismus auf, welche im ungünstigsten Fall zu dessen Zusammenbruch führen können. Beispiele solcher Störungen sind der Stress bei einer allzu gejagten Lebensweise, oder Schlaflosigkeit, wie sie regelmäßig bei in wechselnden Schichten arbeitenden Personen auftritt, bei denen der Organismus seinen Rhythmus also ständig umschalten muss, oder das Jetlag, wenn äußere und innere Zeit plötzlich aus der Reihe tanzen.

In diesem Zusammenhang stoßen wir abermals auf den Umstand, dass sich die moderne Gesellschaft an einem überholten Wirklichkeitsbild orientiert. Immer stärker wird die moderne Lebensweise durch die Uhrenzeit beherrscht, eine mechanisch forttickende Zeit, wobei alle Zeiteinheiten gleich lang sind. Dies ist m.a.W. die uniforme homogene Zeit des ‚mechanisierten Weltbildes‘, die keinerlei Beziehung zum Inhalt hat und als externes Raster über die organischen, psychischen und sozialen Rhythmen gelegt wird. Diese Uhrenzeit soll in der modernen Gesellschaft möglichst nützlich gemacht werden – sie *ist* die Zeit der modernen Ökonomie und des ‚Lebens nach der Uhr‘ im ganzen Dasein. Das bedeutet, dass (idealiter) in jeder Zeiteinheit die gleiche Leistung vollbracht werden soll und die

---

[120] Siehe dazu die zwei instruktiven Aufsatzsammlungen von Martin Held und Karlheinz Geißler (Hg.), *Ökologie der Zeit. Vom Finden der rechten Zeitmaße* (1993) und *Von Rhythmen und Eigenzeiten. Perspektiven einer Ökologie der Zeit* (1995), beide erschienen beim Verlag Hirzel, Stuttgart.
Siehe z.B. für „charakteristische Rhythmen" bei Sternen, Jantsch, *a.a.O.*, 138. Auch ‚unser‘ Stern, die Sonne, pulsiert in mehreren Perioden, sogar bis zu sechs oder sieben Größenordnungen. Die kleinste Periode betrifft eine Ausdehnung der Sonnenkorona um 1000 Kilometer alle 10 bis 12 Minuten. Die längsten Perioden sind der bekannte 11-jährige Sonnenfleckenzyklus und ein noch längerer Zyklus von 80 bis 90 Jahren. Kurzum ist die Sonne ein auf verschiedene Weisen oszillierendes System. Etwas Ähnliches ist mit dem Magnetfeld der Erde der Fall. Wahrscheinlich hat es sich in den letzten fünf Millionen Jahren wiederholt ‚umgepolt‘. Jantsch, *a.a.O.*, 138, 202f.
[121] Für Beispiele organischer Rhythmen, siehe z.B. Denis Noble, *a.a.O.*, Kap. 5, ‚The Rhythm Section: the Heartbeat and other Rhythms‘, 55-73.

Höhe dieser Leistung immer weiter hinaufgeschraubt wird, bzw. dass in der gleichen Zeit immer mehr Arbeit verrichtet werden soll. Diese fortwährende ‚Effizienzsteigerung' und der dahinter stehende Zeitbegriff stehen jedoch in schroffem Gegensatz zur Einsicht, dass Organismen, psychische und mentale Prozesse und soziale Entwicklungen ihre inhärenten Eigenzeiten und -rhythmen haben. Menschen können nicht während des ganzen Arbeitstags das Letzte aus sich herausholen. Aber Phasen der Anspannung müssen durch Perioden der Entspannung abgewechselt werden. Umso mehr ist das der Fall, wenn es sich um Arbeit handelt, bei der Kreativität und Originalität eine wichtige Rolle spielen. Die können ja nicht erzwungen werden – glücklicherweise nicht –, sondern erfordern eben eine Haltung der Lockerung, Ruhe und Empfänglichkeit[122]. Und wenn sich solche Momente oder Perioden intensiver kreativer Arbeit ereignen, werden ihnen Perioden, in denen man die Zügel locker lässt, folgen müssen[123].

Deswegen, wenn in der modernen Gesellschaft die Uhrenzeit, d.h. die uniforme Zeit ohne eigene innere Struktur, eine so beherrschende Rolle spielt, dann bringt das nicht nur Risiken für die körperliche und geistige Gesundheit und für den ungestörten Verlauf sozialer Prozesse mit sich, sondern es hat eine entgegengesetzte Auswirkung auf die Ergebnisse der Aktivitäten auf den diversen Gebieten. Um ein Beispiel zu geben: ein beträchtlicher Teil der unter Druck des Publikationszwangs veröffentlichten Forschungsresultate an den Universitäten ist unreifes Machwerk, weil die Ideen nicht die Zeit bekommen haben, ruhig auszureifen. Ähnliche Geschichten können für viele Entwicklungen in der modernen Gesellschaft erzählt werden, wo eine Kursänderung, Fusion oder Reorganisation schon wieder beschlossen wird, ehe noch die vorangehende die Gelegenheit gehabt hat, sich zu ‚etablieren'.

Die interne Beziehung von Zeitmodi und Organisationsformen von Systemen

Um nun wieder zum Hauptgedanken zurückzukehren: das Phänomen der Eigenrhythmen und -zeiten erweist sich als kennzeichnend für Entitäten auf den verschiedensten Ebenen der Wirklichkeit. Es handelt sich also um einen Zeittypus, der inhärent mit den Dingen, für die er charakteristisch ist, verbunden ist, und von daher seine spezifische Farbe bekommt. Er ist auf diese Weise Ausdruck der eige-

---

[122] Es ist eine bekannte Tatsache der Wissenschaftsgeschichte, dass große innovative Einsichten nicht am Schreibtisch oder während der Arbeit im Labor gefunden werden, sondern in ‚unbewachten Augenblicken': Newton, liegend im Garten seiner Mutter, Kekulé, vor sich hin dösend am Herdfeuer, usw.

[123] Ein sprechendes Beispiel ist G.F. Händel, der seinen ‚Messiah' in drei Wochen äußerster Konzentration schrieb, danach aber völlig erschöpft war.

nen Struktur der betreffenden Dinge, vor allem aber der ihr eigenen selbstorganisierenden Fähigkeit. Und nicht nur, dass mit einer höheren Form von Komplexität ausgerüstete Systeme einen eigenen Zeitmodus besitzen, sie enthalten oft Teilsysteme mit eigenen, sie kennzeichnenden Zeitmodi, so dass die Zeit des Systems als Ganzes polyrhythmisch ist[124].

Um zusammenzufassen: in den Natur- und Lebenswissenschaften hat sich in den letzten anderthalb Jahrhunderten auf immer breiterer Front die Idee einer Vielheit von eigenen Zeitmodi und -rhythmen sehr unterschiedlicher Systeme durchgesetzt, d.h. die Idee einer Pluralisierung des Zeitbegriffs. Weiter stehen in dieser Optik die verschiedenen Zeitformen in einer inneren Beziehung zu den dazugehörigen Systemen, sie sind mitbestimmend (,konstitutiv') für die Natur dieser Systeme, während sie ihnen zugleich ihren qualitativen Charakter verleihen. Dies alles steht, wie klar ist, in schroffem Kontrast zu der Zeit des mechanisierten Weltbildes. Und weil, wie oben gesagt, der Zeitbegriff in engem Zusammenhang mit anderen konstituierenden Elementen jenes Weltbildes steht, muss eine tiefgreifende Revision des Zeitbegriffs zwangsläufig zu einer radikal anderen Sicht der Natur führen. In einem nachfolgenden Kapitel gehe ich darauf näher ein.

Das Interessante an dieser Geschichte über die Zeit ist, dass der betreffende, drastisch geänderte Begriff aus der Naturwissenschaft stammt. Tiefgreifende Kritik am Newtonschen Zeitbegriff war schon von mehreren Denkern wie Dilthey, Bergson und den hermeneutischen Philosophen vorgebracht worden. Immer war die Ansicht dabei, dass die Naturwissenschaft die ,echte' Zeit nicht kennt, sondern höchstens einen defizienten (z.B. verräumlichten) Modus derselben. Oder, die Natur der Naturwissenschaft kenne keine Geschichte. Das ist einer der Hintergründe der großen Zweiteilung der Wissenschaften in Natur- und Geisteswissenschaften, bzw. in ,nomothetische' und ,idiographische'[125] Wissenschaften. Wie die Termini bereits verdeutlichen, betrachten erstere die Wirklichkeit unter dem Aspekt universaler Gesetzmäßigkeiten, haben also keinen Platz für die Einmaligkeit und spezifische eigene Entwicklung der Dinge, während diese eben im Zentrum des Interesses der idiographischen Wissenschaften stehen (wie z.B. der Geschichts- oder Sprachwissenschaft, die am Eigenen und Einmaligen der Phänomene interessiert sind).

Die oben beschriebene Entwicklung eines neuen Zeitbegriffs in den Natur- und Lebenswissenschaften bedeutet also, dass die Kritik am Newtonschen Zeitbegriff

---

[124] Siehe dazu z.B. Jantsch, *a.a.O.*, S. 102: innerhalb des Organismus gibt es viele selbstorganisierende Systeme mit einer halbautonomen Dynamik, die sich aber zugleich nach dem autopoietischen Verhalten des Organismus als ganzen richten. Als Beispiel nennt Jantsch die rhythmisch-motorische Aktivität der Wirbeltiere (gehen, rennen, u.d.), die einen eigenen Rhythmus hat und zugleich in das Gesamtverhalten des Organismus eingefügt ist.

[125] ,Nomothetisch' enthält den Begriff ,nomos', allgemeine Gesetzmäßigkeit, ,idiographisch' den Begriff ,idios', das Eigene, Spezifische.

nicht nur von außen, von Seiten der Philosophie und den damit liierten Geisteswissenschaften kommt. Es bedeutet auch, dass Ideen wie historische Entwicklung, Einzigartigkeit usw. ihren Einzug in das Denken über die Natur halten. Es stellte sich heraus, dass die Natur, die Erde, das Sonnensystem, der Kosmos im Ganzen und nicht an letzter Stelle das Leben alle eine Geschichte haben. Zwar hatte mit der Idee der Evolution des Lebens die Geschichte ihren Einzug in die Natur schon gehalten. Aber mit der darwinistischen Evolutionslehre hatte das Denken über die *Art* der Geschichte des Lebens sich weiterhin stark auf mechanistischen Bahnen bewegt. Wie eine von diesen Beschränkungen befreite Sicht der Evolution des Lebens aussehen könnte, wird uns in einem späteren Kapitel noch beschäftigen.

Andere Stolpersteine des klassisch-modernen Naturbildes. Das Phänomen Leben

Wie oben gesagt, gehört der reversible Zeitbegriff zu dem vielleicht nicht ganz nahtlosen, aber doch dicht gewobenen Netz von für das klassisch-moderne Naturbild bestimmenden Basiskategorien. Wenn dieser Zeitbegriff sich nach und nach als für eine befriedigende Erklärung der Naturerscheinungen immer problematischer erwiesen hat, dann ist nichts Anderes zu erwarten, als dass an allerhand Punkten dieses Bezugsrahmens verschlissene Stellen oder sogar Löcher sichtbar werden. Ich deute kurz einige an, sie werden im Rahmen des neu sich abzeichnenden Naturbildes noch zur Sprache kommen.

Ein unüberwindliches Hindernis des klassisch-modernen Wirklichkeitsbildes ist das Phänomen Leben. Es unterscheidet sich schon intuitiv deutlich von den anorganischen Erscheinungen durch Wachstum, Regeneration bei Beschädigung, Zielstrebigkeit, aktives Reagieren auf Umweltfaktoren, Fortpflanzung, Evolution der Lebensformen usw. Alle diese Merkmale sind anscheinend einer Natur fremd, die aus toten, trägen, nur von außen her bewegten Bausteinen besteht. Hans Jonas hat diese Wirklichkeitsauffassung als eine ‚Ontologie des Todes‘[126] bezeichnet. Und es hat in der Tat nicht an Versuchen gefehlt, das Lebensphänomen auf die physikalisch-chemischen Prozesse des anorganischen Niveaus zurückzuführen.

Und es ist nicht so, dass dabei keine interessanten Erkenntnisse gewonnen worden wären. Dann handelt es sich aber um *reduktive Analysen*, Untersuchungen von Phänomenen einer höheren Organisationsebene mit den Methoden und Mitteln eines niederen Organisationsniveaus. Das ergibt, nochmals, nicht selten überraschende Einsichten, z.B., wenn die Phänomene der Religion, Kunst oder Wissen-

---

[126] Hans Jonas, *Das Prinzip Leben. Ansätze zu einer philosophischen Biologie*, Suhrkamp, Frankfurt a.M. 1997, 28ff.

schaft aus der soziologischen Perspektive betrachtet werden, sie m.a.W. in Beziehung zu den Auffassungen, Mentalitäten und gesellschaftlichen Umständen ihrer Zeit gesetzt werden. Aber mittels solcher Strategien wird immer ein Seitenblick auf die Phänomene geworfen, werden sie nicht als solche, ihrer eigenen Natur nach thematisiert. Das dennoch anzunehmen, ist Reduktionismus – wohl zu unterscheiden also von reduktiven Analysen. Aus der reduktionistischen Perspektive sind die Erscheinungen höherer Ordnung ihrer Natur nach auf adäquate Weise erklärt, indem man sie in der gleichen Weise wie Erscheinungen niederer Ordnung begreift. In dieser Sichtweise sind, um auf diese Beispiele zurückzukommen, Religion, Kunst und Wissenschaft *nichts anderes* als soziale Phänomene mit den dafür bezeichnenden Merkmalen (z.B. massenpsychologischer Art) und besitzen sie keine eigenständigen irreduziblen Kennzeichen und Standards (im Fall der Wissenschaft z.B. Orientierung an der ‚Wahrheit‘ oder ‚wie es eigentlich ist‘).

Nun, innerhalb des klassisch-modernen Bezugsrahmens und der dafür kennzeichnenden ‚Ontologie des Todes‘ kann bei der Erklärung der Lebenserscheinungen genau genommen nur von Reduktionismus die Rede sein. Das hat, im Hinblick auf den kontraintuitiven Charakter der Auslöschung der Grenze zwischen lebendigen Organismen und toter Materie, immer aufs Neue Unbehagen verursacht und zu Versuchen geführt, dieser hinderlichen Situation zu entkommen. Einen instruktiven Fall bildet die Philosophie von Immanuel Kant. In der oft als sein Hauptwerk betrachteten *Kritik der reinen Vernunft* (*KrV*) wird das Lebensphänomen überhaupt nicht thematisiert. Die *KrV* ist, wie bekannt, das Unternehmen, die Naturauffassung Newtons mit einer philosophischen Begründung und Legitimierung zu versehen. In der dritten und abschließenden Kritik, der *Kritik der Urteilskraft* (*KU*), bringt Kant dann das Lebensphänomen als in der ersten Kritik nicht behandeltes, aber auf den zweiten Blick nicht zu übersehendes Thema wohl zur Sprache – in dem Sinne kann die *KU* als eine wichtige Ergänzung und vielleicht auch Selbstkorrektur betrachtet werden. Jedoch geschieht das nur halbherzig. Kant sieht, dass das Leben durch Zielstrebigkeit gekennzeichnet ist, bzw. dass es teleologisch strukturiert ist. Auf seine bekannte bohrende Art unterscheidet er dann zwischen verschiedenen Arten von Zwecken bzw. Zweckmäßigkeit, wovon eine (‚objektive, materiale, innere Zweckmäßigkeit‘) für Organismen kennzeichnend ist. Diese werden von Kant auch als ‚Naturzwecke‘, natürliche Entitäten, die eine innere Zweckmäßigkeit vorweisen, beschrieben. Wir müssten dann konsequenterweise zu hören bekommen, dass es in der Natur einen Bereich von Erscheinungen gibt, die ihrer Seinsweise nach, in objektivem (‚konstitutivem‘) Sinn also, zweckmäßig eingerichtet sind. Das ist aber ‚ein Schritt zu weit‘ für eine Newtonsche Sicht der Natur, für die Naturnotwendigkeit[127] bzw. ein eiserner kausaler Determinismus charakteristisch sind. Kant erklärt folgerichtig, dass der Zweck „ein Fremdling in der Naturwissenschaft"[128] ist, in der einzigen Wissenschaft, die uns die wirkliche Erkenntnis der Naturerscheinungen verschafft. Teleologie ist demnach kein objektives und inneres Merkmal der Naturphänomene, wie es bei Kausalität, die ja von ‚konstitutivem Gebrauch' ist, der Fall ist. Im Gegensatz dazu ist die Teleologie ein subjektives Prinzip der Interpretation der Natur oder in Kantischem Sprachgebrauch eine regulative Idee, die wir voraussetzen müssen, um menschliche Freiheit in einer für die Realisierung von Freiheit und Moralität mindestens gleichgültigen Welt zu ermöglichen. Kurz, von einer echten Rehabilitierung des Lebens seiner eigenen Natur nach kann auch bei Kant nicht die Rede sein.

Bewusstsein und Subjektivität

Was für das Leben gilt, nämlich dass es in Newtonscher Sicht auf ein Prokrustesbett gelegt wird, wobei die Eigenart desselben nicht oder ungenügend anerkannt wird, gilt noch in verstärktem Maße für höhere Organisationsebenen, wo es sich um Erscheinungen wie Bewusstsein, Verhalten, Selbstbewusstsein, Willensfreiheit usw. handelt. Zahlreich sind die Versuche, sie auf ‚blinde' Erscheinungen und Prozesse physikalisch-chemischer Art zurückzuführen, auf anonyme Erscheinungen und Prozesse ohne ‚Innenseite', Gefühl und Wahrnehmung, die in dieser Sicht die einzigen Seinsformen sind, die im modernen Universum Bürgerrecht besitzen. Aber bis jetzt, und das kann symptomatisch genannt werden, sind diese Reduktionsversuche kaum über das Niveau programmatischer Ankündigungen hinausgekommen. Der Philosoph John Searle, der selber der Ansicht ist, dass das Bewusstsein „ein natürliches biologisches Phänomen" ist, das aus der neurologischen Aktivität des Gehirns erklärt werden kann, hat einen Rundgang durch eine Reihe theoretischer Projekte gemacht, die genau eine solche Erklärung beabsichtigen. Er konnte jedoch wenig anderes feststellen, als dass zur Enträtselung des „Mysteriums des Bewusstseins"[129] noch kaum seriöser Fortschritt zu verzeichnen ist. Solch ein Ergebnis kann auch kaum erstaunlich genannt werden. So wie das Leben innerhalb des Rahmens einer ‚Ontologie des Todes' ein Fremdkörper und ein prinzipiell unverständliches Phänomen bleiben muss, muss etwas Ähnliches für das Phänomen des Bewusstseins gelten, das seiner Art nach eine Innendimension beinhaltet, und

---

[127] Ein Terminus, mit dem Kant regelmäßig seinen Naturbegriff charakterisiert, z.B. ‚Grundlegung zur Metaphysik der Sitten', *Kants ges. Schriften, a.a.O.,* IV, S. 446. Siehe auch Anm. 32 des vorigen Kapitels.
[128] *KU, a.a.O.,* Bd. V, 390.
[129] John R. Searle, *The Mystery of Consciousness,* The New York Review of Books, New York 1997.

deshalb in einer ‚Ontologie der Äußerlichkeit‘, innerhalb deren für Innerlichkeit und Subjektivität kein Platz ist, ein ‚Fremdling‘ zu bleiben verurteilt ist.

Weil Innerlichkeit und Subjektivität sich schwerlich verneinen lassen, da sie in der unmittelbaren Selbsterfahrung gegeben sind, hat der Hauptstrom der abendländischen Philosophie sich gezwungen gesehen, neben der im Newtonschen Sinn verstandenen Natur einen Wirklichkeitsbereich völlig anderer Art anzunehmen, den des Subjekts mit seinen Merkmalen von Bewusstsein, Wahrnehmung, Fühlen, Wollen und Denken. Auf diese Weise wurden Erscheinungen wie das Vermögen, von sich aus Aktivität zu entfalten und darauf beruhende Sachen wie Willensfreiheit, Verantwortlichkeit, Zurechnungsfähigkeit und überhaupt Moralität und Recht ‚gerettet‘. Für eine solche dualistische Ontologie, in der einer Ordnung (der der Natur) genau die Merkmale fehlen, welche die andere (die des ‚Geistes‘) besitzt, und umgekehrt, ergab sich dann das formidable Problem, wie die Beziehung zwischen den beiden Seinsregionen gedacht werden muss. Denn dass es diese Beziehung und gegenseitige Beeinflussung tatsächlich gab, wurde durch die Erfahrung unmissverständlich ausgewiesen. Viele Philosophen, Descartes, Spinoza, Leibniz, Kant usw., haben sich an diesem Problem die Zähne ausgebissen. Es war auf der Grundlage der verwendeten Voraussetzungen und Prämissen dann auch in der Tat unlösbar.

Zu alledem kann noch als Besonderheit angemerkt werden, dass durch ihre Fixierung auf eine Natur Newtonscher Fassung die genannten Philosophen zwar für einen eigenen Bereich des Subjekts Raum schufen, dass sie aber dieses Phänomen der Subjektivität nicht von sich aus thematisierten. D.h., wenn der Begriff des Subjekts mehr inhaltlich bestimmt wird, erweist es sich als das Spiegelbild der Objektwelt. Wenn z.B. bei Kant die Vernunft als ausgerüstet mit den Anschauungsformen von Raum und Zeit, mit den Kategorien von Substanz, Kausalität usw. und mit den Ideen von Welt, Seele und Gott gedacht wird, dann, um erklären zu können, dass alle Erfahrung eine räumliche und jedenfalls zeitliche Struktur hat. Sie steht also notwendigerweise im Zeichen von Substantialität und Kausalität steht und als Einheit (jeweils der äußeren, inneren und überhaupt aller Erfahrung) gedacht werden muss. Aber die Subjektivität als solche wird bei Kant kaum von sich her zum Thema gemacht, ebenso wenig wie bei Descartes, Spinoza und sogar nur oberflächlich noch bei Husserl. Man kann sagen, dass diese Thematisierung eigentlich erst in der Existenzphilosophie im Gefolge von Kierkegaard stattfindet, mit ihrer Beschreibung und Analyse der Selbsterfahrung in Stimmungen wie Angst, Ekel, Langeweile usw., in der Konfrontation mit dem eigenen Tod oder mit Schuld und ernsthaftem Leiden, aber auch im Erleben tiefer Freude, Liebe und anderer Grenzsituationen, kurz, im Erlebnis, ein einmaliges, unverwechselbares Ich zu sein. Aber eben auch die Existenzphilosophie hat den ontologischen Dualismus stark betont, und damit das Gefühl des Menschen, ein Fremdling in einer unwirtlichen, rauhen und absurden Welt zu sein.

Es wäre möglich, noch eine weitere Reihe problematischer Aspekte des modernen Naturbildes zu nennen, z.B. das Problem der Art und Herkunft der Ordnung im auf Newtonsche Weise verstandenen Universum. Denn wenn das ‚Material' dieses Universums völlig träge, ausschließlich von außen her in Bewegung zu bringende Materie ist, woher stammt dann die äußerst vielseitige und subtil abgestimmte Ordnung, die die Natur uns zeigt? Und was ist die Position von Werten in einer (unterstellten) ‚wert-losen' Wirklichkeit? Wie ist aus mechanistischer Sicht ein Phänomen wie ‚Bedeutung' verständlich, das schon im Tierverhalten eine wichtige Rolle spielt, in viel stärkerem Maße aber auf der menschlichen Ebene in den komplexen Erscheinungen der Sprache, Kultur und sozialen Institutionen? Gibt es, wenn eine dualistische Ontologie unbefriedigend ist, ein Entkommen aus der totalen Unverständlichkeit des Menschen für sich selbst in einem fremden und gleichgültigen Universum?[130] Und so weiter, und so fort. Viele Gründe, kurzum, das herrschende moderne Wirklichkeitsbild einer gründlichen Revision zu unterziehen.

---

[130] So betitelte Jacques Monod, wie erwähnt, den Menschen als ‚Zigeuner am Rand des Universums' (*a.a.O.*, 211) und sprach über die totale Verlassenheit des Menschen in einem völlig gleichgültigen Weltall (S. 31, 42, 219 u.a.). Wie bekannt, ist dies eine der Basisüberzeugungen der Existenzphilosophie. Von der anderen Seite her kommend, argumentiert Robert Spaemann, dass in einer total sinn- und zwecklosen Welt der Mensch sich selber ein großes Rätsel wird, wenn damit seine Selbsterfahrung als handelndes Wesen als Illusion entlarvt wird, weil sie nur der Reflex eines von allem Anthropomorphismus gesäuberten Naturprozesses sei. Deshalb sein Plädoyer für eine Rehabilitierung der Teleologie, von Sinn, Handeln, Verstehen usw. als nicht zurückführbare Basiskategorien. Robert Spaemann & Reinhard Löw, *Die Frage Wozu? Geschichte und Wiederentdeckung des teleologischen Denkens*, Piper, München 1981, S. 11 und passim. Ich komme im Schlusskapitel auf diese Problematik zurück.

Kapitel 5:   Der immense Einfluss des mechanistischen Naturbildes

Maxwell, Boltzmann, Darwin, Freud, Einstein

Im vorigen Kapitel stand der Gedanke im Mittelpunkt, dass mit dem Fortschritt der naturwissenschaftlichen Forschung im 19. und 20. Jahrhundert immer mehr ‚Risse' und Unzulänglichkeiten im Newtonschen Naturbild sichtbar wurden. Aber, wie die Wissenschaftsgeschichte lehrt, wird ein Wirklichkeits- und Denkmodell nicht leichtfertig aufgegeben, schon gar nicht, wenn es solch eine immense Erklärungskraft wie das Newtonsche hat und es die Geister so tiefgehend geprägt hat. Wir sehen dann auch, dass, wenigstens in Bezug auf wichtige Axiome desselben, daran festgehalten wird; das tun sogar große Wissenschaftler, die Theorien einführen, welche zumindest mit dem mechanistischen Modell in seiner orthodoxen Form auf Kriegsfuß stehen.

Zu denken ist z.B. an James Clark Maxwell, sein Name wurde schon genannt, der in seinem 1873 erschienenen *Treatise on Electricity and Magnetism* mit seinen vier Feldgleichungen eine Theorie vorgelegt hat, die eine Vereinigung der Phänomene von Licht, Elektrizität und Magnetismus, kurzum der elektromagnetischen Erscheinungen zur Folge hatte. Aus diesem Grund ist sein Werk wohl die zweite große Vereinheitlichung (‚unification') der Physik (nach derjenigen Newtons) genannt worden. Maxwell eröffnet auf diese Weise ein neues Kapitel in der Physik. Bedeutete es doch die Einführung einer Form des Felddenkens in die Physik, dies im Unterschied zum für das Newtonsche Weltbild kennzeichnenden Dingdenken. Dennoch bleibt Maxwell wichtigen Ausgangspunkten des letzteren Modells treu, z.B. dem Determinismus desselben. Und er verteidigt weiterhin, wie wir gesehen haben, den reversiblen Zeitbegriff, und damit die Umkehrbarkeit aller Naturprozesse, gegen die neuen Töne einer unumkehrbaren Zeit, wie sie aus der Thermodynamik hervorgehen würden.

Dass die Thermodynamik eine ganz neue Sicht der Natur eröffnet, habe ich im vorigen Kapitel ausführlicher beschrieben. Besagt sie doch einen Bruch mit dem richtungsneutralen Zeitbegriff der Mechanik, mit allen Folgen davon. In diesem Zusammenhang denke ich an die tragische Geschichte des großen Physikers Boltzmann, der Thermodynamik und Mechanik mit einander zu versöhnen versuchte, daran scheiterte und sich letztlich doch für die Mechanik, d.h. für den klassischen Bezugsrahmen entschied. Erst spätere Forscher wie Prigogine haben die in der thermodynamischen Sichtweise beschlossenen Implikationen ausführlich ausgearbeitet, indem sie sie für nichtlineare gleichgewichtsferne Prozesse erweiterten. Erst dadurch konnte der Richtungscharakter der Zeit mit den zugehörigen Merkmalen einer aktiven und kreativen, sich selbst organisierenden Materie ganz ans Licht kommen.

Auch die Evolutionstheorie Darwins wird oft als ein neues Kapitel der Naturwissenschaft betrachtet. So charakterisiert Robert Ulanowicz in seinem bemerkenswerten Buch *A Third Window*[131] die Position Darwins als das zweite Fenster zur Natur (nach dem ersten von Galilei und Newton), und zwar auf Grund der Tatsache, dass er die Geschichte in die Naturwissenschaft eingeführt habe. Jedoch blieb Darwin, wie Ulanowicz auch selber bemerkt, ein Anhänger und Bewunderer von Newtons Sicht der Natur. Vor allem geht dies daraus hervor, dass die natürliche Auslese, die bei ihm der Mechanismus ist, der die am besten angepassten Organismen überleben lässt (indem sie ihre erblichen Eigenschaften weitergeben), ein rein von außen her wirkender Faktor ist. Die Organismen werden also nicht als Entitäten gedacht, die ein Vermögen zur aktiven Anpassung an ihre Umgebung haben. Im Gegenteil *werden* sie an und durch die Umgebung angepasst, sind dabei völlig passiv, ganz in Übereinstimmung mit Newtons Auffassung des total inerten Charakters der elementaren Bausteine der Natur. Darwins Evolutionstheorie ist m.a.W. eine klar mechanistische Theorie, bewegt sich somit ganz innerhalb des Rahmens des mechanisierten Weltbildes. Insofern Ulanowicz' Auffassung richtig ist, dass Darwin die Geschichte in die Naturwissenschaft eingeführt hat, betrifft sie darum höchstens die *Tatsache* der Entwicklung des Lebens. Aber diese Tatsache wird in einer Weise *interpretiert*, welche die Geschichte in die Bahnen der Mechanik zurückführt, und entkräftet damit ihren wesentlichen Kern, kreativ neue Wirklichkeit zu schaffen.

Etwas Derartiges könnte auch von Freuds Psychoanalyse behauptet werden, und zwar insofern als hier ein neuer Zugang zu der (in diesem Fall) psychischen Wirklichkeit eröffnet wird, die dann jedoch durch eine mechanistische Interpretation derselben auch wieder großenteils verschlossen wird. Freuds Durchbruch beinhaltet doch, dass psychische Prozesse ihrer Art nach einer eigenen Logik folgen, die sich fundamental von derjenigen anonymer Prozesse (dritter Person also) unterscheiden. Das psychische Geschehen in seinen verschiedenen Modalitäten (Wahrnehmungen und Erfahrungen, Gefühlen und Emotionen, Absichten und Strebungen wie auch kognitiven Akten) vollzieht sich nämlich in einem Raum von Bedeu-

---

[131] Robert E. Ulanowicz, *A Third Window. Natural Life beyond Newton and Darwin*, Templeton, West Conshohocken 2009.

tungen. M.a.W., psychische Phänomene sind alle dadurch gekennzeichnet, dass sie für die Betreffenden einen bestimmten Sinn haben. Sinn und Bedeutung sind ihrerseits auf Verständnis und Deutung angewiesen. Das wiederum beinhaltet die Möglichkeit von Irrtum und Missverständnis, Sachen, die bei Naturprozessen nicht auftreten: das Licht irrt sich nicht im Brechungsindex, dem es in einem Prisma zu folgen hat, und ein Baum nicht in den aus dem Boden aufzunehmenden Stoffen.

Nun, Freuds Psychoanalyse ruht auf der Entdeckung, dass traumatische Erfahrungen (die an sich nicht durch Schädigungen oder ein abweichendes Funktionieren des Gehirns aufgerufen werden) durch Verdrängung und Verzerrung in jemandes Biographie große Folgen haben können. Und dass die Therapie darin besteht, dem Betreffenden, der durch den verstümmelten Text hinter seinem Rücken angetrieben wird, durch Aufklärung der Situation, d.h. indem er den ‚wahren' Text wieder zu lesen lernt, die Kontrolle über das eigene Dasein zurückzugeben. Wie Freud kompakt formuliert: „Wo Es war, soll Ich werden."[132] Die Psychoanalyse ist auf diese Weise ihrer Hauptrichtung nach eine hermeneutische Disziplin und Behandlungsmethode[133].

Es ist jedoch schon öfters darauf hingewiesen worden, dass diese Einsichten bei Freud, indem er sie in einen mechanistischen Bezugsrahmen hineinstellt, wieder verdunkelt zu werden drohen[134]. Betrachtet er doch die Psyche wie einen Apparat, innerhalb dessen die Triebenergie gehemmt wird, weshalb als Folge dann Spannungen auftreten, die subjektiv als Unlust empfunden werden. Von dieser Unlust wird selbst behauptet, deren Intensität sei der Quantität angehäufter Triebenergie proportional. Umgekehrt sei Lust dann mit der Abfuhr und Entladung der gestauten Energie verbunden. Kurzum, obwohl Freud Neuland erkundete, blieb er in naturwissenschaftlich-mechanistischem Denken befangen, das sich den psychischen Triebhaushalt in Analogie zu z.B. elektrischen Prozessen denkt. Nirgends wird Freuds Selbstmissverständnis deutlicher, als in seiner Bemerkung, dass in Zukunft pharmakologische Mittel möglicherweise zu denselben Ergebnissen führen könnten, die jetzt auf psychoanalytischem Wege erzielt werden: „Die Zukunft mag uns lehren, mit besonderen chemischen Stoffen die Energiemengen [!] und deren Verteilungen im seelischen Apparat [!] direkt zu beeinflussen; (…) vorläufig

---

[132] Sigmund Freud, Neue Folge der Vorlesungen zur Einführung in die Psychoanalyse, *Gesammelte Werke*, Imago, London 1955, Bd. 15, S. 86.

[133] Das ist auch das Grundmotiv im Werk des niederländischen Psychoanalytikers und forensischen Psychiaters Antoine Mooij. Siehe z.B seine Studie *Psychiatry as a Human Science. Phenomenological, Hermeneutical and Lacanian Perspectives*, Rodopi, Amsterdam/New York 2012 (der Untertitel des niederländischen Originals lautet in deutscher Übersetzung: Psychiatrie als Geisteswissenschaft).

[134] Siehe z.B. Jürgen Habermas, *Erkenntnis und Interesse*, Suhrkamp, Frankfurt a.M. 1968, 262ff, insbes. 300ff.

steht uns nichts besseres [sic!] zu Gebote als die psychoanalytische Technik (…)"[135] Damit wird der hermeneutische Charakter der Psychoanalyse verkannt und im Prinzip mit einer Form naturwissenschaftlicher Technik gleichgesetzt. Auch bei Freud wird m.a.W. ein neues Fenster zur Wirklichkeit durch den immensen Einfluss des mechanistischen Modells wieder großenteils geschlossen.

Die Position Einsteins

Ein letztes Beispiel dieses Einflusses liefert die Position Einsteins – ich sage absichtlich ,Position', weil seiner physikalischen Theoriebildung deutlich weltanschauliche Erwägungen zu Grunde liegen. Er machte daraus auch gewiss kein Hehl, wie z.B. seine mehrmals wiederholte Aussage, dass Gott nicht würfele, beweist – worauf Niels Bohr, nach der x-ten Wiederholung derselben, antwortet, dass sein Kollege das doch dem lieben Gott selber überlassen solle.

Einsteins Relativitätstheorie wird oft, und nicht zu Unrecht, als eine Revolution in der Physik betrachtet. So fängt Bertrand Russell sein Büchlein *Das ABC der Relativität* mit der Aussage an, dass Einstein mit seiner Theorie „einen Umschwung in unserem Bild der physikalischen Welt herbeigeführt hat". Und in der Tat hat die Relativitätstheorie unsere Auffassungen in Bezug auf Zeit, Raum, Materie, Energie usw. tiefgreifend verändert. Nicht zu Unrecht wird deshalb immer wieder mit großem Respekt über das Genie Einstein gesprochen.

Andererseits bewegt auch Einsteins Relativitätstheorie sich noch in den Bahnen der klassischen Physik, ist sie davon sozusagen der letzte Spross. Die oben zitierte Aussage, dass Gott nicht würfelt, bedeutet, dass Einstein uneingeschränkt am Determinismus festhielt, in dem Sinne, dass jedes individuelle Ereignis in der Natur völlig durch die Vorbedingungen und die Naturgesetze bestimmt ist. Deshalb konnte er, obwohl er in früheren Phasen der Quantenmechanik wichtige Beiträge zur Entwicklung der Theorie geleistet hat, essentielle Merkmale derselben nicht als endgültige, sondern höchstens als vorläufige Einsichten anerkennen. Das heißt, dass sie seiner Ansicht nach keine adäquate Wiedergabe des Naturgeschehens sind, sondern einem Mangel an Kenntnis unsererseits zugeschrieben werden müssen, und somit durch fortgesetzte Forschung noch nachträglich auf Einsichten im klassischen Sinn, wie auf deterministische Gesetze, zurückgeführt werden können.

Ich habe früher gesagt, dass das Newtonsche Modell ein großes Ausmaß an innerlicher Konsistenz zeigt, so dass grundlegende Komponenten also nicht einfach durch andere ersetzt werden können. Mit den Darlegungen über die Zeit war unter

---

[135] Schriften aus dem Nachlass, *Gesammelte Werke, a.a.O.,* Bd. XVII, S. 108.

anderem beabsichtigt, dies sichtbar zu machen. Auch in der Relativitätstheorie spielt die Zeit wieder eine beachtliche Rolle. Es ist gesagt worden, und nicht mit Unrecht, dass sich Einsteins ‚Revolution' in der Physik um den Zeitbegriff dreht. Aber das in ganz bestimmter Hinsicht. Für das alltägliche Denken ist es eine evidente Idee, dass Raum und Zeit unabhängig voneinander sind (ein Gedanke, der auch von der kantischen Philosophie übernommen wurde). So können Geschehnisse sich also an verschiedenen Orten ereignen, und sich trotzdem zum gleichen Zeitpunkt vollziehen, d.h. gleichzeitig sein. Oder noch anders formuliert, mit den Worten Russells: man dachte, „dass wir die Topographie des Universums in einem bestimmten Moment in rein räumlichen Kategorien beschreiben könnten". Wir können uns dann einen idealen Beobachter denken, der das räumliche Panorama der Wirklichkeit überschaut und in Bezug auf den von Gleichzeitigkeit gesprochen werden kann.

Diese Idee wird nun von Einstein aufgegeben, um eine glaubwürdige Erklärung bestimmter physikalischer Erscheinungen geben zu können. Gleichzeitigkeit macht in dieser Sichtweise nur für einen *bestimmten* Beobachter Sinn. Das bedeutet aber, dass dasjenige, was bezüglich eines bestimmten Bezugsrahmens Gegenwart ist, bezüglich eines anderen schon Vergangenheit ist und in Bezug auf einen dritten Rahmen noch in der Zukunft liegt. Es gibt also, durch die Brille der (speziellen und allgemeinen) Relativitätstheorie gesehen, kein universales Heute. Das impliziert seinerseits wieder, dass der Idee eines Daseins in der Zeit keine reale Bedeutung zuerkannt werden kann. M.a.W.: alles, Vergangenheit, Gegenwart und Zukunft, ist immer schon da – eine Auffassung, die als diejenige des Blockuniversums bekannt ist. Die Probleme mit der Zeit führen merkwürdigerweise zu einer zeitlosen Sicht des Daseins. Einstein hat dieser Auffassung kurz vor seinem Tode in einem rührenden Brief an die Schwester seines verstorbenen alten Freundes Besso Ausdruck gegeben: „Nun ist er mir auch mit dem Abschied von dieser sonderbaren Welt ein wenig vorausgegangen. Dies bedeutet nichts. Für uns gläubige Physiker hat die Scheidung zwischen Vergangenheit, Gegenwart und Zukunft nur die Bedeutung einer wenn auch hartnäckigen Illusion"[136] Abermals ist es die Zeit, die im Rahmen der klassischen Physik eine problematische Größe ist.

Relativitätstheorie und Quantenmechanik

Einstein kann, wie gesagt, als einer der letzten großen Repräsentanten der klassischen Physik betrachtet werden. Grundlegende Ausgangspunkte dieser Theorie,

---

[136] Albert Einstein – Michele Besso, *Correspondance 1903-1955*, Paris 1979, zitiert bei Arnold Benz, *Die Zukunft des Universums. Zufall, Chaos, Gott?* DTV, München 1997, S. 40, Anm.

wie der Determinismus, der nichtfundamentale Charakter der probabilistischen Naturgesetze usw., werden von der im Anfang des vorigen Jahrhunderts aufgekommenen und besonders in den zwanziger und dreißiger Jahren weiter entwickelten Quantentheorie zur Diskussion gestellt. Wenn Einstein denn auch seinerseits fundamentale Kritik an dieser Theorie übt (die er, wie gesagt, in der Anfangszeit mitentwickelt hat), dann beschränkt er sich nicht auf eine Kritik an bestimmten isolierten Teilen jener Theorie, sondern führt einen Frontalangriff auf das quantentheoretische Denkmodell als solches. – Nochmals der Ordnung halber: Einstein akzeptiert die Quantentheorie als praktisches Instrument, namentlich wo es um ihr voraussagendes Vermögen in Experimentalsituationen geht. Aber er verwirft die naturphilosophischen Prinzipien, die in der Quantentheorie zum Ausdruck kommen. Seine eigene Position demgegenüber, d.h. die von ihm selbst vertretenen Prinzipien seiner an der klassischen Physik orientierten Naturphilosophie hat er am deutlichsten in einem Aufsatz ‚Quanten-Mechanik und Wirklichkeit‘ von 1948 formuliert. Ich zitiere folgende zentrale (etwas längere) Passage[137]:

„Fragt man, was unabhängig von der Quanten-Theorie für die physikalische Ideenwelt charakteristisch ist, so fällt zunächst folgendes auf: die Begriffe der Physik beziehen sich auf eine reale Außenwelt, d.h. es sind Ideen von Dingen gesetzt, die eine von den wahrnehmenden Subjekten unabhängige ‚reale Existenz‘ beanspruchen (Körper, Felder etc.), welche Ideen andererseits zu Sinneseindrücken in möglichst sichere Beziehung gebracht sind. Charakteristisch für diese physikalischen Dinge ist ferner, dass sie in ein raum-zeitliches Kontinuum eingeordnet gedacht sind. Wesentlich für diese Einordnung der in der Physik eingeführten Dinge erscheint ferner, dass zu einer bestimmten Zeit diese Dinge eine voneinander unabhängige Existenz beanspruchen, soweit diese Dinge ‚in verschiedenen Teilen des Raumes liegen‘. Ohne die Annahme einer solchen Unabhängigkeit der Existenz (des ‚So-seins‘) der räumlich distanten Dinge voneinander, die zunächst dem Alltagsdenken entstammt, wäre physikalisches Denken in dem uns geläufigen Sinne nicht möglich. Man sieht ohne solche saubere Sonderung auch nicht, wie physikalische Gesetze formuliert und geprüft werden könnten. Die Feldtheorie hat dieses Prinzip zum Extrem geführt, indem sie die ihr zugrunde gelegten, voneinander unabhängig existierenden elementaren Dinge sowie die für sie postulierten Elementargesetze in den unendlich-kleinen Raumelementen (vierdimensional) lokalisiert.

Für die relative Unabhängigkeit räumlich distanter Dinge (*A* und *B*) ist die Idee charakteristisch: Äußere Beeinflussung von *A* hat keinen *unmittelbaren* Einfluss

---

[137] Zitiert bei Michael Esfeld, *Einführung in die Naturphilosophie*, WBG, Darmstadt 2002, S. 46f.

auf *B*; dies ist als ‚Prinzip der Nahewirkung' bekannt, das nur in der Feldtheorie konsequent angewendet ist. Völlige Aufhebung dieses Grundsatzes würde die Idee von der Existenz (quasi)abgeschlossener Systeme und damit die Aufstellung empirisch prüfbarer Gesetze in dem uns geläufigen Sinne unmöglich machen."

In diesem sehr instruktiven Zitat werden nach der erkenntnistheoretischen Einleitung vier Prinzipien genannt, die für die ganze klassische Physik und die an ihr orientierte Naturphilosophie gelten. (Als klassisch werden alle physikalischen Theorien außer der Quantentheorie betrachtet, eben auch weil einige der vier genannten Prinzipien in ihr nicht gelten.) Diese Prinzipien sind: 1) Lokalisiertheit; 2) Separabilität; 3) Nahewirkung; und 4) Individualität.

Lokalisiertheit bedeutet, dass physikalische Systeme immer eine wohldefinierte Position in Raum und Zeit besitzen, auch unabhängig von Wahrnehmungen und Messungen. Für Einsteins eigene Relativitätstheorie beinhaltet das, dass alle Eigenschaften in dieser Theorie in Punkten in Raum und Zeit lokalisiert sind. Das zweite von Einstein genannte Prinzip (heutzutage wird es als das Prinzip der Separabilität angedeutet, ein Terminus, den Einstein selbst nicht verwendet, sondern anstatt dessen manchmal vom ‚Trennungsprinzip' spricht) beinhaltet, dass physikalische Systeme ein voneinander unabhängiges Dasein (‚So-sein') haben – Einstein sagt von diesem Prinzip interessanterweise, dass es „zunächst dem Alltagsdenken entstammt". Dieses unabhängige Dasein physikalischer Systeme bedeutet dann näher, dass sie alle unabhängig voneinander fundamentale, sie charakterisierende Eigenschaften besitzen. Es betrifft, anders gesagt, Eigenschaften, die dem System als solchem eigen sind, bzw. innere oder intrinsische Eigenschaften. Das System hätte diese Eigenschaften, auch wenn es ‚allein auf der Welt' wäre. Die Konsequenz dessen ist, dass die Beziehungen zwischen physikalischen Systemen durch die intrinsischen Eigenschaften der betreffenden Systeme bestimmt sind. Die räumliche Distanz zwischen zwei Systemen ist z.B. durch den Ort jedes der beiden Systeme festgelegt (der Ort ist in der klassischen Physik also eine intrinsische Eigenschaft). Und das bedeutet seinerseits, dass der Zustand eines Systems, das aus Teilsystemen besteht, durch den Zustand der Teilsysteme festgelegt ist.

Das dritte von Einstein genannte Prinzip der klassischen Physik, das der Nahewirkung, beinhaltet, dass kausale Wirkungen wie Interaktionen oder Kräfte sich von einem Punkt zum benachbarten Punkt mit einer beschränkten Geschwindigkeit ausbreiten, mit der Lichtgeschwindigkeit als Obergrenze. Das gilt also auch für die Übermittlung von Information. Das wiederum hat als Konsequenz, dass man nicht zu einem Zeitpunkt von der ganzen Wirklichkeit Informationen haben kann. Es gibt m.a.W., jedenfalls physikalisch betrachtet, keine Möglichkeit einer Totalübersicht über die Wirklichkeit. Schließlich sagt das vierte Prinzip, das der Individualität, dass jedes System Eigenschaften oder Werte davon besitzt, durch die es sich von allen anderen unterscheidet. Man kann somit ein System, auch wenn es sich in Raum und Zeit bewegt, aufgrund jener Eigenschaften jederzeit wiedererkennen.

Diese vier Prinzipien hängen eng zusammen. Das Prinzip der Nahewirkung setzt z.B. das der Separabilität voraus. Letzteres Prinzip kann dann auch, zusammen mit demjenigen der Lokalisiertheit, als das wichtigste Prinzip der klassischen Physik und der daran orientierten Naturphilosophie betrachtet werden.

Die Sache ist nun, dass die Quantentheorie, die im Moment unsere grundlegendste physikalische Theorie ist, mit drei der vier obengenannten Prinzipien im Widerspruch steht, und zwar mit denen der Lokalisiertheit, der Separabilität und der Individualität (mit dem der Nahewirkung ist sie anscheinend vereinbar). Ich gehe kurz etwas näher darauf ein, weil wir es hier mit einem wichtigen Zugang zu einer neuen Naturphilosophie zu tun haben. Was erstens das Prinzip der Lokalisiertheit betrifft, das, wie gesagt, beinhaltet, dass funktional unabhängige Eigenschaften eines Systems wie Ort und Impuls alle wohldefiniert und bestimmt sind: dieses Prinzip gilt nicht für Quantensysteme (Quantensysteme sind z.B. Elektronen, Photonen, Protonen und Neutronen, einschließlich ihrer Bestandteile wie Quarks, und ebenfalls Atome). In der Quantenphysik gilt, dass auch funktional unabhängige Eigenschaften in solcher Weise voneinander abhängig sind, dass nicht jeder Wert einer Eigenschaft mit jedem Wert einer anderen vereinbar ist. Soeben wurden als Beispiele solcher unabhängigen Eigenschaften schon Ort und Impuls als die in jener Hinsicht bekanntesten genannt. Die ‚Heisenbergsche Unschärferelation‘ (vielleicht eindeutiger Unbestimmtheitsrelation) sagt nun, dass nicht beide Eigenschaften (Ort und Impuls) zugleich scharf bestimmbar sind, bzw., dass hier eine ‚Unschärfe‘ entsteht, die jedoch nicht Mängeln der Wahrnehmung zugeschrieben werden kann, sondern für die Eigenschaften als solche gilt[138]. Genannte Eigenschaften sind somit, anders als in der klassischen Physik, gegenseitig voneinander abhängig. Und das gilt nicht nur für diese Eigenschaften, sondern im Prinzip für jede Eigenschaft eines Quantensystems (z.B. auch für Masse und Ladung), nämlich dass sie nicht unabhängig von anderen fundamentalen Eigenschaften desselben scharf bestimmbar ist.

Eine Konsequenz dieser Sachlage ist, dass die Quantenphysik nicht über Eigenschaften spricht, wie sie Systemen unabhängig von einer Wahrnehmung oder Messung zugehören, sondern nur über gemessene Eigenschaften. Anders gesagt: es geht in dieser Sichtweise also nicht um intrinsische Eigenschaften wie in der klassischen

---

[138] Esfeld, *a.a.O.*, S. 52.

Physik, sondern um *relationale* Eigenschaften, wie sie sich im Zusammenspiel von Quantensystem und Messapparatur zeigen. Damit wird also der Anspruch der klassischen Physik aufgegeben, Aussagen zu erarbeiten über die Natur, wie sie *in sich selber ist*, unabhängig von Wahrnehmung und Messung.

Zu diesem selben Ideenkomplex gehört weiter, dass nicht voraussagbar ist, welchen bestimmten Wert die Messung einer Eigenschaft eines Quantensystems in einem konkreten Fall ergeben wird. Dieser Wert kann nur in Wahrscheinlichkeitskategorien angegeben werden – womit wir wieder bei der ‚Unzurückführbarkeit‘ der probabilistischen Naturgesetze bzw. Gesetze der zweiten Art angelangt sind. Bei deren Interpretation besteht noch immer Uneinigkeit über die Frage, ob die hier zur Diskussion stehende Wahrscheinlichkeit eine epistemische Kategorie ist, d.h. einem Mangel an Kenntnis unsererseits zugeschrieben werden muss, oder vielmehr ob sie ontologischer Art ist, d.h. etwas über die Natur selber aussagt. Die diesbezüglichen Auffassungen sind nachgerade immer mehr in die letztgenannte Richtung gegangen, was beinhaltet, dass die Wirklichkeit selber ein Maß von Unbestimmtheit und ‚Unschärfe‘[139] zeigt, bzw. dass sie durch ein Element von Indeterminismus und ‚objektivem Zufall‘ gekennzeichnet ist[140].

Noch wichtiger aus naturphilosophischer Sicht ist wohl, dass die Quantentheorie nicht nur gegen das Prinzip der Lokalisiertheit verstößt, sondern vor allem gegen dasjenige der Separabilität. Im Gegensatz zur klassischen Physik, die physikalischen Systemen intrinsische Eigenschaften zuerkennt, die unabhängig von denen anderer Systeme (feststellbar) sind, stehen aus quantenphysikalischer Perspektive Systeme, die je mit einander in Wechselwirkung gestanden haben, auch weiterhin in Korrelation mit einander. So findet man, dass Messungen, die unabhängig voneinander an weit voneinander entfernten Teilchen verrichtet werden, korrelierte Resultate ergeben. „Das ist an sich nicht erstaunlich“, schreibt Davies, „denn wenn die Teilchen von einem gemeinsamen Ursprung fortgeflogen sind, wird jedes von ihrer Begegnung eine gewisse Prägung beibehalten haben. Das Interessante ist das *Maß* der entsprechenden Korrelation. Dies hat John Bell vom CERN-Laboratorium bei Genf untersucht. Bell zeigte, dass die Quantenmechanik einen sehr viel höheren Grad von Korrelation vorhersagt, als sich mit einer Theorie erklären lässt, die die Teilchen als voneinander unabhängig real existierend und der Lokalität unterworfen betrachtet. Es ist fast, als würden sich die beiden Teilchen zu einem Zusam-

---

[139] Siehe z.B. Ulrich Nortmann, *Unscharfe Welt? Was Philosophen über Quantenmechanik wissen möchten*, WBG, Darmstadt 2008, S. 110: „Die Welt selbst ist bis zu einem gewissen Grade unscharf.“

[140] Siehe dazu Bernulf Kanitscheider, *Von der mechanistischen Welt zum kreativen Universum. Zu einem neuen philosophischen Verständnis der Natur*, WBG, Darmstadt 1993, 107 u.ö. Paul Davies und John Gribbin nennen die Quantenunschärfe und den objektiven Zufall „eine *immanente* Eigenschaft der Natur“, *Auf dem Wege zur Weltformel. Superstrings, Chaos, Komplexität. Über den neuesten Stand der Physik*, Komet, Köln 1995, 200f, 211.

menwirken verschwören, wenn unabhängig voneinander Messungen an ihnen durchgeführt werden, sogar dann, wenn diese Messungen gleichzeitig erfolgen. Doch die Relativitätstheorie verbietet, dass zwischen den beiden Teilchen so etwas wie eine augenblickliche Mitteilung oder Wechselwirkung ausgetauscht wird. Es ist daher rätselhaft, wie die Verschwörung zustande kommt."[141]

Eine Lösung des Rätsels wurde von Niels Bohr vorgeschlagen. Er argumentierte, dass beide Teilchen, wenn sie auch räumlich voneinander getrennt sind, dennoch zu demselben Quantensystem mit einer bestimmten Wellenfunktion gehören. Dann ist es aber unmöglich, die beiden Teilchen in physikalischer Hinsicht voneinander zu trennen und sie als unabhängig voneinander bestehende Dinge aufzufassen. Quantensysteme sind m.a.W. nicht separat voneinander in einem wohlbestimmten Zustand, sondern ihre Zustände sind mit einander verbunden. Das führt zum folgenden Unterschied zur klassischen Physik: während dort, wie gesagt, der Zustand eines aus Teilsystemen bestehenden (Gesamt)Systems durch die Zustände dieser Teilsysteme bestimmt wird, gilt hier das Umgekehrte, und zwar dass nur die Gesamtheit der betreffenden Systeme zusammen genommen sich in einem wohlbestimmten Zustand befindet. „Letztlich sind demnach die Korrelationen zwischen den Quantensystemen nur vom Gesamtzustand aller Quantensysteme zusammengenommen [bzw. dem Ganzen der Natur] her vollständig bestimmt. Letztlich kann nur dieser Gesamtzustand als ein reiner Zustand angesehen werden. Deshalb spricht man von Holismus in Bezug auf die Quantentheorie. Die Quantensysteme sind durch Beziehungen aneinander gekettet, die sich in keiner Weise auf etwas zurückführen lassen, das den einzelnen Quantensystemen unabhängig voneinander zukommt (…) Man muss das, was in der klassischen Physik für intrinsische Eigenschaften gehalten wird, als Korrelationen zwischen diesen Systemen konzipieren."[142] Oder, um nochmals Davies zu zitieren: „(…) Quantensysteme (sind) grundsätzlich nichtlokal (…) Im Prinzip gehören alle Teilchen, die jemals in Wechselwirkung standen, zu einer einzigen [globalen] Wellenfunktion. Man könnte sogar (und es gibt Physiker, die das tun) eine Wellenfunktion für das gesamte Universum in Erwägung ziehen. In dieser Vorstellung ist das Schicksal eines beliebigen Teilchens untrennbar mit dem Schicksal des gesamten Kosmos verknüpft, nicht im trivialen Sinne, dass es Kräften aus seiner Umgebung ausgesetzt sein kann, sondern weil schon seine bloße Realität mit der des übrigen Universums unauflöslich verwoben ist."[143]

---

[141] Paul Davies, *Prinzip Chaos. Die neue Ordnung des Kosmos*, Bertelsmann, München 1988, 250.
[142] Esfeld, *a.a.O.*, 57f.
[143] Davies, *Prinzip Chaos*, 251.

Aber wenn Quantensysteme mit einander und letztlich mit der Gesamtheit des Universums verwoben sind, dann haben sie jedes für sich keine Eigenschaften, die sie klar voneinander unterscheidbar machen. In dem Sinne haben sie demnach genau genommen keine Individualität, wiederum im Widerspruch zur klassischen Naturphilosophie.

Ich habe mich bei der Position Einsteins und seiner Polemik in Bezug auf die Quantentheorie etwas länger aufgehalten, weil er zwar mitgearbeitet hat, physikalisches Neuland jenseits der klassischen Physik zu betreten, sich dann aber geweigert hat, daraus die zugehörigen naturphilosophischen Konsequenzen zu ziehen. Im Gegenteil hielt er, wie gesagt, an grundsätzlichen Ausgangspunkten der klassischen Physik fest, gab auch klar an, wo die Unterschiede zur postklassischen Physik liegen, blieb dann aber diesseits des Rubikons.

Neue Perspektiven und Probleme

Die Absicht dieses Kapitels war, sichtbar zu machen, wie groß die Wirkung des klassisch-modernen Newtonschen Naturbildes auf die allgemeine Denkart gewesen ist. Revolutionäre Einsichten, die im Prinzip neue Fenster zur Wirklichkeit öffneten – wir haben einige Revue passieren lassen –, wurden dadurch, was ihr erneuerndes Potential betrifft, in nicht geringem Maße doch wieder blockiert. Dennoch zeichnen sich, wie die in diesem Kapitel angesprochenen Fälle auch indirekt verdeutlichen, Umrisse eines neuen Naturbildes ab, das für ein philosophisches Weiterdenken – das ist die Intention dieses Buches – neue Perspektiven eröffnet, aber auch neue Probleme aufwirft.

Eines dieser Probleme ist, um es jetzt schon anzudeuten, in wieweit ein Naturbild, angesichts der neuen Einsichten, noch möglich ist. Auch in diesem Fall ist die Position Einsteins instruktiv. Er weigerte sich, den Bereich der mikrophysischen Erscheinungen der Unanschaulichkeit preiszugeben. Im Prinzip sind die Objekte und Prozesse auf jenem Niveau seiner Ansicht nach von vergleichbarer Art wie diejenigen der uns umringenden Wirklichkeit. Demgegenüber hat es den Anschein, dass in Bezug auf eine Reihe von Konzepten und theoretischen Konstruktionen der postklassischen Physik (wie ‚Urknall‘, ‚Welle-Teilchen-Komplementarität‘, ‚gekrümmter Raum‘, usw.) das menschliche Vorstellungsvermögen immer mehr versagt. Der schon genannte Astrophysiker Paul Davies schreibt in einem persönlich gefärbten Interludium: „Ich glaube, dass die von der modernen Physik gezeigte Wirklichkeit dem menschlichen Verstand grundsätzlich fremd ist und sich allen Versuchen direkter Vorstellung widersetzt. Die geistigen Bilder, die mit Ausdrücken wie ‚gekrümmter Raum‘ und ‚Singularität‘ heraufbeschworen werden, sind bestenfalls höchst unzureichende Metaphern, die dazu dienen, uns einen Gegenstand einzuprägen, weniger dazu, uns darüber ins Bild zu setzen, wie die physikalische Welt wirklich ist."[144] Das Beste ist seiner Ansicht nach, „das Bedürfnis, sich etwas vorzustellen" aufzugeben und zu der tröstlichen Erkenntnis zu kommen, „dass der Mensch nicht alles auf der Welt begreift"[145]. Aber kann der Mensch es unterlassen, nach einem solchen Verständnis so gut wie möglich zu streben? Kann er es unterlassen, mit Kant zu sprechen, ‚metaphysische' Fragen zu stellen bzw. zu versuchen, (einigermaßen) zu verstehen, in was für einem Universum er lebt? Ich komme in einem späteren erkenntnistheoretischen Kapitel noch auf diese Frage zurück.

Nachdem sie ihre Tour durch die Physik und Kosmologie der letzten Jahrzehnte beendet haben, schreiben Davies und Gribbin, dass die in ihrem Buch „vorgestellte Synthese von Gedanken (...) ein wachsendes Bewusstsein für die Notwendigkeit eines neuen, ganzheitlichen Paradigmas in den Naturwissenschaften (dokumentiert)"[146]. Früher hatten sie bereits geschrieben: „Bisher haben wir das neue Bild vom Universum umrissen [also doch, vdW], bei dem die Zukunft offen und noch nicht entschieden ist und das Raum für Spontaneität, Neues und eine unendliche Vielfalt bietet."[147] Diese Charakterisierung einer durch neuere Entwicklungen in den Naturwissenschaften eröffneten Sicht eines Universums, das durch Offenheit, Spontaneität, Vielfarbigkeit u. dgl. gekennzeichnet wird, nehme ich im nächsten Kapitel zum Ausgangspunkt meiner eigenen Darstellung eines neuen Naturbildes.

---

[144] Davies/Gribbin, *a.a.O.*, S. 100.
[145] A.a.O., 101.
[146] A.a.O., 284.
[147] *A.a.O.*, 159.

Kapitel 6:   Umrisse eines neuen Naturbildes

Ein systemtheoretischer Zugang

In den letzten zwei Kapiteln haben sich schon eine Reihe von Bausteinen für eine neue, ‚postklassische'[148] Naturphilosophie ergeben. Am Schluss des letzten Kapitels wurden Offenheit nach der Zukunft hin, Spontaneität und Vielförmigkeit als Merkmale des Naturgeschehens genannt. Schon früher kamen neue Auffassungen in Bezug auf die Zeit zur Sprache, insbesondere ihre Unumkehrbarkeit oder auch die Tatsache, dass viele (alle?) Typen von Dingen ihre Eigenrhythmen und -zeiten haben. Weiter sprachen wir im Vorbeigehen die Tendenz an, das Denken in Kategorien von separaten Dingen oder Substanzen, die nur äußere Beziehungen zueinander haben, kurz, die ‚atomistische' Sichtweise, durch ein Denken in Kategorien von Feldern und Relationen zu ersetzen, was eine mehr ‚holistische' Sicht der Naturphänomene beinhaltet. Und wir haben beim bemerkenswerten Faktum stillgehalten, dass Systeme beim Überschreiten kritischer Schwellen abrupt neue, ‚emergente' Eigenschaften und Funktionsweisen aufweisen.

Ich will jetzt versuchen, diese (und andere) noch mehr oder weniger unabhängig voneinander zur Sprache gebrachten Sachverhalte in einen gemeinsamen Rahmen zu stellen und so ihren wechselseitigen Zusammenhang aufscheinen zu lassen. Ich wähle dazu als Zugang die allgemeine Systemtheorie[149]. Ein System ist ein Gefüge von interdependenten Komponenten, das durch eine gemeinschaftliche Organisationsform und Funktionsweise gekennzeichnet ist. Es ist also *per definitionem* mehr

---

[148] Ich vermeide absichtlich den Terminus ‚postmodern', weil dieser, vor allem auf dem europäischen Kontinent, aber auch in den Vereinigten Staaten und Kanada, gewöhnlich mit dem Dekonstruktionsdenken von Lyotard und Derrida assoziiert wird. Zwar ist in Amerika in den Kreisen der Prozessphilosophie auf den Spuren namentlich von Whitehead eine andere Form von Postmodernismus, nämlich ‚constructive' oder ‚revisionary postmodernism' vorgeschlagen worden. Siehe dazu eine Reihe von Publikationen von David Ray Griffin, u.a. D.R. Griffin (Hg.), *The Reenchantment of Science*, SUNY Press, New York 1988, und ders., *Unsnarling the World-Knot. Consciousness, Freedom and the Mind-Body Problem*, University of California Press, Berkeley 1998, und Frederic Ferré, *Being and Value. Toward a Constructive Postmodern Metaphysics*, SUNY Press, New York 1996. Die von mir in diesem Buch entwickelten Ideen stimmen in einer Anzahl von Hinsichten mit diesem konstruktiven Postmodernismus überein.

[149] Siehe u.a. Ludwig von Bertalanffy, *General System Theory*, Penguin, Harmondsworth, Middlesex 1968; F.J. Varela, E. Thompson & E. Rosch, *The Embodied Mind. Cognitive Science and Human Experience*, MIT Press, Cambridge, Mass. 1991. Eine leicht fassliche Einführung in die Theorie der dynamischen komplexen Systeme bietet auch Marten Scheffer, *Critical Transitions in Nature and Society*, Princeton University Press, Princeton 2009, part I, 'Theory of Critical Transitions'. Ausführlicher Günter Ropohl, *Allgemeine Systemtheorie*, Sigma, Berlin 2012, 13ff, 89ff u.ö

als die Gesamtheit der Teile, und zwar aufgrund der Tatsache, dass die Seins- und Verhaltensweise der Teile durch ihre Stelle und Funktion im Ganzen bestimmt ist.

Das gilt für künstliche Systeme wie z. B. den Motor eines Autos, der die Aufgabe hat, eine bestimmte Funktion zu erfüllen, und zwar das Antreiben des Fahrzeugs. Von dieser übergreifenden Idee her sind die Teile wie Motorblock, Kolben, Kerzen usw. entworfen worden. Die Form und Funktionsweise der Bestandteile (schon das Wort ist charakteristisch) sind nur von der Idee des Motors als Ganzen her verständlich. Eine entsprechende Geschichte kann für mehr oder weniger komplexe Organisationen wie Betriebe oder Bürokratien erzählt werden. Diese Zweckverbände bestehen, analog wie es bei Maschinen der Fall ist, aus einem Netz von ineinander greifenden Funktionen, die nur von der Zwecksetzung der Organisation und der daraus hergeleiteten Struktur aus verstanden werden können.

Aber, und darum handelt es sich in diesem Buch vor allem, auch die meisten (alle?) natürlichen Entitäten können als Systeme im definierten Sinn betrachtet werden, mit dem Organismus selbstverständlich als exemplarischem Fall. Sogar in ihrer einfachsten Form sind Organismen aus einer Vielheit von Teilsystemen aufgebaut, die selber wieder ein hohes Maß an Komplexität aufzeigen – man denke nur an die Zelle, die sich unter anderem aus dem Kern und verschiedenen Arten von Organellen wie Mitochondrien (der Energiequelle der Zelle), Blattgrünkörnern, Vakuolen (mit Flüssigkeit gefüllten Bläschen), Vesiblen (ebenfalls Bläschen, welche die Funktion haben, bestimmte Stoffe in der Zelle zu speichern oder zu transportieren) zusammensetzt[150]. Eine Zelle beherbergt, kurz gesagt, in einem winzigen Raum Tausende von biochemischen Strukturen und Prozessen, wovon viele in Rückkopplungszyklen auf komplizierte Weise mit einander zusammenarbeiten[151]. Alle diese Teilsysteme des Organismus sind, sowohl was ihre Form als auch ihre Funktionsweise betrifft, nur vom Ganzen her verständlich. Ein System, kurzum, ist alles andere als ein Aggregat wie ein Sandhaufen, bei dem in der Tat das Ganze nicht mehr ist als die Gesamtheit der Teile und das von den zusammensetzenden Teilen her ‚aufwärts‘ (‚bottom-up‘) verstanden werden kann. In einem System hingegen sind die Teile gegenseitig voneinander abhängig, namentlich aber

---

[150] Ein Beispiel der immer neuen Geheimnisse, die die Zelle preisgibt, ist die Entdeckung der Funktion des ‚Nukleolinus‘, buchstäblich ‚kleines Kernchen‘. Dieser steckt in dem Nukleonus (oder direkt daneben, das ist den Biologen noch nicht klar), der seinerseits zum Nukleus, dem Zellkern gehört. Der Nukleolinus ist schon vor 150 Jahren beschrieben, nachher aber nur oberflächlich untersucht worden. Amerikanische Biologen stellten nun fest, dass es um einen gesonderten Teil der Zelle geht, der eine wichtige Rolle bei der Zellteilung spielt. Bei Beschädigungen mit einem Laser ergaben sich nämlich oft Störungen im Prozess der Zellteilung. Wie die Rolle des Nukleolinus bei diesem Pozess genauer gedacht werden muss, ist etwas, „was wir eben erst zu entdecken anfangen", wie die Forscher schreiben. *Proceedings of the National Academy of Sciences*, early online, 19-6-2010.
[151] Siehe dazu z.B. Stuart Kauffman, *At Home in the Universe. The Search for the Laws of Self-organization and Complexity*, OUP, New York/Oxford 1995, S. 71.

vom Organisationsmuster des Ganzen. Deshalb fordern Systeme eine relationale und holistische Betrachtungsweise, ‚abwärts' (‚top-down') also.

Nun scheint es unverkennbar, dass die meisten, um nicht zu sagen alle, Naturerscheinungen Systemcharakter haben. Man denke nur an Atome, die bestimmten Mustern gemäß aus einem Kern und Elektronenschalen aufgebaut sind[152]. Sogar subatomare Teilchen haben, rezenteren Einsichten zufolge, schon eine komplexe Struktur. Zu denken ist weiter an Moleküle mit ihren spezifischen Konfigurationen von Atomen, an Kristalle mit ihren typischen Rasterstrukturen, an meteorologische Erscheinungen, an die schon genannten Organismen, an Pflanzenkolonien und Tierpopulationen, an ökologische Systeme, an Planeten- und Sternensysteme, an Galaxiencluster usw. Alle diese Phänomene sind aus Komponenten oder Teilsystemen aufgebaut, die entsprechend einem bestimmten Muster organisiert sind und innerhalb dieser Konfiguration einander bestimmen. Schon hier dämmert die Vermutung, dass die Eigenschaften von Dingen, oder besser von Prozessen (Dinge sind ja Prozesse, die eine mehr oder weniger dauerhafte Form zeigen), mit der Art und Weise, wie sie organisiert sind, zusammenhängen, kurz gesagt, dass Eigenschaften Merkmale von Systemen, oder wie auch gesagt wird, systemische Eigenschaften sind.

Arten von Systemen

Nun gibt es eine Vielfalt an Typen von Systemen, folglich mit verschiedenen Arten von Eigenschaften. Zuerst kann zwischen offenen und geschlossenen Systemen unterschieden werden. Letztere stehen, wie der Terminus schon besagt, ganz auf sich selbst, ohne Beziehung zu oder Austausch mit der Umgebung. Sie werden in ihrem Funktionieren also auch ausschließlich durch die Ordnung und Ressourcen des Systems selbst bestimmt. Man könnte hier nochmals an die Leibnizschen Monaden denken, unabhängige und ganz nach innen gekehrte ‚fensterlose' Seinsatome ohne ein Verhältnis zu und Interaktion mit einander. Demgegenüber ist das offene System gekennzeichnet durch Wechselwirkung mit der Umgebung, die dann auch

---

[152] Ursprünglich wurde das Atom im Modell von Niels Bohr als ein winziges Planetensystem mit einem Kern und in verschiedenen Bahnen darum herum drehenden Elektronen vorgestellt. Um Karl Poppers Unterscheidung von ‚Wolke' (‚cloud') und ‚Uhr' (‚clock') zu verwenden (*Objective Knowledge*, Clarendon, Oxford 1972), schließt sich diese Vorstellung noch immer dem Modell der Uhr an (Dingdenken, Bestimmtheit, Vorhersagbarkeit). Heutigen Einsichten gemäß können Elektronen besser als eine Art ‚Wolke' gedacht werden, d.h. eine Struktur, die in wichtigen Hinsichten durch Unbestimmtheit und Unvorhersagbarkeit gekennzeichnet ist. Übrigens gilt dieser Wolkencharakter, so sagt Popper, nicht nur für Elektronen, sondern für alle physikalischen Systeme. „All physical systems, including clocks, are, in reality, clouds." Popper, in: Karl Popper and John Eccles, *The Self and its Brain*, Springer, Berlin 1981, 34.

mitbestimmend für den Bau, die Organisation und Funktionsweise dieses System-typus ist. Z.B. ist nur in einer Sauerstoff enthaltenden Atmosphäre ein Organ wie die Lunge, die Sauerstoff für die Verbrennungsprozesse im Körper aufnehmen kann, sinnvoll[153].

Ein anderer Unterschied ist der zwischen stabilen und instabilen Systemen, meistens verbunden mit dem Merkmal, im Gleichgewicht oder nahe daran, oder weit vom Gleichgewichtszustand entfernt zu sein. Weiter können Systeme unter-schieden werden in solche, bei denen die Prozesse umkehrbar sind, und andere, die durch eine unumkehrbare Entwicklungsrichtung bzw. durch einen ‚Pfeil' der Zeit charakterisiert sind. Systeme können weiterhin eingeteilt werden je nachdem ihre Ordnung eine statische oder dynamisch sich entwickelnde ist. Ein wichtiger Unter-schied ist auch der zwischen linearen und nichtlinearen Systemen. Lineare Systeme sind durch ein proportionales Verhältnis von ‚input' und ‚output', von Ursache und Folge gekennzeichnet. M.a.W.: kleine Ursachen, kleine Folgen, große Ursa-chen, große Folgen. Die Prozesse vollziehen sich hier schrittweise und kontinuier-lich, ohne Brüche und Umschläge. Nichtlineare Systeme hingegen sind durch eine nichtproportionale Beziehung zwischen Ursachen und Folgen gekennzeichnet. Zum Beispiel besitzen sie eine Pufferkapazität für Störungen, die dadurch eine Zeit-lang absorbiert werden können, sich den Blicken also entziehen. Wird jedoch eine Grenze an Belastbarkeit überschritten, dann geht das System, oft durch einen ge-ringen Anlass, der aber der Tropfen ist, der den Eimer überlaufen lässt, abrupt zu einer völlig abweichenden Funktionsweise über, oder stürzt auch ganz zusammen.

Nichtlineare Systeme kennen dabei Umschlagstellen – wir haben schon Beispiele davon gesehen –, an denen sie sprunghaft zu einer anderen Verhaltensweise über-gehen. Und *last, but not least*: sehr wichtig ist das Maß an Komplexität, das Systeme aufweisen, der Umstand also, ob wir es mit verhältnismäßig einfachen oder kom-plex organisierten Systemen zu tun haben.

---

[153] Wir treffen hier auf das äußerst wichtige Phänomen der ʻKoevolution', der gemeinsamen Evolution eines Systems (in diesem Fall handelt es sich um Organismen) mit seiner Umgebung. Ein Beispiel: ursprünglich enthielt die Erdatmosphäre kaum Sauerstoff. Aber durch Photosynthese von Blaualgen und später Pflanzen entstand Sauerstoff als Nebenprodukt, das seinerseits höhere Lebensformen ermöglichte, indem es als Schild gegen die gefährliche ultraviolette Strahlung fungierte. Schon hier wird sichtbar, dass Evolution nicht nur einseitige Anpas-sung an die gegebene Umgebung ist (Darwin), sondern ihre eigenen Bedingungen mitschafft. Ich komme darauf im Kapitel 9 zurück.

Das offene, nichtlineare, komplex organisierte System als der ‚Normalfall' in der Natur

Diese Feststellung deutet schon darauf hin, dass es sich hier nicht um absolute, alles-oder-nichts-Gegensätze handelt, sondern um graduelle Unterschiede, wobei die Grade sehr weit auseinander gehen können. Es ist m.a.W. annehmbar, dass es in der Realität, im Gegensatz zum idealisierten Zustand als theoretischer Konstruktion, keine völlig geschlossenen, stabilen, sich im vollkommenen Gleichgewichtszustand befindlichen, linearen, nichtkomplexen Systeme gibt – der Ausdruck ‚nichtkomplexes System' ist übrigens schon eine *contradictio in adjecto*. Die Kategorie von Systemen mit diesen Eigenschaften bildet kurzum den idealisierten Grenzfall des Systemtypus, für den Offenheit, Instabilität, Nichtlinearität usw., und besonders auch ein beträchtlicher Grad an Komplexität kennzeichnend sind. Schon Systeme, die einen relativ niedrigen Komplexitätsgrad zu besitzen schienen, erweisen sich bei näherem Hinschauen als weit komplexer als anfangs angenommen wurde – man denke z.B. nochmals an die Zelle.

In diesem Zusammenhang ist es nun bemerkenswert, dass die frühmoderne Physik von Galilei und Newton, welche die Inspirationsquelle des mechanisierten Weltbildes bildete, im Zeichen des geschlossenen, stabilen, linearen usw. Systemmodells steht. Dieses physikalische Paradigma denkt m.a.W die (ganze) Natur nach dem Modell, das sich soeben als Grenzfall herausgestellt hat. Das ist übrigens nicht allzu verwunderlich, weil dieses Naturbild weitgehend der alltäglichen Erfahrung entspricht – man erinnere sich, dass noch Einstein die Grundprinzipien der klassischen Physik, die er gegen die Quantenphysik anführte, besonders das Prinzip der Separabilität (oder Trennbarkeit), auf der Linie der alltäglichen Erfahrung liegen sah. Und tatsächlich haben die fundamentalen Begriffe von Newtons Naturphilosophie noch einen stark anschaulichen Charakter, wie seine Auffassung der letzten Bausteine der Materie als kleine, massive Billardkugeln, der Kausalität durch Stoß und Druck (deshalb konnte er sich keine Vorstellung der Wirkung der Gravitationskraft machen, wollte er darüber auch keine Vermutungen anstellen), des Raumes als großen, leeren Behälters, usw. Seinen Bewegungsgesetzen lag die Voraussetzung des stetigen Charakters der Bewegung zu Grunde – weshalb das Kalkül das geeignete Instrumentarium war, diese Gesetze auf mathematische Weise zu formulieren. Und die Bewegungen, für die er seine physikalischen Formeln fand, besaßen im Lichte der hohen Geschwindigkeiten, mit denen die Relativitätstheorie arbeitet, verhältnismäßig niedrige Werte, wodurch verborgen blieb, dass es um Annäherungen ging und nicht um eine exakte Darstellung der Fakten. Denn die räumliche

Kontraktion und die Zeitdilatation[154], wie sie später durch die Relativitätstheorie für jede Bewegung ans Licht gebracht werden sollte, sind für die Wahrnehmung unter irdischen Bedingungen nicht feststellbar.

Etwas Ähnliches kann dann von den Newtonschen Gesetzen behauptet werden, die den Stempel der universalen Gültigkeit für alle Situationen im Universum zu tragen beanspruchen, dass sie an ein beschränktes Geltungsgebiet gebunden sind und sogar dort nur Annäherungswert haben. Überhaupt hat sich übrigens im Fortgang der physikalischen Forschung herausgestellt, dass sich die Natur unter Bedingungen, die stark von den auf Erden herrschenden abweichen, auch ganz anders verhält als uns aus den vertrauten irdischen Umständen bekannt ist – man denke nur an extrem hohe bzw. niedrige Temperaturen, sehr hohe Geschwindigkeiten oder eine sehr hohe Dichte der Materie unter dem Einfluss außerordentlicher Werte der Schwerkraft wie in sogenannten schwarzen Löchern. Im Allgemeinen kann die Entwicklung der Physik als ein immer weiteres Distanznehmen von der alltäglichen Anschaulichkeit charakterisiert werden. Und immer wieder ergab sich dabei die Tatsache, dass was innerhalb bestimmter Vorbedingungen als fundamentale Einsicht galt, sich in der Folge als nur relativ gültige Erkenntnis enthüllte, nämlich als gebunden an jene bestimmten Vorbedingungen. Immer wieder erwies es sich, dass der Horizont nach hinten verlegt werden konnte, wobei die Errungenschaften der früheren Phase sich als Sonderfälle allgemeinerer Einsichten unter spezifischen Bedingungen bekundeten. Sie konnten m.a.W. in einen breiteren Rahmen gestellt werden, was ihnen ihre Geltung nicht nahm, wohl aber ihren relativen Charakter sichtbar machte.

Einstein hat die Entdeckungsreise der Naturwissenschaften einmal mit der Besteigung immer höherer Berggipfel verglichen. Von niedrigeren Gipfeln her ist die Aussicht noch verhältnismäßig beschränkt. Aber je höher man steigt, desto weiter wird das Gesichtsfeld, und es entfalten sich Fernsichten, innerhalb derer die früheren beschränkten Aussichten auf die Landschaft nun in neuen Horizonten ihren Platz erhalten. Um noch einen Augenblick bei diesem Bild zu verharren (das selbstverständlich wie jedes andere in bestimmten Hinsichten hinkt): von dem noch relativ niedrigen Gipfel aus, auf dem Galilei, Huygens und Newton standen, erwies sich die Natur als ein geschlossenes, stabiles, lineares und im Gleichgewicht befindliches System mit einer statischen, unveränderlichen, in ,ewigen' Naturgeset-

---

[154] Der speziellen Relativitätstheorie Einsteins zufolge tickt eine Uhr, die sich in Bezug auf einen externen Beobachter bewegt, langsamer als eine Uhr in ihrem eigen Bezugsrahmen (die dazu also in Ruhe verkehrt). M.a.W. verlangsamt, bzw. dehnt sich die Zeit in dem auf jenen Beobachter bezogenen bewegenden System (,Zeitdilatation'), und wird die Länge von sich bewegenden Gegenständen für den externen Beobachter kürzer in der Richtung der Bewegung (,räumliche Kontraktion').

zen ihren Ausdruck findenden Ordnung[155]. Deshalb herrscht in der so verstandenen Natur eine vollkommene Bestimmtheit aller Erscheinungen, während weiterhin alle Prozesse umkehrbar sind. Und dass in diesem Naturbild vollkommene Bestimmtheit herrscht, bedeutet, dass von allen Phänomenen und Prozessen eine vollständige Beschreibung möglich ist – im Prinzip jedenfalls. In der Praxis sind wir möglicherweise noch eine Strecke Weges davon entfernt. Aber das Ziel der Wissenschaft ist dieser Ansicht nach, sich dieser idealen Situation immer mehr anzunähern und sie letztendlich auch wirklich zu erreichen. Dann wird uns die Wirklichkeit also völlig transparent zu Füßen liegen. Diese vollkommene Transparenz und Bestimmtheit der Dinge würde auch bedeuten, dass sie exakt vorhersagbar sind und damit ganz beherrschbar. Wie deutlich ist, liegt dieser Gedankengang der schon früher erwähnten Idee von Laplace zugrunde, dass eine allwissende Intelligenz auf der Grundlage einer vollkommenen Übersicht der Situation der Welt in einem bestimmten Moment, in Kombination mit einer ebenso vollkommenen Kenntnis der Naturgesetze, daraus jede Konstellation der Welt in Vergangenheit und Zukunft herleiten könnte. Dass wir dahinter noch zurückbleiben, liegt so gesehen an der (jetzt noch bestehenden) Beschränktheit unserer Kenntnis und nicht an der Bezweifelbarkeit der Idee – die Richtigkeit derselben liegt in dem von Laplace vertretenen Newtonschen Naturbegriff beschlossen.

In dem Maße, wie im Laufe der Zeit neue Gipfel erstiegen wurden, änderte sich die Sicht auf die Natur immer tiefgreifender. Von dem Gipfel her, auf dem wir jetzt stehen, zeigt die Natur ein Gesicht, das, verglichen mit dem oben gezeichneten Bild, eigentlich in allen Hinsichten in sein Gegenteil verkehrt ist. Als der ‚Normalfall' in der Natur erscheint jetzt das offene, komplex organisierte, instabile, nichtlineare, nicht im Gleichgewichtszustand befindliche, sondern mehr oder weniger weit davon entfernte System. Es besitzt eine unumkehrbare Zeitstruktur und ist durch eine dynamisch fluktuierende, sich entwickelnde Ordnung charakterisiert bzw. durch Aktivität, Kreativität und Selbstorganisation. Deshalb ist es auch nur in begrenztem Maße bestimmbar, beschreibbar, vorhersagbar und beherrschbar.

---

[155] Ein Beispiel dafür, dass in der mechanistischen Physik das Gleichgewicht der Kräfte die bestimmende Kategorie ist, liefert noch wieder die *Analytische Mechanik* (deutsche Übersetzung, Göttingen 1797) von Lagrange, in der er die Behauptung von D'Alembert übernimmt, dass „alle Gesetze der Bewegung der Körper auf die ihres Gleichgewichts und also die Dynamik auf die Statik zurückgeführt" werden können. Zitiert bei Karl-Heinz Brodbeck, *Die fragwürdigen Grundlagen der Ökonomie. Eine philosophische Kritik der modernen Wirtschaftswissenschaften*, WBG, Darmstadt 1988, 33.

Stadien in der Geschichte der modernen Naturwissenschaft

Es würde zu weit führen, die Geschichte der Aussichten zu skizzieren, die unterwegs zu sehen waren von Gipfeln her, die zwischen demjenigen, auf dem Newton stand und demjenigen, auf dem wir jetzt stehen, gelegen sind. Diese Geschichte wird übrigens auf verschiedene Weise erzählt, je nachdem wie verschieden man die Akzente legt. So unterscheidet Paul Davies drei wichtige Paradigmen in der modernen Naturwissenschaft: „Historiker werden drei Stadien in der Erforschung der Materie unterscheiden: das erste war die Newtonsche Mechanik – ein Triumph der Notwendigkeit; das zweite war die Gleichgewichts-Thermodynamik – ein Triumph des Zufalls; das dritte zeichnet sich jetzt mit der Erforschung von gleichgewichtsfernen Systemen ab."[156] Von letztgenannten, auch als dissipative Strukturen bezeichnet, wird dann gesagt, dass sie Prozesscharakter besitzen, durch abrupte, unvorhersagbare Umschwünge gekennzeichnet sind, dass sie für ihre Umgebung offen sind und ein Vermögen zur Selbstorganisation besitzen, was wiederum ein Hinweis auf in der Natur liegende kreative Fähigkeiten ist.

Bei Robert Ulanowicz[157] finden wir bei einem großen Maß an Übereinstimmung dennoch eine einigermaßen andere Dreiheit. Seine ‚drei Fenster‘ zur Natur, wie er die prägenden Naturbilder der modernen Zeit andeutet, sind: die mechanistische Sicht der Natur, wie sie durch das von Hobbes, Bacon, Descartes und namentlich wieder Newton geöffnete Fenster erscheint; das von Carnot (dem Begründer der Thermodynamik) und Darwin geöffnete Fenster, durch das der prozesshafte, geschichtliche Charakter des Naturgeschehens in das Zentrum des Interesses gerückt wird; und ein drittes Fenster, das eine ökologische Sicht der Natur bietet, d.h. einer Natur, die durch ein hohes Maß an Unbestimmtheit und radikalem Zufall (‚raw chance‘), aber vor allem durch komplexe Netze von kooperativ ihre eigene Ordnung schaffenden Prozessen gekennzeichnet ist. Wiederum zeigt sich also durch dieses dritte Fenster das Bild eines aktiven, kreativen und sogar innovativ zu nennenden Universums[158].

Zweifellos kann die Geschichte der Naturwissenschaften noch auf andere Weise geschrieben werden, besonders wenn man Zwischenstufen zwischen den genannten drei wichtigsten ‚Revolutionen‘ in der Theoriebildung in Betracht zieht. Als Aussichten, die sich bei der Besteigung der wichtigsten Gipfel eröffneten, um noch

---

[156] Paul Davies, *Prinzip Chaos. Die neue Ordnung des Kosmos*, Bertelsmann, München 1988, 120f.

[157] R. Ulanowicz, *A Third Window. Natural Life beyond Newton and Darwin*, 19ff und passim.

[158] In demselben Sinn sagt Popper: „(…) we think that evolution – the evolution of the universe, and especially the evolution of life on earth – has produced new things: *real novelty*. (…) The story of evolution suggests that the universe has never ceased to be creative, or ‘inventive‘." Popper & Eccles, *a.a.O.*, 14.

einen Moment bei diesem Bild zu verbleiben, könnte man die elektromagnetische Feldtheorie von Maxwell nennen, später erweitert zu Feldtheorien der Materie im Allgemeinen; oder die drei Stadien in der Entwicklung der Thermodynamik, nämlich orientiert am Gleichgewichtszustand, am gleichgewichtsnahen und schließlich am weit davon entfernten Zustand; oder auch an Einsteins Relativitätstheorien, die eine tiefgreifende Revision der klassischen Physik bedeuteten, unter anderem durch eine beträchtliche Modifikation des Zeit- und Raumbegriffs und durch die Verwandlung der impermeablen Wand zwischen Materie und Energie in eine (semi)permeable; und schließlich das Erscheinen der Quantentheorie, welche die Unbestimmtheit (‚Unschärfe') des Naturgeschehens physikalisch greifbar machte und, im Gegensatz zur Relativitätstheorie, einen radikalen Bruch mit der alltäglichen Anschaulichkeit und dem ‚gesunden Menschenverstand' bedeutete.

Zweifelsohne handelt es sich in all diesen Fällen um Paradigmenwechsel, die wesentliche Bausteine für einen neuen Naturbegriff geliefert haben. Von der Gegenwart her zurückschauend sind es anscheinend ebenso viele notwendige Zwischenstationen auf dem sich schlängelnden Pfad zum Gipfel, wo wir jetzt stehen (auf dem Wege nach noch höheren Gipfeln, von denen wir zurzeit noch keine Ahnung haben?).

Irreduzible systemische Eigenschaften

Oben habe ich gesagt, dass eine geeignete Figur, die verschiedenen Entwicklungstendenzen der Naturwissenschaft im letzten Jahrhundert auf einen gemeinsamen Nenner zu bringen, das offene, komplexe, dynamische, sich selbst organisierende System ist. Dabei wurde auch schon bemerkt, dass die Eigenschaften und Verhaltensweisen von Systemen im Allgemeinen, aber besonders die von komplexen Systemen, mit ihrer Konfiguration oder Form zusammenhängen. Das gilt für natürliche Phänomene auf allen Niveaus: Atome, Kristalle, Moleküle, Zellen, Organismen, Populationen, usw. So bestimmt die Bauform von Atomen ihre chemischen Eigenschaften, können sie z. B. aufgrund ähnlicher Strukturmerkmale in Verwandtschaftsgruppen mit analogen Eigenschaften eingeteilt werden, wie es im Periodischen System der Fall ist. Moleküle als Konfigurationen von Atomen besitzen im Vergleich mit Atomen gänzlich neue Eigenschaften. Ein Beispiel: auf molekularer Ebene ergibt sich das Phänomen der sogenannten Chiralität, ihrer ‚Rechts- oder Linkshändigkeit', einer Eigenschaft, die auf atomarem Niveau nicht vorkommt. Chiralität (vom griechischen ‚cheir', Hand) hängt mit der räumlichen Struktur eines Gegenstands zusammen. Wenn ein Objekt durch Drehen auf keinerlei Weise in sein Spiegelbild umgesetzt werden kann, besitzt es die Eigenschaft der Chiralität.

Das anschaulichste Beispiel sind unsere Hände (daher auch die Bezeichnung): die linke Hand kann auf keine Weise so gedreht werden, dass sie eine rechte wird. Bei Molekülen können die zusammensetzenden Teile derartig auf verschiedene Weise geordnet sein, dass dabei Spiegelbildlichkeit auftritt mit verschiedenen physikalischen Eigenschaften (wie bei links- oder rechtsdrehendem Zucker)[159]. Die chemische Zusammensetzung der Moleküle ist im Fall dieser sogenannten Stereoisomerie dieselbe, während die physikalischen Eigenschaften, zusammenhängend mit dem Unterschied in der räumlichen Struktur, sich in bestimmten Hinsichten voneinander unterscheiden.

Diese Tatsache, und darum geht es mir in diesem Zusammenhang selbstverständlich, ist nicht zurückführbar auf die Eigenschaften der zusammensetzenden Atome, sondern ist eine Angelegenheit der Art und Weise, wie sie entsprechend einem bestimmten Muster geordnet sind. Als weitere Beispiele können in diesem Zusammenhang Phänomene wie Temperatur und Flüssigkeit genannt werden, die beide auf dem Niveau separater Atome nicht vorkommen, aber auf der höheren Organisationsebene der ‚holistischen‘ Interaktion vieler Atome auftreten.

Was sich hier abzeichnet ist die Tatsache, dass die Natur eine Reihe von Niveaus aufsteigender struktureller Komplexität aufweist. Das Bild ist m.a.W. das einer Natur als Systems von Systemen mit immer höherem Organisationsgrad. Damit kommt auf eine neue Weise eine alte Auffassung der Wirklichkeit in den Blick, und zwar die schon genannte *'Great Chain of Being'*[160], eine Kette von Seinsformen mit immer neuen Eigenschaften. In der philosophischen Tradition waren es eigentlich immer phänomenologische Gründe, ein solches Schichtenmodell der Wirklichkeit zu vertreten. Als wichtigste Wirklichkeitsniveaus wurden dann in der Regel die physische, organische, seelische und mentale Schicht genannt[161]. Eine Naturphilosophie in Kategorien von komplexen Systemen mit emergent neuen Eigenschaften und Verhaltensweisen gibt einer solchen Ansicht wiederum neue Nahrung. Wohl könnte dann noch eine Reihe anderer Ebenen unterschieden werden, wie das oben gegebene Beispiel des Erscheinens neuer Eigenschaften beim Übergang vom Organisationsniveau der Atome zu dem der Moleküle schon zeigt[162].

---

[159] Man spricht in dieser Beziehung auch von ‚Enantiomeren‘, abgeleitet vom griechischen ‚enantios‘, entgegengesetzt.

[160] Für eine ausführliche Darstellung der Geschichte dieser Idee, siehe das in Kapitel 1, Anm. 33, genannte Buch von Arthur Lovejoy. Wohl muss dazu bemerkt werden, dass die klassische prämoderne Version dieser Idee im Zeichen der Kontinuität der Seinsformen steht, die postklassische demgegenüber in dem der Diskontinuität.

[161] Siehe z.B. Nicolai Hartmann, *Der Aufbau der realen Welt*, De Gruyter, Berlin 1940.

[162] In seinem Buch *Causality and Chance in Modern Physics* (Routledge, London 1957) hat David Bohm sogar die Idee vorgebracht, dass es möglicherweise eine unendliche Anzahl solcher Niveaus gibt.

Das Organisationsmuster als grundlegendes Merkmal der Wirklichkeit. Implikationen

Struktur, Konfiguration, Organisationsmuster, oder welche Bezeichnung man auch gebraucht, ist so gesehen anscheinend das grundlegendste Merkmal der Wirklichkeit. Und die Verschiedenartigkeit der Konfigurationen kann in Übereinstimmung damit für die Vielfalt der Naturphänomene und ihrer gänzlich eigenständigen Eigenschaften und Verhaltensweisen verantwortlich gemacht werden.

Das impliziert eine Reihe von Dingen – einige davon kamen schon früher, aber noch nicht in systematischem Zusammenhang zur Sprache.

Erstens bedeutet die soeben genannte Verschiedenheit von Konfigurationen und dazu gehörigen Eigenschaften, dass die Natur aus einer Leiter qualitativ verschiedener, auf einander nicht zurückführbarer Seinsformen besteht. Im Gegensatz zum Adagium der klassischen Physik ,*Natura saltus non facit*', die Natur macht keine Sprünge, tut sie das gewiss wohl, und zwar fast durchweg – man denke nur an die diskrete Struktur der Atome oder an die Phasenübergänge von Stoffen (von fest nach flüssig nach gasförmig), an das Wegfallen des Magnetismus von Eisenmagneten beim Überschreiten einer bestimmten Temperatur (dem sogenannten Curiepunkt) oder an den Wegfall des elektrischen Widerstands unterhalb einer nahe am absoluten Nullpunkt gelegenen Temperatur (,Supraleiter')[163]. Zwischen den Komplexitäts- und Organisationsniveaus besteht also keine Kontinuität, sondern Diskontinuität: beim Überschreiten bestimmter Schwellenwerte von Komplexität erscheinen, wie schon gesagt, ,emergent' neue Arten von Entitäten mit neuen Eigenschaften und Verhaltensweisen, die aus den Eigenschaften der Phänomene des nächstunteren Niveaus nicht herleitbar sind. Das bedeutet aber, dass es nicht eine Art von Phänomenen gibt, wie das im Newtonschen Universum faktisch der Fall war. Wenn jedoch nicht alles gleichartig ist, ist der Reduktionismus, bzw. die Strategie, Erscheinungen höherer Ordnung durch Reduktion auf solche niedrigerer Ordnung oder durch eine Betrachtung in Kategorien von zusammensetzenden Teilen zu erklären (,Baukastendenken'), eine prinzipiell inadäquate Vorgehensweise. Das heißt nicht, davon war schon die Rede, dass wir auf diesem Weg nicht oft viel über Aspekte jener Erscheinungen und Prozesse höherer Ordnung lernen können, via die Chemie z.B. über organische Prozesse. Aber mit der Erkenntnis von in lebendigen Organismen sich abspielenden chemischen Reaktionen an sich verstehen wir noch nicht, warum *diese* chemischen Prozesse in *dieser Konzentration* usw.

---

[163] So schreibt Bertrand Russell, *The ABC of Relativity*, Allen & Unwin, London 1964[3], S. 49: „Anscheinend zeigen alle natürlichen Prozesse, wenn sie mit genügender Präzision gemessen werden können, eine fundamentale Diskontinuität."

miteinander kooperieren, und wie sie bei dieser ineinander greifenden Aktivität gesteuert werden. Eine rein chemische Analyse liefert uns, anders gesagt, in diesem Fall nicht mehr als die Erkenntnis einzelner Bestandteile des Lebensprozesses, nicht Einsicht in diesen Prozess selbst.

Zweitens, und in unmittelbarem Zusammenhang mit dem soeben Gesagten, hat es aus der Perspektive des Denkens in Kategorien von komplexen Systemen und ihrer konstitutiven Konfigurationen nicht viel Sinn, nach letzten Bausteinen der Materie und der Naturerscheinungen im Allgemeinen zu suchen, jedenfalls nicht, um mit ihrer Hilfe Phänomene und Prozesse höherer Ordnung zu begreifen. Denn aus dieser Sicht sind die primär bestimmenden Faktoren der Wirklichkeit ja Strukturen, Muster von Relationen oder Feldern. Nicht Dinge, elementare Bausteine bestimmen Systeme (das könnten dann nur Aggregate sein, wie im Newtonschen Universum), sondern umgekehrt bestimmen Strukturen Dinge, die dann jedoch nicht länger Dinge im alltäglichen Sinn sind, sondern Knotenpunkte in einem Netz von Relationen[164].

Wenn es aber, drittens, nicht nur einen Typus von Tatsachen und Prozessen gibt, die faktisch einzig Umordnung von elementaren Bausteinen sind, wenn, anders gesagt, nicht alles nur mehr von derselben Art ist, dann ist das Neue und Unerwartete ein wesentlicher Zug des neuen Naturbildes. Und wenn weiter nicht alle Ereignisse von derselben Sorte sind, dann gelten auch nicht auf allen Ebenen die gleichen Gesetzmäßigkeiten. Zwar stützen sich die höheren Niveaus auf die niedrigeren, und wirken die Gesetzmäßigkeiten der niederen Niveaus in den höheren mit – z. B. gelten auch für Organismen die Gesetze der Physik und Chemie, auch Organismen gehorchen z.B. dem Gesetz der Gravitation. Aber sie sind unzureichend, es kam schon zur Sprache, von den neu auftretenden, mit den neuen Organisationsmustern zusammenhängenden Eigenschaften und Verhaltensweisen Rechenschaft abzulegen. Die Systeme höherer Ordnung nehmen die Phänomene niederer Niveaus in neue Zusammenhänge auf und steuern von höheren Organisationsprinzipien aus ihr Funktionieren. Anders gesagt: die Gesetzmäßigkeiten der höheren Ebene ‚überformen‘ die der niederen. Kausalität hat demnach nicht nur *ein* Gesicht, das des untersten Niveaus, sondern mehrere. Die Natur kennt also eine Hierarchie von Kausalitätsformen, wobei die höheren die niedrigeren umgreifen.

Aber wenn die Prozesse niedrigerer Ordnung innerhalb von Systemen mit einem höheren Organisationsgrad durch die Gesetzmäßigkeiten dieser höheren Ebene gesteuert werden, dann hat es in vielen Bezügen Sinn, das Funktionieren der Prozesse niedrigerer Ordnung im Lichte der Organisationsmuster des höheren Ni-

---

[164] Schon Cassirer ersetzte in seinem Buch *Substanzbegriff und Funktionsbegriff* (Berlin 1910, Neudruck WBG, Darmstadt 1994) in seiner Interpretation der modernen Physik Substantialität durch Relationalität.

veaus zu betrachten, abwärts (,top-down') also. Es gibt m.a.W. nicht nur eine aufwärts wirkende (,bottom-up') Kausalität, sondern sicher ebenso wichtig eine Abwärtskausalität (,downward causation').

Eine schöne diesbezügliche Illustration liefert die sogenannte Systembiologie (,multi-level systems biology'), die, wie der Name schon besagt, den Organismus als eine Einheit von auf verschiedenen Ebenen liegenden Teilsystemen sieht. Diese kooperieren, jedes auf seine spezifische Weise, mit den anderen Teilsystemen im Zusammenhang des Organismus als Ganzem. Die Systembiologie ist auf diese Weise antireduktionistisch. Neben dem physisch-chemischen Reduktionismus widersetzt sie sich besonders auch einer anderen Form des Reduktionismus, die eine Zeitlang *en vogue* gewesen ist (und hie und da noch immer ist), nämlich dem genetischen Determinismus. Aus dieser Sicht ist der zentrale Faktor der organischen Wirklichkeit das Gen, mit dessen Hilfe alles Geschehen im Organismus erklärt werden kann. Wüssten wir also alles in Bezug auf dieses grundlegende Faktum, hätten wir damit, so ist die Ansicht, den Schlüssel zur Erkenntnis alles organischen Geschehens in den Händen. In einem prächtigen Büchlein, *The Music of Life. Biology Beyond[!] Genes*[165], hat Denis Noble, Professor emeritus für kardiovaskuläre Physiologie an der Universität Oxford, überzeugend nachgewiesen, dass auch diese Form des Reduktionismus im Entferntesten keinen adäquaten Zugang zu den Lebensphänomenen bieten kann. Als Repräsentant der Systembiologie zeigt er, dass der Organismus ein System ist, das eine ganze Serie von Ebenen umfasst, aufsteigend vom Niveau der Gene über dasjenige der Proteine, der Bahnen (,pathways'), der subzellularen Mechanismen, der Zellen, der Gewebe, der Organe bis hinauf zum Organismus als Ganzen. Entscheidend ist nun, dass zwischen jenen Niveaus allerlei Kausalitätsformen tätig sind, von unten nach oben, aber besonders auch umgekehrt von oben nach unten, Formen von Beeinflussung also der Prozesse auf den niederen Niveaus durch die höheren via Rückkopplung, Auslösung u.d. „The higher levels trigger and influence actions at the lower levels. We call this ,downward causation'."[166] Oder in anderer Formulierung: „Complicated systems generally tend to regulate themselves by feedback effects, that is, by a process in which higher-level (systems) parameters influence lower-level components."[167] Die organische Provinz erweist sich in dieser Weise als eine komplexe vielfarbige Wirklichkeit, die schon intern eine Vielfalt von Niveaus mit eigenständigen Komponenten und verschiedenartigen Kausalitätsformen kennt. In einem äußerst komplexen Zusammenspiel erzeugen sie, um die Metapher von Noble zu verwenden, die Mu-

---

[165] OUP, Oxford 2006.
[166] *A.a.O.*, S. 45.
[167] *A.a.O.*, S. 50.

sik des Lebens, wobei jeder, auf die Mitspieler und die Ordnung des Ganzen abgestimmt, seine eigene Partie spielt.

Der Organismus ist ein besonders illustratives Beispiel der Einrichtung und Funktionsweise des offenen, komplexen Systems, insbesondere auch in Bezug auf die differenzierte Struktur und die abwärts gerichteten Kausalitätsformen. Wegen dieses illustrativen Charakters haben wir uns etwas länger dabei aufgehalten. Aber solch eine Abwärtsbetrachtung scheint mir auf einer viel breiteren Front sachgemäß zu sein, wie beim Bewusstseinsphänomen in Beziehung zu seiner organischen Grundlage, beim an Bedeutungen orientierten Handeln im Verhältnis zur Schicht des Bewusstseins, usw. In letzterem Fall würde Kausalität die Gestalt eines Handelns aus Gründen oder Motiven annehmen – was nur dann einen sonderbaren Eindruck macht, wenn wir Kausalität weiterhin mit äußerer Bewerkstelligung gleichsetzen.

Eine interessante Implikation schließlich der These, dass die Seinsweise und Eigenschaften natürlicher Phänomene durch ihre Konfiguration oder Organisationsform bestimmt werden, ist die Vermutung, dass es Typen von Mathematik geben könnte, die auf Erscheinungen, die, wie das Lebensphänomen, bis jetzt einer mathematischen Annäherung unzugänglich geblieben sind, zugeschnitten sind (oder worauf Formen von Mathematik angewandt worden sind, die Phänomenen niederer Ordnung abgelesen worden waren). Die Mathematik wird heutzutage allgemein als die Wissenschaft der abstrakten Strukturen oder Muster umschrieben[168]. Es ist also eine Mathematik der höheren Komplexitäts- und Organisationsformen denkbar, wie sie z. B. für die Lebensphänomene kennzeichnend sind. Der englische Mathematiker Ian Stewart spricht im Hinblick auf eine solche Mathematik der höheren Form von ‚Morphomatik‘ (‚morphomatics‘)[169]. Da die Mathematik bisher auf die für den physischen Bereich kennzeichnende Art von Strukturen und Relationen beschränkt geblieben ist, ginge es, so Stewart, also um „eine neue Art mathemati-

---

[168] Siehe z.B. Ian Stewart, *Life's Other Secret. The Mathematics of the Natural World*, Wiley, New York 1988, S. 30: „Mathematics is the study of patterns, regularities, rules, and their consequences - the science of significant form – and nowhere is form more significant than in biology." Vgl. S. 12: „the science of structure and pattern", u.ö.

[169] Stewart, *a.a.O.*, S. 245: „I believe there may be a new *kind* of mathematical theory out there in the intellectual darkness; I believe that biology is the key to finding it."
Ähnliche Gedanken sind übrigens schon eher ausgesprochen worden, und zwar, dass eine Mathematik der Form möglich sein soll. Ein großartiger Wurf in dieser Hinsicht bildete das Buch des Finnischen Mathematikers und Philosophen Hermann Friedmann, *Die Welt der Formen*, Beck, München 1930², das aber trotz allen Ideenreichtums in Prolegomena stecken blieb. Siehe auch Bernard Bavink, *Ergebnisse und Probleme der Naturwissenschaften. Eine Einführung in die heutige Naturphilosophie*, Hirzel, Leipzig 1940⁶, 462f, der auch von einer ‚Formenmathematik‘ spricht. Der primäre Begriff der Mathematik wäre der der ‚Gestalt‘, ‚Form‘ oder ‚Ordnung‘, und erst sekundär der der mess- und zählbaren Größe, der als Grenzfall aus ersterem abzuleiten wäre. Er betrachtet als eine der Konsequenzen dieser Idee, „dass nicht die Biologie zum Sonderkapitel der Physik, sondern vielmehr diese zum Sonderkapitel jener gemacht werden müsse."

scher Theorie", von der nur erste Umrisse sichtbar sind. Stewart will (vorläufig?) mit seiner Idee einer ‚Morphomatik' nicht weiter gehen als eine Mathematik der biologischen Form. Aber wenn dies eine plausible Konsequenz der Idee ist, dass die Mathematik die Disziplin ist, welche die Eigenschaften von Konfigurationen als solchen studiert, warum dies auf bestimmte Strukturen und Muster beschränken? Es würde die alte Idee von Pythagoras und Platon, dass die Wirklichkeit nach einem mathematischen Muster gewoben ist, neu beleben – eine Art Mathematik aber, die nun nicht länger auf statische Weise gedacht wird, wie sie es taten, sondern als eine dynamische, sich selbst entfaltende Ordnung[170].

So weit eine erste Charakterisierung des Naturbildes, das sich in den letzten Jahrzehnten abzuzeichnen begonnen hat. Eine Reihe von Themen, die dabei angesprochen worden sind, wird in den nächsten Kapiteln ausführlicher zur Sprache kommen.

---

[170] Siehe Stewart, *a.a.O.*, S. 23: „(...) today's mathematics is far closer to the flexibility of life than it is to the rigidity of Euclid."

Kapitel 7:   Das Phänomen Leben

Der exemplarische Charakter des Organismus

Das erste Phänomen, dem wir uns zuwenden, ist dasjenige des Lebens. Im Vergleich zur anorganischen Wirklichkeit kann hier in der Tat von einem neuen Typus von Phänomenen gesprochen werden, mit Eigenschaften, die wir auf den präorganischen Ebenen nicht (oder jedenfalls nicht in dieser Form[171]) vorfinden, wie Wachstum, Fortpflanzung bzw. Selbstreproduktion, Anpassungsvermögen, Flexibilität, Regeneration[172], Stoffwechsel, Zielstrebigkeit, Evolution von Lebensformen, Selbsttranszendierung. Die organische Wirklichkeit ist dann auch eine der am meisten ins Auge springenden Bereiche der geschichteten Struktur der Welt. Vielleicht ist das Lebensphänomen mit seiner Offenheit, seiner eigenen Dynamik usw. sogar ein besseres Modell, sich die Wirklichkeit, auch die nichtlebendige, vorzustellen als das mechanistische Paradigma mit seiner Konzeption einer toten, trägen und inaktiven Materie. So schreibt der Kernphysiker Hans-Peter Dürr, wir sollten uns die Materie nicht länger in den Kategorien elementarer stofflicher Punkte denken, sondern vielmehr in Kategorien von Potentialität. Er fährt dann fort: *„Potentialität hat vielmehr etwas von der Offenheit und Vielfältigkeit des Lebendigen.* Potentialität *existiert* nicht, es ist nichts Seindes, das im Laufe der Zeit das Sein aufspannt, sondern Potentialität ist Beziehung, Veränderung, Prozessor, Operator, Form, Gestalt ohne materiellen Träger, so wie das Licht nur eine „Form des Nichts" ist, da es von keinem „Äther" getragen wird."[173] Die belebte und unbelebte

---

[171] Schon auf präorganischem Niveau kommen Formen von Stoffwechsel vor. Siehe Erich Jantsch, *Die Selbstorganisation des Universums*, DTV, München 1982, 63.

[172] Neben den mehr ‚gewöhnlichen' Formen von Regeneration bei Beschädigungen wie Wunden gibt es spektakulärere Formen, wie bei Eidechsen das Anwachsen eines neuen Schwanzes bei Verlust des alten, oder stärker noch den Fall des in zwei Teile geschnittenen Wurms. Dann bildet der vordere Teil einen neuen hinteren Teil, aber vor allem bildet der hintere Teil einen neuen Kopf. Um Portmann zu zitieren: „(…) am Wundverschluss entsteht nicht nur eine neue Mundöffnung mit all ihren Muskeln und Drüsen, es entsteht auch ein Gehirn. Ein völlig neues Gehirn, ein neues Führungsorgan. Nun wissen wir auch, wer da Meister ist: der Wurmkörper baut sich selber sein Führungsorgan, er ist die oberste Instanz und erbaut sich sein Gehirn zum Dienst am Ganzen." Adolf Portmann, *Alles fließt. Wege des Lebendigen*, Herder, Freiburg i.B., 1967, 33.

[173] Hans-Peter Dürr, ‚Wirklichkeit des Lebens', in: Hans-Jürgen Fischbeck (Hg.), *Leben in Gefahr? Von der Erkenntnis des Lebens zu einer neuen Ethik des Lebendigen*, Neukirchener, Neukirchen-Vluyn 1999, S. 11 (Kursivierung von Dürr). In ähnlichem Sinn Paul Davies & John Gribbin, *Auf dem Weg zur Weltformel. Superstrings, Chaos, Komplexität*, Komet, Köln 1995, S. 56, die in Bezug auf die Physik bemerken, dass die intensive Aufmerksamkeit für nichtlineare Systeme eine Akzentverschiebung bedeutet „weg von inerten *Gegenständen* –

Wirklichkeit sind in dieser Optik „nur verschiedene Strukturen derselben Materie (…), einer Materie aber, die im Grunde ja gar keine Materie [im gängigen Sinn, vdW] (ist), sondern, wie es uns die moderne Physik schon andeutet, mehr einer ‚embryonalen' Form des Lebendigen gleicht."[174] Es ist m.a.W. genau genommen sachgerechter, die ‚tote', inerte Materie als Grenzfall einer ‚organizistisch' gedachten Wirklichkeit aufzufassen als anders herum. Wiederum, dies beiläufig gesagt, bildet das einen Hinweis auf das gute Recht einer Abwärtsbetrachtung.

Das soeben Gesagte kann als Folge der Tatsache gesehen werden, dass der Organismus ein offenes komplexes System mit allen dazugehörigen Eigenschaften ist. Er funktioniert in vielen Hinsichten auf nichtlineare Weise, kennt demnach allerlei Umschlagpunkte, deren tiefgreifendster selbstverständlich der Tod ist. Im Zusammenhang damit besitzt der Organismus eine Pufferkapazität für eine Vielfalt an Störungen, die eine Zeit lang aufgefangen werden können und so lange nicht manifest werden. Beim Überschreiten einer Belastbarkeitsgrenze können jene Störungen jedoch abrupt zu mehr oder weniger ernsthaften Abweichungen vom normalen Funktionieren führen, im äußersten Fall, wie gesagt, zum Tod. Dabei kann die Pufferkapazität oder Widerstandsfähigkeit sehr verschieden sein, kann der Umschlagpunkt also ganz verschieden zu lokalisieren sein. Das bedeutet aber nicht, fast überflüssig, es zu bemerken, dass diese kritischen Schwellen nicht existieren. Pufferkapazitäten können also, wie robust die Systeme auch immer sein mögen, nicht ungestraft überdehnt werden, bzw., die Belastbarkeit belebter oder ökologischer Systeme kennt ernst zu nehmende Grenzen.

In unmittelbarem Zusammenhang mit dem Vorhergehenden ist es ein Merkmal des Organismus, dass er von sich her kein stabiles System ist, sondern im Gegenteil eine prekäre Balance repräsentiert. Er ist fortwährend in seinem Dasein bedroht, letztendlich mit dem Zusammenbruch, dem Tod. Nicht an letzter Stelle ist das Phänomen des Todes etwas, was sich, in dieser Form jedenfalls, auf Ebenen unterhalb des Organischen, nicht vorfindet – abermals ein Beweis für den qualitativ neuen Charakter des Lebens im Vergleich mit den niedereren anorganischen Niveaus. Faktisch ist es also eine uneigentliche Ausdrucksweise, über die anorganische Wirklichkeit als eine Welt toter Dinge zu sprechen, weil, wie gesagt, das Phänomen des Todes erst auf der Ebene des Lebendigen erscheint. Aber wie auch immer, we-

---

tote Materie, die auf beseelte Kräfte reagiert – hin zu *Systemen*, die Elemente von Spontaneität und Überraschung aufweisen. Das Vokabular des Maschinenzeitalters weicht einer Sprache, die mehr an die Biologie als an die Physik denken lässt, mit Begriffen wie Anpassung, Kohärenz oder Organisation."

[174] Dürr, *a.a.O.*, 11f (Hervorhebung von Dürr). In bemerkenswerter Übereinstimmung hiermit ist eine Aussage des bekannten Ökonomen Alfred Marshall, dass die Biologie ein besseres Modell für die Ökonomie bietet als die (physikalische) Dynamik: „The Mecca of the economist lies in economic biology rather than in economic dynamics". *Principles of Economics*, New York 1924[8], S. XIV.

gen der qualitativ eigenen Art des Lebensphänomens ist es unmöglich, es in Kategorien von unterhalb des Organischen liegenden Erscheinungen anzugehen, oder, nochmals mit Hans Jonas zu sprechen, in Kategorien einer ‚Ontologie des Todes‘. Das heißt also, dass eine Wirklichkeitsauffassung wie die Newtonsche, welche die Natur als ein Aggregat ‚toter‘ Dinge betrachtet, prinzipiell unzureichend ist, um einen adäquaten Zugang zu den Lebenserscheinungen zu verschaffen.

Ein wichtiges Merkmal des offenen komplexen Systems ist weiter, dass es seine eigene ‚Uhr‘, d.h. seine eigene Zeitstruktur und seine eigenen Rhythmen hat – in einem früheren Kapitel ist das Thema der Zeit schon zur Sprache gekommen als eine der Stellen, wo sich ‚Risse‘ im mechanistischen Weltbild zeigten. Nun, für kein anderes als das Lebenspänomen gilt, dass es seine eigene charakteristische Zeitstruktur besitzt. An erster Stelle beinhaltet dies, dass die organische Zeit grundsätzlich unumkehrbar ist. Früher haben wir uns im Hinblick darauf schon mit der Diskussion zwischen Maxwell und Lord Kelvin beschäftigt. Dabei wies Letzterer auf die absurde Implikation des mechanistischen Begriffs einer reversiblen Zeit, dem gemäß dann auch der ‚normale‘ Lebenslauf des Geborenwerdens, Aufwachsens, Alterns und Sterbens in entgegengesetzte Richtung durchlaufen werden könnte. Daneben ist es bekannt, dass der Organismus seine eingebaute ‚biologische Uhr‘ besitzt, die bei Strafe von Stress, Burn-out, u.dgl. nicht zu sehr unter den Druck fremder Zeitrhythmen gesetzt werden darf. Und auch in dem Sinn haben Lebenserscheinungen ihre ‚Eigenzeit‘, dass die verschiedenen Typen von Organismen (Pflanzen- und Tierarten) ihr je spezifisches Lebenstempo und ihre mittlere Lebensdauer haben.

Eine innere Dimension

Ein weiteres Merkmal offener komplexer Systeme findet sich auf exemplarische Weise in der organischen Wirklichkeit, und zwar die Tatsache, dass ein System sich aktiv ordnet und (selbstverständlich innerhalb bestimmter Grenzen) aktiv auf Umgebungseinflüsse reagiert. Nicht zuletzt ist in dieser Hinsicht die Philosophie des Organischen von Hans Jonas bemerkenswert[175]. Mit dem Erscheinen des Lebens, so sagt Jonas, tritt eine Seinsform auf, die durch eine Dimension der Innerlichkeit gekennzeichnet ist[176]. Damit ist gesagt, dass der Organismus sich hinsichtlich der

---

[175] Hans Jonas, *Das Prinzip Leben. Ansätze zu einer philosophischen Biologie*, Suhrkamp, Frankfurt a.M. 1997, 28ff, 142 u.ö.

[176] Auf entsprechende Weise legt auch Portmann bei der Betrachtung des Lebensphänomens den Nachdruck auf den Aspekt der ‚Subjektivität‘, den Besitz einer ‚Innenseite‘. Siehe dazu Helmut Müller, *Philosophische Grundlagen der Anthropologie Adolf Portmanns*, VCH, Weinheim 1988, 5ff. und passim (“…müsste mit Portmann Leben als *Haben einer Innerlichkeit* definiert werden“, S. 8).

umgebenden Wirklichkeit selbständig macht – in gewissem Maße, wie sich versteht. Dieser Umgebung *gegenüber* nimmt er eine eigene Identität an, eine andere Ausdrucksweise für den Umstand, dass er sich selbst organisiert. Oder noch anders formuliert: es nimmt Selbstcharakter an. Von diesem ‚Selbst‘, diesem inneren Identitätsprinzip, sagt Jonas, dass „es unvermeidlich in der Beschreibung selbst des elementarsten Falles von Leben" ist[177].

Dass der Organismus sich als ein Selbst der umgebenden Wirklichkeit gegenüber aufstellt und sich von ihr (in gewissem Maße) unabhängig macht, kann auch auf den Nenner der Freiheit gebracht werden. Sie wird von Jonas dann auch als Basismerkmal des Lebens betrachtet. Das kommt schon darin zum Ausdruck, dass die erste Auflage der deutschen Übersetzung seines Buches *The Phenomenon of Life* den Titel *Organismus und Freiheit* trug. Im Vorwort dieser Übersetzung sagt Jonas, dass damit besser als mit dem Titel des englischen Originals angedeutet wird, was er als das zentrale Thema des Buches betrachtet. Er schreibt, dass „uns der Begriff der *Freiheit* in der Tat als Ariadnefaden für die Deutung dessen dienen (kann), was wir ‚Leben‘ nennen."[178]

In der Entwicklung des Lebens zu immer höheren Organisationsformen tritt dieses Freiheitsmoment dann immer nachdrücklicher hervor. In der Evolution kann eine Reihe aufsteigender Formen der Freiheit erkannt werden, die von der Empfindung über die Bewegung, den Affekt, die Wahrnehmung, die Einbildungskraft bis zum Geist reicht. Immer geht es dabei um (jeweils deutlichere) Formen der ‚Subjektivität‘, des Einnehmens einer Innenperspektive der Außenwelt gegenüber, einer Innenperspektive, die sich, wie gesagt, in der aktiven Stellungnahme und Reaktion in Bezug auf die umgebende Realität manifestiert.

Leben als dynamische Form

Ich sagte am Anfang dieses Kapitels, dass der Organismus eine Erscheinungsform *par excellence* des offenen komplexen Systems ist. Darin kommen wohl alle Fäden im Gewebe des Lebens, wie sie oben beschrieben wurden, zusammen. Und da im Allgemeinen die Konfiguration bzw. das Organisationsmuster für das offene komplexe System bestimmend ist, gilt das auch für das Lebensphänomen. Auch hier ist es die *Form*, eine dem Leben eigene spezifische Konfiguration, die seine Seinsweise bestimmt. Selbstverständlich besteht ein Organismus aus Materie, aber diese ist als konkrete Materie eben nicht bestimmend für seine Daseinsweise. Charakteristisch

---

[177] *A.a.O.*, 155.
[178] *A.a.O.*, 18.

für Organismen ist ja, dass sie stoff*wechselnde* Systeme sind, dass sie in einem fortwährenden Austauschverhältnis zur Außenwelt stehen, dass ein permanentes ‚Durchströmen‘, ein ununterbrochener Zustrom und eine Abfuhr von Materie stattfindet. Der Stoff, ein immer wechselnder Stoff, ist also nur das Material, *an dem* das Leben sich realisiert. Leben ist m.a.W. ein aktiver Prozess, der sich selbst durch einen fortwährenden Wechsel des Substrats hindurch aufrechterhält. Kurzum, die Identität des Organismus ist keine Angelegenheit des Stoffes, sondern, wie gesagt, der Form. Und die Kontinuität dieser Form an einem wechselnden Substrat muss immer aufs Neue aktiv bewerkstelligt werden. Sie erfordert, mit Jonas zu sprechen, eine unaufhörliche Anstrengung, eine ‚Leistung‘. Das besagt so viel wie, dass die Identität des Organismus eine dynamische und heikle ist.

Entscheidend für das Lebensphänomen ist also, dass es sich als Seinsform ergibt, wenn die Materie (die mit Dürr zu sprechen eigentlich gar keine Materie im gewöhnlichen Sinn ist) nach einem neuen Niveau komplexer Organisation evoluiert. Das Leben ist demnach eine emergente Erscheinung, mit den emergenten, zu diesem Organisationsniveau gehörenden Eigenschaften. Mit Hilfe dieser Auffassung kann auch eine Antwort auf das Problem des Vitalismus gegeben werden, der Richtung in der philosophischen Biologie, die glaubt, die besonderen Merkmale der Lebenserscheinungen einem speziellen Lebensprinzip (*vis vitalis*) zuschreiben zu müssen. Dieses Prinzip träte dann zur leblosen Materie hinzu und nähme sie gleichsam in seinen Dienst. Der Vitalismus erkennt mit Recht, dass die organische Wirklichkeit durch ganz besondere, auf der vororganischen Stufe nicht vorkommende Eigenschaften gekennzeichnet ist. Berühmt ist in dieser Beziehung das Experiment mit den Seeigeleiern von Hans Driesch[179]. Wenn ein Seeigelei nach den ersten Zellteilungen sorgfältig gespalten wird, entstehen aus beiden Hälften dennoch vollständige Tiere[180]. Das ist ein auf der anorganischen Ebene unbekannter Vorgang. Es muss also, so folgerte Driesch, in jenem Entwicklungsprozess eine Kraft wirksam sein, von ihm auch als Entelechie bezeichnet, die ein ‚Mehr‘ im Vergleich zum stofflichen Substrat ausmacht und den Lebensprozess steuert. Denn, wie gesagt, von sich aus besitzt, wie angenommen wird, der Stoff, aus dem der Organismus aufgebaut ist, dieses Vermögen nicht.

Die Crux steckt, wie klar ist, in dem Stoff- oder Materiebegriff. Auch Driesch kann sich die Materie nicht anders als auf Newtonsche Weise vorstellen. Dann aber ist das Lebensphänomen, das die Materie zum notwendigen Substrat hat, in der Tat

---

[179] Hans Driesch, *Philosophie des Organischen*, Quelle & Meyer, Leipzig 1928⁴, 42ff.

[180] Bestimmte Pflanzen, wie Karotten, sind in dieser Hinsicht noch kreativer: wenn man sie in Teile schneidet, bis zu den separaten Zellen, wächst unter günstigen Bedingungen aus jedem davon eine ganze Pflanze. Siehe auch nochmals, was beim Wurm geschieht, Anm. 2.

eine mysteriöse Angelegenheit. Die einzige Weise, Licht in die Sache zu bringen, kann dann nur sein, dieser von sich aus leblosen Materie gleichsam von außen her ein neues Prinzip hinzuzufügen, das die neuen Eigenschaften und Funktionsweisen erklärt. Aber es handelt sich dabei um ein reines Postulat mit dem Zweck, aus einer wissenschaftlichen Sackgasse herauszukommen. Von diesem postulierten Lebensprinzip konnte jedoch in der bisherigen Forschung kein Stückchen entdeckt werden. Überdies gab es keine Lösung für das sogenannte Brückenproblem, das sich bei allen dualistischen Betrachtungsweisen ergibt: wie muss das Verhältnis zwischen beiden Regionen gedacht werden, in diesem Fall also, wie lenkt das immaterielle Lebensprinzip die materiellen Prozesse.

Auf diese Weise gestellt, war das Problem auch wirklich unlösbar. Die einzige Antwort ist, das Denken in Kategorien von Substrat und davon unterschiedenem Lebensprinzip aufzugeben und die verschiedenen ‚Schichten‘ der Wirklichkeit als ebenso viele Erscheinungsweisen ‚derselben‘ Natur aufzufassen, die sich durch ihre diversen Organisationsformen voneinander unterscheiden. Die Phänomene auf den unterschiedlichen Niveaus *sind* m.a.W. Ausdruck der dort wirksamen Organisationsmuster. Beim Überschreiten von Komplexitätsschwellen – woher der Trend nach höheren Komplexitätsformen stammt, wird uns noch beschäftigen – werden dann Konfigurationen niederer Ordnung in solche höherer Ordnung aufgenommen und, wie gesagt, von ihnen ‚überformt‘. Im hier angesprochenen Fall verleibt sich dann sozusagen das Leben die präbiotischen Erscheinungen in sein Organisationsmuster ein.

Das Lebensphänomen macht damit wiederum auf ein allgemeines Merkmal der Realität aufmerksam, und zwar dass die Wirklichkeit alles andere als ‚tot‘, inert und passiv ist, sondern im Gegenteil durch Eigenschaften wie Aktivität, Spontaneität und Kreativität charakterisiert werden kann. Ich sagte soeben: wiederum. Denn nicht erst auf der organischen Ebene erscheinen diese Eigenschaften. Mit dem Durchbruch der Quantentheorie sind auch Physiker fast allgemein der Ansicht, dass die genannten Eigenschaften schon auf physikalischem und chemischem Niveau erkannt werden können. Ich erinnere nochmals an die Aussage von Dürr, dass heutigen Einsichten zufolge die Materie durch Potentialität und Offenheit gekennzeichnet ist und dass dadurch schon auf der physikalischen Ebene das Leben eigentlich ein geeigneteres Modell zum Verständnis der Wirklichkeit liefert als das alte mechanistische Modell. Deshalb kann Dürr auch sagen, dass die lebendige und die nichtlebendige Wirklichkeit verschiedene Erscheinungsformen ‚derselben‘ Materie sind, einer Materie jedoch, die, wie schon hervorgehoben, gar keine Materie im geläufigen Sinn ist. Das Leben führt in der Weise Linien weiter, die für die Natur in all ihren Gliedern charakterisch sind, aber verglichen mit der physikalischen

Wirklichkeit auf einem höheren Organisationsniveau, wodurch jene Eigenschaften deutlicher hervortreten.

Eine vergleichbare Auffassung finden wir bei Pascual Jordan, einem der herausragenden Physiker des vergangenen Jahrhunderts, wenn er schreibt: „Zumindest die Physik zeigt uns innerhalb der rein physikalischen Vorgänge, die noch gar nichts mit organischem Leben zu tun haben, bereits beweisbare Spontaneität", eine Spontaneität (als physikalische Tatsache also), die dann in lebenden Organismen „zu einer gesteigerten Entfaltung" kommt[181]. Abermals also der Gedanke, dass auf der Ebene der Lebenserscheinungen Veranlagungen, die schon auf präbiotischem Niveau feststellbar sind, jetzt auf eine neue, nachdrücklichere Weise ans Licht treten. Einigermaßen anders formuliert: schon auf den basalen Niveaus der Wirklichkeit kann man erste Spuren oder Präfigurationen einer ‚Subjektivität‘, eines Selbstcharakters der Dinge gewahren. Dies bedeutet, dass, wie gesagt, schon auf den elementarsten Ebenen die Wirklichkeit nicht nur passive Exteriorität ist, sondern auch erste Spuren einer Innenseite hat.

Leben als ‚natürliches‘ Phänomen

In diesem Gedanken liegen zwei interessante Implikationen beschlossen. Erstens ist das Leben in dieser Optik eine Erscheinungsform der Natur, die auf einem höheren Organisationsniveau Merkmale wieder aufnimmt, die auf präorganischen Niveaus schon hervorgetreten waren, wenn auch nur auf elementarere Weise. Als Zweige am gleichen Stamm der Natur sind Leben und anorganische Wirklichkeit einander also nicht wesensfremd, wie im mechanisierten Weltbild angenommen wurde. So kann der Astrophysiker Paul Davies dann auch sagen, dass „a good case can be made that life and mind *are* fundamental physical phenomena"[182]. ‚Physical‘ wird dann verstanden als sich beziehend auf die ‚Physis‘, die Natur in der weiteren Bedeutung der alle erfahrbaren Phänomene umfassenden Wirklichkeit. Man bemerke, dass Davies nicht nur das Leben als Erscheinungsform jener auf umfassende Weise verstandenen Natur nennt, sondern auch ‚mind‘, den geistigen Bereich. Auch der Geist erscheint hier demnach als Dimension der Natur. Oder anders herum formuliert: das Geistige ist eine natürliche Seinsform, kein Phänomen, das zu einer ganz anderen Ordnung als der der materiellen Welt gehört. Letzteres dann

---

[181] Pascual Jordan, ‚Die weltanschauliche Bedeutung der modernen Physik‘, in: Hans-Peter Dürr, *Physik und Transzendenz. Die großen Physiker unseres Jahrhunderts über ihre Begegnung mit dem Wunderbaren*, Scherz, Bern 1986, 223f.

[182] Paul Davies, *The Goldilocks Enigma. Why is the Universe Just Right for Life?* Allen Lane, London 2006, 275; vgl. 262: „(…) life, mind and physical law are part of a common scheme, mutually supporting".

wieder einzig unter der Bedingung, dass die Materie nicht auf Newtonsche Weise als Aggregat toter, inerter und massiver stofflicher Punkte aufgefasst wird, sondern als auf einem elementareren Niveau gelegene Erscheinungsform einer aktiven und kreativen Natur. In einem späteren Kapitel komme ich auf dieses Thema noch näher zurück, dass Geist und Bewusstsein emergente Erscheinungen der Natur auf höheren Organisationsebenen sind, d.h. inhärente Merkmale dieser Natur repräsentieren.

Die zweite Implikation ist folgende: Wenn es stimmt, dass auf höheren Organisationsniveaus bestimmte Merkmale, von denen auf niederen Ebenen nur Spuren bemerkbar sind, deutlicher zum Ausdruck kommen, hat es also Sinn – wiederum dieser Gedanke –, das Niedere bzw. weniger Komplexe im Licht des Höheren und Komplexeren zu lesen. Ein Hinweis auf die Fruchtbarkeit einer solchen ‚top-down‘ Vorgehensweise ist ein Gedanke von Erwin Schrödinger, ebenfalls einem der großen Physiker des vergangenen Jahrhunderts. In seinem Buch *What is Life? The Physical Aspect of the Living Cell*[183], spricht er die Ansicht aus, dass „lebende Materie, während sie die bisher etablierten Naturgesetze nicht umgeht, wahrscheinlich andere, bisher unbekannte Naturgesetze beinhaltet, die aber, einmal ermittelt, einen ebenso integrierenden Bestandteil der Naturwissenschaft wie die früheren bilden werden.“[184] Anders gesagt: es ist wahrscheinlich, dass wir durch die Biologie bisher innerhalb der Physik unentdeckten Naturgesetzen auf die Spur kommen werden[185].

Die ‚Feinabstimmung‘ der Naturkonstanten als Bedingung der Möglichkeit von Leben

Ich kehre jetzt einen Moment zu dem Gedanken zurück, dass, mit Davies zu sprechen, das Leben ein physikalisches Phänomen ist. Physiker haben sich zunehmend darüber verwundert, dass das Leben auf dieser Erde überhaupt zur Entwicklung gekommen ist (und ebenfalls nicht unwahrscheinlich in anderen Teilen des Universums). Denn rein physikalisch gesehen ist das Leben ein äußerst unwahrscheinliches Phänomen, das sich nur unter ganz spezifischen Bedingungen, unter anderem bei ganz bestimmten Werten einer Reihe physischer Konstanten, ergeben

---

[183] Cambridge University Press, Cambridge 1944. Das Buch hat, wie in breiten Kreisen anerkannt wird, einen großen Einfluss auf viele herausragende Molekularbiologen wie Gunther Stent, James Watson und Francis Crick ausgeübt, und hat so eine entscheidende Rolle bei der Entwicklung der molekularen und Zellbiologie gespielt.

[184] *A.a.O.*, S. 68.

[185] In dieser Beziehung kann noch erwähnt werden, dass die allgemeine Systemtheorie allererst von Seiten der Biologie angeregt worden ist. Namentlich verdient hier Ludwig von Bertalanffy genannt zu werden: *General System Theory*, Penguin, Harmondsworth, Middlesex, Engl., 1973.

kann. Schon 1957 stellte der amerikanische Physiker Robert H. Dicke fest, dass bestimmte fundamentale Konstanten wie die Einheit elektrischer Ladung, die Masse eines Protons, die Gravitationskonstante und die Plancksche Konstante keine willkürlichen Größen sind, weil nur bei den reell festgestellten Werten Leben in der uns bekannten Form im Universum möglich ist[186]. Das ist übrigens nur eine der Formen der sogenannten Feinabstimmung des Universums. Ein bekanntes Beispiel dafür ist der Aufbau von Kohlenstoff aus Helium in alten Sternen. Nur in einem ganz bestimmten Prozess, bei dem Resonanz eine Rolle spielt, die ihrerseits wieder von den Werten elementarer Naturkonstanten abhängig ist, haben sich schwere Elemente wie z.B. Eisen bilden können. Wäre die Situation auch nur um ein Geringes verschieden gewesen, hätte das bedeutet, dass die auf Kohlenstoff beruhende organische Chemie und damit das Leben, wie wir es kennen, nicht hätte bestehen können. Im Hinblick auf diesen Komplex von Tatsachen hat der Entdecker der Kohlenstoffresonanz, Fred Hoyle, sich einmal entfallen lassen: „Ich glaube nicht, dass irgendein Wissenschaftler beim Prüfen des Befundes nicht den Schluss ziehen würde, die Gesetze der Kernphysik seien bewusst im Hinblick auf ihre Konsequenzen konzipiert worden."[187]

Um zu dieser Aussage von Hoyle eine Randbemerkung zu machen: in der Tat ist die Verlockung groß, beim Sehen der äußerst komplexen Ordnung und der genauen wechselseitigen Abstimmung der Gesetze und Kräfte der Natur, an einen bewussten Entwurf des Universums zu denken. Jedoch stößt dieser Gedanke auf große Schwierigkeiten. Ist demgegenüber die Idee einer intrinsischen ‚Logik' des Lebens und der Wirklichkeit im Allgemeinen nicht viel plausibler, auch in Anbetracht des in diesem Buch entwickelten Naturbildes?

Jetzt zurück zum Lebensphänomen und zu der ganz spezifischen Konstellation von Faktoren, die dessen Erscheinen ermöglicht haben: das Leben *ist* trotz seiner hohen Unwahrscheinlichkeit faktisch zur Entwicklung gekommen. D.h., dass das ganze Geflecht von Bedingungen, die erfüllt sein müssen um Leben möglich zu machen – und es werden noch regelmäßig neue entdeckt –, in der Tat eine reale Tatsache ist. Wir leben m.a.W. in einem „intrinsisch dem Leben freundlichen Universum"[188], mit Paul Davies zu sprechen. In dem Maße, wie die physikalische Erkenntnis fortschreitet, kann die tiefe Verwunderung über diesen Sachverhalt nur

---

[186] Siehe Arnold Benz, *Die Zukunft des Universums. Zufall, Chaos, Gott?* DTV, München 2001, 109. Für das Faktum, dass diese Konstanten genau diese Werte haben (die anscheinend seit dem ‚Urknall' keine Veränderung erfahren haben) besteht (noch) keine Erklärung. Übrigens gilt, was hier für das Leben ausgeführt wurde, nämlich dass es von einer ganzen Reihe von Möglichkeitsbedingungen abhängig ist, für alle Seinsformen (wie Galaxien) überhaupt.

[187] Zitiert bei Arnold Benz, *a.a.O.*, S. 110 Anm.

[188] Davies, *a.a.O.*, 262.

ständig zunehmen. Es gibt ja, wie schon bemerkt, keine seriöse Antwort auf die Frage, warum die Naturkonstanten genau den Wert haben, den sie faktisch besitzen, warum kurzum die Welt die Ordnung hat, die wir beobachten und die auch einzig in dieser Form das Lebensphänomen ermöglicht hat. In diesem Zusammenhang kann beifällig an die Auffassung von Karl Jaspers erinnert werden, dass die Welt ‚bodenlos' ist, dass hinter jedem gelösten Problem neue Fragen aufkommen, dass also unser theoretisches Wissen nie einen letzten festen Boden erreicht[189].

Aber wenn bei aller Unwahrscheinlichkeit die feine innere Abstimmung des Universums ‚gerade richtig' ist, um Leben entstehen zu lassen, dann ist die Verlockung groß, in Bezug auf das Leben eine ähnliche Bemerkung wie die von Hoyle bezüglich der in den Sternen sich abspielenden Prozesse zu machen, unser Universum sei anscheinend im Hinblick auf die Ermöglichung des Lebens bewusst auf diese Weise, mit diesen Konstanten und ihren wechselseitigen Relationen entworfen worden. Das ähnelt sehr der Gedankenfigur des sogenannten anthropischen Prinzips (davon wird später noch die Rede sein), dass dem Anschein nach unser Universum auf das Erscheinen des Menschen angelegt ist, in Anbetracht der extremen Unwahrscheinlichkeit dieser Tatsache. Analog könnte man auch vom biotischen Prinzip sprechen. Aber wie dem auch sei, das Obenstehende reicht wohl aus, um mit Davies zu sagen, dass das Leben, ebenso wie der Geist übrigens, „tief in das kosmische Gebäude einradiert ist"[190]. Im gegebenen Zustand, so können wir folgern, ist das Leben im Universum ‚zuhause' und gehört zu dessen Einrichtung.

Konsequenzen für das Denken über die Evolution

Wenn die Grundrichtung des oben entwickelten Gedankengangs richtig ist, nämlich dass das Leben eine emergente Erscheinungsform einer aktiven, kreativen Natur auf einer bestimmten Organisationsebene ist, dann hat das Konsequenzen für unser Verständnis der Evolution. *Dass* das Leben einen evolutionären Prozess durchgemacht hat und noch immer durchmacht, ist eine feststehende Tatsache. Das Beweismaterial dafür ist erstens das Faktum einer Vielfalt verwandter Strukturmerkmale von Lebensformen. Zu denken ist z.B. an die vorderen Gliedmaßen der Säugetiere. Die Flügel der Fledermäuse, die Schwimmfüße der Delphine und die Arme von Affen und Menschen bestehen aus einem gleichen Gefüge von Kno-

---

[189] Siehe auch Popper: „But even if you obtain a solution [für ein wissenschaftliches Problem, vdW], you may then discover, to your delight, the existence of a whole family of enchanting, though perhaps difficult, problem children, for whose welfare you may work, with a purpose, to the end of your days." *A World of Propensities: Two New Views of Causality*, Thoemmes, Bristol 1990, S. 26.

[190] Davies, *a.a.O.*, 302f (dass das Leben „is etched deeply into the fabric of the cosmos").

chen, eingerichtet für verschiedene Funktionen. Alle Organismen stimmen weiter darin überein, dass ein ganz bestimmtes Molekül, das DNS, Träger der Erbeigenschaften ist und sich aus den gleichen vier Nukleotiden, den chemischen Bausteinen des DNS zusammensetzt, die, wie bekannt, in der Form einer doppelten Spirale geordnet sind. Und alle Proteine (Eiweißstoffe) sind aus den gleichen Aminosäuren aufgebaut. Diese erstaunlichen Parallelen sind nur durch Abstammung von gemeinsamen Vorfahren erklärbar. Eine zweite Form von Evidenz für das Faktum einer evolutionären Entwicklung findet sich in der Welt der Fossilien. Darin zeichnet sich eine Reihe von Linien einer Aufeinanderfolge von Lebensphänomenen ab. Und drittens gibt es das Faktum der Biogeographie, wo es um das Verhältnis von Arten und ihrer geographischen Situation geht. Berühmt in dieser Hinsicht sind Darwins Finken. Auf irgendeine Weise sind diese Vögel vom südamerikanischen Festland auf die Galapagosinseln verschlagen worden. Dort entwickelten sie sich durch das Fehlen einheimischer Konkurrenten zu einem Fächer verschiedener Arten mit verschiedenen Lebensweisen, wie Nüsse knackenden, Insekten fressenden und wie Spechte lebenden Finken. Ein solcher Tatbestand ist nur auf evolutionärem Weg erklärbar.

Das *Faktum* der Evolution kann aus obenstehenden Gründen kaum angezweifelt werden. Ganz anders steht es aber um die *Interpretation* dieses Faktums, die Frage also, wie diese Entwicklung zu denken ist und welche Faktoren dabei eine Rolle gespielt haben. Vorhin habe ich schon den Namen von Darwin erwähnt. In der Tat gilt er mit seinem Zeitgenossen Wallace als derjenige, der mit seiner Theorie versucht hat, einen Rahmen zur Erklärung der Verschiedenartigkeit der Lebenserscheinungen zu bieten. Er wurde damit der erste, der die Biologie, die lange eine beschreibende, inventarisierende und klassifizierende Wissenschaft gewesen war, auf die Ebene einer erklärenden Wissenschaft hob. Und bis jetzt ist die Evolutionstheorie (heutzutage in Kombination mit der Genetik, die bei Darwin noch keine Rolle spielt) *die* erklärende Theorie der Biologie.

Die zentrale Idee von Darwins Theorie ist, wie bekannt, die der ‚natürlichen Auslese'. D.h., die das Vermögen zur Reproduktion besitzenden individuellen Organismen (die Basiseinheiten der Zuchtwahl) konkurrieren mit einander um die endlichen Ressourcen. Dabei sind diese Organismen einer Vielfalt von *externen* Einflüssen ausgesetzt. Diejenigen Organismen nun, die diesen äußeren Einflüssen am besten angepasst sind, werden die größte Chance haben, ihre Eigenschaften auf die nächste Generation zu übertragen. Der gleiche Vorgang findet auch in dieser nächsten Generation wieder statt. Wenn diese dann in geringem Maße von der vorigen abweicht, und dieser Prozess wiederholt sich mit jeder Generation erneut, dann findet also eine Kumulation kleiner Effekte statt, und damit rückt die ganze

Population in die Richtung von Typen von Organismen, die mit größerer Wahrscheinlichkeit ihre Eigenschaften reproduzieren. Die Evolution, die diesem Szenario entspricht, ist als ‚Abstammung mit Modifikation‘ bekannt.

Darwins Theorie kann im Hinblick auf das soeben Gesagte als eine mechanistische Theorie charakterisiert werden – er war ja auch, darauf ist schon hingewiesen worden, ein großer Bewunderer Newtons. Es sind ja ausschließlich externe Einflüsse, die das Evolutionsgeschehen bestimmen. Anstatt *sich* aktiv an die Umstände anzupassen, *wird* vielmehr der Organismus angepasst, geht also der Reproduktionsprozess gleichsam durch ein Sieb von Faktoren, die von außen wirksam sind. Das passt noch ganz zum Bild einer Natur passiver elementarer Bausteine, auf die externe Kräfte wirken. Der Unterschied zu Newton steckt nur darin, dass Darwin jedenfalls in den organischen Bereich ein Element ‚echter‘ Zeit eingeführt, den Evolutionsprozess aber weiterhin auf mechanische Weise gedacht hat.

Das bleibt so bei vielen sogenannten Neodarwinisten wie Jacques Monod, Richard Dawkins u.a. Was bei ihnen geschieht, ist lediglich, dass die Lücke in Darwins Theorie, und zwar die (kleinen) Abweichungen zwischen den Generationen, durch die Genetik geschlossen wird. Bei Monod[191] z.B. wird das so gedacht, dass Reproduktion als Übertragung erblicher Information durch die Gene zustande kommt, wodurch die Eigenschaften der Organismen der neuen Generation bestimmt werden. Im Standardfall, ohne hinzukommende Umstände also, wird die erbliche Information unverändert übertragen. Lebewesen sind nämlich nach Ansicht Monods „äußerst konservative Systeme"[192]. Wenn sie schon auf ein Ziel angelegt sind, dann ist es dies, die Informationsmasse der Art so getreu wie möglich weiterzugeben. Monod spricht in diesem Fall von Reproduktionsinvarianz.

Bis hierher kann von so etwas wie einer Evolution nicht die Rede sein, weil dabei gerade kleine Verschiebungen in der weitergegebenen erblichen Information stattfinden. Wo kommt bei Monod die Evolution dann ins Spiel? Das Einfallstor dazu ist ihm zufolge die Tatsache, dass beim Ablesen der erblichen Information Fehler passieren. Damit kommt ein Moment von ‚Zufall‘ ins Spiel, das die Invarianz durchkreuzt[193]. Es sind m.a.W. Störungen in der Übertragung der erblichen Information, die den Angriffspunkt des Evolutionsprozesses bilden. Nach dem Auftreten der Störung fordert die Invarianz, jetzt also in verschobener Form, ihre Rechte wieder ein. Dadurch wird sozusagen der Zufall ‚konserviert‘. Jetzt schaltet sich dann die natürliche Auslese ein, welche die neu entstandenen Organismen auf ihre

---

[191] Jacqes Monod, *Zufall und Notwendigkeit. Philosophische Fragen der modernen Biologie*, Piper, München 1971.
[192] *A.a.O.*, 149.
[193] Bei Monod stehen Zufall und Notwendigkeit in einer Folgebeziehung (‚sequentiell‘). Bei dissipativen Strukturen stehen sie jedoch in einer komplementären Beziehung, siehe Jantsch, *a.a.O.*, 99.

Anpassung an die Umgebungsfaktoren prüft. Es ist, wie er schreibt, „die darwinistische Vorstellung, dass das Auftreten, die Evolution und die fortschreitende Verfeinerung von immer stärker teleonomischen Strukturen auf Störungen zurückzuführen sind, die in einer Struktur eintreten, die *schon die Eigenschaft der Invarianz besitzt* und deshalb ‚den Zufall konservieren' und seine Eigenschaften dem Spiel der natürlichen Selektion unterwerfen kann."[194]

Auch hier wieder eine rein äußerliche Auffassung des Evolutionsprozesses, und zwar über eine Selektion, die *an* den Produkten des Zufalls wirkt. Diese Variante der Evolutionslehre liegt also noch immer auf der mechanistischen Linie Darwins. Monod sagt übrigens gerade heraus, dass „die Beschreibung, die die moderne Biologie davon [d.h. von der Struktur des Gens und dem Mechanismus seiner invarianten Reproduktion] gibt, eine rein mechanistische (ist)"[195]. So schreibt er auch: „Die Lebewesen sind chemische Maschinen."[196]

Bis zu diesem Punkt ist die Evolution eine mechanistische Geschichte und immer noch ein Ausläufer des Newtonschen Weltbildes. Inzwischen sind in Bezug auf die Evolution – die, nochmals, als Tatsache akzeptiert ist – andere Auffassungen über das Zustandekommen der biologischen Ordnung hervorgetreten. Nicht, um diesem Missverständnis gleich vorzubeugen, um die natürliche Selektion zu ersetzen, was unhaltbar wäre, wohl aber um sie mehr oder weniger vollständig zu ergänzen.

Selbstorganisation und Konvergenz

Eine erste wichtige Kandidatin in dieser Hinsicht ist die Theorie der Selbstorganisation[197], der wir schon früher in Bezug auf physikalische und chemische Prozesse begegnet sind – sie spielt weiter in der Astronomie, den Geowissenschaften, aber auch auf psychischer, sozialer und kultureller Ebene eine Rolle, wie sich noch herausstellen wird. Es wäre dann zumindest bemerkenswert, wenn das Phänomen der Selbstorganisation ausgerechnet bei der Evolution des Lebens versagen würde. Das ist auch keineswegs der Fall. Im Gegenteil gilt eben für die Selbstorganisation, ebenso wie für die mit ihr in engem Zusammenhang stehende Spontaneität des Naturgeschehens, dass sie auf der organischen Ebene im Vergleich zum präorganischen Bereich zu einer erhöhten Entfaltung kommt. Gerade bei den Le-

---

[194] *A.a.O.*, 35f.
[195] *A.a.O.*, 54.
[196] *A.a.O.*, 61; vgl. 105, 109, 139 u.a.
[197] Siehe dazu Stuart A. Kauffman, *The Origins of Order*, OUP, Oxford/New York 1993; und ders., *At Home in the Universe. The Search for the Laws of Self-Organization and Complexity*, OUP, Oxford/New York 1995.

benserscheinungen tritt das Prinzip der Selbstorganisation deutlich in den Blick, die Tatsache also, dass das Leben von innen heraus aktiv seine eigene Form und Funktionsweise organisiert – früher schon habe ich in dieser Hinsicht vom Selbstcharakter des Lebens gesprochen. Und abermals kann an das Phänomen der Koevolution erinnert werden, das Faktum, dass das Leben als ein sich selbst organisierender Prozess (in gewissem Maße) seine eigenen Bedingungen schafft. In dem Maße besitzt es auch eine Form von Selbstbestimmung, ist es also nicht nur ein Produkt zufälliger Mutationen, die sich durchhalten oder eliminiert werden. Das Leben, kurzum, ist nicht bloß passives Objekt externer Einflüsse, denen es einseitig angepasst wird, sondern es interagiert von eigenen inhärenten Dispositionen aus mit jenen Umgebungsfaktoren.

Ein wichtiger Hinweis in dieser Richtung ist das Phänomen der Konvergenz, die Tatsache, dass die Natur für die Lösung ihrer Probleme in den verschiedensten Entwicklungslinien immer wieder aus einer beschränkten Anzahl von Möglichleiten wählt, so dass immer aufs Neue *unabhängig voneinander* analoge Strukturen entstehen. Ein Autor, der auf diesen Aspekt der Evolution starken Nachdruck gelegt hat, der das Phänomen der Konvergenz sogar als das leitende Prinzip zum Verständnis der Evolution betrachtet, ist der englische Paläobiologe Simon Conway Morris[198]. Aus der überwältigenden Menge des von ihm und vielen anderen zusammengetragenen Materials der verschiedensten Konvergenzen, – wobei die Natur, wie gesagt, für ihre Probleme bei sehr diversen Pflanzen- und Tierarten zu den ‚gleichen‘ Lösungen greift –, wähle ich einige ansprechende Beispiele.

Einen der bekanntesten Fälle von Konvergenz finden wir im Bau des Gesichtssinns. Augen gibt es in verschiedenen Sorten, von denen das Kameraauge und das zusammengesetzte bzw. Facettenauge die wichtigsten Formen sind. Wenn wir uns jetzt auf das Kameraauge beschränken, bei dem das Licht durch eine verstellbare Linse auf die Netzhaut fällt und die Eindrücke von dort aus über Nervenbahnen zum Gehirn geführt werden, so hat sich dieses Kameraauge zu wiederholten Malen in verschiedenen Evolutionslinien unabhängig voneinander entwickelt. Es findet sich bei Wirbeltieren, bei entwickelten Kopffüßlern (insbesondere bei Tintenfischen und Oktopoden), bei Ringwürmern und bei bestimmten Spinnenarten. Selbstverständlich sind zwischen den verschiedenen Varianten des Kameraauges allerhand Unterschiede feststellbar, schon wegen der Tatsache, dass die genannten Tierarten, bei denen es vorkommt, eine voneinander stark abweichende Bauform und Ontogenese kennen. So ist bei Weichtieren die Netzhaut vom äußersten Keimblatt, dem Äquivalent unserer Haut, abgeleitet, während bei Wirbeltieren die

---

[198] *Life's Solution*, Cambridge University Press, Cambridge 2003.

Netzhaut ein Auswuchs des Zentralnervensystems ist. Trotzdem kann die Übereinstimmung in Bau und Funktion des Endergebnisses, des ausgewachsenen Auges, nicht anders als verblüffend genannt werden. Völlig unabhängig voneinander und über ganz verschiedene Entwicklungslinien hat das Leben hier eine in hohem Maße ähnliche Struktur gebildet. Das Kameraauge ist sogar bei Weichtieren, innerhalb derselben Gruppe verwandter Lebensformen also, mindestens dreimal von Neuem entstanden. Zu diesem Thema kann noch bemerkt werden, dass es sich bei Tieren mit Kameraaugen fast immer um aktive, bewegliche und intelligente Tiere handelt, die von der Jagd leben. Diese Art von Augen, aber um die meisten biologischen Eigenschaften ist es nicht anders bestellt, steht also im Zusammenhang mit einem ganzen Gefüge anatomischer, physiologischer und Verhaltensmerkmale.

Ähnliche Geschichten können bezüglich anderer Sinne und Wahrnehmungsweisen erzählt werden. Z.B. ist die Echoortung, die Wahrnehmung mittels ausgesandter und zurückgeworfener Signale, bei Tierarten, die ganz verschiedenen Abstammungslinien angehören, unabhängig voneinander zur Entfaltung gekommen, u.a. bei Fledermäusen mit ihrem nächtlichen Sonar, bei Delphinen und bei Vogelarten, die tief verborgen in Höhlen leben wie die südamerikanischen Fettvögel.

Ein anderes bemerkenswertes Beispiel von Konvergenz findet sich auf dem Gebiet der Fortpflanzung. Verschiedene Male hat sich die sogenannte Ovoviparie entwickelt, wobei das Ei im Mutterleib bleibt, bis das ganz entwickelte Junge herauskommt. Diese Fortpflanzungsform kommt besonders bei Schlangen und Eidechsen vor, wo sie schätzungsweise etwa hundertmal neu entstanden ist. Noch bemerkenswerter ist die immer wieder hervortretende Tendenz zur Entwicklung der Viviparie (dem Gebären lebendiger Jungen) und Matrotrophie, bei der, eventuell zur Ergänzung des Eidotters, die Mutter über eine plazentaartige Struktur dem Fötus Nahrung liefert. Wir finden die Viviparie bei bestimmten Reptilien, beim Nasenhai und selbstverständlich bei den Eutherien, d.h. den plazentalen Säugetieren. Über diese verblüffenden Beispiele eines Endergebnisses, das über ganz verschiedene historische Entwicklungsrouten erreicht wird, schreibt Daniel Blackburn: „Die klassischen Beispiele von Konvergenz in den Handbüchern, wie die Evolution des Fliegens und eine torpedoartige Körperform bei Wassertieren, erblassen im Vergleich mit den Beispielen, die mit Viviparie und Matrotrophie zu tun haben. Bei den viviparen Vertebraten hat wirklich auf jeder Ebene konvergente Evolution stattgefunden – nicht nur in Bezug auf die Viviparie selbst, die mehr als hundertmal entstanden ist, sondern auch auf der Ebene der Organe, Gewebe und Zellen. Solche Konvergenzen sind umso frappanter, wenn wir bedenken, dass der Lauf der Geschichte, über die Viviparie und Matrotrophie sich entwickelt haben, von einer Abstammungslinie zur anderen deutlich verschieden ist. Außerdem widerlegen die unabhängig voneinander entstandenen Spezialisierungen hinsichtlich der Nahrung des Fötus eine theriozentrische [säugetiergerichtete] Auffassung der Fortpflanzung und Plazentabildung bei Säugetieren als einmaliger Spezialisierungen."[199]

Wenn ich diese sehr selektive Aufzählung von Beispielen der Konvergenz noch einen Augenblick fortsetze, das Phänomen der Warmblütigkeit (Endothermie in technischer Sprache), d.h. die Eigenschaft, dass die Körpertemperatur höher als die der Umgebung ist, hat sich mehrere Male unabhängig voneinander entwickelt. Es findet sich bei Säugetieren und Vögeln, aber gleichfalls bei verschiedenen Fischarten (wie Knochenfischen und Haien) und sogar bei Insekten. Bei Fischen z.B. hat das Phänomen sich mindestens fünfmal von Neuem ergeben. Ein klarer Fall von Endothermie finden wir bei einigen Thunfischen, die wegen ihrer hohen Schwimmgeschwindigkeit und der enormen Strecken, die sie zurücklegen, bekannt sind. Bei jenen Thunfischen ist auch ein Zusammenhang mit Änderungen im Körperbau nachweisbar, wie die Entwicklung von Gegenstromwärmewechslern an drei Stellen im Körper, die Versetzung von rotem Muskelgewebe nach dem Innern des Tieres und eine bestimmte Weise des Fortbewegens, die thunfischhaft ist, wobei die Schwimmbewegung vom Schwanz hervorgebracht wird und nicht so sehr durch wogende Bewegungen des ganzen Körpers (abermals ein Beispiel, dass eine solche Eigenschaft mit einem ganzen Muster anderer Merkmale zusammenhängt). Eine ähnliche Entwicklung wie bei den Thunfischen hat sich dann, wahrscheinlich unabhängig voneinander, bei den Makrelhaien und Fuchshaien ereignet, wieder ein Beispiel einer konvergenten Entwicklung.

Je mehr man sich in das Thema vertieft, desto mehr stößt man auf neue Fälle von Konvergenz. Und zwar, wie gesagt, auf allen Ebenen: der molekularen Strukturen[200], der Anatomie und des Verhaltens. Noch zwei Beispiele des zuletzt Genannten: die Fähigkeit zum Vokalisieren und Singen hat sich namentlich bei Säugetieren und Vögeln parallel entwickelt, und bei Vögeln zumindest zweimal unabhängig voneinander. Auch diese Fähigkeit ist wieder verbunden mit einer Anzahl anderer Ähnlichkeiten anatomischer und funktionaler Art, wie Bau des Sprachorgans, Lernvermögen, Internalisierung sinnlicher Erfahrung, u.dgl. Ein interessantes Beispiel von Konvergenz ist nicht zuletzt die Tatsache, dass sich an vielen Stellen des Tierreichs komplexe Formen sozialer Organisation entwickelt haben, wie bei Bie-

---

[199] D.G. Blackburn, in *American Zoologist*, vol. 32 (1992), zitiert bei Morris, *a.a.O.*
[200] Z. B. ist bei ganz verschiedenen Tierarten konvergent eine Form von Seidenproduktion entstanden, d.h. eines elastischen, kräftigen, zähen und klebrigen Eiweißes, mit dem Fäden oder Netze gesponnen werden, um Beutetiere zu fangen, zeltartige Nester zu bauen, u.dgl. Siehe u.a. Morris, 124ff.

nen- und Ameisenkolonien oder den sozialen Gruppenstrukturen von Elephanten, Delphinen und Schimpansen.

Obenstehendes Panorama in Augenschein nehmend, können wir kaum anders, als mit Morris (und vielen anderen) folgern, dass Konvergenz ein allgegenwärtiges Phänomen im Bereich der Lebenserscheinungen ist. Das führt zu einer Reihe von Konsequenzen. Erstens, dass die Rolle des Zufalls in der Evolution viel bescheidener ist als der orthodoxe (Neo-)Darwinismus behauptet. Stephen J. Gould, sein Name wurde schon erwähnt, ist ein weiterer Vertreter dieser Position, mit seiner wiederholten Aussage, dass, wenn wir den Film des Lebens zurückspulen und ihn danach wieder vorführen, die Wirklichkeit ganz anders aussehen und die Chance, dass etwas einem menschlichen Wesen Gleichendes entstehen könnte, praktisch gleich Null sein würde. Die Geschichte des Lebens ist in dieser Optik ein durch Zufall gesteuerter, chaotischer und unvorhersagbarer Prozess.

Das Phänomen der Konvergenz deutet demgegenüber darauf hin, dass der evolutionäre Prozess eine eigene ‚Logik'[201] kennt, die Strukturmerkmalen und Tendenzen zuzuschreiben ist, die dem Lebensphänomen inhärent sind. Die Lösungen, nach denen das Leben in ganz auseinanderlaufenden Entwicklungslinien immer aufs Neue greift, sind m.a.W in tieferen Strukturen und Entwicklungskapazitäten vorprogrammiert. Morris geht sogar so weit, zu sagen, dass Augen, Gehirn, Intelligenz, sogar Werkzeuggebrauch und ‚kulturelle' Phänomene wie Landwirtschaft von Anfang an in der Wirklichkeit angelegt waren[202]. Wie bemerkt, muss die Rolle des Zufalls in der Evolution wegen dieser dem Leben inhärenten, sich in der Allgegenwart der Konvergenz manifestierenden Formprinzipien als viel begrenzter veranschlagt werden als der (Neo-)Darwinismus meint. Würde der Film des Lebens von Neuem abgespult werden, wäre die Wahrscheinlichkeit groß, dass sich für uns erkennbare Lebensformen entwickeln würden. Wie auch zu erwarten ist, dass außerirdisches Leben, wenn es sich als existent erweisen sollte, ebenfalls Wege eingeschlagen hat, die denen des irdischen Lebens vergleichbar sind[203].

Die Selbstpräsentation des Organismus

Dass das Leben inneren Ordnungsprinzipien gehorcht, findet auch Unterstützung in einer Idee des bekannten schweizerischen Biologen Adolf Portmann. Wir sind

---

[201] Siehe dazu z.B. den Titel des Buches von C. Boyd und D. Noble, *The Logic of Life*, OUP, Oxford 1993. Schon früher schrieb der französische Genetiker und Nobelpreisträger François Jacob sein Buch *La logique du vivant, une histoire de l'hérédité* (Gallimard, Paris 1970).

[202] *A.a.O.*, S. I und passim.

[203] Ein vergleichbares Urteil bei Jantsch, *a.a.O.*, 147.

seinem Namen schon begegnet, als wir die These von Hans Jonas erörterten, dass mit dem Leben eine Dimension der Innerlichkeit auf der Weltbühne erscheint. Auch Portmann charakterisiert, wie gesagt, Leben als das ,Haben einer Innerlichkeit', den Besitz einer Innenseite, die u.a. in der Fähigkeit zum Erleben und in der Seinsweise der ,Befindlichkeit' zum Ausdruck kommt[204].

Für Portmann bedeutet dies, dass die neodarwinistische Auffassung von Leben und Evolution eine prinzipiell inadäquate Vorstellung dieser Phänomene darstellt. In dieser Auffassung geht es ausschließlich um das Überleben und *werden*, wie bereits gesagt, die Organismen an die Umgebung angepasst. Deshalb müssen sie dann auch in funktionaler Hinsicht optimal sein. Bei Portmann hingegen bedeutet die Idee, dass das Leben eine Innenseite hat, ebenso wie bei Jonas, dass es sich als aktives Selbst von der Umgebung abgrenzt und darauf aktiv reagiert. Seiner Ansicht nach tritt dieses Merkmal des Lebens namentlich in dessen expressiver Dimension hervor. Der Organismus als ein Selbst wird nicht nur gelebt, sondern bringt sich selbst aktiv zum Ausdruck, er *präsentiert* sich selbst der Welt. Portmann unterscheidet deshalb neben der ,Erhaltungsfunktion' die ,Darstellungsfunktion', die Funktion also der Selbstpräsentation[205]. Er betrachtet letztere Funktion sogar als vorrangig in Hinsicht auf erstere. Letzter Zweck und fundamentalstes Merkmal des Lebens ist somit nicht das Streben nach Selbstbehauptung, sondern die Selbstdarstellung. Nur so lässt sich in seinen Augen erklären, dass das Leben in den verschiedensten Situationen ,luxurierend', aufwendig und sogar verschwenderisch zu Werke geht. Solches Verhalten kann seiner Meinung nach nicht plausibel durch ein Zufallsprinzip erklärt werden, dafür ergibt es sich zu oft und zu allgemein und wird damit in sich widersprüchlich. Darum: wenn dieses Phänomen im ganzen Reich des Lebens feststellbar ist, und zwar auf überschwängliche Weise, dann muss dafür nach einem anderen Prinzip Ausschau gehalten werden, das von Portmann als Selbstpräsentation angedeutet wird.

Er macht in diesem Zusammenhang auf eine Vielzahl funktionsloser Erscheinungen im Tier- und Pflanzenreich aufmerksam[206]. Der Reichtum an darin gefundenen Farben und Formen überschreitet weit die Forderungen der Erhaltung der Art oder des betreffenden Organismus. Stärker: er ist damit regelmäßig im Widerstreit, wie im Fall des Heraustretens der männlichen Geschlechtsdrüsen aus dem Schutz des Körpers nach der viel verletzlicheren äußeren Position am ,analen Pol' bei den höheren Säugern. Aber davon abgesehen lässt sich eine ganze Reihe nicht

---

[204] Siehe z. B. seine *Probleme des Lebens. Eine Einführung in die Biologie*, Basel 1955², 9, 17 und passim.

[205] Müller, *a.a.O.*, 70ff.

[206] Siehe für das Nachfolgende Müller, 72f. Es handelt sich also um Erscheinungen, die außer sich selber keinem nachweisbaren Zweck dienen und in dem Sinn ,zwecklos' sind. Portmann, *Alles fließt*, 14f.

angesprochener funktionsloser Erscheinungen aufzählen, wie das sehr komplexe Muster des Kaisermantels, die transparenten Tiere (die für Portmann „Selbstdarstellung in der reinsten Weise" sind[207]), viele Muster der Schmetterlingsflügel oder, sehr ausgesprochen, die komplizierte Zeichnung von Vogelfittichen, die neben der Flug- und Wärmefunktion auch eine deutliche ‚Darstellungsfunktion' haben. Und um noch ein Beispiel aus der akustischen Sphäre zu geben, Portmann schreibt, dass von den drei Gesängen der Grasmücke, ‚Weinen', ‚Balzgesang' und ‚Artgesang', nur die ersten zwei eine Funktion haben, der letztere ganz funktionslos erscheint und dennoch im Leben der Grasmücke einen weiten Raum einnimmt. „Sogar Lorenz muss zugestehen, dass Vögel gerade die für uns schönsten, kunstvollsten und am kompliziertesten gebauten Lieder ‚dichtend vor sich hinsingen', ebenso wie die Grasmücke tut, wenn sie ‚ungestört für sich allein im dichten Gebüsch geborgen sitzt'".[208] Vom funktionalen Blickpunkt des Überlebens aus gesehen ist dieses Verhalten gewiss nicht unbedenklich. Ein Vogel verrät eventuellen Prädatoren damit ja seine Anwesenheit und Stelle. Ein Gleiches gilt übrigens für den Nachtgesang von Fröschen und vielen anderen Tieren. Und etwas Ähnliches kann auch von morphologischen Merkmalen gesagt werden, wie von den enormen aufsetzbaren Federn des Pfauenschwanzes, die nicht nur einen beträchtlichen Aufwand an Energie erfordern, sondern auch hinderlich und besonders auffällig im Hinblick auf Feinde sind.

Eine rein funktionale Betrachtungsweise wird auch dem vielfach vorkommenden Spielen der Tiere nicht gerecht. Spielen hat gewiss auch eine funktionale Bedeutung, im Hinblick nämlich auf einen optimalen Umgang mit Umgebungsfaktoren, auf die Erhaltungsfunktion also. Aber es erschöpft sich damit ganz sicher nicht, wie auch das ‚Vergnügen', das Tiere sichtlich an ihrem Spiel empfinden, beweist. Ziel ist sicherlich auch das Ausdrücken des innerlich gefühlten Lebensdrangs nach außen hin, der keinem weiteren funktionalen Zweck mehr dient und in der Aktivität selbst und im Erlebnis desselben seine Krönung findet[209].

Ich kehre noch einen Augenblick zum Pfauenschwanz zurück. Er bereitete schon Darwin, der im Gegensatz zu Wallace für die Schönheit der Natur einen klaren Blick hatte, (intellektuelle) Kopfschmerzen: „The sight of a feather in the peacock's tail", so schrieb er, „whenever I gaze at it, makes me sick!" Denn die wundervoll gebildeten Federn dieses Schwanzes, aber das Gleiche gilt für sehr viele Erschei-

---

[207] Portmann, *Entlässt die Natur den Menschen? Gesammelte Aufsätze zur Biologie und Anthropologie*, München 1970, 86.

[208] Konrad Lorenz, Die angeborenen Formen möglicher Erfahrung, *Zeitschrift für Tierpsychologie* (5), 1943, S. 394, bei Müller, *a.a.O.*, 72f.

[209] Müller, 154f.

nungen im Bereich des Lebendigen, passen wegen ihrer anscheinend funktionslosen Überfülle schlecht zu einer Theorie, die gänzlich im Zeichen von Funktionalität und Effizienz steht. In einem glänzend geschriebenen Buch *Survival of the Beautiful*[210] hat David Rothenberg an Hand einer Menge von Beispielen gezeigt, dass Schönheit eine wichtige Rolle in der Evolution des Lebens spielt, z.B. über die sexuelle Selektion. Es gibt, wie er schreibt, eine ästhetische Selektion, wobei jede Spezies ihre eigene Ästhetik hat, ihren eigenen ästhetischen Geschmack, der, und darum geht es mir selbstverständlich, weit über das bloß Funktionale hinausgeht: „There is meaning in nature far beyond use; there is form and beauty far beyond function."[211] M.a.W.: die Natur selektiert nicht nur nach Fitness, sondern auch nach Schönheit. Damit unterschreibt und untermauert er also die Auffassung Portmanns, dass die Natur neben der Erhaltungsfunktion (die selbstverständlich nicht geleugnet wird) noch andere Dimensionen wie Selbstdarstellung und Empfänglichkeit für Schönheit besitzt.

Die ‚Eigenlogik' des Lebens

Vorhin sagte ich, dass vieles darauf hinweist, dass das Leben inneren Ordnungsprinzipien gehorcht, bzw. durch eine eigene ‚Logik des Lebens' gekennzeichnet ist. Diese Idee wird durch die Tatsache bestätigt, dass das Leben eine bemerkenswerte Vorliebe für bestimmte Zahlen und geometrische Figuren zeigt. Es ist, anders gesagt, durchaus vertretbar, von einer Numerologie und Geometrie des Lebens zu sprechen. – Ich verfolge damit einen Gedanken weiter, der schon am Ende des letzten Kapitels zur Sprache gekommen ist, und zwar, dass es eine Mathematik der höheren Form, eine ‚Morphomatik', um die Terminologie von Ian Stewart zu verwenden, geben muss. Die Mathematik, so war die Idee, ist ja die Wissenschaft der Strukturen und Muster. Daher hat alles, was Form oder Struktur besitzt, einen mathematischen Aspekt. Weil die Lebenserscheinungen so sehr durch ihre Struktur und Gestalt gekennzeichnet werden, liegt es auf der Hand, dass es so etwas wie eine Mathematik der lebendigen Wirklichkeit, eine ‚Biomatik', geben muss.

Und in der Tat zeigt der Bereich des Lebens eine Unmenge an Mustern[212], stärker: an ganz spezifischen Mustern. In den Flecken der Hyänen, den Streifen der Tiger und Zebras, den ‚Augen' und anderen wunderbaren Figuren auf den Schmetterlingsflügeln, den Ringeln, Flecken, Bändern usw. auf den Fittichen von Vögeln

---

[210] David Rothenberg, *Survival of the Beautiful. Art, Science, and Evolution*, Bloomsbury Press, New York/London 2011.
[211] *A.a.O.*, S. 34.
[212] Siehe dazu z.B. Philip Ball, *Shapes. Nature's Patterns: a tapestry in three parts*, OUP, New York 2009.

(z.B. des Pfaus oder des Paradiesvogels) lassen sich leicht mathematische Muster erkennen. Nicht zu vergessen auch in der faszinierenden Zeichnung tropischer Fische. Und um noch dies zu nennen: Die Natur zeigt eine Vorliebe für regelmäßige Figuren wie die Spiralform von Muschelschalen oder das Ikosahedron, das sich bei vielen Virusarten findet und daher wohl die bevorzugte Gestalt der Natur genannt worden ist.

Und ebenso wie es mit geometrischen Figuren der Fall ist, zeigt die Natur eine besondere Vorliebe für bestimmte Zahlen oder Zahlenreihen. Eine berühmte Reihe in dieser Hinsicht ist die der Fibonaccizahlen, im Jahre 1202 entdeckt von dem großen Mathematiker Leonardo von Pisa, dem sein französischer Kollege Guillaume Libri (1803-1869) den Spitznamen Fibonacci, Sohn des Bonaccio, gegeben hat. Die Fibonaccireihe besteht aus den Zahlen 1, 2, 3, 5, 8, 13, 21, 34, 55, 89, 144 usw., wobei jede Zahl durch Addierung der zwei vorhergehenden erhalten wird.

Das Merkwürdige ist nun, dass die Pflanzen- und Blumenwelt ausgiebig von dieser Reihe Gebrauch macht. Einige Beispiele: Lilien und Schneeglöckchen haben 3 Kronblätter, Butterblumen 5, die meisten Rittersporen 8, Ringelblumen und Kuhblumen 13, Astern 21, Gänseblümchen 34, 55 oder sogar 89. Das Herz der Sonnenblume besteht aus zwei Spiralreihen von Samen, die sich überschneiden und von denen eine Reihe sich im Uhrzeigersinn, die andere in entgegengesetzte Richtung dreht. Die Größe dieser Reihen ist verschieden: einige Arten von Sonnenblumen haben 34 und 55 Spiralen, andere 55 und 89, wieder andere 89 und 144. Ähnlich hat die Hülle der Ananas 8 Reihen von rautenförmigen linksdrehenden Schuppen und 13 rechtsdrehenden. Eine analoge Geschichte könnte von Tannenzapfen erzählt werden, usw. Immer sind es Zahlen der Fibonaccireihe, andere Zahlen kommen bei weitem nicht so oft vor. Und wie die Fibonaccizahlen eine spezielle Rolle im Pflanzenreich spielen, gilt das für eine vergleichbare Reihe, die der sogenannten ‚magischen Zahlen', im Bereich der Viren: 12, 32, 42, 72, 122, 132, usw.

Im vorigen Kapitel habe ich das Profil einer Natur gezeichnet, die auf allen Niveaus durch Selbstordnung, Spontaneität, Aktivität und Kreativität gekennzeichnet wird, anfangs noch im Pianissimo, danach bei fortgesetzter Überschreitung von Schwellen komplexer Organisation immer deutlicher vernehmbar. Das Lebensphänomen liefert dafür eindrucksvolles Material. Es besitzt, wie gesagt, seine eigenen Organisationsprinzipien und Eigenschaften, bzw. seine eigene spezifische ‚Logik', die nicht auf die Merkmale und Regelmäßigkeiten der präbiotischen Niveaus zurückführbar sind. Im Gegenteil nimmt es letztere in Konfigurationen höherer Ordnung auf, ‚überformt' sie auf diese Weise und steuert von daher abwärts die Prozesse niederer Ordnung. Ihrerseits werden die Lebensphänomene mit dem Erscheinen des Bewusstseins in höhere Zusammenhänge mit den sie kennzeichnenden Eigenschaften aufgenommen. Das wird im folgenden Kapitel näher ausgeführt.

Kapitel 8:   Das Bewusstsein

Das Bewusstsein, nur Nebenwirkung von Gehirnprozessen?

Nachdem ich in Kapitel 6 die Umrisse des Naturbildes, das sich im vergangenen Jahrhundert immer schärfer abgezeichnet hat, skizziert habe, sind die darauf folgenden Kapitel, wie zuvor angekündigt, einer näheren Erörterung bestimmter Typen von Phänomenen innerhalb dieses Rahmens gewidmet. Im letzten Kapitel haben wir uns in dieser Beziehung die Lebenserscheinungen vorgenommen, im vorliegenden Kapitel wenden wir uns dem Bereich des Bewusstseins zu.

In Bezug auf dieses Thema werden zur Zeit, wie bekannt, heftige Debatten geführt. Zentral steht dabei die Frage, ob das Bewusstsein lediglich ein Nebeneffekt oder Begleiterscheinung des Gehirns ist, wie es von mehreren Neurowissenschaftlern behauptet wird. Das hätte vor allem tiefgreifende Konsequenzen für unser Selbstverständnis, weil damit, vielen Hirnforschern, aber auch Philosophen, Juristen und anderen zufolge, die Grundlage von mit dieser Selbstauffassung verbundenen Phänomenen wie Freiheit des Willens, Selbstkontrolle, Verantwortlichkeit, Zurechnungsfähigkeit, Schuld usw. entfallen würde. In dieser Sichtweise ginge es bei diesen Phänomenen nur um Illusionen, wie schon im Titel eines vielbesprochenen Buches des Harvard-Psychologen Dan Wegner zum Ausdruck kommt: *The Illusion of Conscious Will*[213]. Unser ‚Ich‘ wäre, mit den Worten Victor Lammes, nur ein ‚quatschendes Männchen‘ bzw. ein ‚Schwatzkopf‘ unter unserer Schädeldecke[214]. Jenes Ich bzw. unser Geist wäre höchstens ein Zuschauer unseres eigenen Erfahrens und Handelns, kein Spieler im Feld also, der für das Ergebnis des Wettkampfes bestimmend ist. Aber wie dem auch sei, das Mentale hat in dieser Sichtweise kein eigenständiges Dasein. Es ist nur Nebenerzeugnis von Gehirnprozessen, übt von sich aus keine eigene Aktivität oder keinen eigenen Einfluss aus. Kurzum, es ist ‚kausal inert‘.

---

[213] Daniel M. Wegner, *The Illusion of Conscious Will*, MIT Press, Cambridge, Mass. 2002.

[214] Victor Lamme, *De vrije wil bestaat niet, Over wie er echt de baas is in het brein* [Den freien Willen gibt es nicht. Wer wirklich Herr im Gehirn ist], Bert Bakker, Amsterdam 2010, S. 30, 250, 288 u. ö. Was wir in der Regel für unser wahres Ich halten, „ist nur der Kommentator im Studio, der zusieht, wie der Wettkampf in unserem Kopf gespielt wird." Demgegenüber ist unser echtes Ich , sowie „die Figuren im Feld, die bestimmen, wie der Wettkampf ausgeht", zu ermitteln mit Hilfe der Gehirnforschung, z.B. mit Hilfe von Scanbildern (250).

Wegen dieses schweren Anschlags auf tief eingewurzelte Überzeugungen und weit verbreitete Intuitionen, aber nicht an letzter Stelle wegen der tiefgreifenden Konsequenzen für Institutionen wie Moral, Recht und Politik, und überhaupt für den zwischenmenschlichen Umgang, stoßen diese Ideen auf heftigen Widerstand. Wenn nun die Neurowissenschaften zur Zeit die Aufmerksamkeit stark auf sich ziehen, so sehr sogar, dass über das soeben begonnene einundzwanzigste Jahrhundert schon jetzt als ‚das Jahrhundert der Neurowissenschaft' gesprochen wird, ist schon diese Tatsache Grund genug, zu untersuchen, ob ein neues Licht auf die Problematik des Bewusstseins fällt, wenn wir sie in den weiteren Horizont des in diesem Buch entwickelten Naturbildes stellen. Meiner Meinung nach wird in der Tat die Diskussion in Bezug auf die Art und Position des Bewusstseins überwiegend auf zu schmaler Grundlage geführt, ohne sie nämlich in den breiteren Rahmen einer Wirklichkeitsauffassung im Allgemeinen zu stellen.

Die zentrale These wird hier, in Bezug auf das Bewusstsein, die gleiche sein, wie bei den Lebenserscheinungen der Fall war, und zwar, dass wir es mit einem emergenten Phänomen zu tun haben. D.h., dass das Bewusstsein ein qualitativ neues Phänomen ist, das auftritt, wenn eine bestimmte Komplexitätsschwelle lebender Systeme, besonders solcher, die mit einem Zentralnervensystem ausgestattet sind, überschritten wird. Als emergentes Phänomen kann es folglich aus den Eigenschaften von Ebenen niederer Ordnung nicht abgeleitet werden. Das Bewusstsein ist, anders gesagt, ein Phänomen eigenen Rechts, mit eigenen spezifischen Merkmalen, und nicht nur eine ‚kausal inerte' Begleiterscheinung oder inaktiver Zuschauer, geschweige denn eine Illusion oder sogar eine non-existente Entität.

Merkmale des Bewusstseins

Bevor wir die These weiter untermauern und explizieren, ist es notwendig, Klarheit zu verschaffen, über was genau wir sprechen, wenn wir über ‚das Bewusstsein' reden. Nun, der Terminus ‚Bewusstsein' ist die zusammenfassende Bezeichnung einer Mannigfaltigkeit mentaler Zustände wie Wahrnehmungen, Gefühle (von Schmerz, Kummer, Freude, Reue, usw.), Stimmungen (von Verzweiflung, Langeweile, Euphorie, usw.), Erfahrungen von allerlei Art (Hunger, Durst, Kälte, aber ebenfalls von religiöser, ästhetischer, erotischer und anderer Art), Erwartungen, Absichten, Begierden, Träume, usw. usw.

Allen diesen Bewusstseinszuständen sind bestimmte Merkmale gemein:

1. Sie sind wesentlich *subjektiv* in dem Sinne, dass es immer *jemandes* innere Zustände sind, die nur der betreffenden Person unmittelbar zuänglich sind. Es gibt m.a.W. einen Typus von Erscheinungen, die in dem Sinne nicht objektiv sind, dass sie für den (kompetenten) Zuschauer von außen her nicht zugänglich sind.

2. Letzteres, dass es hier Phänomene betrifft, die sich der Zuschauerperspektive entziehen, bedeutet also, dass es um Erscheinungen in der ersten Person geht: es handelt sich hier unverwechselbar um *meinen, deinen, seinen oder ihren* Schmerz, um meine, deine usw. Furcht, Hoffnung, Ratlosigkeit, usw. In dem Sinne haben Bewusstseinserscheinungen einen irreduzibel privaten Charakter. Und das ist nicht nur eine epistemologische Angelegenheit, wie Searle[215] mit Recht bemerkt, sondern auch eine ontologische, d.h., dass es ein Merkmal der Art und Seinsweise mentaler Phänomene betrifft.

3. Das Obenstehende kann auf eine andere Weise auch wie folgt formuliert werden: Bewusstseinszustände haben ihrer Art nach einen qualitativen Charakter. Dass diese Zustände nur von innen heraus empfunden werden können, bedeutet, dass sie, vor allem über das damit verbundene Verhalten, zwar von außen her beschrieben werden können. Aber diese Sicht in der dritten Person sagt uns wenig oder nichts über die Art und Weise, wie jene Zustände vom Subjekt selber von innen heraus empfunden werden. Die Farbe Rot in objektiven Termini (als elektronisches Phänomen z.B.) zu beschreiben, ist etwas ganz Anderes als die Erfahrung des Sehens dieser Farbe. Auf derselben Linie liegt der Unterschied, den Thomas Nagel in seinem bekannten Aufsatz ‚What Is It Like to Be a Bat?‘ gemacht hat zwischen der Beschreibung der Wahrnehmungswelt einer Fledermaus in der Zuschauer-Haltung und dem Sein einer Fledermaus, der Empfindung dieser Wahrnehmungswelt von innen heraus also. Und seine These ist, dass, wie viel Kenntnis aus der Sicht eines Außenseiters wir über die Wahrnehmungswelt der Fledermaus auch sammeln, eine unüberbrückbare Kluft mit der qualitativen Erfahrung von der Innenposition aus bestehen bleibt. ‚Qualia‘, wie die qualitativen Eigenschaften der Bewusstseinserscheinungen auch angedeutet werden, sind von ihnen, kurzum, ein irreduzibles Merkmal.

---

[215] John Searle, *The Rediscovery of the Mind*, MIT Press, Cambridge, Mass. 1994, S. 16, 23, u.ö.

4. Ein wesentliches[216] Merkmal des Bewusstseins ist weiter die Intentionalität desselben. Bewusstseinserscheinungen sind ihrer Art nach auf etwas gerichtet. Oder, wie Searl es auch ausdrückt: das Bewusstsein ist semantisch. Sehen ist immer das Sehen von etwas *als* dieses oder jenes, ebenso wie das auch für Hören, Riechen, Fühlen und Schmecken gilt. Furcht, Hoffnung, Erwartung, Sehnsucht usw., sie sind alle auf etwas gerichtet, haben immer ein Objekt.

5. Diese Intentionalität des Bewusstseins beinhaltet ihrerseits, es wurde im soeben Gesagten schon angedeutet, dass immer ein Bedeutungselement im Spiel ist. Denn nochmals: Sehen ist immer Sehen-*als* dieses oder jenes. Wenn unklar ist, was wir sehen, z.B. in der Ferne, versuchen wir, darüber mehr Deutlichkeit zu erhalten, z.B. durch den Gebrauch eines Fernrohrs. Oder wenn wir im Dunkel etwas fühlen, was wir nicht sofort erkennen oder was unseren Argwohn oder unsere Neugier erweckt, dann machen wir Licht, um es identifizieren zu können. Was Laute betrifft, ist ein bekanntes Gesellschaftsspiel das Ausfindigmachen von Vogellauten, d.h. das Erraten, vom welchem nicht sichtbaren Vogel sie stammen könnten. Einen viel höheren Grad an Subtilität haben Kulturprodukte wie Gemälde oder kultische Gegenstände, von denen wir mutmaßen, dass die erste Erscheinungsform nur eine Fassade ist, hinter der sich tiefere Bedeutungsschichten verbergen. Dazu wird man, z.B. bei einem Gemälde von Jeroen Bosch, erst durchdringen können, indem man sich mit der Vorstellungswelt des Malers vertraut macht. Der Intentionalität des Bewusstseins entspricht kurzum eine Bedeutungsdimension auf der Seite des Objekts.

6. Bedeutungen erfordern Interpretation. Das beinhaltet immer die Möglichkeit von Irrtümern. Wo Bedeutung und Interpretation keine Rolle spielen, wie es zumindest auf der niederen organischen und pflanzlichen Ebene der Fall ist, z.B. beim Aufsaugen seiner Säfte aus dem Boden durch einen Baum, ereignen sich solche ‚Irrtümer‘ nicht. Aber ein Bewusstseinsphänomen wie die Wahrnehmung kann ‚Falschnehmung‘ sein und ist es in vielen Fällen auch wirklich. Berühmt sind die optischen Täuschungen des großen dänischen Experimentalpsychologen Edgar Rubin[217], und nicht weniger die mehrdeutigen Abbil-

---

[216] Searle spricht von einer intrinsischen Intentionalität des menschlichen und tierischen Bewusstseins, im Gegensatz zur abgeleiteten und scheinbaren Intentionalität wie z.B. von Landkarten, die einen geographischen Zustand repräsentieren, weil sie dazu von bewussten Subjekten entworfen worden sind (*Rediscovery*, 78-82).

[217] Siehe dazu Popper, in: Karl Popper & John Eccles, *The Self and Its Brain*, Springer, Berlin 1981, S. 63f.

dungen in Wittgensteins *Philosophische Untersuchungen* oder in Gombrichs Aufsatz ‚Illusion and Art'[218].

Beim Bewusstsein haben wir es, kurzum, mit einem qualitativ neuen Phänomen zu tun, und zwar der Seinsweise eines Subjekts, das eine unverwechselbar eigene Sicht der Dinge repräsentiert, durch Intentionalität gekennzeichnet ist, von innen her seine eigene Situation und seine eigenen Widerwärtigkeiten und Stimmungen erlebt, und Absichten und Wünsche hegt. Auf eine bestimmte Weise wird hier übrigens ein Merkmal weitergeführt, das sich auch schon bei den Lebenserscheinungen fand, nämlich das Einnehmen einer Innenposition der Umgebung gegenüber. Beim Bewusstsein findet in Hinsicht darauf eine Vertiefung statt, wird das Einnehmen eines Innenstandpunkts nun auch innerlich erlebt, *ist* man also nicht nur ein Subjekt, ein Zentrum autonomer Aktivität, sondern *erfährt* man das nun auch so.

Die Seele, eine separate Entität?

Dass wir es hier mit qualitativ neuen Eigenschaften zu tun haben, die im anorganischen Bereich und in einem Teil der organischen Welt nicht vorkommen, hat schon seit unvordenklichen Zeiten zur Annahme einer besonderen Instanz, und zwar der Seele, als Trägerin dieser Merkmale geführt. In dieser Sichtweise ist der Mensch die Vereinigung zweier unabhängiger Substanzen mit vollkommen verschiedenen Eigenschaften – einerseits ist da der Körper, zur physikalischen Welt äußerlicher Objekte gehörend und den dort geltenden Gesetzmäßigkeiten gehorchend, andererseits gibt es die Psyche oder den Geist, die einer ganz anderen Ordnung angehören, für die Freiheit, eigene spontane Aktivität, Gründe annehmen, innere Erfahrungen machen usw. kennzeichnend sind. Dieser Substanzdualismus führte dann zu einem der sogenannten ‚ewigen Probleme' der Philosophie[219]: das Leib-Seele-Problem, die Frage also, wie die Beziehung zwischen diesen beiden einander gänzlich fremden Substanzen zu denken sei. Denn dass es diese Beziehung gibt, ist offenkundig. Man erfährt dies fortwährend an sich selber, man braucht sich sozusagen nur in den Arm zu kneifen, um eine Schmerzerfahrung zu

---

[218] In: R.L.Gregory & E. Gombrich, *Illusion in Nature and Art*, Duckworth, London 1973. Bekannt ist auch die Hasente von Jastrow, usw.

[219] Schopenhauer sprach in diesem Zusammenhang vom `Weltknoten', d.h. das Geheimnis aller Geheimnisse. Der Begriff `weltknoten', „an intractable and perhaps ultimately insoluble puzzle", ist für das Leib-Seele-Problem (mind-body problem) sogar ins Englische übernommen worden. Siehe J. Kim, `Mental Causation and Consciousness: the Two Mind-Body Problems for the Physicalist', zitiert von Michael Silberstein, `In Defence of Ontological Emergence and Mental Causation', in: Philip Clayton & Paul Davies (eds.), *The Re-Emergence of Emergence. The Emergentist Hypothesis from Science to Religion*, OUP, Oxford 2006, S. 203.

machen. Und man braucht auch nur auf den Einfluss hinzuweisen, die Genussmittel wie Kaffee oder Drogen wie Alkohol, Kokain usw. auf unser geistiges Vermögen, unsere Verhaltensweisen und Emotionen haben, oder auf die Folgen davon durch Schädigung oder Verfall des Gehirns. Anästhesie liefert ein anderes Beispiel. Die Psychiatrie kennt eine ganze Reihe von Mitteln, wie das Pepmittel Amphetamin oder Sedativa, wie Valiumpräparate, die eingesetzt werden, um auf ‚körperlichem' Wege geistige Störungen wie Depressionen, Schizophrenie usw. zu bekämpfen. Auch das Umgekehrte ist übrigens der Fall. So kann durch eiserne Willensstärke lange Zeit großer körperlicher Ermüdung Widerstand geboten werden, kann sogar der Sterbensprozess aufgeschoben werden bis ein von weit her kommender Geliebter angekommen ist[220].

Der Substanzdualismus findet noch immer seine Vertreter mit dem Argument, nur diese Position werde der Tatsache gerecht, dass mit dem Bewusstsein ein Phänomen erschienen ist, das gegenüber den niederen Organisationsniveaus qualitativ neue Merkmale enthält. Er hat jedoch keine Erklärung für das Faktum, dass körperliche und geistige Prozesse einen deutlichen Zusammenhang aufweisen. Oder, anders formuliert, er bietet keine Antwort auf die Frage, wie es möglich ist, dass Gehirnprozesse, die durch eine naturwissenschaftliche Forschungsmethode mit der dafür gangbaren objektgerichteten Einstellung erfasst werden können, offenbar in einer internen Verbindung mit für diese Methode unzugänglichen Erscheinungen stehen. Der Dualismus macht kaum etwas anderes, als für letztere einen unabhängigen Träger einzuführen. Das hat verdächtig große Ähnlichkeit mit der Verhaltensweise des Vitalismus zur Erklärung des irreduziblen Charakters der Lebenserscheinungen: bestimmte Eigenschaften erklären, indem man ein separates Prinzip postuliert. Und wie es dort der Fall war, ist diese Strategie auch beim Substanzdualismus allem Anschein nach zum Scheitern verurteilt. Führt sie doch eine Entität ein, die auch wieder nach dem Muster eines äußeren ‚Dinges' gedacht wird – Descartes benennt die Seele auch explizit als ‚res cogitans', ‚denkendes Ding'. Aber wie ein solches ‚Ding' innere Zustände und Erfahrungen haben kann, bleibt eine mys-

---

[220] Ein Beispiel von dem, was eiserne Willenskraft vermag, ist die Art und Weise, wie schwer verbrannte Jugendliche nach dem (in den Niederlanden) bekannten Brand in einer Volendamer Schenke trotz der ernsten Verunstaltungen an Gesicht und Körper den Faden ihres Lebens wieder aufnahmen.
Ein Beispiel des Regie-Führens über den eigenen Sterbensprozess ist ein Vorfall, den mir von meiner Schwester Bien van der Wal, tätig als junge Krankenschwester im Utrechter Wilhelmina Kinderkrankenhaus, mitgeteilt wurde. Auf ihrer Station hatte man in einem bestimmten Moment wegen Hochbetrieb keine Aufmerksamkeit für ein Mädchen, das in der terminalen Phase verkehrte und jeden Augenblick sterben konnte. Meine Schwester blieb nach dem Ende ihres Dienstes eine Weile bei diesem Mädchen. Nach einiger Zeit ist sie doch nach Hause gegangen und noch keine Viertelstunde später starb das Patientchen. Meine Schwester hat sich deswegen ernste Vorwürfe gemacht. Ihre Oberschwester sagte jedoch zu ihr: wärest du eine halbe Stunde länger geblieben, wäre das Mädchen zehn Minuten danach gestorben. Sie wartete darauf, in aller Stille sterben zu können.

teriöse Sache. Eine Folge davon ist auch, dass die Position der Substanzdualisten auf keinerlei Weise für ein tieferes Verständnis der mentalen Phänomene fruchtbar ist. Sie wiederholt nur die Tatsachen, gibt davon höchstens eine subtile phänomenologische Beschreibung, aber ist nicht imstande ein Forschungsprogramm zu formulieren, das zu neuen Erkenntnissen über diesen Sachverhalt führen kann.

Der Physikalismus

Die Frage, die sich dann ergibt, ist selbstverständlich, wie die außer Zweifel stehende Beziehung von Körper und Geist, bzw. des ‚Physikalischen' und des ‚Mentalen', dann zu denken wäre. Die Position, die heutzutage in den Kreisen der Neurobiologen, auch der Philosophen übrigens, viel Anhang findet, ist der sogenannte Physikalismus. Mentale Zustände und Prozesse werden aus dieser Sicht von der Seite der Gehirnprozesse aus betrachtet. Letztere liefern dann den Schlüssel zur Erklärung der ersteren.

Die radikalste Version dieser Sichtweise ist der eliminative Physikalismus. Durch ihn wird dem Bewusstsein einfach jeder Realitätsgehalt abgesprochen. Anders ausgedrückt: das Bewusstsein existiert nicht bzw. ist nichts anderes als ein neurologisches Phänomen. Die Idee dahinter ist, dass es in der Wirklichkeit nur physikalische Entitäten (Partikel in Feldern) gibt, kombiniert mit der grundsätzlichen Annahme, jene Welt physikalischer Entitäten und Prozesse sei eine geschlossene Welt. Kausalität kann aus dieser Sicht nur eine Beziehung zwischen physikalischen Größen sein. Diese Auffassung findet sich bei Neurobiologen wie Churchland, Lamme u.a. und bei Philosophen wie Quine, Smart, dem frühen Rorty, Kim u.a. Eine Auffassung, die mit diesem radikalen Physikalismus oder Materialismus einhergeht, ist ein ebenso radikaler Behaviorismus: die Beschreibung und Erklärung von Verhaltensweisen geschieht ausschließlich in Kategorien von objektiven, d.h. von außen her in der Zuschauer-Haltung festellbaren Faktoren, ohne irgendwie innerliche Faktoren in der ersten Person wie Meinungen, Motive, Absichten usw. in Anspruch zu nehmen.

Es bedarf keiner weiteren Erörterung, dass diese Sichtweise eine Form eines radikalen Reduktionismus ist: die Bewusstseinsphänomene werden hier einfach eliminiert bzw. sowohl methodologisch wie ontologisch auf ‚nichts anderes als' Gehirnprozesse zurückgeführt. Oben haben wir zwischen Reduktionismus und reduktiven Analysen unterschieden. Bei diesen letzteren werden Erscheinungen mit Hilfe des Ideeninstrumentariums eines anderen, gewöhnlich niederen Niveaus erforscht. Das kann, wie gesagt, heuristisch fruchtbar sein, unerwartete und überraschende Zusammenhänge zutage bringen. Solange man sich dessen bewusst ist, dass die

Phänomene auf diese Art nicht von sich aus ausgelegt, sondern von einem äußeren Gesichtspunkt aus beleuchtet werden, schadet das nichts, macht es sogar auf neue Aspekte jener Phänomene aufmerksam. Reduktionismus hingegen ist die Auffassung, dass ein Bereich von Fakten *ohne Rest* in Kategorien eines anderen Wirklichkeitsgebiets analysierbar ist. Er unterschlägt auf diese Weise im Prinzip die eigene Art jener Phänomene.

Genau das ist es aber, was aus der Sicht des radikalen Physikalismus mit den Bewusstseinserscheinungen geschieht. Eigentlich ist es eine unhaltbare und sogar absurde Position. Sie verneint, was evident ist, und zwar dass wir von innen heraus Schmerz empfinden, in einer gedrückten oder heiteren Stimmung verkehren, usw. Und dass mein Schmerz, meine gedrückte Stimmung oder Heiterkeit unverwechselbar *meine* Bewusstseinszustände sind und nicht diejenige anderer. Hier wird m.a.W. auf eine völlig unglaubwürdige Weise die Welt um einen Typus von Phänomenen gekürzt, deren Realität einfach unbestreitbar ist. Wiederum wird es daher, wie schon so oft in der Geschichte des Denkens, die Aufgabe der Philosophie sein, ‚die Erscheinungen zu retten‘.

Eine zweite Form des Physikalismus ist der sogenannte Epiphänomenalismus. Diese Variante geht weniger weit als die vorige in dem Sinne, dass die Existenz der Bewusstseinserscheinungen anerkannt wird. Jedoch wird das Bewusstsein hier, wie die Bezeichnung ‚Epiphänomenalismus‘ schon anzeigt, als ein Epiphänomen bzw. eine Begleiterscheinung von Gehirnprozessen betrachtet. Letztere sind dieser Auffassung gemäß die tragende und aktive Schicht der Wirklichkeit, das Bewusstsein hingegen das passive und sekundäre Nebenprodukt. Denn auch hier ist der zugrunde liegende Gedanke, dass nur physikalische Prozesse kausal wirksam sind, das Mentale jedoch nur eine Folgeerscheinung und kausal unwirksam, ‚inert‘ oder ‚überflüssig‘ (‚redundant‘) ist.

Der Epiphänomenalismus wird den Bewusstseinserscheinungen zweifellos mehr gerecht als der eliminative Physikalismus. Dennoch geht diese Form des Gerechtwerdens nicht weit genug. Zwar wird die Realität des Bewusstseins anerkannt, dessen Wirksamkeit aber verneint. Von einem Einfluss des Geistes auf den Körper kann nicht die Rede sein. Die Beziehung von Körper und Geist, kurzum, ist eine asymmetrische: das Bewusstsein ist einseitig vom Gehirn abhängig.

Der Einfluss des ‚Geistes‘ auf den ‚Körper‘

Es wäre jedoch möglich, zahllose Beispiele einer Wirkung des ‚Geistes‘ auf den ‚Körper‘ anzuführen. Oben haben wir schon die Willenskraft der Opfer des Brandes in der Volendamer Schenke genannt. Auf derselben Linie liegt die allgemein bekannte Tatsache der positiven Wirkung des Willens zur Gesundung im Fall ernsthafter Krankheit bzw. des positiven Einflusses der Mitwirkung des Patienten am Genesungsprozess – oder umgekehrt des negativen Einflusses, wenn der Patient den Mut aufgibt. Auch wurde schon das Vermögen genannt, den eigenen Sterbensprozess aufzuhalten. Und um noch einen Augenblick in der Sphäre der einfachen Beispiele zu bleiben: Jemand sitzt im Stuhl beim Zahnarzt, während dieser in einem hohlen Backenzahn bohrt. Die fragliche Person bemerkt (eine bewusste Wahrnehmung also), dass sie die Hände und andere Körperteile anspannt. Nun ist ihr erzählt worden, dass eben Entspannung in dieser Situation besser ist. Wenn sie das nun tut, bedeutet das also, dass Körperbewegungen durch einen Gedanken gelenkt werden. Viele Erfahrungen aus der medizinischen Praxis weisen in dieselbe Richtung: wie Geldsorgen, Probleme in der Ehe, eine schlechte Beurteilung von Seiten des Vorgesetzten usw. zu Magenbeschwerden, Rücken- und Kopfschmerzen und allerlei anderen Formen körperlichen Unwohlseins führen können. Zur Illustration noch folgender Fall, der mir vom Utrechter Professor für Hausarztmedizin Jan van Es, dem ersten Hochschullehrer auf diesem Gebiet in den Niederlanden, mitgeteilt wurde. Einer seiner Patienten brach sich ein Bein. Ein Röntgenfoto zeigte, dass es keine Komplikationen gab. Nachdem das Bein geschient worden war, wurde der Mann zur Genesung nach Hause geschickt. Der Prozess verlief gut, bis der Betriebsarzt ihn besuchte und darauf hinwies, er könne in der nächsten Woche wohl wieder versuchen, einige halbe Tage an die Arbeit zu gehen. Prompt bekam der Mann stechende Schmerzen am Bein, die dem Urteil von Van Es nach seriös waren. Ein neues Röntgenfoto zeigte, dass nichts Ungewöhnliches der Fall war, dass also keine körperliche Ursache der Schmerzen nachweisbar war. Darauf hin befragte Van Es den Patienten weiter, wobei sich ergab, dass der Mann es mit seiner Arbeitsstelle sehr schlecht getroffen hatte. Er hatte die gezwungenen ‚Ferien' als ein Glück empfunden und sah mit Schrecken dem Moment entgegen, sich wieder an die Arbeit machen zu müssen. Psychisches Leiden, kurzum, kann zu allerlei Formen körperlichen Unwohlseins führen.

Es scheint mir in all diesen Fällen unverkennbar, dass Bewusstseinserscheinungen nicht nur eine passive Nebenrolle spielen, sondern sich aktiv an den Prozessen beteiligen, oder stärker noch: darin die Vorreiter sind. Das kann noch näher an all den Verhaltensstörungen illustriert werden, bei denen die ‚Ursache' überdeutlich auf der psychischen Ebene liegt. Wie z.B. im Fall von Aphonie[221] (Stimmlosigkeit) einer Frau, deren Mann gestorben ist und die nun ein neues Verhältnis beginnt. Auf die Frage ihres neuen Partners, ob sie heiraten will, lässt ihr Sprechorgan sie im

---

[221] Persönliche Mitteilung von Herrn Prof. Dr. Antoine Mooij, Psychiater.

Stich. Einerseits empfindet sie eine neue Heirat als Untreue ihrem ersten Mann gegenüber, andererseits will sie sich auch nicht weigern. Eingeklemmt zwischen zwei entgegengesetzten Gefühlen, setzt sich in dieser für sie heiklen Situation das *Nicht-Wollen* in ein organisches *Nicht-Können* um. Faktoren, die auf der psychischen Ebene liegen und besonders auch durch die Bedeutungen für die betreffende Person gekennzeichnet sind, stehen hier im Vordergrund und setzen sich dann sekundär in eine Blockade auf der körperlichen Ebene um.

Übrigens gibt es viele psychosomatische Störungen, wobei die ‚Ursache' auf der mentalen Ebene liegt. Zu denken ist an traumatische Erfahrungen, z.B. durch sexuellen Missbrauch in der Jugendphase, durch Vergewaltigung, durch einen gewalttätigen Überfall oder eine gewaltsame Beraubung, oder an die Kriegstraumata von nach Hause zurückkehrenden Soldaten – in allen Fällen Erfahrungen, die ihre Opfer oft ihr ganzes Leben hindurch mit sich tragen und die fast immer auch zu Störungen auf der organischen Ebene führen, wie chronische Schlaflosigkeit, Essprobleme usw. Insbesondere ist es die Psychoanalyse gewesen, die sich auf diesen Bereich psychogener Störungen gerichtet hat.

Die Bedeutungsdimension

Ein kräftiges Argument gegen den physikalistischen Reduktionismus in Bezug auf die Bewusstseinserscheinungen scheint mir das Bedeutungsphänomen zu liefern, das ein grundlegendes Merkmal jener Erscheinungen bildet – es war davon oben mehr oder weniger explizit eigentlich immer schon die Rede. Das Bedeutungselement ist, wie früher gesagt, das Komplement der dem Bewusstsein wesentlich eigenen intentionalen Ausrichtung, der Tatsache also, dass Wahrnehmen immer Wahrnehmen-*als* dieses oder jenes ist. Das gilt für jede Form von Bewusstsein, von Hunden, Katzen, Elephanten usw., kurzum, jedenfalls für die höheren Tierarten. Für eine Elephantenherde bilden bestimmte Wahrnehmungsdaten Hinweise, wo Wasser zu finden ist. Für Jagdtiere zeigt eine Riechspur an, in welche Richtung Beutetiere zu finden sind. Für Erdmännchen bildet ein bewegender Schatten ein Signal eines nahenden Raubvogels, usw. Die Wirklichkeit ist so für jede Tierart auf ihre eigene Weise eine bedeutungsvolle Welt. Daher konnte, wie im vorigen Kapitel schon erwähnt wurde, einer der Begründer der Tierverhaltenslehre, Jakob von Uexküll, eine *Bedeutungslehre*[222] schreiben.

---

[222] In: Jakob von Uexküll & Georg Kriszat, *Streifzüge durch die Umwelten von Tieren und Menschen*, Rowohlt, Hamburg 1958, 103-161.

Dass die Wirklichkeit für viele Tierarten Bedeutungscharakter hat, kommt wohl nirgends deutlicher zum Ausdruck als im Faktum ihrer Kommunikation[223]. Meerkatzen verwenden verschiedene Arten von Warnrufen um Artgenossen vor Gefahren zu warnen, je nachdem es Leoparden, Adler oder Schlangen betrifft. Raben machen einander mittels eines bestimmten Rufes auf den Fundort von Nahrung aufmerksam. Und ein Paradebeispiel ist wohl die Tanzsprache der Arbeitsbienen, im Jahre 1945 von Karl von Frisch entdeckt (der deshalb auch als der ‚Bienen-Frisch‘ bekannt ist). Diese Bienen machen einander durch bestimmte Tänze deutlich, in welche Richtung und sogar in welcher Entfernung Nektar zu finden ist und welche Qualität die Nahrungsquelle hat. Diese Beispiele, und viele andere mehr, zeigen, dass die von Tieren hervorgebrachten Laute nicht nur dazu dienen, ihrem emotionalen Zustand (sexuelle Aufregung, Angst, usw.) Ausdruck zu geben, sondern dass sie eine Verweisungsdimension haben, d.h. im Vollsinn bedeutungsvoll sind. Es werden, kurzum, Nachrichten ausgetauscht bzw. es findet Übertragung von Informationen statt. Dabei hängen die kommunikativen Fähigkeiten der verschiedenen Tierarten mit ihren Lebensweisen und Lebensbedingungen zusammen.

Eine offene Frage bleibt dabei, in wieweit Kommunikation und Bewusstsein zusammenhängen, ob m.a.W. Kommunikation Bewusstsein voraussetzt. Die Meinungen der Ethologen gehen in diesem Punkt weit auseinander. Auf der einen Seite wird die Auffassung verteidigt, das Bewusstsein reiche bis tief in das Tierreich hinab, Bienen z.B. seien bewusste Geschöpfe, deren Kommunikation also auch durch Bewusstsein begleitet wird. Auf der anderen Seite stehen diejenigen, die der Meinung sind, viel tierische Kommunikation verlaufe unbewusst. Aber wie dem auch sei: wenn auch nicht alle kommunizierenden Wesen mit Bewusstsein begabt sind, so viel ist sicher, dass bewusste Wesen kommunizieren, d.h. Bedeutungssysteme verwenden.

Bei den (höheren) Tieren, um einen Augenblick auf oben Gesagtes zurückzugreifen, verläuft der Kontakt mit der Umgebung großenteils über die Wahrnehmung und damit über das Prisma des Bewusstseins. Deshalb können sie mit Von Uexküll, in verschiedenen Graden, als Subjekte ihres Verhaltens betrachtet werden (und nicht nur als Objekte, die passiv die Einflüsse der Umgebung erleiden). Es ist deutlich, dass diese Entwicklung in Richtung höherer Formen von Subjektivität beim Menschen einen Mutationssprung gemacht hat. Er lebt wie kein anderer in einer Welt von Bedeutungen, bzw. in einem ‚symbolischen Universum‘, das sein Denken und Handeln in hohem Maße bestimmt. Ist doch der Mensch von Natur aus ein kulturelles Wesen. Das beinhaltet unter anderem, dass ‚dasselbe‘ Benehmen

---

[223] Für das Folgende mache ich vom lesenswerten Buch von Clive Wynne, *Do Animals Think?* Gebrauch (Pearson Education, Amsterdam 2006).

in körperlicher Hinsicht, wie z.B. das Rülpsen während der Mahlzeit, in einer Kultur als ‚bäurisch' und unmanierlich betrachtet (und deshalb nach Vermögen unterdrückt) wird, in der anderen Kultur hingegen als eine Geste der Höflichkeit dem Gastgeber gegenüber und als Zeichen, dass das aufgetragene Essen als schmackhaft empfunden wurde, mit der Folge, das Rülpsen bewusst zu produzieren. Man kann auch an den für Inder widerwärtigen Gedanken, Rindfleisch zu essen, denken, so dass ihnen schon beim Gedanken daran übel wird, wie das bei vielen Abendländern mit dem Essen von Hunde- oder Katzenfleisch der Fall ist. Das Körperliche wird also durch Bewusstseinsprozesse gelenkt, was durch zahlreiche andere Beispiele untermauert werden könnte. In all diesen Fällen ist das Bewusstsein also ganz bestimmt und auf entscheidende Weise ‚effektiv' und keineswegs kausal inert oder überflüssig. Solche Verhaltensweisen und Reaktionen können als solche m.a.W. nicht einseitig vom Funktionieren von Gehirnprozessen oder von einer genetischen Programmierung aus verstanden werden, wie weit man die Forschung auf diesem Niveau auch vorwärts triebe, weil auf diese Weise eine kategoriale Verwechslung im Spiel ist.

Damit ist, um keine Missverständnisse aufkommen zu lassen, selbstverständlich keineswegs gesagt, dass neurologische Erforschung von Gehirnprozessen nicht oft überraschendes Licht auf Fragen des Bewusstseins werfen könnte und das auch in der Tat tut. Aber es handelt sich dann um Einsicht in die notwendigen (im Gegensatz zu den zureichenden) Bedingungen für das Funktionieren von Bewusstseinsprozessen. Wie eine Geige in optimalem Zustand sein muss, um darauf eine gelungene Aufführung eines Violinkonzerts von Bach oder Mozart zu Gehör zu bringen. An sich bietet das jedoch überhaupt keine Garantie einer mitreißenden Darstellung, da Musikinstrument und Musik verschiedenen Ordnungen angehören, bzw. in einer Beziehung von ‚Unterbau' und ‚Überbau' zueinander stehen. Auch hier gilt übrigens das Umgekehrte, dass ein gut gebautes Instrument in den Händen eines großen Musikers noch an Qualität gewinnt.

Mögliche Lösungen: Identitätstheorie, Interaktionismus und Zwei-Aspekte-Theorie

Wenn aber, um vorläufig Bilanz zu ziehen, der eliminative Physikalismus zu unglaubwürdig ist, um uns länger mit ihm zu befassen, weil er evidente Fakten ignoriert, aber auch der Epiphänomenalismus mit seiner Einbahnbeziehung des Physischen und Mentalen nicht überzeugen kann, wie kann das Verhältnis von Körper und Geist bzw. von Gehirn und Bewusstsein dann gedacht werden? Es bieten sich noch folgende Kandidaten: a) die Identitätstheorie; b) der Interaktionismus; und c) die Zwei-Aspekte-Theorie („dual aspect theory') von Thomas Nagel und Colin McGinn[224].

Die Identitätstheorie behauptet, dass Bewusstseinsprozesse mit physikalischen oder Gehirnprozessen identisch sind. Diese Theorie erkennt anscheinend mentale Erscheinungen an, tut das jedoch de facto nicht, weil Gehirnprozesse ,objektive' und anonyme Prozesse sind, die in der Zuschauer-Haltung (in der dritten Person) beschrieben werden können, während dabei eben die spezifischen Merkmale des Bewusstseins, wie Subjektivität, Intentionalität, Bedeutungsdimension, usw., verloren gehen. Das kann z.B. noch daran demonstriert werden, dass diese Theorie (ebenso wie der Physikalismus welcher Spielart auch) keine adäquate Interpretation der Idee der ,Wahrheit' geben kann, ebenso wenig übrigens von ,Gerechtigkeit' oder welcher anderen normativen Idee auch. ,Wahrheit' bedeutet doch, dass nur bestimmte Denkinhalte als richtig gedacht werden, im Gegensatz zu anderen, während in der Identitätstheorie die Denkinhalte mit Gehirnzuständen, *einerlei welchen*, gleichgesetzt werden. Auf rein faktischen Gründen kann jedoch nicht zwischen richtigen und unrichtigen Auffassungen unterschieden werden. D.h., dass sie unter dem Gesichtswinkel ihres Wahrheitsgehalts alle gleich viel oder gleich wenig wert sind. Womit also der Wahrheitsanspruch einfach entfällt. Trotz der anfänglichen Anerkennung der Bewusstseinserscheinungen schrumpft darum die Identitätstheorie zu einer Variante des Physikalismus zusammen, mit allen dagegen vorzubringenden Bedenken.

Ein Versuch, mehr Licht in das Verhältnis von Geist und Körper (bzw. Gehirn) zu bringen, ist vom Philosophen Karl Popper und dem Neurophysiologen (und Nobelpreisträger) John Eccles in ihrem Buch *The Self and its Brain*[225] unternommen worden. Darin deuten sie ihre Position als psychophysischen Interaktionismus an. Weil Interaktionismus der Art der Sache nach zwei gegenseitig aufeinander einwirkende Instanzen voraussetzt, wird hier also für eine Form von Dualismus plädiert, wie in ihrem Buch auch mehrmals explizit gesagt wird. Beide Autoren sind vom grundlegend verschiedenen Charakter von mentalen und somatischen Phänomenen überzeugt. Beide sind m.a.W. Antireduktionisten und werden auf diese Weise der eigenen spezifischen Art der mentalen Erscheinungen gerecht. Und beide haben für das Beziehen dieser dualistischen Position auch wieder ihre eigenen Gründe.

Abgesehen von der Tatsache, dass Popper es für unmöglich hält, Menschen „als Maschinen" zu betrachten, weil sie das Vermögen haben, „das Leben zu genießen,

---

[224] Th. Nagel, *a.a.O.* (Anm. 5); C. McGinn, *The Problem of Consciousness*, Blackwell, Oxford 1991.
[225] Siehe Anm. 6.

Schmerzen zu erleiden und dem Tod bewusst ins Auge zu sehen"[226], ist er der Meinung, dass geistige Inhalte wie wissenschaftliche Auffassungen eine Dimension haben, die vom physikalistischen (ebenso wie vom rein psychologischen) Standpunkt aus unerklärbar ist. In gewissem Sinn kann Poppers Wahl für den psychophysischen Interaktionismus deshalb sozusagen als Ergebnis einer Abzählaufgabe betrachtet werden, als eine Position also, die übrig bleibt, wenn alle anderen Auffassungen sich in unlösbaren Schwierigkeiten festfahren. Wohl flicht Popper in seinen Interaktionismus einen Strang von Emergenzdenken ein: die Evolution des Lebens führt, weil sie ein kreativer Prozess ist, zu etwas „wirklich Neuem" („real novelty")[227], und zwar dem Geist oder dem Selbst. Das Problem ist dann, dass dabei zwar eine neue Art Entität entsteht, die nun ihrerseits auf das Gehirn einwirken kann, die große Frage, wie bei jeder Form von Dualismus, aber bleibt, wie dies näher zu denken sei. Diese Frage wird jedoch, soweit ich sehen kann, nicht beantwortet.

Ausgesprochener noch als bei Popper ist der Dualismus bei Eccles, auch weil er von seinem religiösen Hintergrund[228] her positiv zur Idee des Fortlebens nach dem Tode steht. Der Seele wird demnach par excellence eine selbständige Existenz zuerkannt. Damit stimmt auch überein, dass bei Eccles, obwohl er ebenso wie Popper ein Evolutionist ist, die Kluft zwischen tierischem Bewusstsein und menschlichem Selbstbewusstsein größer ist als bei Popper.

Eccles' Teil des Buches gibt eine Menge an Information über Gehirnprozesse und deren Einfluss auf das Mentale, sowie über mentale Erscheinungen, die seiner Meinung nach *nicht* auf neurophysiologischer Grundlage erklärt werden können, wie die Einheit der bewussten Erfahrung oder das Funktionieren des langfristigen Gedächtnisses[229]. Das führt ihn dazu, Prozesse von „mind-brain interaction" anzunehmen. Jedoch kommt auch er, soweit ich sehen kann, nicht weiter als zu der Feststellung bestimmter Tatsachen und dem Postulieren von Interaktionen zwischen Geist und Gehirn. Auf diese Weise bleibt bei Eccles wie bei Popper das Grundproblem jeder Form von Dualismus ungelöst, wie das Verhältnis von Geist und Gehirn und auch wie der selbständige Charakter des Selbst gedacht werden muss.

Eine zusätzliche aber nicht weniger fundamentale Frage, sie wurde im oben Gesagten auch schon gestreift, ist, dass mit der Annahme einer separaten Entität als Trägerin der mentalen Erscheinungen das zentrale Problem nicht gelöst, sondern

---

[226] *A.a.O.*, S. 3.
[227] *Ibid.*, S. 14.
[228] *Ibid*, S. VIII.
[229] *Ibid*, 362, 398ff, 417f.

nur um eine Station verschoben worden ist. Solch ein selbständiger Geist besäße nämlich wieder eine ‚objektive' Existenz, während die Frage war, wie ein objektives Etwas wie das Gehirn, das in der dritten Person beschrieben werden kann, eine subjektiv erfahrbare Innenseite haben kann.

Ein Versuch, diese Schwierigkeit zu beheben, ist die Zwei-Aspekte-Theorie von Thomas Nagel und Colin McGinn[230]. Diese Theorie geht mit Recht davon aus, dass mentale Phänomene prinzipiell in physikalischen Kategorien nicht adäquat charakterisierbar sind. Oder: Bewusstseinserscheinungen und -prozesse sind, nochmals prinzipiell, nicht auf physikalische Phänomene und Prozesse zurückführbar. Andererseits, so Nagels Gedanke, ist das Verhältnis des Mentalen und Physikalischen offensichtlich von sehr intimer Art. Das führt ihn, wenn auch sehr zögernd, zu seiner ‚dual aspect theory': „the view that one thing can have two sets of mutually irreducible essential properties, mental and physical"[231]. M.a.W.: wenn das Physikalische und das Mentale durch grundverschiedene Eigenschaften gekennzeichnet und also gegenseitig irreduzibel sind, und sie zugleich unlöslich miteinander verbunden sind, könnte die Lösung dann nicht sein, dass wir es mit zwei Aspekten ‚derselben' Sache zu tun haben, obschon wir nie wissen werden, wie dieser Zusammenhang möglich ist?

Die Theorie hat als positiven Aspekt, dass sie die radikale Verschiedenartigkeit des Physikalischen und Mentalen anerkennt und sich trotzdem nicht in eine dualistische Position flüchtet, die von Nagel mit Recht für unglaubwürdig gehalten wird. Zweifelsohne gibt es dann Personen, die ihm vorwerfen, das Verhältnis von mentalen Zuständen und Gehirnprozessen auf immer für ein unergründliches Geheimnis erklärt zu haben – auf diesen Punkt komme ich noch zurück.

Problematischer ist, dass die Theorie anscheinend eine Form von Panpsychismus impliziert, der Auffassung also, dass alle physikalischen Phänomene irgendwie eine psychische, subjektive Innenseite haben. In der Tat macht die Annahme, physikalische Phänomene wie Felsen, Eisschollen, Quarzkristalle usw. besäßen eine mentale Innenseite, überhaupt die vororganische Realität hätte eine solche Innendimension, Nagels Position bestimmt nicht glaubwürdiger. Zur Vermeidung eines implausiblen Standpunkts, und zwar einer Form von Substanzdualismus, wird er dem Anschein nach in die Arme einer nicht weniger implausiblen Position getrieben. Nagels radikale Konsequenz braucht aber, wie ich unten noch erläutern werde, nicht akzeptiert zu werden, um wertvolle Elemente seiner Auffassung behalten zu können.

---

[230] Siehe Anm. 5; und Tomas Nagel, *The View from Nowhere*, OUP, Oxford 1986, 28ff.
[231] *View from Nowhere*, 31.

Die Position von Searle

Am Ende dieser Übersicht einer Reihe verschiedener Auffassungen in Bezug auf die Art des Bewusstseins und dessen Verhältnis zum Gehirn, widme ich mich noch einen Moment der Position eines Philosophen, der sich ausführlich mit der vorliegenden Problematik befasst hat, und zwar des schon früher genannten John Searle. Sein Buch *The Rediscovery of the Mind*[232] gilt als eine der gediegensten Analysen der hier angesprochenen Materie. In dieser Studie zeigt er mit einer reichen Auswahl an Argumenten, dass die verschiedenen Formen einer reduktionistischen Sicht des Mentalen, wie der physikalische Materialismus, aber auch das Computermodell von Gehirn und Bewusstsein, und überhaupt das Denken über das Mentale in den gangbaren Kognitionswissenschaften und der ‚philosophy of mind', sich in Aporien festfahren oder jedenfalls nicht zum Kern des Mentalen durchdringen. Denn Searle argumentiert (berechtigterweise) mit Nachdruck, dass das Bewusstsein durch eine nicht zu beseitigende Subjektivität, innerliche qualitative Zustände der ersten Person also, und durch Intentionalität gekennzeichnet ist, Sachen, die für eine ‚objektive', anonyme naturwissenschaftliche Sichtweise unzugänglich sind. In einer anderen Publikation, *The Mystery of Consciousness*[233], einer Sammlung von ausführlichen Rezensionen von Büchern über das Bewusstsein[234], zeigt er überzeugend, dass all diese Studien sich noch im Vorzimmer des eigentlichen Problems befinden, m.a.W.: nicht an den Kern desselben rühren oder ihn einfach verkennen. Das Bewusstsein, kurzum, ist noch immer ein Mysterium, wie der Titel des Buches schon andeutet.

Zugleich ist das Problem des Bewusstseins bzw. das ‚mind-body problem' Searles Ansicht nach ein Problem mit einer einfachen Lösung. „This solution", wie er gleich auf der ersten Seite seiner *The Rediscovery of the Mind* schreibt, „ has been available to any educated person since serious work began on the brain nearly a century ago, and, in a sense, we all know it to be true. Here it is: Mental phenomena are caused by neurophysiological processes in the brain and are themselves features of the brain. To distinguish this view from the many others in the field, I call it ‚biological naturalism'. Mental events and processes are as much part of our biological natural history as digestion, mitosis, meiosis, or enzyme secretion."[235] Das zentrale Problem, sogar das der ganzen Biologie, ist also: „How exactly do neurological pro-

---

[232] Siehe Anm. 4.

[233] *New York Review Book,* New York 1997.

[234] Von Francis Crick, Gerald Edelman, Roger Penrose, Daniel Dennett, David Chalmers und Israel Rosenfield.

[235] *Rediscovery,* S. 1.

cesses in the brain cause consciousness?"[236] Folglich: „We will understand consciousness when we understand in biological detail how the brain does it."[237] Gerät, so kann man sich fragen, Searle nicht in denselben Spagat, den er in den Positionen anderer so scharf aufdeckt? Kausalität ist doch eine äußere, in der Zuschauer-Haltung feststellbare Beziehung zwischen Erscheinungen. Wie kann eine solche Sichtweise Licht in (um seine eigenen Worte zu verwenden) innerliche, qualitative, subjektive Phänomene wie diejenigen des Bewusstseins bringen?

Die Crux scheint mir, was Searle angeht, darin zu liegen, dass er, trotz seiner adäquaten Charakterisierung des Bewusstseinsphänomens, an einer Erklärung desselben in Kategorien eines bestimmten Typus von Kausalität festhält, und so doch wieder ein ‚bottom-up' Modell verwendet. Wie er auch selber schreibt: „Consciousness is caused by lower-level neuronal processes in the brain and is itself a feature of the brain."[238] Aber wenn der in früheren Kapiteln dieses Buches entwickelte Gedankengang richtig ist, dann handelt es sich bei emergenten Erscheinungen – auch Searle äußert sich in diesem Sinn[239] - um ein ‚Mehr' in Bezug auf die Phänomene niederer Niveaus. Emergente Erscheinungen ergeben sich eben, indem in Bezug auf jene niederen Niveaus Komplexitätsschwellen überschritten werden und die Prozesse niederer Ordnung in Organisationsmuster höherer Ordnung aufgenommen werden. Die neuen Phänomene *sind* demnach die Erscheinungsweise der Wirklichkeit auf dieser neuen Organisationsebene. Es ist dann eine verwirrende Sprechweise, in diesem Zusammenhang Termini wie Verursachung zu gebrauchen, wie es Searle explizit tut: „An emergent property of a system is one that is causally explained by the behavior of the elements of the system; but it is not a property of any individual elements and it cannot be explained simply by a sommation of the properties of those elements."[240] Bis hierher richtig, aber es ist irreführend, vom Verhalten der Elemente des Systems zu sprechen, während es sich um die Art und Weise dreht, wie die Elemente in ein das System als Ganzes kennzeichnendes Konfigurationsmuster aufgenommen sind. Die emergenten Eigenschaften sind m.a.W. *Systemmerkmale*, Eigenschaften der Funktionsweise des

---

[236] *Mystery*, S. 3.

[237] *Ibid*, S. XV.

[238] *Ibid.*, S. 17; vgl. *Rediscovery*, S. 14, 28 u.ö. Diese Form von Kausalität, die eine Erscheinung oder einen Zustand verursacht, kann jedoch nicht auf die ‚normale' Weise als eine Beziehung zwischen zwei Ereignissen verstanden werden. Searle sieht sich dann auch dazu gezwungen, einen anderen Typus von Kausalität anzunehmen, den er als ‚non-event causality' bezeichnet. Er gibt als Beispiele den durch die Schwerkraft verursachten Druck, den der Tisch auf den Teppich ausübt oder den festen Zustand des Tisches, der durch das Verhalten der Moleküle, aus denen der Tisch besteht, verursacht wird. Siehe *Mystery*, 7, 18.

[239] Siehe *Mystery*, S. 18: „Because it [scil. consciousness] is a feature that emerges from certain neuronal activities, we can think of it as an ‚emergent property' of the brain."

[240] *Mystery*, S. 18.

Systems als ganzen und nicht des Verhaltens der Teile als solcher. Oder eventuell des Verhaltens jener Teile, aber dann wie sie kooperieren im Zusammenhang des Ganzen und dabei eine andere Seinsweise angenommen haben.

Nun, in der in diesem Buch vertretenen Optik ist das Bewusstsein ein emergentes Phänomen, das bei höher entwickelten Lebewesen in Erscheinung tritt, jedenfalls bei solchen mit einem Zentralnervensystem, das einen bestimmten Grad von Komplexität erreicht hat, aber wahrscheinlich schon viel früher (man denke an die oben erwähnte Diskussion in Bezug auf die Frage, wie tief das Bewusstsein ins Tierreich hinabreicht). Mit Searle können wir so das Bewusstsein als ein biologisches Phänomen[241] betrachten. Aber die Biologie wird dann in den weiteren Zusammenhang einer Naturauffassung gestellt, die eine Vielfalt von Komplexitätsebenen mit zugehörigen Merkmalen kennt. Das behebt die Schwierigkeit, die wir mit Nagels Zwei-Aspekte-Theorie hatten, und zwar dass alles Physikalische eine psychische Innenseite besäße. Das gilt nur für Ebenen mit einem bestimmten Grad von Komplexität und aller Wahrscheinlichkeit nach nicht für die physikalische Wirklichkeit über die ganze Breite.

Damit kann gleich eine Korrektur an einem anderen verbreiteten Gedanken angebracht werden, und zwar einem viel zu undifferenzierten Gebrauch der Termini ‚physikalisch‘ und ‚mental‘. Immer wieder sehen wir, wie über ‚das Physikalische‘ gesprochen wird, als sei es eine massive, einförmige Wirklichkeit, dem gegenüber dann ‚das Mentale‘ als ein genauso undifferenzierter Bereich gestellt wird (in seiner Ganzheit einseitig von physikalischen Determinanten abhängig, kausal inert, usw.). Es gibt jedoch nicht einen Typus physikalischer Erscheinungen, sondern eine Verschiedenheit an Typen, auf Ebenen zunehmender Komplexität lokalisiert, mit Eigenschaften, die je in Hinsicht auf das vorhergehende Niveau neu (‚emergent‘) sind. Ich erinnere nochmals an die Aussage von Dürr, dass es nicht nur eine Art von Materie gibt, sondern eine Verschiedenheit an Formen (was einen tiefgreifend nachgeeichten Begriff von Materie hinsichtlich der gangbaren Auffassung erfordert). Kurzum, ‚das Physikalische‘ zeigt sich in einer Vielfalt von Erscheinungsformen, mit zugehörigen Eigenschaften, Verhaltensweisen und Formen von Kausalität. Aus dieser Perspektive sind das Lebens- und ebenso das Bewusstseinsphänomen Erscheinungsweisen des ‚Physikalischen‘ auf den dafür kennzeichnenden Ebenen von komplexer Organisation. Auf diese Weise können wir auch eine nähere Auslegung der früher zitierten Aussage von Paul Davies geben, Leben und Bewusstsein seien *als physikalische Erscheinungen* ernst zu nehmen. Führt man diesen Gedanken weiter, sind auch das Mentale und das Kulturelle Dimensionen, die der

---

[241] *Mystery*, S. XIII; *Rediscovery*, S. XII, 13, u.ö.

Natur nicht fremd sind, sondern darin unter bestimmten Bedingungen in Erscheinung treten. Dies impliziert, dass Kausalität hier die Form des Annehmens von Gründen bekommt – ich greife hier einen Moment auf noch zu Erörterndes vor.

Eine Folge des Gesagten ist, dass damit auch gegen einen der Ausgangspunkte des reduktionistischen Physikalismus Stellung genommen wird, und zwar gegen die Geschlossenheit des Physikalischen, wiederum dann auf die gängige Weise definiert. In der gegenteiligen Auffassung erscheint das Physikalische bzw. die Natur als eine kreative Wirklichkeit, die beim Überschreiten von bestimmten Komplexitätsschwellen vollkommen unerwartet neue Phänomene hervorbringt, die mit Hilfe der Eigenschaften und Gesetzmäßigkeiten des darunter liegenden Niveaus nicht vorhersagbar waren. Die Natur ist m.a.W. ‚nach oben hin‘ offen und trägt aller Wahrscheinlichkeit nach Potenzen in sich, die sich niemand gedacht hat. Was auch ein Argument gegen die Glaubwürdigkeit einer ‚Theorie von allem‘ ist, der die Idee einer geschlossenen Realität zugrunde liegt.

Noch eine letzte Bemerkung in diesem Zusammenhang. Die These dieses Kapitels war, dass das Bewusstsein nicht so sehr ein Phänomen ist, das durch eine materielle Wirklichkeit bei Tieren mit einer höher entwickelten Struktur, auf Ebenen mit einem höheren Grad von Komplexität also, verursacht ist, sondern dass es die Ausdrucksform dieser komplexen Strukturen *ist*. Dies lässt anscheinend noch immer das Problem offen, wie es möglich ist, dass diese Strukturen und besonders Gehirnprozesse, die von außen gesehen eine objektive, in der dritten Person analysierbare Seinsform haben, eine subjektiv erfahrene Innenseite besitzen. Das ist und bleibt auch weiterhin ein Mysterium, was daran auch immer geklärt werden mag[242]. Aber das Mysterium ist im Prinzip nicht größer als das Wunder, dass Aminosäuren in bestimmten Konfigurationen Eigenschaften des Lebens entwickeln. Oder, mehr im Allgemeinen gesprochen, dass beim Überschreiten von Komplexitätsschwellen wie aus dem Nichts neue Typen von Phänomenen mit gänzlich neuen Eigenschaften erscheinen. So gesehen ist die Wirklichkeit in der Tat voller Mysterien.

Das Leib-Seele-Problem

In Bezug auf das Phänomen des Bewusstseins hat die Philosophie sich immer wieder vor zwei grundlegende Probleme gestellt gesehen, und zwar die Frage des Verhältnisses von Leib (bzw. Körper) und Seele (bzw. Geist) und diejenige der Willensfreiheit. Beide sind im Vorangehenden schon angesprochen worden, erstere aus-

---

[242] Bei Searle hingegen sind Mysterien nur vorläufig und lösbar, *Rediscovery*, S. 102 u.ö.

führlicher, letztere mehr implizit. Über beide Punkte folgen hier ihrer Bedeutung wegen noch einige Bemerkungen.

Was erstere Frage betrifft, wurde oben schon gesagt, dass das Bewusstsein nicht so sehr ein Phänomen ist, das durch eine materielle Wirklichkeit, die in höher entwickelten Tieren einen bestimmten Grad von Komplexität erreicht hat, verursacht wird, sondern dass es die Ausdrucksform dieser komplex organisierten Strukturen *ist*. Das Psychische ist in dieser Sichtweise ein integrierender Bestandteil von bestimmten Typen höher entwickelter Organismen, bzw. ‚Leib‘ und ‚Seele‘ bilden eine unlösliche Einheit. Organismen, jedenfalls höher entwickelte Organismen, besitzen demnach als solche eine psychische Dimension, wie umgekehrt diese psychische Dimension leiblich geprägt ist.

Auch hier wieder können die höher entwickelten organischen Systeme, von denen die Rede ist, unter dem Gesichtspunkt der Selbstorganisation betrachtet werden. Ebenso wie sonstwo ist auch in diesem Fall Selbstorganisation ein Systemmerkmal, eine Angelegenheit des Systems als ganzen und nicht eines spezifischen Teils des Organismus. Das drückt der schon früher zitierte Arnold Benz so aus, dass er von „Selbstorganisation ohne Selbst“ spricht[243]. Er meint damit, im ganzen System (hier dem Organismus) gäbe es keine separate Entität, von der die Aktivität der Selbstorganisation ausgeht, sondern im Gegenteil sei sie Ausdruck des Systems als ganzen.

Interessant und erhellend ist in diesem Zusammenhang eine Geschichte des auch schon früher zitierten Denis Noble[244]. Als ‚kardiovaskulärer Physiologe‘ war es sein Forschungsprogramm, Einsicht in den ‚Mechanismus‘ des Herzrhythmus zu bekommen. Dem allgemeinen Denkklima der Zeit entsprechend charakterisiert er sich selbst in seinen jüngeren Jahren als ‚Reduktionisten‘, der sich von dieser Einstellung aus auf die Suche nach dem für den Herzrhythmus verantwortlichen ‚Aktor‘ macht. Als er (noch ein angehender Forscher) als Gunstbezeugung über einen kräftigen Computer verfügen darf, um eine Anzahl von Simulationsexperimenten anzustellen, aber keinen Erfolg hat, stellt ihm der Verwalter des Computers die Frage: „Herr Noble, wo steckt der Oszillator in ihren Gleichungen? Was ist es, von dem Sie erwarten, dass es den Rhythmus antreibt?“ Auf diese Frage hat er, reduktionistisch, wie er in dieser Phase denkt, keine Antwort. Nach und nach jedoch kommt er zum Befund, dass die Frage falsch gestellt ist, dass sie sogar als „silly question“ betrachtet werden muss.

---

[243] Arnold Benz, *Die Zukunft des Universums*, a.a.O., S. 170ff.
[244] Denis Noble, *The Music of Life*, S. 56ff.

Noble schreibt[245]: „Dennoch hat es das Ansehen einer vernünftigen Frage. In einem oszillierenden System müsse es anscheinend irgendeine spezifische Komponente geben, die das Oszillieren bewirkt, um das herum dann das Verhalten des ganzen Systems organisiert ist. Und es müsse eine mathematische Funktion geben, welche die Art und Weise, wie diese Komponente oszilliert, beschreibt. In der Tat ist es eine schlechthin notwendige Frage, wenn wir über ein von Menschen gemachtes mechanisches System sprechen. Aber darüber reden wir nicht. Stattdessen können wir ein System haben, das rhythmisch arbeitet und dennoch keine spezifische ‚Oszillatorkomponente‘ enthält. Es ist nicht notwendig, eine solche zu haben. Der Grund ist, dass der Rhythmus eine integrierende Aktivität ist, die als Folge der Interaktion einer Anzahl von Eiweißmechanismen erscheint (‚emerges‘). Es bedarf überhaupt keiner das Oszillieren betreffenden Gleichungen auf der molekularen Ebene. *Der Rhythmus ist eine Eigenschaft des Systems* [Kursivierung von mir, vdW]. Manche Biologen haben diese Eigenschaften ‚emergente‘ Eigenschaften genannt. Ich bevorzuge die Bezeichnung ‚Eigenschaften von Niveaus von Systemen‘, aber wir sprechen von demselben Erscheinungstypus." Noble bemerkt dazu noch, er sei nicht sicher, dass er das dem ursprünglichen Fragesteller hätte erklären können. „They were committed reductionists." Kurzum, eine Aktivität des Systems als ganzen kann ohne spezielle, den Prozess antreibende Entität auskommen. Sie ist eine integrierende Aktivität des Systems, mit dem dynamischen, sich selbst tragenden Organisationsmuster gegeben. (Man könnte in diesem Zusammenhang nochmals an die sich selbst tragenden elektromagnetischen Wellen denken, ohne einen ‚Äther‘ als Substrat.)

Auf ähnliche Weise ist die Seele bzw. das Psychische ein Systemmerkmal oder integraler Aspekt von Organismen. Dazu muss bemerkt werden, dass es eine Vielfalt von Weisen gibt, wie das Psychische sich zeigt, abhängig nämlich vom Komplexitätsgrad der Organisationsmuster der unterschiedlichen Organismen. Bei der Erörterung der Lebenserscheinungen wurde erwähnt, dass Hans Jonas die Freiheit, das Sich-selber-in-Unabhängigkeit-stellen in Bezug auf die äußeren Umstände, als ein fundamentales Merkmal des Lebens betrachtet – eigentlich als *das* Grundmerkmal, so dass er sagen kann, die Freiheit sei der ‚Ariadnefaden‘ im Labyrinth der Lebenserscheinungen[246]. Diese Freiheit weist weiter, und darum geht es mir selbstverständlich, eine ganze Serie von Freiheitsmodi auf: Empfindung, Bewegung, Affekt, Wahrnehmung, Einbildungskraft, Geist. Schon die Bezeichnungen deuten

---

[245] *A.a.O.*, S. 60.

[246] Hans Jonas, *Das Prinzip Leben. Ansätze zu einer philosophischen Biologie*, Suhrkamp, Frankfurt a.M. 1997, S. 18. Die deutsche Übersetzung seines Buches *The Phenomenon of Life* erschien deshalb unter dem Titel *Organismus und Freiheit*, weil damit das zentrale Thema des Buches besser getroffen worden war.

darauf hin, dass wir es mit ebenso vielen Erscheinungsformen des Psychischen zu tun haben. Auf einem anderen Wege sind wir also wieder bei der Feststellung angelangt, dass ‚das Psychische' bzw. ‚das Mentale' keine Kennzeichnung eines einförmigen Phänomens ist, ebenso wenig wie das mit ‚dem Physikalischen' der Fall ist, und mit ‚dem Körperlichen', wie man noch hinzufügen kann.

Ich mache für einen Moment einen Schritt zur Seite: die Auffassung, das Psychische müsse intern differenziert werden, findet sich schon bei Aristoteles mit seinen drei Stufen der Seele, und zwar der vegetativen Seele, welche die Nahrungs- und Fortpflanzungsfunktion aller Lebewesen, angefangen bei den Pflanzen, betrifft; die animalische Seele, die sich in Wahrnehmung und triebhafter Bewegung äußert; und die vernünftige, denkende Seele, die wir beim Menschen finden und die auf die allgemeinen Ideen, auf das Ewige, Unveränderliche und Wahre gerichtet ist. Im Mittelalter ist diese Auffassung in der Form der Dreiteilung in vegetative, sensitive und intellektive Seele rezipiert worden, z.B. bei Thomas von Aquin[247]. Und nicht weniger wichtig werden in dieser Tradition Seele und Leib als eine unlösliche Einheit betrachtet, und zwar die Seele als ‚Form' des Leibes[248].

Der Unterschied zu der von mir vertretenen Position ist dann einerseits, dass diese aristotelisch-thomistische Sicht eine Dreiteilung in quasi-unabhängige Typen von Seelen beinhaltet, die gleichsam einfach ‚gestapelt' werden und wobei das gegenseitige Verhältnis unklar bleibt – Thomas bemüht sich z.B. sehr, die Einheit der aus drei Teilen aufgebauten menschlichen Seele zu begründen, jedoch auf eine m.E. wenig überzeugende Weise. In meiner Optik hingegen ist das Psychische immer die Manifestation der Organisationsform des Organismus auf dem einschlägigen Niveau. Und auch hier gilt nach wie vor, dass die Erscheinungen des höheren Niveaus diejenigen des niederen ‚überformen' und sie von Prinzipien höherer Ordnung aus lenken (z.B. über Abwärtskausalität), wodurch sowohl die Kontinuität zwischen den Niveaus sichergestellt sowie neue Dimensionen hinzugefügt werden. Und der zweite Unterschied ist, dass aus meiner Perspektive ‚das Psychische' Prozesscharakter hat, weil es die Erscheinungsweise eines dynamischen Systems ist. Es soll also nicht in der Weise einer Entität gedacht werden[249].

Dass der Leib immer eine psychische Dimension besitzt, wie umgekehrt die Psyche immer durch Leiblichkeit geprägt ist, ist auch die Kernthese von Merleau-Ponty's grandioser *Phänomenologie der Wahrnehmung*[250]. In seinen Analysen

---

[247] Siehe z.B. Thomas, *Summa contra gentiles*. Lateinisch-deutsche Ausgabe, WBG, Darmstadt 2001, II, Kap. 58. Die Pflanzenseele wird da als anima nutritiva, Nahrungsseele, bezeichnet.

[248] Thomas, *a.a.O.*, II, Kap. 68ff.

[249] Thomas spricht ständig über die Seele als eine Substanz.

[250] M. Merleau-Ponty, *Phénoménologie de la perception*, Gallimard, Paris 1945; deutsche Übersetzung von Rudolf Boehm : *Phänomenologie der Wahrnehmung*, De Gruyter, Berlin 1966.

macht er in immer neuen Anläufen glaubwürdig, dass der Leib die Seinsweise eines Subjekts hat – in seiner eigenen Terminologie: dass er ein ‚corps-sujet' ist. Zwar bezieht er sich insbesondere auf die menschliche Seinsweise, aber seine These, der menschliche Leib sei ein inkarniertes Subjekt, kann, selbstverständlich mutatis mutandis, auch in allgemeinerem Sinn als auf die organische Welt anwendbar erachtet werden. Auch Merleau-Ponty's phänomenologische Betrachtungen in Bezug auf den Subjektcharakter des Leibes glaube ich deshalb als Unterstützung der hier vertretenen Position hinsichtlich des Leib-Seele-Problems auffassen zu können.

Die Willensfreiheit

Es bleibt zur Erörterung schließlich noch das zweite ‚ewige Problem', mit dem die Philosophie in Hinsicht auf das Bewusstseinsphänomen immer wieder konfrontiert worden ist, und zwar das der Willensfreiheit. Einige Merkmale des Bewusstseins, wie sie eher vorgeführt worden sind, sind in diesem Zusammenhang von besonderem Interesse. Erstens, die Tatsache, dass das Bewusstsein bzw. ‚das Psychische' ein Systemmerkmal höher entwickelter Organismen ist, das in Abwärtsrichtung Prozesse niederer Ordnung in jenen Organismen beeinflussen und lenken kann, z.B. Prozesse körperlicher Art. Das Bewusstsein besitzt m.a.W. eine Form von Eigenständigkeit und entfaltet eine eigene Aktivität. Das stimmt mit der Idee der aufsteigenden Freiheitsgrade (zusammenhängend mit immer höheren Organisationsniveaus) überein, und zwar, dass ein hochkomplex organisierter Organismus wie der menschliche auch ein hohes Niveau von Selbstbestimmung oder Autonomie hat. Weiter spielen bei Bewusstseinserscheinungen, wie gesagt, Bedeutungen eine entscheidende Rolle, wohl über die ganze Breite des Tierreichs, aber dann ganz besonders im menschlichen Bereich. Menschliches Verhalten ist in der Tat in hohem Maße durch Bedeutungen vermittelt. Die Ursachen dieses Verhaltens liegen damit zum beträchtlichen Teil in der Sphäre des Auffassens und Interpretierens von Bedeutungen von Situationen oder vom Verhalten Anderer - z.B., dass ein Lächeln, Stillschweigen oder eine Handbewegung (richtig oder fälschlich) als erniedrigend empfunden wird. Kausalität, von der es, wie gesagt, eine Vielfalt von Formen gibt, je nach dem Organisationsniveau, auf dem man sich befindet, wirkt bei menschlichem Verhalten also großenteils über das Medium von Bedeutungen.

Das schafft zugleich die Möglichkeit, dass der Mensch zur unmittelbaren Situation Distanz nehmen kann, dass er sich ihr gegenüber verhalten kann. Insbesondere bedeutet es, dass er sich auf sein Verhalten besinnen kann, dass er einen Spielraum hat, sich nicht durch die Ereignisse mitreißen zu lassen, sondern das Vermögen hat, ‚nein' zu sagen – Scheler hat den Menschen deshalb als den ‚Neinsagenkönner' charakterisiert[251]. Damit besitzt er (innerhalb bestimmter Grenzen) die Möglichkeit, aus Alternativen zu wählen, bzw. besaß er, im Nachhinein betrachtet, die Möglichkeit, anders zu handeln, als er es getan hat. Das ist ein wichtiger Aspekt dessen, was wir unter Handlungsfreiheit verstehen, die ihrerseits die Bedingung für Zurechnungsfähigkeit und die Zuschreibung von Verantwortlichkeit ist.

Soeben wurde gesagt, dass die Kausalität des Bewusstseins über das Prisma von (bei Menschen besonders auch sprachlich vermittelten) Bedeutungen arbeitet, d.h., dass die Aktivitäten von bewussten Wesen, und wieder besonders des Menschen, einen geistigen Aspekt besitzen. Das wiederum bedeutet, dass eine ideelle Dimension Teil der Wirklichkeit ist, jedenfalls als eine Disposition, die unter günstigen Umständen immer deutlicher ans Licht kommt. Der ‚Geist‘ ist folglich, wie schon gesagt, nicht außerhalb der Natur zu suchen, sondern bildet davon ein Strukturmerkmal, das sich auf mannigfaltige Weise manifestiert (z.B. in der mathematischen Struktur der Wirklichkeit oder schon in der wunderlichen Tatsache ihrer Begreiflichkeit).

Es liegt dann auf der Hand, durch Bedeutungen vermittelte Handlungen als die natürliche Ausdrucksform von Wesen zu betrachten, bei denen der Geistcharakter der Wirklichkeit deutlich manifest geworden ist, sogar schon in ihrem Körperbau mit Merkmalen wie der starken Entwicklung des Großhirns, aufrechtem Gang mit Übersicht über die Situation, sinnlicher Ausrüstung, entwickeltem Sprechorgan, opponierbarem Daumen u.a. Hiermit soll nicht gesagt sein, um ein mögliches Missverständnis auszuräumen, dass der Mensch damit zur Position von ‚Krone‘ oder ‚Zweck‘ der Schöpfung zurückkehrt. Wenn wir die Wirklichkeit als ein offenes System offener Systeme betrachten dürfen, das durch fortschreitende Komplexitätssteigerung neue Phänomene hervorbringt, besteht keinerlei Grund, diesen Prozess mit dem Erscheinen des Menschen für beendet zu halten. Aber die Tatsache seines Entstehens, schon der Lebensphänomene im Allgemeinen und mit Bewusstsein und Intelligenz ausgestatteter Tiere, ist ein Hinweis in die Richtung von Dispositionen, die in unserem dynamischen und kreativen Universum beschlossen liegen. Durch Bedeutungen gelenkte Handlungen sind dann, wie gesagt, die Funktionsweise von Wesen, die durch eine bestimmte komplexe Bau- und Organisationsform gekennzeichnet sind. Handlungsfreiheit, die dispositionell in der Natur angelegt war, tritt hier als zu der Art dieser Wesen gehörend in Erscheinung.

Damit ist das Rätsel der Handlungs- und Willensfreiheit keineswegs gelöst worden. Aber dafür gilt auch, was ich vorhin über das Bewusstsein sagte. Ebenso wenig wie das Mysterium desselben gelöst wird, was auch daran geklärt wird, ist das der

---

[251] Max Scheler, *Die Stellung des Menschen im Kosmos*, Nymphenburger Verlagsbuchhandlung, München 1949, S. 56.

Fall mit der Tatsache, dass mit Intelligenz ausgestattete Wesen eine Form von Durchsicht und Verständnis von Situationen und Prozessen entwickeln konnten, die einen ganz anderen Umgang mit diesen Erscheinungen als mittels Kausalitätsformen niederer Ordnung ermöglichten. Wiederum: in diesem Sinn ist die Welt voller Mysterien, die wir nur zur Kenntnis nehmen und höchstens auf tiefer liegende Mysterien zurückführen können, um nochmals auf die Aussage von Von Weizsäcker zu verweisen.

Wenn auch mit dem hier dargelegten Gedankengang das Mysterium der Willens- und Handlungsfreiheit nicht gelöst worden ist und es letztlich sogar nicht lös*bar* ist (wie das übrigens auch mit dem Leben, dem Bewusstsein und einer ganzen Reihe anderer Phänomene der Fall ist), so ist damit wohl erreicht, dass für die Handlungs- und Willensfreiheit eine eigenständige Plattform geschaffen worden ist – und damit zugleich für Moralität, Recht und andere normative Phänomene (wie z.B. Logik, Mathematik und Wissenschaft im Allgemeinen). Nicht an letzter Stelle wird mit diesem Gedankengang auch erreicht, dass die Willens- und Handlungsfreiheit aus ihrer Position von Ausnahmeerscheinung in einer eindimensional kausalen und geschlossenen Natur erlöst worden ist und als ein ‚natürliches‘ und eigenständiges Datum unserer Wirklichkeit betrachtet werden kann. Dadurch wäre sie auch vom Druck befreit, ihre Daseinsberechtigung immer wieder gegen eine reduktionistische Naturauffassung sicherstellen zu müssen.

Kapitel 9:   Die Ökologie

‚Ökologisierung des Weltbildes'

In einem Buch über eine neue Sicht der Wirklichkeit kann ein Kapitel über die Ökologie schwerlich fehlen. Denn obwohl in der Physik das Denken in Kategorien von Substanzen und ihren (äußeren) Beziehungen schon im 19. Jahrhundert zunehmend durch ein ‚holistisches' Denken in Kategorien von Beziehungen und Feldern ersetzt worden ist, ist doch besonders die Ökologie der Blickfang einer neuen Sicht der Wirklichkeit geworden. So hat z.B. mein Landsmann Wim Zweers seinem sehr lesenswerten Buch *Participating with Nature*[252] den Untertitel ‚Outline for an Ecologization of Our Worldview' gegeben. Und im Kapitel 6 haben wir schon gesehen, dass Robert Ulanowicz sein ‚drittes Fenster', mit dem er das sich zur Zeit herauskristallisierende Naturbild andeutet, als das ‚ökologische' kennzeichnet[253]. Und um nur noch dieses Beispiel zu geben: Frederic Ferré gibt einem der Kapitel seiner großen Studie *Being and Value* den Titel ‚Towards an Ecological World Model'[254].

Die Ökologie ist nach der Definition des Ökologen Eugene Odum die Disziplin, die es sich zur Aufgabe macht, „die Beziehungen von Organismen oder Gruppen von Organismen zu ihrer Umwelt zu studieren"[255]. Die Ökologie hat es also ihrer Art und Zielsetzung nach mit komplexen Systemen und ihren Organisationsmustern zu tun. Und der Schlüsselterminus ist ‚Beziehung', wie schon aus obengenannter Begriffsbestimmung von Odum hervorgeht. Ökologische Systeme sind Netze von Beziehungen zwischen Pflanzen, Tieren und anderen Organismen untereinander und zwischen diesen Lebewesen und ihrer anorganischen Umgebung wie Boden, Wasser, Atmosphäre, Chemikalien, Energiequellen, usw.

Ökosysteme können deshalb auch als kooperative Verbände betrachtet werden, weil sie fein orchestrierte Zusammenhänge zwischen gegenseitig voneinander abhängigen ‚Komponenten' repräsentieren. Kooperation kann dabei die mehr gängi-

---

[252] International Books, Utrecht 2000.

[253] Robert Ulanowicz, *A Third Window. Natural Life beyond Newton and Darwin*, Templeton, Conshhocken 2009, insbesondere Kapitel 6, ‚An Ecological Metaphysic'.

[254] Frederic Ferré, *Being and Value. Toward a Constructive Postmodern Metaphysics*, SUNY Press, New York 1996, 305ff.

[255] *Fundamentals of Ecology*, Saunders, Philadelphia 1971³, S. 3.

ge Bedeutung positiver Zusammenarbeit wie im Fall der Symbiose haben. Aber von Kooperation kann auch als Merkmal eines Systems als ganzen gesprochen werden und bezieht sich dann auf die Beziehung von Raub- und Beutetieren, wenn es auch aus der Perspektive der zuletzt Genannten schwer sein wird, in dieser Beziehung einen Fall von ‚Zusammenarbeit' zu erkennen. Das macht sofort klar, dass hier verschiedene sachliche Ebenen zur Diskussion stehen: die der individuellen Entitäten (Pflanzen, Tiere, usw.) oder auch Subsysteme, und die des Ökosystems als ganzen. Und die These ist abermals, dass das Makrosystem Merkmale (‚systemische Eigenschaften') besitzt, die nicht auf die Merkmale und Funktionsweisen der ‚Komponenten' zurückgeführt werden können. Dass demnach auch hier ein ‚bottom-up-' oder Baukastenansatz prinzipiell inadäquat ist[256].

Koevolution

Ökologische Systeme sind *par excellence* Spezimen des offenen, komplex organisierten, nichtlinearen, mehr oder weniger gleichgewichtsfernen Systems, das als der ‚Normalfall' in der Natur betrachtet werden kann. Offen ist ein ökologisches System sowieso, weil es (in allerhand Abstufungen übrigens) in Wechselbeziehungen zur Umgebung steht, wenn auch nur in der Form der Einfuhr von Sonnenenergie und der Abgabe von Abfallstoffen wie Sauerstoff im Fall der tropischen Urwälder. Anders gesagt: auch bei Ökosystemen haben wir es mit dissipativen Strukturen zu tun. Diese sind, wie in Kapitel 6 dargelegt wurde, durch eine dynamische und dadurch heikle Balance im Gegensatz zu einem stabilen Gleichgewichtszustand gekennzeichnet. Das bildet auch hier im Fall der Ökosysteme wieder die Bedingung für Selbstorganisation und kreative Entwicklung.

Eine der Sachen, an denen dies näher illustriert werden kann, ist das Phänomen der Koevolution. Wie das Wort schon besagt, beinhaltet Koevolution, dass Organismen oder Arten mit ihrer Umgebung in Wechselwirkung stehen und in diesem Prozess gegenseitiger Beeinflussung eine Entwicklung sowohl auf der Mikro- als auch auf der Makroebene stattfindet. Ein anschauliches Beispiel ist der Hergang, bei dem das Leben selber gewisse Bedingungen für seine weitere Entwicklung geschaffen hat – ich habe das Thema schon beiläufig gestreift. Man geht davon aus, dass in den Frühphasen des Lebens auf der Erde die Atmosphäre keinen Sauerstoff

---

[256] Siehe dazu z.B. Bas Haring, *Plastic panda's. Over het opheffen van de natuur* [Plastik Pandas. Über das Aufheben der Natur], Nijgh & Van Ditmar, Amsterdam 2011. In diesem Buch wird über das Verschwinden einer Art als etwas, was nur diese Art betrifft, gesprochen (S. 7ff und passim). Das Verschwinden einer separaten Pflanzen- oder Tierart, eventuell bis zur Hälfte aller Arten, ist Haring zufolge auch keine große Katastrophe (der Artbegriff ist seiner Ansicht nach übrigens eine reine menschliche Erfindung). Symptomatisch für diese ‚atomistische' Denkweise z.B. S. 31: „Die Natur besteht aus separaten ‚Bröckchen' Leben, die ein selbständiges Dasein führen."

enthielt, sondern aus einem Gemisch von Wasserdampf, Stickstoffgas, Methan, Ammoniak, Wasserstoffgas und anderen Ingredienzien bestand. Die in diesen frühen Phasen lebenden anaeroben (keinen Sauerstoff verwendenden) Prokaryoten bzw. einzelligen Organismen bezogen ihre Energie aus Gärungsprozessen. Aber mit der Zeit kamen bei bestimmten Typen von Prokaryoten, namentlich Blaualgen, Photosyntheseprozesse in Gang. Dabei werden, wie bekannt, Kohlenstoffdioxid und Wasser durch die Einwirkung des Sonnenlichts in Kohlhydrate unter Abgabe von Sauerstoff als ‚Abfallprodukt' umgesetzt. Auf diese Weise ist der Anteil von Sauerstoff an der Atmosphäre gestiegen, explosiv sogar, und hat sich so die Sauerstoff enthaltende Atmosphäre, wie wir sie kennen, gebildet[257]. Damit war der Weg frei für viel größere Energieströme, als sie bei einer sauerstofflosen Atmosphäre verfügbar wären. Hand in Hand damit wurde eine viel stärkere Flexibilisierung der lebenden Natur möglich. Kurzum, die Tätigkeit der Blaualgen (die noch immer eine entscheidende Rolle im ökologischen Welthaushalt spielen) hat durch die Änderung der Zusammensetzung der Erdatmosphäre für Bedingungen gesorgt, unter denen sich immer komplexere Lebensformen entwickeln konnten. Oder nochmals, das Leben hat seine eigenen Bedingungen für eine Evolution in Richtung immer höher organisierter Typen von Organismen geschaffen[258].

Wiederum erweist sich die darwinistische Vorstellung einer einseitigen Anpassung des Lebens an seine Umgebung als nur die Hälfte der Geschichte. In dieser Sichtweise bleibt nämlich die Änderung der Umwelt unberücksichtigt. Demgegenüber machen die organische Wirklichkeit und ihre Umgebung einen gemeinschaftlichen Entwicklungsprozess durch, *koevoluieren* sie also wirklich. Das Thema könnte noch erheblich weiter ausgesponnen werden. Während z.B. in den Anfangsphasen des Lebens die Ultraviolettstrahlung der Sonne ein wichtiger fördernder Faktor in der Evolution gewesen ist, hat sich mit dem Zustandekommen der Sauerstoff enthaltenden Atmosphäre eine Ozonschicht gebildet, die als ein schützendes Schild gegen den Einfall jener Strahlung zu funktionieren angefangen hat.

---

[257] Für eine ausführlichere Darstellung dieses Prozesses, der als die ‚Große Oxidation' bezeichnet wird, siehe Marten Scheffer, *Critical Transitions in Nature and Society*, Princeton UP, Princeton/Oxford 2009, 141f.

[258] Ein schönes Beispiel entnehme ich noch Jantsch, *a.a.O.*, S. 205: „Wie die Pflanzen vor 450 Millionen Jahren begannen, Land zu kolonisieren – womit sie den Tieren um 50 Millionen Jahren voraus waren dank ihrer Fähigkeit, die primäre Sonnenenergie zu nutzen -, so sind die Pflanzen noch heute die Pioniere bei der Besiedelung von neuem Land, zum Beispiel neu entstehender Inseln. Manchmal schaffen sie dieses Neuland sogar in selbstloser Weise. An der Westküste Floridas zum Beispiel führen große Kolonien der im seichten Wasser wachsenden roten Mangroven zur Verlandung und Bildung neuer Inseln. Sie schaffen damit die Lebensbedingungen für mehrere Arten von Pionierpflanzen, darunter eine andere Mangrovenart. Während sich aber das junge Ökosystem rasch immer reicher entfaltet, sterben die roten Mangroven ab; sie gedeihen nur im Wasser. Eine ähnliche Rolle übernehmen in anderen Biotopen die Papyruspflanzen. Wiederum scheint nicht Anpassung, sondern Umgestaltung und Förderung der Evolution das letzten Endes wirkende Prinzip zu sein." Siehe auch das Zitat von Lovelock in Anmerkung 9.

Auf diese Weise ist die Entwicklung höher organisierter Lebensformen ermöglicht worden, für die es sehr schädlich bis tödlich wäre, jener Strahlung ungehemmt ausgesetzt zu sein.

Die Gaia-Idee

Die Biosphäre kann zusammen mit der anorganischen Umwelt als ein großes, sich selber organisierendes und regulierendes System betrachtet werden – die Gaia-Idee von James Lovelock[259] verleiht diesem Gedanken Ausdruck. Nun ist diese Idee durch eine Reihe von Missverständnissen umgeben, insbesondere, dass die Erde ein großer Organismus wäre, eine Art ‚Superorganismus'. Der Grund dazu wird sein, dass die Bezeichnung ‚Gaia' Assoziationen an die griechische Göttin ‚Mutter Erde' erweckt. In der Tat funktioniert der Gaia-Gedanke bei einer Reihe Autoren so, und zwar, dass das gesamte, alle Lebenserscheinungen und ihre anorganische Umwelt umfassende Erdsystem als ein Wesen mit persönlichen Zügen bzw. als ein Organismus im großen vorgestellt wird. Aber bei Lovelock war die Gaia-Idee eine Hypothese um eine Anzahl Merkwürdigkeiten der irdischen Wirklichkeit zu erklären.

Eine dieser Merkwürdigkeiten ist die Zusammensetzung der Erdatmosphäre. Neben Methan enthält sie viel zu viel Sauerstoff. Unter normalen Umständen reagieren diese Gase ganz leicht mit einander, könnten sie also nicht die hohen Konzentrationen erreichen, die sie faktisch haben. Was für Sauerstoff und Methan gilt, gilt übrigens ebenso für andere Komponenten der Erdatmosphäre, wie Wasserstoff und Stickstoff. Beide reagieren normalerweise mit Sauerstoff, ziemlich heftig sogar, und sind dennoch Teil unserer Atmosphäre. Kurzum, die Erdatmosphäre ist ein ziemlich unwahrscheinliches und instabiles Gemisch. Lovelock betrachtete dies sogar als eine Bedingung der Möglichkeit von Leben, so dass er aus der Feststellung, dass der Planet Mars eine stabile Atmosphäre hat, die Schlussfolgerung zog, es könne dort, im Moment jedenfalls, kein Leben geben.

Die Suche nach dem Faktor, der die unwahrscheinliche Zusammensetzung der Erdatmosphäre aufrechterhält, brachte Lovelock auf die Idee bzw. Hypothese, es sei das auf der Erde befindliche Leben. Das Leben reguliert m.a.W. die auf unserem Planeten herrschenden besonderen Umstände, und damit die eigenen Daseins- und Entwicklungsbedingungen. Es macht dies u.a. durch negative Rückkopplung, ähnlich der Homöostase, d.h. der Art und Weise, wie Warmblüter ihre Körpertemperatur unter wechselnden Umständen aufrechterhalten – Lovelock verweist auch explizit auf das Phänomen der Homöostase. ‚Gaia' ist auf diese Weise die Bezeich-

---

[259] *Gaia: A New Look at Life on Earth,* OUP, Oxford 1979.

nung einer wissenschaftlichen Hypothese zur Erklärung eines Clusters sehr besonderer, hier auf Erden herrschender Umstände, der Idee nämlich eines den gesamten Planeten umfassenden, sich selber regulierenden Systems, bzw. der Idee der Erde als eines großen allumgreifenden Ökosystems[260].

Der symbiotische Planet

Die Geowissenschaftlerin Lynn Margulis hat Lovelocks Gaia-Idee auf eine überraschende Weise ausgelegt, und zwar via das Phänomen der oben schon genannten Symbiose[261]. Die gewöhnliche Vorstellung dieses Phänomens ist die Situation, in der Mitglieder verschiedener Arten eng miteinander zusammenleben, in der Regel zu gegenseitigem Vorteil. Bekannte Beispiele sind die stickstoffbindenden Bakterien an den Wurzeln von unter anderem Klee und Wicke, die Wachstum auf stickstoffarmem Boden möglich machen. Oder die symbiotischen Schimmel an den Wurzeln von Bäumen wie Eichen und Ahornen. Oder die Bakterien, die in den Eingeweiden von Säugern leben und eine wichtige Rolle bei der Verdauung der Nahrung spielen.

Margulis geht jedoch mit ihrer ,seriellen Endosymbiosetheorie' (SET) viel weiter. Ihre These lautet, Symbiose sei in vielen Formen ein allgegenwärtiges Phänomen im Bereich des Lebens, es habe in der Form von Symbiogenese eine entscheidende Rolle in der Evolution gespielt und Gaia sei dann Symbiose im planetarischen Maßstab.

Ausgehend von kernlosen Zellen (Archäbakterien) als einfachsten Organismen – die Zelle ist ja *der* Baustein des Lebens, außerhalb der Zelle kommt kein Leben vor – ist in der Sichtweise von Margulis die Entwicklung des Lebens die Geschichte immer neuer Formen von Symbiose. Das kann enges physikalisch-chemisches Zusammenwirken sein, bei dem die Mitwirkenden ihre Identität behalten. Aber es bedeutet in vielen Fällen eine weitergehende Form von Integration, wobei Zellen in andere Zellen eindringen oder dadurch verschluckt werden oder damit sogar zusammenschmelzen. Auf diese Weise lässt sich höchstwahrscheinlich das Entstehen von Zellen mit Kernen erklären, wobei (in einer frühen Phase der Evolution) Bakterien sich in anderen festgesetzt haben. Dieser Prozess muss sich übrigens öfter wiederholt haben. Pflanzen- und Tierzellen bestehen aus einer ganzen Reihe von

---

[260] Siehe die Definition, die Lovelock selber von der ,Gaia-Hypothese'(!) gibt: „Sie postuliert, dass die physikalische und chemische Beschaffenheit der Erdoberfläche, der Atmosphäre und der Ozeane durch die Anwesenheit des Lebens selber für das Leben geeignet und passend gemacht ist und erhalten wird. Dies im Gegensatz zur gebräuchlichen Auffassung, welche beinhaltete, dass das Leben sich den Umständen auf unserem Planeten angepasst hat, je nachdem diese sich unabhängig von seiner eigenen Evolution entwickelt haben."

[261] Lynn Margulis, *The Symbiotic Planet. A New Look at Evolution*, Phoenix, London 1999.

Komponenten, neben dem Kern aus dem Zytoplasma mit einer Anzahl sogenannter Organellen (Mitochondrien, den Kraftwerken der Zelle; Chloroplasten usw.), die alle früher selbständige Organismen gewesen und jetzt Komponenten einer umfassenden Zellstruktur sind. Dabei haben sie einen Teil ihrer ursprünglichen Identität verloren, einen Teil aber auch erhalten. Sie haben nämlich noch ihr eigenes Erbmaterial (DNS), abweichend von dem des Kerns[262], und ebenso ihre eigene Form der Eiweißproduktion und ihre eigene Verhaltensweise bei der Zellteilung.

Dies alles wirft ein neues Licht auf die Evolution, erklärt (teilweise), warum sie in Sprüngen verläuft, wie Gould und Eldridge mit ihrer Theorie des ‚punctuated equilibrium' argumentiert haben[263]. Diese Autoren wiesen anhand von Forschung an Fossilien darauf hin, dass die Evolution anscheinend regelmäßig eine Zeit lang stillsteht, um dann plötzlich eine Art Sprung zu machen. Oder, andersherum, dass Populationen in kurzer Zeit größere Änderungen durchmachen, um sich dann wieder längere Zeit kaum zu ändern. Eine Erklärung davon böte die Symbiogenese, bei der durch Symbiose Arten zusammengefügt werden und auf diese Weise neue Arten mit neuen, komplexeren Eigenschaften entstehen. Wie Margulis schreibt: „Bei Symbiogenese (…) erben die Organismen keine Eigenschaften, sondern komplette Organismen, und also auch komplette Sammlungen von Genen."[264] Französische Biologen haben in diesem Zusammenhang von einer Art Neo-Lamarckismus gesprochen, wobei erworbene Eigenschaften sich in der Form aufgenommener Genpakete vererben.

Auf diese Weise sind merkwürdige Kreaturen zustande gekommen, wie z.B. die sogenannten Pflanzentiere. Ein Beispiel davon ist eine Art von Plattwürmern (offizieller Name *Convolute roscoffensis*), die grün sind, „weil ihre Gewebe voller Zellen von *Platimonas*-Algen sind. Die Würmer selber sind durchsichtig und nehmen also die Farbe der photosynthetischen Algen an. Obwohl sie prächtig aussehen, haben die Algen nicht nur eine dekorative Funktion: sie leben und wachsen, sterben und pflanzen sich fort im Körper der Würmer. Dabei produzieren sie die Nahrung, welche die Würmer ‚essen'. Die Mundöffnungen der Würmer sind überflüssig geworden und haben, nachdem die Wurmlarven ausgeschlüpft sind, keinerlei Funktion mehr. In ihren beweglichen Treibhäuschen fangen die Algen Sonnenlicht auf und machen mittels der Photosynthese die Stoffe, die sie selber und ihre Gastgeber am Leben erhalten. Die symbiotischen Algen sind sogar an der Abfallverwertung beteiligt: sie setzen die Urinsäure des Wurms in Nahrungsstoffe für den eigenen Gebrauch um. Algen und Würmer bilden ein Miniaturökosystem, das sich an der

---

[262] Das sogenannte zytoplasmische Genmaterial bzw. der nicht-kerngebundene Teil der Erblichkeit.
[263] *Nature* 366 (1993), 223; Siehe auch Scheffer, *a.a.O.*, 166.
[264] *A.a.O.*, S. 11; vgl. 35.

Sonne wärmt. Beide Wesen sind dermaßen eng miteinander verwoben, dass ohne ein kräftiges Mikroskop kaum sichtbar ist, wo das Tier aufhört und die Algen beginnen."[265]

Eine Skala von Ökosystemen

Hierbei handelt es sich um ein ‚Miniaturökosystem', wie Margulis schreibt. Ökosysteme gibt es also in allen Sorten und Größen. Das Spektrum läuft von Miniaturen wie vorhin beschrieben auf der einen Seite, über viele Zwischenformen bis zum erdumfassenden Gaia-System am anderen Ende. Wie sonst wo in der Natur liegen die Phänomene also auch hier nicht alle auf derselben Ebene, sondern bilden sie eine Skala, bei der Systeme zu umfassenderen Einheiten gehören. So hat man z.B. auf einer Ebene unterhalb der Biosphäre als ganzer liegende, sogenannte biographische Provinzen oder Bioregionen unterschieden, etwa zweihundert an der Zahl. Es handelt sich dann um Gebiete, die durch gewisse klimatologische und geographische Eigenschaften gekennzeichnet sind und eine dazugehörige Flora und Fauna besitzen. Ein Beispiel einer solchen ‚Ökozone' ist das Gebiet des mitteleuropäischen Waldes, das sich von Deutschland bis zum Schwarzen Meer, mit einem Ausläufer bis zum Ural hin, ausdehnt.

Wieder eine Ebene niedriger sind die Ökosysteme zu lokalisieren, wie sie am Anfang dieses Kapitels definiert worden sind. Sie weisen, wie Jantsch schreibt[266], die charakteristischen Merkmale dissipativer Strukturen auf, und zwar die schon genannte Offenheit (z.B. in der Form der Aufnahme von Sonnenenergie und Abgabe von Wärme und anderen Abfallstoffen); autokatalytische, sich selbst verstärkende Prozesse auf diversen organischen Niveaus; und reiche Differenzierung, die mit einem gleichgewichtsfernen Zustand zusammenhängt. Letzterer schafft seinerseits wieder die Bedingung für einen allgemeinen Trend von Ökosystemen, möglichst alle darin gelegenen Potenzen zu realisieren.

Ökosysteme erweisen sich als fein gewobene Netze vieler gegenseitig abhängiger Organismen und anorganischer Faktoren, und das um so mehr, je nachdem es um umfassendere und reicher integrierte Einheiten geht. Sie sind alle durch fein abgestimmte (aber verletzliche) Gleichgewichte gekennzeichnet, in denen alle Komponenten ihre spezifische Rolle und Funktion haben[267]. Es ist also, nochmals, eine völlig inadäquate Sicht der Ökosysteme, sie nach dem Modell eines Aggregats zu

---

[265] *A.a.O.*, S. 12f.
[266] Jantsch, *a.a.O.*, 204f.
[267] Z.B. ist das große Bienensterben der vergangenen Jahre eine sehr besorgniserregende Sache, weil die Bienen eine wichtige Funktion bei der Bestäubung von Blumen, Sträuchern und Bäumen haben.

denken und dann z.B. eine lakonische Haltung zum Aussterben von Arten einzunehmen. Sogar wenn die funktionale Bedeutung einer gewissen Pflanzen- oder Tierart nicht unmittelbar deutlich wäre (was sehr gut einem Mangel unserer Erkenntnis zugeschrieben werden könnte), dann könnte diese Art möglich zur Pufferkapazität des Systems gehören und bei einem sich verschiebenden Gleichgewicht eine stabilisierende Rolle spielen.

Biodiversität

Viele Biologen sind der Ansicht, Systeme mit einer reichen biologischen Vielfalt seien besser als arme und einseitig zusammengesetzte Systeme, geschweige denn Monokulturen, gegen destabilisierende Einflüsse beständig. Das wäre bereits ein gültiges Argument, sich beim Ingangsetzen von Prozessen, die ein Antasten der Biodiversität beinhalten, Zurückhaltung aufzuerlegen. Was im Moment jedoch im planetarischen Maßstab geschieht, nämlich ein Großangriff auf Ökosysteme und ihre reiche Diversität – man denke nur an den fortschreitenden Kahlschlag der Regenwälder und die Vernichtung des Habitats vieler Tiere und Pflanzen -, verbunden mit der Zunahme einer Art, der des Menschen, kann kaum anders denn als ein Russisches Roulette bezeichnet werden. Es ist in der Ökologie keine unbekannte Erscheinung, dass durch die hemmungslose Wucherung einer Art das ganze System in Unordnung gerät. Das kann sich z.B. ereignen, wenn ein Exot in einer Umwelt ohne natürliche Feinde landet[268] oder wenn eine Art diese Feinde zum Großteil ausgeschaltet hat, wie es der Mensch getan hat. In der Regel aber geht diese Entwicklung auch für die betreffende Art fatal aus, weil mit dem Verfall des Systems auch die Daseinsbedingungen der fraglichen Art unterminiert werden.

Das Vorangehende überschauend, kann, wie gesagt, auch von Ökosystemen behauptet werden, dass sie alle Merkmale dissipativer Strukturen aufweisen: Offenheit, komplexe Organisation, Dynamik, Metastabilität (womit eine spannungsvolle Balance wechselwirkender Faktoren angedeutet wird), Selbstorganisation, usw. Ein Aspekt, der eingangs zwar erwähnt wurde, aber bis jetzt höchstens indirekt zur Sprache gekommen ist, ist der nichtlineare Charakter auch von Ökosystemen. Neulich hat der niederländische Ozeanograph Marten Scheffer in seinem in Anmerkung 6 schon genannten Buch, dessen Titel *Critical Transitions in Nature and So-*

---

[268] Wie katastrophal das Erscheinen eines Exoten für ein Ökosystem ausgehen kann, lehrt die vielzitierte Einführung des Nilbarsches in den Viktoriasee in Ost-Afrika. Er wurde dort in den fünfziger Jahren ausgesetzt, um die kommerzielle Fischerei von zusätzlichen Ressourcen zu versehen. Das Kommen dieses furchtbaren Raubfisches bedeutete jedoch einen riesigen Anschlag auf den lokalen Fischbestand: viele Hunderte von einheimischen Fischarten im See sind nun ausgestorben. Zugleich damit verloren viele kleine Fischer ihre Einkommensquelle, war also neben dem ökologischen auch der soziale Schaden groß.

ciety schon für sich spricht, mit Nachdruck auf diesen Gesichtspunkt hingewiesen. Darin vertritt er die These, dass Seen, Ozeane oder Regionen zu Lande wie die Sahel-Sahara komplexe, nichtlineare Systeme sind, die Umschlagpunkte kennen, wobei sie ziemlich plötzlich ein anderes Aussehen und eine andere Funktionsweise annehmen. Z.B. ändert sich in relativ kurzer Zeit eine ehemals waldreiche Gegend in eine Savannenlandschaft oder sogar in ein baumloses Flachland[269].

Auch hier wieder kann also die Geschichte von Pufferkapazitäten erzählt werden, bzw. von Elastizität und Reparationsfähigkeit im Hinblick auf störende Einflüsse, von Grenzen von Belastbarkeit oder von kritischen Schwellen, bei deren Überschreiten die Systeme auf ganz andere Verhaltensweisen, Vegetationsformen usw. übergehen.

Alles in allem lässt sich diese Skizze der Ökologie, wie mir scheint, problemlos in das allgemeine Naturbild, das in diesem Buch vorgelegt wird, einfügen.

---

[269] Siehe für diese Thematik auch den instruktiven Artikel von Will Steffen, Paul Crutzen et al., ‚Sprunghafte Veränderungen – die Achillesfersen des Systems Erde‘, in: *Natur und Kultur. Transdisziplinäre Zeitschrift für ökologische Nachhaltigkeit*, Jg. 6, Heft 1 (Frühjahr 2005), 73-91 (ursprünglich erschienen in *Environment*, vol. 46/3 (April 2004), 9-20.

Kapitel 10: Vertiefende Betrachtungen

In den vorhergehenden Kapiteln habe ich eine Skizze einer sich neuerlich in den Natur- und Lebenswissenschaften abzeichnenden Sicht der Natur gegeben. In Kapitel 6 sind mehr im Allgemeinen die Umrisse dieses Naturbildes gezeichnet worden. In den nachfolgenden Kapiteln 7, 8 und 9 habe ich untersucht, was dieses Naturbild für die Lebens- und Bewusstseinsphänomene und für die Ökologie bedeutet. Damit wird der erste Teil dieses Buches abgeschlossen, bzw. ist eine erste Antwort auf die zentrale Frage dieses Buches, in was für einer Wirklichkeit wir eigentlich leben, gegeben.

Ich unterziehe nun in einem zweiten, als Vertiefung gemeinten Rundgang eine Anzahl fundamentaler Merkmale des sich abzeichnenden Naturbildes einer näheren Untersuchung. Ausgangspunkt der Betrachtungen ist wiederum das offene, komplexe, nichtlineare, gleichgewichtsferne System, das, wie wir in Kapitel 6 festgestellt haben, den Normalfall in der Natur bildet. Dies, wie gesagt, im Gegensatz zur ‚Newtonschen' Sicht der Natur, wo das geschlossene, als Aggregat aufgefasste, lineare, im Gleichgewicht befindliche oder daran orientierte System der exemplarische Fall ist. Dieser Systemtypus hat, wie bekannt, in der modernen Ära lange Zeit das Modell gebildet (und funktioniert nicht selten noch immer in dieser Weise) für das physikalische, chemische, biologische und ökologische Denken, und wie sich noch herausstellen wird, auch für das Denken über gesellschaftliche Verhältnisse.

Dissipative Strukturen

Für das offene, nichtlineare, nicht im Gleichgewichtszustand befindliche System hat der schon eher genannte Ilya Prigogine die Bezeichnung ‚dissipative Struktur'[270] eingeführt – auch dieser Terminus wurde schon nebenher erwähnt. Dissipativ werden diese Strukturen genannt, weil sie bei Prozessen entstehen, bei denen Dissipation, Zerstreuung, Zufuhr, Durchfuhr und Abfuhr von Energie und Materie im Spiel sind, z.B. bei Verbrennungsprozessen. Dabei entstehen dann bestimmte Strukturen, man denke z.B. an die Kerzenflamme, die eine bestimmte charakteristi-

---

[270] Ilya Prigogine & Isabelle Stengers, *Dialog mit der Natur. Neue Wege wissenschaftlichen Denkens*, Piper, München 1980, S. 21ff, 151f, u.ö.

sche Form hat und, darum dreht es sich hier, sich nur dank der Zufuhr brennbarer Materie halten kann.

Die Strukturen, um die es hier geht, sind also per definitionem Strukturen offener Systeme, Systeme, die mit der Umgebung in Austauschbeziehungen stehen und, wie gesagt, von der Zufuhr, Durchfuhr und Abfuhr von Energie und/oder Materie abhängig sind. Es sind ferner Strukturen von Systemen in Nicht-Gleichgewichtssituationen, demnach mit einer prekären, nicht- oder quasistabilen Seinsform. Und sie sind ihrer Art nach durch Nichtlinearität (Disproportionalität von Ursache und Wirkung) gekennzeichnet. Sie kennen deshalb Umschlagpunkte, wobei sie, davon war schon eher die Rede, mehr oder weniger abrupt in andere Strukturen und Verhaltensweisen übergehen, entweder in absteigender Linie zu einer gestörten Funktionsweise oder sogar zu einem völligen Zusammenbruch des Systems, oder, namentlich bei komplexeren Strukturen in aufsteigender Richtung, nach Strukturen höherer Ordnung. Oft beinhaltet letzterer Hergang übrigens, dass das System nach dem Umschlagpunkt mehr Energie oder Materie zu seiner Erhaltung braucht als zuvor.

Die frühere Behauptung, dass das offene, komplexe, nonequilibrium usw. System der Standardfall in der Natur ist (und das geschlossene, lineare, stabile System nur annäherungsweise stabil und linear ist, nie gänzlich also) kann jetzt so formuliert werden, dass dissipative Strukturen auf allen Ebenen der Wirklichkeit den Modellfall bilden. Die in Kapitel 6 beschriebene Belousov-Zhabotinsky-Reaktion ist dann auf chemischem Niveau eine der einfachsten Varianten des allgemeinen Typus dissipativer Struktur, der wir dann ferner, um nur dies herauszugreifen, auf den Niveaus von Zellen, Organismen, Ökosystemen, der Biosphäre als ganzer, und wie wir noch sehen werden, auf der Ebene ökonomischer und kultureller Systeme begegnen.

Aber wenn das Bindeglied zwischen all diesen Typen von Phänomenen die dissipative Struktur ist, dann steht auch zu erwarten, dass von einer *Homologie* oder inneren Verwandtschaft[271] all dieser verschiedenen Arten von Erscheinungen gesprochen werden kann. In der Tat gibt es für eine solche Erwartung gute Gründe. Wenn dissipative Strukturen durch Austausch mit der Umgebung in Nicht-Gleichgewichtsituationen entstehen, so bedeutet das, dass sie ihrer Art nach durch eine Form von Stoffwechsel oder Metabolismus gekennzeichnet werden. Meistens verbinden wir dieses Phänomen des Metabolismus im Besonderen mit den Lebenserscheinungen, betrachten wir es also als eines der Unterscheidungsmerkmale des Lebens, zusammen mit Fortpflanzung, Regeneration usw. Es stellt sich hier aber

---

[271] Im Gegensatz zu *Analogie*, die nur eine Beziehung äußerer Ähnlichkeit andeutet.

heraus, dass Stoffwechsel ein Prozess ist, der viel breiter als nur bei den Lebensphänomenen in der Natur vorkommt, wie gesagt, bei dissipativen Prozessen im Allgemeinen. Schon präbiotische Systeme, wie die eher genannte Belousov-Zhabotinsky-
Reaktion, zeigen Eigenschaften, die lange Zeit als spezifisch für das Leben betrachtet worden sind. Etwas Ähnliches wie für den Metabolismus gilt übrigens, wie in
Kapitel 7 schon bemerkt wurde[272], auch für andere Eigenschaften, die als spezifisch
für das Leben betrachtet worden sind, wie Selbstproduktion, Evolution durch Mu-
tation und Sich durchsetzen in der Konkurrenz mit anderen Seinsformen. Dies
sind allemal Eigenschaften, die im Allgemeinen mit der Selbstorganisation (darüber sofort mehr) dissipativer Strukturen zusammenhängen.

Das Leben muss dann folglich als ein besonderer Fall dissipativer Strukturen im
Allgemeinen betrachtet werden. D.h., dass die oben genannten Eigenschaften Metabolismus, Reproduktion usw. zwar nicht als solche für das biotische Gebiet spezifisch sind, wohl aber in der Form, die sie dort annehmen. Wenn die genannten
Eigenschaften auf präbiotischem (physikalisch-chemischem) Niveau auftreten,
können sie als Präfigurationen oder Vorformen der diesbezüglichen Eigenschaften
des Lebens betrachtet werden. Damit wird also eine tiefere Einheit der Natur sichtbar, ist es, mit Dürr zu sprechen, ‚dieselbe‘ Materie, die sich auf anorganischer und
organischer Ebene manifestiert. Materie wird dann aber nicht im gangbaren Sinn
(elementarer Partikel) aufgefasst, sondern als zugrundeliegendes ‚Etwas‘, das die
Form der verschiedenen Typen von Entitäten annimmt, je nachdem es sich in verschiedenen Konfigurationen organisiert. Das kann erklären, dass es zwischen den
verschiedenen Arten von Seienden (z.B. lebendigen und nichtlebendigen) gewisse
Ähnlichkeiten von Merkmalen geben kann und zugleich durch Überschreitung von
Komplexitätsschwellen ganz neue Varietäten jener ähnlichen Eigenschaften entstehen können.

Selbstorganisation

Ich habe vorhin den Ausdruck ‚Selbstorganisation dissipativer Strukturen‘ verwendet. Im Kapitel über die Lebenserscheinungen ist das Phänomen der Selbstorganisation auch schon zur Sprache gekommen, in einer ersten Erörterung von Darwins
Evolutionslehre nämlich. Ich sagte dort, dass bei Darwin, ganz im Einklang mit
dem Newtonschen Weltbild, die Ordnung des Lebens von außen her durch natürliche Selektion (von zufälligerweise zustande gekommenen Mutationen) bestimmt
wird. Immer mehr hat sich die Einsicht durchgesetzt, dass die Natur alles andere als

---

[272] Siehe Kap. 7, Anm. 1

ein Ort von Passivität und Inertie ist (was das Problem auslösen würde, wo die Ordnung und Aktivität denn herstammen). Aber dass sie ein dynamisches Ganzes ist, wo die Ordnung und Dynamik allererst von innen heraus stammen. Ordnung, m.a.W., ist etwas, was tief in der Natur der Wirklichkeit verankert ist. Und wiederum ist sie eine Angelegenheit von Organisationsmustern. Das bedeutet dann, dass in dem Maße, wie die Komplexität jener Muster oder Konfigurationen zunimmt, das Vermögen zur Selbstordnung sich deutlicher manifestiert, auf der Ebene der Lebens- und Bewusstseinserscheinungen, aber ebenfalls auf der der Ökologie oder, wie sich noch herausstellen wird, der gesellschaftlichen Organisationen.

Mit dieser ersten Charakterisierung der Selbstorganisation (bzw. Selbstordnung, Selbststeuerung oder Autopoiesis) ist eine Anzahl von Implikationen sofort mitgegeben. Selbstordnung als das spontane Entstehen von Ordnung ohne Beeinflussung von außen her hängt, wie gesagt, mit den kollektiven Organisationsmustern komplexer dynamischer Systeme zusammen, und dies umso mehr als deren Komplexitätsgrad zunimmt. Selbstordnung ist m.a.W. eine Eigenschaft des Systems als Ganzen, sie kann nur auf holistischem Weg verstanden werden, nicht atomistisch von den Bausteinen her, sondern nur von deren Zusammenspiel und Kooperation innerhalb des Systems her. Sie ist also auch nicht etwas, was sich nach und nach, auf dem Weg der kleinen Schritte verwirklicht. Selbstordnung, oder die Ordnung, die sie zustande bringt, ist nicht da, oder es gibt sie als Ganze, mit einem Mal. Und weil sie ein Geschehen ist, und kein Zustand, ist sie namentlich kennzeichnend für komplexe dissipative Strukturen, offene Systeme also fern vom Gleichgewicht. Diese komplexen Strukturen rufen demnach, wie gesagt, spontan ihre eigene Ordnung hervor. Deswegen kann Stuart Kauffman, ein Pionier auf dem Forschungsgebiet der Selbstorganisation, sagen, dass jene Ordnung eine „order for free"[273] ist, d.h. dass sie kostenlos ist, keine Investierung von außen her erfordert. Schließlich, weil Selbstorganisation eine innere Dynamik des Systems anzeigt, eine Bewegung von innen her, kann sie auch als eine Form von Autonomie bzw. Selbstbestimmung bezeichnet werden, wiederum im Gegensatz zum gänzlich heteronomen Charakter der Natur à la Newton. Mit dieser Autonomie werden Umrisse eines Begriffs von Individualität sichtbar, und wieder umso mehr als wir es mit höheren Komplexitätsgraden der Systeme zu tun haben. Individualität und Einmaligkeit sind m.a.W. diesem Naturbild keineswegs fremd – ich komme darauf zurück.

Eine Konsequenz dieser Betrachtungsweise ist eine starke Diversifikation der Natur. In einem früheren Kapitel haben wir das Auftreten von immer mehr Rissen im einförmigen Newtonschen Weltbild wahrgenommen. Z.B. als der Begriff einer

---

[273] St. Kauffman, *At Home in the Universe. The Search for the Laws of Self-Organization and Complexity*, OUP, New York/Oxford 1995, 71, 75, 79, u.a.

uniformen isomorphen Zeit einer Vielzahl von eigenen Rhythmen, Zeitmodalitäten und Altern der verschiedenen Systeme (chemische und biologische Uhren und analoge Phänomene auf ökologischem, klimatologischem, astronomischem, wirtschaftlichem und kulturellem Gebiet) weichen musste. Die verschiedenen Systeme haben also eigene Zeiten, die aus der Perspektive der Selbstorganisation durch die Systeme selber erzeugt werden. Analoge Behauptungen können für den Raum gemacht werden, d.h. für die Art und Weise, wie die Systeme sich selbst in räumlicher Hinsicht organisieren, den umgebenden Raum wahrnehmen und darauf reagieren. Und nicht an letzter Stelle organisieren die verschiedenen Systeme ihre eigenen zugehörigen Formen von Kausalität, einem Phänomen, das auch alles andere als einförmig ist, sondern sich in eine Vielzahl von Varianten auseinanderfächert – auch das kommt in einem späteren Kapitel noch des Näheren zur Sprache.

Nochmals die Evolution des Lebens

Wenn Selbstorganisation, wie Kauffman meiner Meinung nach mit Recht schreibt, „a great undiscovered principle of nature"[274] ist, dann wird damit gewiss auch neues Licht auf die Frage der Evolution des Lebens geworfen – ich komme nochmals auf dieses Thema zurück. Schon das Entstehen des Lebens ist noch immer ein großes Mysterium. Und die Komplexität schon von äußerst einfachen Lebewesen übertrifft weit unsere Vorstellungskraft und die Wahrscheinlichkeit, dass solche Strukturen durch Zufall zustande gekommen sind, ist dermaßen klein, dass sie dem Ausschluss gleichkommt. Ein Beispiel: das DNS-Molekül, das die Erbsubstanz aller Lebewesen bildet, besteht auch beim einfachsten Virus aus mehr als 10.000 mikromolekularen Bausteinen, den Nukleotiden. Meistens treten davon nur vier Arten auf, deren Ordnung das DNS-Molekül bildet. Die Frage ist dann, ob es möglich ist, dass die richtige Folge der Nukleotiden rein zufällig zustande kommen könnte. Nehmen wir an, dass alle der rund 10^{75} (10 hoch 75, d.h. 10 mal 10 mal 10… bis 75 Mal!) Kohlenstoffatome des wahrnehmbaren Universums sich zu Nukleotiden verbinden würden, die jede millionste Sekunde in Sequenzen von immer 10.000 aufs Neue geordnet würden. Dann betrüge die Wahrscheinlichkeit, dass seit dem Entstehen des Universums auch nur ein Mal die richtige Folge rein zufällig zustande käme 10^{5900} (10 hoch 5900!). Das kommt praktisch einer Wahrscheinlichkeit von

---

[274] *A.a.O.*, 26, 77 und passim. Es ist bemerkenswert, dass die Sache schon eher bekannt war, ohne dass dafür noch die Bezeichnung ʻSelbstorganisationʻ geprägt worden war (ein Phänomen übrigens, das in der Geistesgeschichte nicht unbekannt ist). So schreibt Adolf Portmann, dass das Artplasma auf angeborene Weise die zeitliche Folge der für die Bildung des Organismus verantwortlichen Prozesse regelt. Buchstäblich schreibt er dann: „Das Artplama baut ‚sich selber' (!) alle seine Organe auf." Adolf Portmann, ‚Die Zeit im Leben der Organismen', in: ders., *Biologie und Geist*, Rhein-Verlag, Zürich 1956, S. 165 (Akzentuierung und Ausrufezeichen von Portmann).

Null gleich. Der schon eher zitierte Astrophysiker Fred Hoyle hat in diesem Zusammenhang einmal die Bemerkung gemacht, dass das etwa so unwahrscheinlich ist, wie dass ein Jumbo-Jet sich aus seinen auf dem Schrotthaufen liegenden separaten Bestandteilen zu einem Ganzen zusammenfügen würde, wenn ein Windstoß darüber hinwegfegt. Der Züricher Astrophysiker Arnold Benz, dem ich das oben Gesagte entlehne, gelangt dann auch zu der Schlussfolgerung: *„Nicht der Zufall hat das Leben hervorgebracht, sondern die Selbstorganisation."*[275]

Zu einer ähnlichen Schlussfolgerung gelangt, in einem einigermaßen anderen Kontext, Stuart Kauffman. Schon mehrmals war gegen die Evolutionstheorie von Darwin und Neodarwinisten wie Monod vorgebracht worden, dass, wenn dem Zufall eine so wichtige Rolle zuerkannt werden muss, wie sie es tun, dann ein viele Male größerer Zeitraum erforderlich wäre als die Zeit, die das Universum faktisch bestanden hat. Das Argument ist zum ersten Mal im Jahre 1862 von Lord Kelvin vorgebracht worden[276] und später von anderen wie dem Astronomen N.C. Wickramasinghe (selbstverständlich unter Berücksichtigung veränderter Einsichten, namentlich in Bezug auf die Existenzdauer des Universums) wiederholt worden.[277] Das führte zu Notlösungen wie von Wallace (dem Mitentdecker der natürlichen Selektion), Huxley und sogar Darwin selber, dass die Evolution sich früher viel schneller vollzogen habe (war die Unwahrscheinlichkeit damals kleiner?), oder sogar zur Idee der Urzeugung (Wickramasinghe). Der einzige Ausweg aus der Sackgasse ist auch hier, das Vermögen zur Selbstorganisation anzunehmen. Das Problem erinnert an die Frage, wie die Sonne schon so viele Milliarden Jahre so viel Energie hat ausstrahlen können, wenn dabei nur gewöhnliche Verbrennungsprozesse im Spiel waren. Vor der Entdeckung der Kernphysik war das ja die einzige Weise, sich die Sache vorzustellen, was aber bedeutete, dass die Sonne schon seit langer Zeit hätte aufgebrannt sein müssen. Das führte den schon genannten Lord Kelvin zu der Annahme, möglicherweise seien ‚sources now unknown" im Spiel. Mit dem Durchbruch der Kernphysik wurde in der Tat deutlich, was die unbekannte Quelle der Sonnenenergie war, und zwar Kernfusionsprozesse. Ähnlich ist es dann um das Problem des Entstehens und der Evolution des Lebens bestellt, nämlich dass hier Selbstorganisationsprozesse, die bis vor kurzem ‚unknown' waren, am Werk sind. Nicht, dies der Deutlichkeit halber, dass damit die natürliche Selektion als Faktor aus dem Evolutionsprozess eliminiert würde. Aber sie kommt

---

[275] Arnold Benz, *Die Zukunft des Universums. Zufall, Chaos, Gott?* DTV, München 1997, 132ff, Zitat auf S. 138 (Kursivierung von Benz).

[276] Siehe John D. Barrow & Frank J. Tipler, *The Anthropic Cosmological Principle*, OUP, Oxford/NewYork 1996, S. 161.

[277] Siehe auch Kauffman, *a.a.O.*, 44f.

erst an zweiter Stelle. Der primäre Faktor im Prozess des Entstehens und der Evolution des Lebens ist die Selbstorganisation. Erst darauf folgend und auf der Grundlage davon tritt die natürliche Selektion in Kraft.

Es würde zu weit führen und würde auch den Rahmen dieses Buches sprengen, auf die mehr technischen Aspekte, die beim Phänomen der Selbstorganisation im Spiel sind, einzugehen. Besonders der schon genannte Stuart Kauffman hat sie ausführlich studiert. Er glaubt, eine Reihe von Gesetzen komplexer selbstorganisierender Systeme formulieren zu können, sogar in mathematischer Form, oft unter Verwendung von Computersimulationen.

Ordnung aus Chaos

Selbstorganisation tritt also, um den Faden wieder aufzunehmen, bei dissipativen Strukturen oberhalb von Minimumschwellen von Komplexität auf. Es handelt sich m.a.W. um Strukturen in nichtstabilen Situationen mehr oder weniger weit entfernt vom Gleichgewichtszustand. Dabei spielt Selbstverstärkung von Prozessen eine wichtige Rolle. Ein Mechanismus ist dabei der der positiven Rückkopplung[278]. Ursprünglich ist in der Kybernetik die Rückkopplung in der Regel in ihrer negativen Form analysiert worden. Sie dient dann dazu, einen Prozess innerhalb bestimmter Grenzen zu halten, wie bei der Dampfmaschine mit Hilfe von Regulatoren. Negative Rückkopplung ist demnach an einem Gleichgewichts- und Balancezustand orientiert. Positive Rückkopplung wirkt demgegenüber in die Richtung einer immer weiter gehenden Entfernung vom Gleichgewichtszustand. Der Prozess läuft sozusagen mit sich selbst davon, sprengt die bestehende Ordnung, schafft kurzum Unordnung oder Chaos. Das kann, wie früher gesagt wurde, zu einer weitgehenden Störung oder sogar zum Zusammenbruch des betreffenden Systems führen. Es kann aber auch nach dem Überschreiten einer kritischen Schwelle plötzlich zu einer neuen Struktur führen: Ordnung aus Chaos. Die in einem früheren Kapitel beschriebene Bénard-Konvektion liefert dafür ein gutes Beispiel: durch Zufuhr von Wärme bewegen sich die Moleküle in der Flüssigkeit ursprünglich schneller und ordnungsloser und übermitteln einander die durch verstärkte Zusammenstöße beschleunigte und unkoordinierte Bewegung (‚Konduktion'). Das Chaos nimmt also zu. Wie durch Zauberhand bildet sich dann jedoch jenseits eines Umschlagpunktes ein kollektives Muster. Die vielen Moleküle zeigen ein kooperatives Ver-

---

[278] Z.B. in der Form der Autokatalyse. Ein Katalysator ist ein Stoff, der eine chemische Reaktion beeinflusst (meistens beschleunigt) ohne selbst verbraucht zu werden. Bei Autokatalyse fördert ein Stoff die Produktion des Stoffes selber, ist also sein eigener Katalysator.

halten, bezeichnet als Konvektion. Aus Chaos entsteht durch eine innere Aktivität des Systems abrupt Ordnung.

Ein bekanntes Beispiel dieses Vermögens der Schöpfung von Ordnung aus Chaos ist der Hergang beim Schleimpilz – dies noch zur Illustration. Dieser Schleimpilz ist eine Sammlung von Bakterien fressenden Amöben, einer primitiven Art von Einzellern. In Perioden, wenn sie leicht Nahrung finden können, verhalten sie sich als unabhängige Individuen und vermehren sie sich in der gewöhnlichen Weise durch Zellteilung. Wenn jedoch Nahrungsmangel eintritt, stellen sie die Zellteilung ein und bilden sie spontan Anhäufungen um sich als Zentren verhaltende Zellen herum. Dabei spielt eine pulsierende Ausscheidung eines bestimmten chemischen Stoffes (AMP bzw. Adenomonophosphat) von diesen Zentren aus eine Rolle. Die Amöben organisieren sich m.a.W. nach einem kritischen Umschlagpunkt als ein Kollektiv, den Schleimpilz (der übrigens mit einem Pilz nichts als den Namen gemein hat). Dieses Kollektiv macht sich dann auf die Suche nach Plätzen, wo es um die Nahrung besser bestellt ist. Dabei bildet sich ein fruchttragender Körper, d.h. ein Stiel mit obenauf einer Art Kopf mit Sporen in Kapseln. Diese werden darauf durch den Wind zerstreut. Aus einer homogenen Sammlung von Amöben ist also durch Selbstorganisation ein auf verschiedene Weise differenziertes ,Wesen' entstanden. Nach einigen Tagen fällt der Schleimpilz dann wieder in individuelle Amöben auseinander, die auch den Prozess der Zellteilung wiederaufnehmen.

Werden und Sein bzw. das spannungsvolle Verhältnis von Dynamik und Stabilität

Das Phänomen der Selbstorganisation macht zwei Sachen sichtbar: 1) dass Selbstorganisation verbunden ist mit Dynamik, Nicht-Stabilität und Selbstüberschreitung eines Systems, und Chaos als Bedingung neuer Ordnung; 2) dass Ordnung trotzdem, wenn sie einmal zustande gekommen ist, eine Form von Stabilität erfordert, die das System dann auch aufrecht zu erhalten versucht. Überall in der Natur lässt sich dieses spannungsvolle Verhältnis von Dynamik und (relativer) Stabilität erkennen. Ordnung und Stabilität besitzen, so kann man auch sagen, einen prekären Charakter und ruhen auf einem fluktuierenden und sich verändernden Untergrund.

Philosophisch Geschulte werden dies als die Problematik von Werden und Sein wiedererkennen, welche sich durch die ganze philosophische Tradition hindurchzieht und von einem großen Kenner ihrer Geschichte, Heinz Heimsoeth, als eines ihrer großen Themen bezeichnet worden ist[279]. Als Begründer des Seinsdenkens gilt, wie bekannt, der altgriechische Denker Parmenides (ca. 500 v.C.) mit seiner Auffassung der Wirklichkeit als eines unveränderlichen Seienden und seiner Behauptung, dass Zeit, Veränderung und Bewegung illusorische, nicht bestehende Dinge sind. Wirkliche Erkenntnis ist seiner Ansicht nach auch nur möglich von demjenigen, was unverändert sich immer gleich bleibt – letztendlich ist das lediglich das eine selbstidentische Sein. Sein großer Antipode war dann Heraklit (ca. 535-ca 475 v.C.) mit seiner Grundthese, dass alles in einem Zustand ständigen Werdens und Veränderns verkehrt, dass nichts sich selbst gleich bleibt, so dass es z.B. nicht möglich ist, zweimal in denselben Fluss hinabzusteigen.

Parmenideische Aspekte der Wirklichkeit

In der abendländischen Philosophie hat lange Zeit die Auffassung von Parmenides die Oberhand gehabt, bei Platon z.B. und der ganzen auf seinen Spuren wandelnden Tradition[280]. Zwar wird in dieser Tradition die Sphäre der veränderlichen, in der Zeit bestehenden Wirklichkeit nicht einfach als nicht existierend bezeichnet, aber wohl als eine sekundäre Schattenwirklichkeit. So bezeichnet Platon die Zeit als „eine Art beweglicher Abbildung der Ewigkeit"[281], der zeitlosen Seinsform der ‚echten' Wirklichkeit, in seinen Spuren gefolgt von den Neoplatonikern, Augustin und vielen anderen.

In den Naturwissenschaften hat das in dem Sinne seine Spuren hinterlassen, dass die fundamentalen Elemente der Natur als unveränderlich betrachtet wurden: die elementaren Bausteine sind in dieser Optik unteilbare, massive, immer sich selbst gleiche Partikel, die immer und überall gleichen eisernen Gesetzen gehorchen. Zeit, die „absolute, wahre und mathematische Zeit" von Newton, ist hier, wie schon eher gesagt, auch keine echte, nach der Zukunft hin offene, unumkehrbare und kreative Zeit, sondern ein von den physischen Dingen getrennter Parameter der Prozesse, kurz, eine statische und impotente Zeit. Die Physik ist noch lange nach Newton auf dieser Linie weitergegangen, hat m.a.W. auch weiterhin in Kategorien von Gleich-

---

[279] Heinz Heimsoeth, *Die sechs großen Themen der abendländischen Metaphysik*, Kohlhammer, Stuttgart 1958⁴, 131-171.

[280] Platons Einfluss ist immens gewesen, so sehr, dass Whitehead (mit Übertreibung) sagen konnte, dass die ganze abendländische Philosophie aus Fußnoten zu Platon besteht.

[281] Platon, *Timaios* 37 d ff.

gewicht, Stabilität und feststehender unveränderlicher Ordnung gedacht. Aus dieser Perspektive hat die Natur dann auch keine Geschichte[282].

Wir haben schon eher skizziert, wie der Begriff einer unumkehrbaren Zeit in die Physik eingezogen ist, wie die historische Sichtweise von Darwin mit seiner Evolutionslehre eingeführt wurde, darin dann durch die Geologie, die Astronomie usw. gefolgt, in die Auffassung mündend, dass alles in der Natur, mit Einschluss des Universums als ganzen, seine Geschichte hat. Die Naturwissenschaften haben sich kurzum in den letzten anderthalb Jahrhunderten immer mehr in Heraklitische Richtung bewegt.

Dennoch schwelt die Kontroverse zwischen Parmenides und Heraklit weiter. Einerseits gibt es Wissenschaftler, bei denen der Akzent doch stark auf Stabilität, Gleichgewicht, gegebenen Strukturen u.dgl. liegen bleibt. So betrachtet der Ökologe und Naturschützer Gregory Bateson[283] gesunde Ökosysteme als ‚self-correcting systems‘, Systeme also, die durch eine Balance zwischen den vielen teilnehmenden Komponenten charakterisiert sind. Wenn sie gut funktionieren, versuchen sie die Balance, die eine Kombination von Wettbewerb und gegenseitiger Abhängigkeit ist, aufrechtzuerhalten. Sie machen das mit Hilfe von Mechanismen wie negativer Rückkopplung bzw. ‚arrangements of conservative loops‘. Als einfachstes Beispiel davon nennt Bateson den schon genannten Regulator der Dampfmaschine, der, indem er die Zufuhr von Dampf regelt, die Geschwindigkeit des Schwungrads mehr oder weniger konstant hält. Auf höheren Ebenen von Komplexität wie bei Ökosystemen geschieht seiner Überzeugung nach etwas Ähnliches – nicht nur dort übrigens, sondern ebenso sehr bei Organismen oder sozialen Systemen[284]. Alle sind sich selbst korrigierende, konservativ eingestellte Systeme, die den status quo aufrecht zu erhalten versuchen. Das Umweltproblem sieht Bateson dann darin, dass wir Menschen durch unser oft auf einseitige Ziele gerichtetes Eingreifen die empfindlichen Gleichgewichte der ökologischen Systeme ernsthaft stören.

In entsprechendem Sinn weisen John Barrow und Frank Tipler in ihrer ausführlichen und gediegenen Studie *The Anthropic Cosmological Principle*[285] darauf hin,

---

[282] Noch der große schwedische Botaniker Linnaeus (1707-1778) war der Ansicht, dass die Pflanzenarten alle bei der Schöpfung der Welt entstanden und seitdem konstant geblieben sind, ebenso übrigens wie noch Louis Pasteur (dieser wahrscheinlich wegen seiner römisch-katholischen Lebensanschauung).

[283] Gregory Bateson, ‚Conscious Purpose versus Nature‘, in: ders., *Steps to an Ecology of Mind*, Ballantine, New York 1980 (1972), 404f.

[284] Man könnte darauf hinweisen, dass sogar die Wissenschaft, gegen ihre Selbstauffassung, konservative Züge aufweist. Siehe z. B. den Artikel von B. Barber, ‚Resistence by Scientists to Scientific Discovery‘, in: *Science*, vol. 134 (1961), 596-602. Siehe auch die in Kap. 1 erwähnten Urteile von Feyerabend und Planck, resp. Anm. 25 und 28; und Kap. 5.

[285] OUP, Oxford/New York 1996. Die Zeitschrift *Nature* bezeichnete das Buch als „practically a universal education in both the history of modern science and the history of the Universe".

dass Stabilität, Gleichgewicht, Invarianz natürlicher Größen und Symmetrien entscheidend bedeutsame Aspekte der Wirklichkeit, wie wir sie kennen, sind. Dass Atome ein hohes Maß an Stabilität besitzen, kann einem Gleichgewicht der Kräfte elektrostatischer Anziehung und Abstoßung zugeschrieben werden. Auf der Basis davon ist die Materie im Allgemeinen stabil. Eine nicht weniger wichtige Quelle von Stabilität im Universum ist das Verhältnis der fundamentalen Naturkräfte. Ebenso stellte sich heraus, dass zwischen den Naturkonstanten, deren Werte anfänglich als unabhängig voneinander betrachtet wurden, ein frappanter Zusammenhang besteht, der gleichsam ein festes Gerippe für die Naturerscheinungen bildet. Weiterhin ist ein anderer stabilisierender Faktor die Dreidimensionalität des Raumes – ich greife damit einen Augenblick vor auf noch näher Darzustellendes. Nur in einem solchen Raum sind nämlich, wie die Physiker feststellen konnten, stabile elliptische Umlaufbahnen wie in unserem Sonnensystem möglich. Und um es für den Moment dabei bewenden zu lassen – die Liste der stabilisierenden Faktoren könnte noch beträchtlich erweitert werden -: Erwin Schrödinger hat in seinem Buch *What is Life?* auseinandergesetzt, dass es eine fundamentale Eigenschaft ‚großer‘ Systeme ist, dass sie ein hohes Ausmaß an Stabilität für statistische Fluktuationen aufweisen.

Kurzum, Stabilität, eine mehr oder weniger dauerhafte Identität natürlicher Entitäten, Gleichgewicht und Balance konkurrierender fundamentaler Naturkräfte, feste Verhältnisse natürlicher Konstanten usw., sind notwendige Bedingungen, dass die Wirklichkeit uns so erscheint, wie sie es faktisch tut, und das auf allen Niveaus, von der Mikrowelt der Atome und Moleküle an, über die Mesowirklichkeit der Organismen und Ökosysteme bis zu der Makrowelt der Sterne und Galaxien. Das stimmt mit der oben in Kapitel 6 verteidigten Auffassung überein, dass die Eigenschaften natürlicher Entitäten an Organisationsmuster gekoppelt sind, bzw. dass sie systemische Eigenschaften sind. Ich schließe diese Passage mit einem Zitat aus dem obengenannten Buch von Barrow und Tipler ab: „(…) wir haben gezeigt, wie es möglich ist, die allgemeinen Merkmale der natürlichen Welt um uns herum aus der Kenntnis einiger weniger unveränderlicher Konstanten der Natur herzuleiten. Die Maße von Atomen, Menschen und Planeten sind nicht zufällig, noch sind sie das unvermeidliche Ergebnis einer natürlichen Selektion. Vielmehr sind sie Folgen unvermeidlicher Gleichgewichtszustände zwischen konkurrierenden Naturkräften von Anziehung und Abstoßung. Unsere Untersuchung (…) hat es uns ermöglicht, diejenigen Aspekte der Natur, die wir als Koinzidenzen betrachten würden, von

denen, die unvermeidliche Folgen fundamentaler Kräfte und der Werte der Naturkonstanten sind, zu trennen."[286]

Und um noch einen Augenblick zum Zeitbegriff zurückzukehren, ausgesprochen ‚parmenideisch' ist selbstverständlich der Gedanke, vertreten von Philosophen wie MacTaggart und Anhängern des sogenannten Blockuniversums wie Einstein und Weyl, dass die Zeit eine Illusion ist. In Wirklichkeit geschieht und wird
nichts, sondern *ist* alles.

Der prozesshafte Charakter der Wirklichkeit

Bis hierher die parmenideische Geschichte. Jetzt die Gegengeschichte à la Heraklit
von Physikern, Chemikern, Biologen, Astronomen und anderen, die den Nachdruck auf die Dynamik, den Trend zur Selbstüberschreitung von Systemen legen,
auf ihre Potenz, aus chaotischen Zwischenphasen neue Formen von Ordnung zu
schaffen, auf ihren innovativen, ‚inventiven' und spontan aktiven Charakter also.
Und es scheint mir, dass es immer mehr Gründe gibt, in letztgenannte Richtung zu
denken.

Um damit anzufangen, gibt es triftige Gründe, die Zeit als ein äußerst reelles und
sogar fundamentales Phänomen zu betrachten. Ein kräftiges Plädoyer für diese
These liefert die instruktive Studie von G.J. Whitrow, *The Natural Philosophy of
Time*[287]. Nachdem er eine Reihe von Auffassungen in Bezug auf die Zeit analysiert
hat, gelangt er zu der Schlussfolgerung, dass sowohl die Positionen derer, die die
Zeit für eine Illusion erklären (MacTaggart, Einstein u.a.) als auch derjenigen, die
sie als abgeleitet von anderen Faktoren betrachten (Boltzmann, Reichenbach u.a.),
nicht haltbar sind. Im Gegenteil ist Zeit, Werden, Geschehen ein fundamentales
und irreduzibles Phänomen. Der Schlusssatz des Buches lautet demnach: „Sie [d.h.
die Zeit] ist ein wesentliches Merkmal des Universums." (S. 237)

Weiter: wenn eine der Basisthesen dieses Buches richtig ist, und zwar dass der
Normalfall in der Natur das offene, komplexe, nichtlineare, gleichgewichtsferne,
nichtstabile System ist, dann impliziert das an sich schon den prozesshaften, dynamischen Charakter der Wirklichkeit. Systeme sind, wie früher gesagt, durch ihr
Organisationsmuster gekennzeichnet, das aber keine statische Gegebenheit ist,
sondern in einem Prozess zustande kommt und auch selbst Prozesscharakter hat.
Ein Beispiel einer solchen dynamischen Struktur ist die Serie Daseinsformen eines
Falters, die mit einem Eichen anfängt, sich zu einer Raupe transformiert, danach zu
einer Puppe, um als Falter zu enden. Unterwegs hat das eine System eine Reihe

---

[286] *A.a.O.*, S. 359.
[287] Nelson, London 1964.

Metamorphosen via revolutionäre Umordnungen durchgemacht, erweist sich seine Ordnung als eine sehr dynamische.

Und nicht an letzter Stelle gilt für das Universum als Ganzes, dass es sich, weit davon entfernt ein statisches und unveränderliches Ganzes zu sein, in einer fortwährenden Bewegung befindet. Zwar sind Modelle eines statischen Universums entwickelt worden, deren bekanntestes von Einstein stammt. Er war, um zu dem Ergebnis zu gelangen, sogar genötigt, eine spezielle Größe einzuführen, eine Antigravitationskraft, von ihm als kosmologische Konstante bezeichnet – später von ihm als sein größter Fehltritt betrachtet. Aber wie bekannt war das Modell eines statischen Universums nicht länger verteidigbar nach der Entdeckung der sogenannten Rotverschiebung durch Hubble. Es handelt sich dabei um die Wahrnehmung, dass weit von uns entfernte Sternensysteme Licht ausstrahlen, dessen Frequenz in die Richtung der roten Seite des Spektrums aufgerückt ist. Die gangbare Erklärung davon ist, dass diese Sternensysteme sich von uns weg bewegen und zwar umso schneller, je weiter sie von uns entfernt sind, wodurch die Rotverschiebung größer ist. Das kosmologische Standardmodell ist deshalb das eines Universums, das sich immer weiter ausdehnt. Wobei jedoch einer der Diskussionspunkte ist, ob sich diese Ausdehnung unbeschränkt fortsetzt, oder ob nach einem Umschlagpunkt eine Bewegung in entgegengesetzte Richtung, von Kontraktion also, einsetzt, die dann mit dem Zusammensturz des Universums, dem ‚big crunch‘ als Gegenstück des ‚big bang‘, endet[288].

Symmetriebrechung

Ein Thema, das sich an das soeben erörterte anschließt, es aber noch einmal aus einer anderen Perspektive beleuchtet, ist das der Symmetriebrechung, ein interessantes Phänomen, das auf allen Niveaus der Wirklichkeit auftritt. Im Newtonuniversum, um das nochmals als Bezugspunt zu verwenden, herrscht Symmetrie. Wie wir früher gesehen haben, gilt das für die Zeit, die ja umkehrbar und richtungsneutral ist, wie das mit allen Prozessen in der Natur der Fall ist. Aber auch mehr im Allgemeinen steht das Newtonuniversum im Zeichen der Symmetrie. Dass die Erde, von einer Position oberhalb der nördlichen Hemisphäre aus gesehen, gegen den Uhrzeigersinn um ihre Achse dreht, ist für Newtons Bewegungsgesetze glattweg zufällig. Auch wenn sich die Erde in entgegengesetzte Richtung drehte, wäre das

---

[288] Wie bekannt ist der Nobelpreis für Physik 2011 den Forschern Saul Perlmutter, Brian Schmidt und Adam Riess für ihre Entdeckung zuerkannt worden, dass sich das Weltall beschleunigt ausdehnt und möglicherweise in einem ‚whisper‘, einem Geflüster endet.

ganz in Übereinstimmung mit jenen Gesetzen gewesen. Dass die Erde rotiert in der Weise, wie sie das faktisch tut, bedeutet also ein Durchbrechen der Symmetrie.

Wie gesagt, ist Symmetriebrechung ein Phänomen, das sich auf allen Ebenen der Wirklichkeit ergibt. „Symmetry breaking runs very deep in nature", wie der Mathematiker Ian Stewart schreibt[289]. Mathematiker sind in den letzten Jahrhunderten, wie er sagt, zu der Erkenntnis gelangt, „that instabilities in symmetric systems often give rise to patterns (...) The breaking of symmetry lies at the hart of most of our understanding of pattern formation"[290], m.a.W. des Zustandekommens von Ordnung. Wir finden das Phänomen deshalb überall im Bereich des Lebendigen, das wie kein anderes durch Form und Organisation gekennzeichnet ist. So erwies sich das DNS-Molekül, dessen berühmte Doppelte-Helix-Struktur von Watson und Crick ans Licht gebracht worden ist, als eine rechtsdrehende Spirale. Und es stellte sich heraus, dass auch die zwanzig Aminosäuren, die Bausteine der Eiweiße aller (10^7) Lebensformen, mit einer Ausnahme (Glyzin), linksdrehend sind, die Zucker demgegenüber rechtsdrehend. In entsprechendem Sinn zeigen Schneckengehäuse eine bestimmte Richtung der Windungen. Und bei dem eher beschriebenen Prozess des Schleimpilzes ereignet sich sowohl in räumlicher als zeitlicher Hinsicht eine Brechung der Symmetrie: solange die vielen Amöben sich als separate Individuen verhalten, zeigen sie kein bestimmtes räumliches Muster. Aber nach einem kritischen Umschlagpunkt organisieren sie sich um bestimmte Zentren herum, während dieser Umschlagpunkt zugleich in zeitlicher Hinsicht eine tiefgreifende Verhaltensänderung der Kolonie mit sich bringt. Aufgrund dieser und derartiger Tatsachen betrachtete schon Pasteur die Dissymmetrie als ein allgemeines und wesentliches Merkmal des Lebens. Und Van Klinken schreibt in Bezug auf die schon eher erörterte Chiralität: „Die Natur ist in dieser Hinsicht uniform, aber asymmetrisch."[291]

Aber nochmals, auf allen Ebenen der Natur finden sich solche Umschlagpunkte. Z.B. bei dem Phasenübergang von Wasser nach Eis: Wassermoleküle zeigen Rotationssymmetrie, sie bewegen und drehen frei in alle Richtungen. Wenn Wasser jedoch beim Passieren der Temperaturgrenze von 0 Grad Celsius (bei einem Druck von einer Atmosphäre) gefriert, dann bilden die Eiskristalle regelmäßige geometrische Figuren, die eine ganz bestimmte räumliche Orientierung aufweisen. Andere Beispiele der vielen Phasenübergänge in der Natur sind das Phänomen, dass Ei-

---

[289] Ian Stewart, *Life's Other Secret. The New Mathematics of the Living World*, Wiley, New York 1998, S. 44.

[290] *A.a.O.*, S. 39; vgl. 41, 114 u.a.

[291] In den Niederlanden hat sich der Energiephysiker Johan van Klinken ausführlich mit gebrochenen Symmetrien befasst. Siehe z.B. seinen Artikel 'Oorsprong van biologische chiraliteit voorwereldlijk?'[Ursprung der biologischen Chiralität vorweltlich?'], *Ned. Tijdschr. v. Natuurkunde* 14 (1994), 218ff (dort nähere Literatur).

senmagneten oberhalb einer kritischen Temperatur (dem sogenannten Curie-Punkt, 770 Grad C.) abrupt ihren Magnetismus verlieren. Oder dass bestimmte Stoffe, wenn sie bis knapp über dem absoluten Nullpunkt abgekühlt werden, plötzlich ihren elektrischen Widerstand verlieren und ‚supraleitend' werden. Auch die eher genannten Beispiele aus dem chemischen Bereich (Bénard-Konvektion, Belousov-Zhabotinsky-Reaktion) und viele andere bedeuten ebenso viele Fälle von Symmetriebrechung.

Aber nicht anders ist es um die Welt des ganz Großen und um das Universum als Ganzes bestellt. Wenn Sterne explodieren oder implodieren, wenn sich aus Wolken Materie und Gas Planetensysteme wie das unsrige entwickeln, dann findet auch in all jenen Fällen Symmetriebrechung statt.

Äußerst interessant in dieser Hinsicht ist die Geschichte des Universums – übrigens, überall, wo Symmetriebrechung stattfindet, schafft diese eine Form von Geschichte. In der Astrophysik wird davon ausgegangen, dass in der allerersten Anfangsphase des Universums wegen der extrem hohen Temperaturen von einer Ordnung der Natur, wie wir sie kennen, nicht die Rede war, aber dass diese Ordnung über eine Kaskade von Symmetriebrechungen zustande gekommen ist. Als allgemeine Regel wird dabei angenommen, dass es mehr Symmetrie (und weniger Ordnung) gibt, je höher die Temperatur ist. Und dass umgekehrt ein Sinken der Temperatur Symmetriebrechungen zur Folge hat.

Dieser Gedanke führt dazu, einen Zustand fundamentaler Symmetrien an den Anfang des äußerst heißen Universums zu stellen – Heisenberg hat sich in seinen späteren Jahren ausführlich mit diesem Thema befasst[292] (es handelt sich dann, wie angenommen wird, um Temperaturen von über 10^{32} Kelvin). Durch fortschreitende Abkühlung des Universums findet dann, wie gesagt, ausgehend von jenen fundamentalen Symmetrien, eine Reihe von Symmetriebrechungen statt. Eine davon ist der Prozess, bei dem sich Materie und Antimaterie voneinander trennen. Wären nun beide Quantitäten genau gleich gewesen, wäre das Risiko einer gegenseitigen Vernichtung sehr hoch gewesen, wäre also unser Universum überhaupt nicht zustande gekommen. Es hat aber, wie allgemein angenommen wird, ein minimales Übermaß von Materie über Antimaterie gegeben – weshalb ist unbekannt. Aber es dokumentiert abermals den heiklen Charakter unserer Wirklichkeit.

Noch wieder ein anderer Fall von Symmetriebrechung, um es dabei bewenden zu lassen, ist das Auseinandertreten der vier fundamentalen Naturkräfte, die in der Anfangsphase des extrem heißen Universums ununterscheidbar waren und erst bei dessen Abkühlung auseinandergingen – ein illustratives Beispiel der Tatsache, dass

---

[292] Siehe sein Buch *Physik und Philosophie*, Hirzel, Stuttgart 1990⁵, 57, 124, 126, 136.

die Gültigkeit der Naturgesetze durch die herrschenden Vorbedingungen (mit)bestimmt wird.

Zurücktretende Homogenität des Universums

Eine allgemeine Schlussfolgerung des oben Gesagten ist, dass Ordnung, Struktur, Komplexität u.dgl. nur dank einer großen Anzahl von Symmetriebrechtungen infolge der Ausdehnung und Abkühlung des Universums möglich geworden sind. Das beinhaltet jedenfalls in zeitlicher Hinsicht das Ende der Homogenität des Weltalls. In den verschiedenen Phasen des Universums ist von ganz verschiedenen Formen von Ordnung und Komplexität die Rede, sowie von ganz verschiedenen Gesetzmäßigkeiten, denen jene Ordnungsformen gehorchen. – Ich habe schon eher darauf hingewiesen, dass Newtons Gesetze, die jemals für überall und immer gültig gehalten wurden, das nur (annähernd) unter den in unserer Umgebung gegebenen, relativ kühlen Umständen sind. – Die Naturerscheinungen und die zugehörigen Gesetzmäßigkeiten, ‚Konstanten' und Naturkräfte, wie wir sie kennen, hängen also mit den herrschenden Umständen zusammen, sind sozusagen ‚kontextabhängig'. Sie sind demnach keineswegs stabile Größen, sondern ‚historisch' bestimmt. Noch anders ausgedrückt: es sind Momentaufnahmen in Prozessen, wobei die ‚Momente' bei den stabileren Systemen verhältnismäßig sehr lange dauern können.

Ein ähnlicher Gedankengang drängt sich dann in Bezug auf den Raum auf, und zwar dass auch in dieser Hinsicht eine Homogenität des Universums fraglich wäre. In anderen Teilen des Weltalls könnten ganz andere Umstände herrschen, mit folglich anderen Formen von Symmetriebrechung, anderen Typen von Phänomenen und anderen Regelmäßigkeiten. Das Universum wäre vielmehr ein Multiversum, oder wie wohl gesagt wird ein „Flickenteppichuniversum" (a patchwork universe). Paul Davies drückt diesen Gedanken wie folgt aus: „(…) die Möglichkeit einer Regionalstruktur [des Universums] kommt auf, in der die Niedrigenergiephysik in jedem Gebiet spektakulär verschieden wäre, nicht nur was die ‚Konstanten' wie Massen und Stärken der Kräfte betrifft, sondern sogar auch was die mathematische Form der Gesetze selber betrifft. Das Universum im Megamaßstab gliche den Vereinigten Staaten von Amerika auf kosmischer Ebene, mit auf verschiedene Weise geformten, durch scharfe Grenzen getrennten ‚Staaten'. Was wir bisher für universale Gesetze der Physik gehalten haben, wäre verwandter mit regionalen oder staatlichen als mit nationalen oder föderalen Gesetzen. Und von diesem Potpourri kosmischer Regionen wären nur ganz wenige geeignet für Leben."[293]

---

[293] Paul Davies, *The Goldilocks Enigma*, 190.

Die Klimax dieses ‚Heraklitischen‘ Trends in den neueren Naturwissenschaften ist anscheinend eine Entwicklung, die an die von Marx und Engels im Kommunistischen Manifest in Bezug auf die bürgerliche Gesellschaft beschriebene Entwicklung erinnert, nämlich das „alles (…) Stehende verdampft"[294]. In dem schon genannten Buch *The Anthropic Cosmological Principle*, das ich vorhin wegen des Nachdrucks auf Stabilität und Gleichgewicht in der Natur angeführt habe und deshalb um so sprechender, schreiben Barrow und Tipler, dass „wir während der letzten zwanzig Jahre eine allmähliche Erosion von ‚Prinzipien‘ und von Erhaltung von Quantitäten gesehen haben, indem die Natur eine tiefe und vormals unerwartete Flexibilität gezeigt hat. Viele Quantitäten, von denen man traditionell glaubte, sie seien absolut fest (…), werden anscheinend bei der Interaktion von Elementarteilchen alle verletzt. Vom Neutrino wurde immer geglaubt, es sei ein Teilchen ohne Masse, aber neuere Experimente haben Beweismaterial angeführt, dass es eine kleine Restmasse besitzt. (…) Ebenso muss der lange gehegte Mythos, dass das Proton ein absolut stabiles Teilchen ist, aufgrund neuerer theoretischer Argumente und gewisser experimenteller Anzeichen für seine Instabilität einer Revision unterzogen werden. Teilchenphysiker haben jetzt eine extrem revolutionäre Mentalität angenommen, und es ist berechtigt, die Erhaltungsgesetze und lange instand gebliebenen Annahmen zu bezweifeln: ist das Photon ohne Masse, ist das Elektron stabil, ist Newtons Gravitationsgesetz auf einem niedrigen Energieniveau exakt, ist das Neutron neutral (…)? Die natürliche Folgerung dieses Trends von mehr nach weniger Naturgesetzen ist, die vernichtende Frage zu stellen: ‚Gibt es überhaupt Naturgesetze?‘ ‚Are there any laws of Nature at all?'"[295]

Sind kurz und gut, alle bis vor kurzem für absolut und stabil gehaltenen Größen und Gesetze der Natur nur quasifest und -stabil, nämlich nur (annähernd) unter bestimmten Umständen? Z.B., wie in der soeben angeführten Stelle steht, in der Weise, dass Newtons Gravitationsgesetz, das einmal als fundamentales Gesetz für das Universum als Ganzes betrachtet wurde, nur unter den beschränkenden Bedingungen niedriger Energiewerte und anderer Umstände gültig ist? Es ist in diesem Zusammenhang erwähnenswert, dass im Gegensatz zu der gängigen Auffassung,

---

[294] Oder in der plastischen englischen Übersetzung: „All that is solid melts into air". Manifest der Kommunistischen Partei, in: Kurt Rossmann (Hg.), *Deutsche Geschichtsphilosophie von Lessing bis Jaspers*, Schünemann, Bremen 1959, 247.

[295] *A.a.O.*,S. 255f (Kursivierung von den Autoren). Ähnliche Ansichten bei Davies, *a.a.O.*, S. XIII, 190, 273 u.a. Einige Philosophen und Physiker gehen in ihrem Zweifel am Bestehen ‘echter‘ Naturgesetze sehr weit, wie Nancy Cartwright in ihrem Buch *How the Laws of Nature Lie*, OUP, Oxford 1983; und John Wheeler mit seinem Aphorismus „There is no law except the law that there is no law" oder auch „Law without law". Ausgesprochen ‚Heraklitisch‘ ist seine Aussage, dass das fundamentale Prinzip bei der Naturforschung das der ‚mutability‘, der Veränderlichkeit, ist.

dass die Schwerkraft eine der vier fundamentalen Naturkräfte ist (neben der elektromagnetischen Kraft, der schwachen und der starken Kernkraft), der Amsterdamer Kernphysiker und Stringtheoretiker Erik Verlinde der Ansicht ist, dass die Schwerkraft keine fundamentale Naturkraft ist, sondern ein emergentes Phänomen, und zwar eine Folge bestimmter statistischer Eigenschaften von Masse, Raum und Zeit auf mikroskopischem Niveau[296]. M.a.W., auf diesen sehr kleinen Längenmaßstäben gelten Newtons Gesetze, die in unserer Lebenswelt und darüber hinausgehenden Größenordnungen in Kraft sind, nicht. Diese Gesetze, anders gesagt, treten erst auf größeren Längenmaßstäben als denen der Mikrophysik in Kraft.

Kurzum, die Idee gewinnt an Plausibilität, dass die Größen und Gesetze der Natur weniger absolut, fest und allgemein sind, als bis vor kurzem angenommen wurde. Es stellt sich heraus, dass sie vielfach mit lokalen und speziellen Umständen zusammenhängen. Barrow und Tipler können so schreiben, dass „perhaps some of the values of fundamental constants might have a quasi-statistical character"[297]. Namentlich auch die herrschende Temperatur von Prozessen ist ein ausschlaggebender Faktor. Bei sehr hohen oder extrem niedrigen Temperaturen zeigt sich, dass das Verhalten ‚der Materie' stark abweicht von dem in unserer Umgebung. Deshalb: „only in a relatively cool Universe, $T < 10^{32}$, will laws or symmetries of Nature be dominant and discernible over chaos". Dem fügen Barrow und Tipler hinzu: „likewise, only in a cool Universe can life exist."[298]

Das anthropische bzw. biotische Prinzip

Damit sind wir abermals bei dem sogenannten anthropischen Prinzip angelangt – der Ausdruck ist 1974 von Brandon Carter eingeführt worden, aber ist eigentlich einigermaßen unglücklich gewählt: ‚biotisches Prinzip' wäre wohl eine geeignetere Bezeichnung gewesen. Dieses Prinzip fängt damit an, festzustellen, dass das Dasein von uns Menschen, oder mehr im Allgemeinen der lebendigen Wirklichkeit, eine Tatsache ist, und dass deshalb im Universum die Bedingungen für das Zustandekommen dieser Tatsache gegeben sein müssen. Das Universum ist, anders gesagt, kompatibel mit Leben. Das Prinzip kennt verschiedene Versionen, global eine starke und eine schwache Fassung. Die schwache Version sagt nur, dass das Universum eine Seinsweise hat, die das Entstehen von Leben, und so auch von Menschen als Beobachtern der Wirklichkeit ermöglicht hat. In seiner starken Fassung steht das

---

[296] Schon im vorigen Jahrhundert hatte Dirac gemeint, ein Sichabschwächen der Gravitationskonstante mit der Zeit annehmen zu können.

[297] *A.a.O.*, S 257. Bemerke die Übereinstimmung mit den Ideen von Verlinde.

[298] Ibid.

Prinzip für die Überzeugung, dass das Weltall auf das Kommen des Lebens oder sogar des Menschen angelegt ist, das die Natur in dem Sinne, um nochmals mit Fred Hoyle zu sprechen, ein abgekartetes Spiel ist.

Bei näherem Hinsehen muss dazu einer ganzen (noch immer wachsenden) Reihe von Bedingungen genügt werden. D.h., dass die Möglichkeit des Lebensphänomens auf einem größte Genauigkeit erfordernden Zusammenspiel physikalischer Größen und Naturgesetze beruht – auf einem „delicate fine-tuning of the laws of Nature", mit den schon eher angeführten Worten von Davies, um das Universum „just right for life" zu machen[299]. Nicht umsonst hat Davies seinem Buch zu diesem Thema den Titel *The Goldilocks Enigma* gegeben. Damit wird an das Märchen von Goldlöckchen erinnert, einem Mädchen, das sich im Walde verirrt, aber dann ein Haus sieht, in dem, wie sich herausstellt, drei Bären wohnen. Als sie in das Haus eintritt, sieht sie drei Teller mit Brei auf dem Tisch. Sie versucht den ersten, der aber zu heiß ist, der zweite dagegen zu kalt, aber der dritte Teller hat eine Temperatur, die genau gut is. Nachdem sie ihn leer gegessen hat, sieht sie drei Stühle. Der erste ist zu hart, der zweite zu weich, aber wiederum ist der dritte genau gut. Die Moral der Geschichte: alles, das Leben, mit Einschluss des Menschen, kann nur dank ganz bestimmter Vorbedingungen bestehen.

Es würde zu weit führen, auch nur annähernd eine Aufzählung aller Vorbedingungen zu geben, denen entsprochen werden muss, damit das Phänomen des Lebens zur Entwicklung kommen kann. Einige sind übrigens schon zur Sprache gekommen, wie die in Kapitel 6 erwähnte Kohlenstoffresonanz, die im Prozess des Aufbaus in alten Sternen von Kohlenstoff, dem Basiselement des Lebens, eine entscheidende Rolle spielt. Diese Kohlenstoffresonanz erwies sich als abhängig von ,genau der guten Energie', um Sterne genügende Quantitäten Kohlenstoff produzieren zu lassen[300]. Diese Energie, mit deren Hilfe die Kohlenstoffresonanz stattfindet, wird ihrerseits durch das Zusammenspiel zweier fundamentaler Naturkräfte, der starken Kernkraft und der elektromagnetischen Kraft, bestimmt. Wäre die starke Kraft nur um ein Geringes stärker oder schwächer gewesen (möglicherweise nur um 1%), hätte das die Bindungsenergie der Kerne verändert und damit die Resonanz unmöglich gemacht. Dann hätten sich also kein Kohlenstoff und andere schwerere Elemente bilden können, die notwendige Ingredienzien für das Leben sind. Von der anderen Seite her betrachtet hat also eine der fundamentalen, für den ganzen Bau des Universums bestimmenden Naturkräfte einen innerhalb ganz schmaler Grenzen liegenden Wert, der dieses Weltall, mit Davies zu sprechen, „just right for life" macht.

---

[299] *A.a.O.*, S. IXf.
[300] Für nähere Einzelheiten, siehe Davies, *a.a.O.*, 156.

Aber nicht nur Leben wäre unmöglich gewesen, wäre die starke Kernkraft um ein Geringes stärker oder schwächer gewesen als faktisch der Fall ist. Sogar das ganze Universum, wie wir es kennen, hätte sich nicht bilden können. Das ist leicht zu erkennen, wenn man sich ins Gedächtnis zurückruft, dass die Atomkerne aller Elemente aus einer Kombination von Protonen und Neutronen bestehen, zusammengehalten durch die starke Kernkraft. Die einfachsten Kombinationen sind die von Proton plus Neutron (Deuterium oder Wasserstoff), Proton plus Proton (Diproton oder Helium) und Neutron plus Neutron (Dineutron). Wäre nun die starke Kernkraft und damit die Interaktion zwischen den zusammensetzenden Teilen des Atomkerns etwas stärker gewesen, wäre das Diproton eine sehr stabile Einheit gewesen (was es in der Tat auch ist). Die Folge wäre gewesen, dass aller Wasserstoff in einem frühen Stadium des Universums in Helium umgewandelt worden wäre und keine Verbindungen von Wasserstoff zustande gekommen wären. Dann hätten sich keine Sterne bilden können, die ja auf Wasserstoff laufende Reaktoren sind und die für die Bildung der chemischen Elemente notwendige Ingredienzien liefern. Auch hätte sich, um wieder zum Thema Leben zurückzukehren, kein Wasser (Produkt der Reaktion von Wasserstoff und Sauerstoff) als ‚vitale‘ Bedingung des Lebensphänomens bilden können. Und wäre die starke nukleare Kraft um ein Geringes schwächer gewesen, hätte das zur Auflösung des Wasserstoffkerns geführt, wären wieder, aber jetzt aus anderen Gründen, keine Wasserstoffverbindungen oder Elemente schwerer als Wasserstoff zustande gekommen, mit allen dazugehörigen Folgen, aufs Neue für das Universum im Allgemeinen wie auch für die Möglichkeit von Leben.

Auf derselben Ebene allgemeiner Eigenschaften des Universums, die es ‚biofriendly‘ machen, liegen noch eine Anzahl anderer Faktoren – ich berühre kurz noch einige von ihnen. Zuallererst das Alter des Weltalls – auch schon eher gestreift -, das für die Bildung von Galaxien lange genug gedauert haben muss, so dass sich darin Sterne mit Planetensystemen wie die Sonne entwickeln konnten. Das gilt übrigens nicht nur für das Alter, sondern auch für die Größe des Universums und die Quantität Masse, die es enthält. Das gibt zugleich eine Antwort auf die Frage, die Milton und mit ihm eine Reihe von Schriftstellern und Philosophen sich gestellt haben, und zwar, warum es so vieler Legionen von Sternen und solcher unermesslichen Räume brauchte, wenn sich alles im Weltall um Leben und Geist auf einem verschwindend kleinen Planeten dreht. In *Paradise Lost* lässt Milton Adam über das Problem grübeln, warum diese riesige Anzahl von Sternen im Dienst der Erde stehen sollte:

> „Nur um Licht zu bieten
> Dieser dumpfen Erde, diesem Punkt
> Oder Flecken, in stattlichen Bahnen Tag und Nacht,
> Aber weiter zu nichts nütze?"

Er kann in seiner Verwunderung, wie er zum Erzengel Raphael sagt, nicht verstehen,

> „Wie die Natur, genügsam und weise, so sehr
> Unverhältnismäßig und maßlos sein kann,
> Dass sie Himmelskörper soviel größer
> Und großartiger schuf, nur zu diesem Zweck?"[301]

Die Antwort des Erzengels ist, dass die riesigen Abmessungen des Himmels ein Beweis für „die hohe Majestät des Schöpfers" sind. Die moderne Antwort der Astrophysik (die übrigens nicht per se im Widerspruch zu der Antwort des Erzengels steht) ist, dass diese Anzahl von Sternen in der Größenordnung von 10^{22} und diese Abmessungen, und weiter diese Zeitmaßstäbe und Masse notwendig sind für das Entstehen eines Planeten mit den sehr unwahrscheinlichen Eigenschaften, die für die Entwicklung des Lebens erforderlich sind.

Ein anderes fundamentales Merkmal unseres Universums, das eine wichtige Vorbedingung für die Möglichkeit von Leben gewesen ist, ist dessen Dimension – ich hatte diesem Thema eher schon kurz vorgegriffen. Mehrere Physiker haben sich den Kopf über die Frage zerbrochen, warum wir in einem Weltall mit einem dreidimensionalen Raum leben. Schon Kant hatte diese Eigenschaft des Raumes mit der von Newton in seinem Gravitationsgesetz formulierten Einsicht in Zusammenhang gebracht, dass die Kraft, womit zwei Körper einander anziehen, umgekehrt proportional zum Quadrat der Distanz zwischen jenen Körpern ist – nur betrachtete er die Dreidimensionalität des Raumes als eine Konsequenz des Newtonschen Gesetzes anstatt anders herum[302]. Anknüpfend an Leibniz' Idee einer Vielheit möglicher Welten schrieb Kant dann, dass es auch ganz anders hätte sein können. Nämlich, dass „Gott (...) ein anderes, zum Exempel des umgekehrten dreifachen Verhältnisses [der Distanz zwischen den Körpern], hätte wählen können". Und dass sich aus so einem anderen Gesetz auch ein anderer Typus Raum mit anderen Eigenschaften und Abmessungen ergeben hätte. Bemerkenswert in diesem Zu-

---

[301] John Milton, *Paradise Lost*, Buch 8, 21ff.
[302] Kant, Gedanken von der wahren Schätzung der lebendigen Kräfte, in: *Kants gesammelte Schriften*, Akad.-Ausg. Bd. I, Berlin 1910, S. 24f.

sammenhang ist wohl, dass Kant diese Idee einer Vielheit möglicher Räume mit einer verschiedenen Dimensionalität später, namentlich in der *Kritik der reinen Vernunft*, wieder hat fallen lassen. Von dem dort präsentierten apriorischen Begriff des Raumes schreibt er nämlich, dass „die geometrischen Sätze (…) insgesamt apodiktisch (sind), d.i. mit dem Bewusstsein ihrer Notwendigkeit verbunden, z.B. der Raum hat nur drei Abmessungen".[303] Die Geometrie in der *Kritik der reinen Vernunft* ist demnach die euklidische und kann in Anbetracht des dort verwendeten Raumbegriffs auch keine andere sein.

Im Jahre 1917 schrieb der Leidener Physikprofessor Paul Ehrenfest einen bahnbrechenden Artikel, der 1920 auf Deutsch unter dem Titel ‚Welche Rolle spielt die Dreidimensionalität des Raumes in den Grundgesetzen der Physik?' publiziert wurde[304]. Darin legt er dar, dass das Bestehen stabiler planetarischer Umlaufbahnen, die Stabilität von Atomen und Molekülen und andere Eigenschaften der Natur wesentliche Folgen der Dreidimensionalität des Raumes sind. Und wieder ist, wie verschiedene Autoren behauptet haben, nur in einer derart dimensionierten Natur Leben möglich. Oder stärker, wie der Physiker Whitrow in einem Artikel ‚Why do we observe the Universe to possess three dimensions?' argumentierte, kann gezeigt werden, dass nur in einem solchen Universum Beobachter (gemeint ist: Menschen) bestehen können[305].

Das ist also abermals eine anthropische Argumentation: wir Menschen *sind* als Beobachter *da* und diese Tatsache hängt mit der Art der natürlichen Wirklichkeit, in diesem Fall mit ihrer Dreidimensionalität, zusammen. Diese Dimensionalität, so ist der Gedankengang, spielt bei der Beschaffenheit der Naturgesetze eine Schlüsselrolle, wie sie auch wesentlich mit den für die Art von Wirklichkeit, in der wir leben, bestimmenden Naturkonstanten zusammenhängt.

Neben diesen allgemeinen Merkmalen der Natur, die notwendige Bedingungen für die Möglichkeit von Leben bilden, gibt es noch eine ganze Reihe von ‚Koinzidenzen', ohne die das Leben auf Erden nicht bestehen könnte. Ich erwähne einige davon. Erstens befindet sich unser Sonnensystem in was Wissenschaftler die bewohnbare Zone des Milchstraßensystems nennen. Diese Zone enthält genau die richtigen Konzentrationen der für das Leben notwendigen chemischen Elemente.

---

[303] Kritik der reinen Vernunft, B 41, in: *Kants gesammelte Schriften*, Akad.-Ausg. Bd. III, 53.

[304] Publiziert in *Annalen der Physik* 366 (1920), 440-446. Der Text des niederländischen Originals ʻWelke rol speelt de drietalligheid der afmetingen van de ruimte in de hoofdwetten der physica?' wurde am 26. Mai von H.A. Lorenz in der Sitzung der Abteilung Mathematik und Physik der KNAW (Königliche Niederländische Akademie der Wissenschaften) verlesen und im nächsten Jahr auf Englisch publiziert unter dem Titel ‚In what way does it become manifest in the fundamental laws of Physics that space has three dimensions?' (*Proceedings KNAW*, vol. 20, part 2 (1918), 200-2009. In dieser englischen Fassung wird der Artikel meistens zitiert.

[305] Siehe Barow & Tipler, *a.a.O.*, 259, 266.

Weiter befindet sich unsere Erde innerhalb des Sonnensystems in einer Bahn nicht zu nah an der Sonne und nicht zu weit von ihr entfernt, in einer Zone m.a.W, wo es für das Leben nicht zu heiß oder zu kalt ist. Ein weiterer Umstand ist, dass die Erde einen schrägen Stand hat, der die Ursache des Zyklus der Jahreszeiten, der gemäßigten Temperaturen und der großen Verschiedenartigkeit der Klimazonen auf Erden ist. Auf diese Weise ist offenbar der schräge Stand der Erdachse eine günstige Vorbedingung für das Leben, ‚genau richtig‘ also. Das ist auch der Fall mit der Länge von Tag und Nacht infolge der Erdrotation. Wäre deren Geschwindigkeit viel niedriger, würden die Tage viel länger werden und würde dadurch die der Sonne zugekehrte Seite sehr heiß werden, während auf der anderen Seite rauhe Temperaturen herrschen würden[306]. Und wenn die Rotationsgeschwindigkeit viel höher wäre, würde das, abgesehen von der kurzen Dauer der Tage, fortwährend Stürme und andere schädliche Folgen verursachen. Schließlich besitzt die Erde wegen ihres Kerns aus flüssigem Eisen ein magnetisches Feld, das gegen gefährliche kosmische Strahlung und schädliche Einflüsse der Sonne wie Protuberanzen schützt. Und die Erde besitzt eine Atmosphäre, die als Schild gegen aus dem Weltraum hereinkommendes Gestein funktioniert und wieder nicht viel dicker oder dünner hätte sein dürfen, um uns das Atmen zu ermöglichen.

Angesichts all dieser Umstände, sowohl was die allgemeinen kosmischen als die besonderen irdischen Vorbedingungen betrifft, ist das Leben ein äußerst unwahrscheinliches Phänomen mit einem verletzlichen und prekären Dasein, mit dem deshalb mit großer Sorgfalt und Umsicht umgegangen werden muss. Und dennoch ist das Leben mit seinem unermesslichen Formenreichtum auf unserem Planeten und möglicherweise in anderen Teilen des Weltalls zustande gekommen. Das weist auf ein sehr fein abgestimmtes Zusammenspiel von Faktoren in der natürlichen Wirklichkeit hin.

Nochmals: Meisterplan oder Zufall?

Die Frage, die sich dann nochmals aufdrängt, ist: Müssen wir hier dann doch einen Meisterplan oder Entwurf vermuten, ist es im Gegenteil eine Angelegenheit eines rein zufälligen Zusammentreffens verschiedener Faktoren, oder was? Manche haben auch hier eine Art natürlicher Selektion am Werke sehen wollen, jetzt nicht auf einer bestimmten Ebene, der der Lebensformen, sondern des Universums als ganzen. Abgesehen von der Frage, wie das etwa zu denken wäre, spricht das gleiche Argument wie auf biologischem Niveau dagegen, und zwar, dass die Unwahr-

---

[306] Siehe dazu noch Peter D. Ward & Donald Browlee, *Rare Earth – Why Life is Uncommon in the Universe*, 2000, S. 224.

scheinlichkeit, dass auf rein zufälligem Weg eine so fein abgestimmte Wirklichkeit entstehen könnte, zu groß ist – man denke nochmals an Fred Hoyles Vergleich mit dem Jumbo-Jet.

Diese Weise des Sprechens über Zufall ist auch viel zu grob. Der Zufall kennt viele Gradunterschiede: was die günstigen Umstände für das Enstehen des Lebens auf Erden betrifft haben wir z.B. zwischen allgemeinen Merkmalen der Natur (Größe und gegenseitiges Verhältnis der Naturkräfte und -konstanten, Alter, Größe und Masse des Universums, Dimensionalität u.dgl.) und den irdischen Besonderheiten unterschieden. Und schon eher hatten wir gesehen, wie Barrow und Tipler als eine der Folgerungen ihrer Forschung formulieren, dass eine klare Trennung angebracht werden kann „zwischen den Aspekten der Natur, welche wir als Koinzidenzen betrachten können und jenen anderen, die unentrinnbare Folgen der fundamentalen Kräfte und der Werte der Naturkonstanten sind". Wenn in letzterem Fall schon von ‚Zufall' die Rede sein sollte, läge es zum mindesten auf einer anderen Ebene als derjenigen der ‚Koinzidenzen'.

Über Zufall sprechen wir in verschiedenen Kontexten. Im Rahmen des menschlichen Handelns verwenden wir den Begriff bei einem nicht gemeinten, ungeplanten Ereignis. Z.B., wenn wir, ohne dazu im mindesten die Absicht zu haben, einen Freund in der Stadt treffen. Ein ‚angenehmer Zufall' sagen wir dann.

Auf einer anderen Ebene liegt das Sprechen über Zufall in Bezug auf Naturgegebenheiten. ‚Zufall' bedeutet in dieser Beziehung, dass es keinen nachweisbaren Zusammenhang zwischen Phänomenen oder Prozessen gibt. Das kann noch auf verschiedene Weise interpretiert werden, nämlich in subjektivem oder objektivem Sinn. Ersteres beinhaltet, dass der Zusammenhang uns entgeht, während es einen solchen möglicherweise, wahrscheinlich oder sogar sicher wohl gibt. Letzterer Ansicht huldigte z.B. Spinoza (und mit ihm alle Deterministen): seiner Meinung nach spielt sich alles Geschehen mit eiserner Notwendigkeit ab. Wenn wir von Zufall sprechen, ist das nur Ausdruck unserer Unwissenheit[307].

Obwohl es noch immer (auch prominente) Naturwissenschaftler gibt, die an diesem Determinismus festhalten, haben wir eher in diesem Buche gesehen, dass es in den modernen Naturwissenschaften starke Hinweise gibt, diesen Determinismus aufzugeben. Die fundamentalen Naturgesetze, wenn es in striktem Sinn solche gibt, sind probabilistische Gesetze, wobei Wahrscheinlichkeit nicht nur eine epistemische Kategorie ist, sich also wieder auf unsere noch bestehende Unwissenheit bezieht, sondern auch eine ontologische Bedeutung hat. D.h., dass die Natur selber

---

[307] Spinoza, *Die Ethik* (Deutsch von Carl Vogl, Kröner, Stuttgart 1948), Lehrsatz I, 29: „In der Natur der Dinge gibt es nichts Zufälliges". Und Lehrsatz I, 33, Erläuterung 1: „Zufällig aber heißt ein Ding aus keinem anderen Grunde als mit Rücksicht auf einen Mangel unserer Erkenntnis."

ein Maß an ‚Unschärfe', Unbestimmtheit oder Spontaneität aufweist[308]. Bis hierher handelt es sich um negative Kategorien, die aussagen, wie es *nicht* ist, obgleich der letztgenannte Terminus ‚Spontaneität' schon den Übergang zu Kategorien mit einem positiven Inhalt bildet. Diese haben wir dann vor uns mit Ausdrücken wie Selbstordnung, Selbstbestimmung, Aktivität von innen her, Kreativität und sogar Inventivität.

Ohne Zweifel gibt es viel ‚Zufall' in der Wirklichkeit. Zunächst einmal auf dem Niveau voneinander getrennter Prozesse, die einander durchkreuzen. Sowohl das natürliche wie das soziale Geschehen sind voll davon. Auf einem anderen Niveau als dem der Einzelprozesse haben wir Typen oder Clusters von Prozessen. Aus diesem Gesichtswinkel steckt gewiss ein nicht unwichtiger Moment von Zufall in der Evolution des Lebens. Auf noch wieder höherem Niveau zeigen sogar die Naturgesetze und -konstanten ein Maß an Kontextgebundenheit. Alles, was sich nicht rein von sich her bestimmt, d.h. eine Dimension von Heterogeneität besitzt, ist empfindlich für Durchkreuzung, ‚zufallsanfällig' also. Und auch auf der höchsten Ebene, derjenigen des Universums als ganzen, kann man die Zufallsfrage stellen, warum es ist und warum es ist wie es ist. In dieser Kaskade von Ebenen bestimmt nun immer die höhere Ebene die Vorbedingungen der Phänomene auf der niederen. Zugleich bedeutet das die Einschränkung (aber gewiss keine Eliminierung) des Zufalls auf jener niederen Ebene. Um auf früher Gesagtes zurückzugreifen: indem man ein Auge für das Vermögen der Selbstorganisation des Lebens bekam, erwies sich die Rolle des Zufalls in der Evolution als viel beschränkter als in der orthodox darwinistischen Optik angenommen wurde.

Wäre es nun nicht möglich – es würde ganz zu der allgemeinen, in diesem Buch vertretenen Sicht der Natur passen –, dass auch auf der Ebene des Universums als ganzen ein solches Selbstorganisationsprinzip tätig ist? Anders gesagt: dass ebenso wie bei Phänomenen wie Leben oder Bewusstsein das Universum als Ganzes eine eigene inhärente ‚Logik' besitzt? Gewiss kann auch dann noch immer die Warum-Frage gestellt werden. Zwischen dieser Frage und der Bezeichnung von etwas als Zufall besteht ja eine enge Beziehung, wenn nämlich jene Frage nicht beantwortet

---

[308] Siehe dazu Ulrich Nortmann, *Unscharfe Welt? Was Philosophen über Quantenmechanik wissen möchten*, WBG, Darmstadt 2008, u.a. S. 110: „Die Welt selbst ist bis zu einem gewissen Grade unscharf." In ähnlicher Art Ian Stewart, *Life's Other Secret, a.a.O.*, S. 8: „The quantum World is a swirling fog of probabilities, in which chance is a fundamental feature of existence, and where matter has a degree of fuzziness (…)" Siehe für den objektiven (und nicht nur epistemischen) Charakter des Zufalls in der Natur weiter Bernulf Kanitscheider, *Von der mechanistischen Welt zum kreativen Universum*, WBG, Darmstadt 1993, 107 u.a. Auch Davies und Gribbin, *Auf dem Wege zur Weltformel, a.a.O.*, S. 200, nennen den Zufall „eine immanente Eigenschaft der Natur." Siehe noch, um es dabei bewenden zu lassen, Davies, *The Goldilock Enigma, a.a.O.*, S. 73: „*Quantum randomness (…) is irreducible, which is to say that quantum processes are in some sense genuinely spontaneous – without any specific cause.*"(Kursivierung von Davies).

werden kann. Vielleicht gibt es Warum-Fragen, die in der Tat nicht mehr beantwortet werden können und müssen wir uns damit zufriedengeben, die Realität zu akzeptieren, wie sie ist. Besonders wenn die Wirklichkeit sich uns zeigt in ihrer sublimen und überwältigenden Größe, Formenpracht und Harmonie. Vielleicht gilt für das Universum etwas Derartiges wie Angelus Silesius über die Rose schrieb, oft als Musterbeispiel der Schönheit der Natur angeführt:

> Die Ros ist ohn Warum
> Sie blühet weil sie blühet.
> Sie acht nicht ihrer selbst
> Fragt nicht ob man sie siehet[309].

Und schiene dies manchen etwas zu hoch gegriffen, bliebe man lieber etwas mehr in der Nähe des wissenschaftlich Fassbaren, ist es vielleicht gut, nochmals an die Aussage des Physikers und Philosophen Carl Friedrich von Weizsäcker zu erinnern, dass die Physik die Geheimnisse der Natur nicht wegerklärt, sondern sie auf tieferliegende Geheimnisse zurückführt[310].

---

[309] Angelus Silesius, *Cherubinischer Wandersmann*, Reclam, Stuttgart 1984, S. 69 (I, 289).
[310] C.F. von Weizsäcker, *Zum Weltbild der Physik*, Hirzel, Stuttgart 1949⁴, S. 20.

Kapitel 11: Einheit und Mannigfaltigkeit der Natur. Das Phänomen der Emergenz

Eine vielschichtige Wirklichkeit

An diesem Punkt angekommen und zurückschauend auf die bisher zurückgelegte Strecke, haben wir das Bild einer aktiven, kreativen Natur, die sich in einem überschwänglichen Reichtum von Seinsformen, sowohl in horizontaler als vertikaler Hinsicht, organisiert. Horizontal, in Anbetracht der immensen Diversität der Erscheinungen schon auf derselben Ebene, z.B. der chemischen Elemente (mittlerweile sind deren 118 bekannt, von denen für die zuletzt entdeckten noch nicht einmal Namen festgelegt worden sind), der Gesteine, der Viren, der Pflanzen- und Tierarten, der Verhaltensweisen, der sozialen Lebensformen, usw. Aber nicht weniger in vertikaler Hinsicht, in Anbetracht der vielen Ebenen aufsteigender Komplexität. Das Naturbild, das sich auf diese Weise abzeichnet, ist das einer vielschichtigen Wirklichkeit, wobei immer aufs Neue durch Überschreitung von Komplexitätsschwellen ‚emergent' neue Typen von Erscheinungen mit neuen Eigenschaften und Funktionsweisen auftreten. Die Natur, kurzum, erscheint als ein System von Systemen von immer höherer Komplexität und Ordnung, entsprechend einer Stufenleiter von Seinsformen mit immer neuen, bisher unbekannten Eigenschaften.

In Kapitel 6 habe ich schon erwähnt, dass ein solches Schichtenmodell der Wirklichkeit in der Philosophie schon öfters aus mehr oder weniger phänomenologischen Gründen vertreten worden ist. Ich erinnerte in diesem Zusammenhang an die altgriechische und mittelalterliche Idee der ‚scala naturae', der Leiter der Natur bzw. der ‚Great Chain of Being', der großen Kette der Seinsformen, reichend von der Materie auf der untersten Stufe bis hinauf zu Gott als dem vollkommensten Seienden obenan auf der Leiter. Und ich verwies auf die Form, die diese Sicht der Natur als einer geschichteten Wirklichkeit beim Phänomenologen Nikolai Hartmann annimmt, der in seinem Buch *Der Aufbau der realen Welt* vier Wirklichkeitsniveaus unterscheidet, und zwar die physische, organische, seelische und geistige Ebene. Und ich bemerkte dazu, dass eine Naturphilosophie in Kategorien von komplexen Systemen einer solchen Auffassung wieder neue Nahrung gibt.

Geist und Materie, das ‚Physische' und das ‚Mentale'

Noch einfacher als das Vierschichtenmodell von Hartmann ist selbstverständlich der ontologische Dualismus von Geist und Materie, wie er namentlich von Descartes in das moderne Denken eingeführt ist. – Wobei gesagt werden soll, dass Descartes sich dabei auf eine sehr weit zurückreichende Tradition stützt. Aber im Kontext einer tiefgreifend geänderten Sicht der Wirklichkeit, mit dem Aufstieg des ‚mechanisierten Weltbildes' nämlich, bekommt der Dualismus bei ihm eine ganz neue Auslegung. – Nun, dieser Cartesische Dualismus ist für die Philosophie und Wissenschaft der modernen Zeit in hohem Maße bestimmend geblieben. In der Philosophie reicht er über Leibniz und Kant bis zur Existenzphilosophie im zwanzigsten Jahrhundert mit ihrem scharfen Gegensatz zwischen der dem Menschen völlig fremden Welt der Natur und der durchlebten menschlichen Innenwelt. Und in der Wissenschaft (und der sich stark an der Wissenschaft orientierenden Philosophie) finden wir den Dualismus in der ständig zurückkehrenden Unterscheidung des ‚Physischen' und des ‚Geistigen' (‚the physical' und ‚the mental') wieder – ich komme damit nochmals zurück auf das, was ich dazu in Kapitel 8 bereits bemerkt habe.

Um einige Beispiele aus der Sphäre der an der Wissenschaft orientierten Philosophie zu geben: Herbert Feigl schrieb eine Abhandlung, deren Titel *The ‚Mental' and the ‚Physical'*[311] schon für sich spricht. Die Schriften von John Searle, der sich ausführlich mit dem Körper-Geist-Problem befasst hat, stehen in hohem Maße im Zeichen der Analyse des Verhältnisses von ‚the physical' und ‚the mental'. Dazu muss bemerkt werden, dass Searle einen Substanzdualismus im Sinne Descartes' verwirft, ebenso einen ‚Eigenschaftsdualismus' in der Art von unter anderen Thomas Nagel. Er erkennt die eigene Art des Geistigen an und wendet sich gegen den Materialismus von Philosophen wie J.J.C. Smart, D.Dennett, U.T. Place und anderen, die Geist, Bewusstsein, Innerlichkeit und Intentionalität entweder einfach als non-existent oder als eine Begleiterscheinung von Gehirnprozessen betrachten. Diesen reduktionistischen Positionen gegenüber bricht er, wie gesagt, eine Lanze für die eigene Seinsweise des Geistes, entdeckt er diese sozusagen wieder. Daher auch der Titel seines bekanntesten Buches zu diesem Thema *The Rediscovery of the Mind*[312], die Wiederentdeckung des Geistes. Das erklärt auch die Fragen, die er am Anfang seines Buches stellt: „Was genau ist das Bewusstsein und wie verhalten sich geistige Zustände zum Unbewussten? Was sind die spezifischen Merkmale des ‚Geistigen', Merkmale wie Bewusstsein, Intentionalität, Subjektivität, geistige Ver-

---

[311] University of Minnesota Press, Minneapolis 1967.
[312] MIT Press, Cambridge, Mass. 1994.

ursachung; und wie genau funktionieren sie? Was sind die kausalen Beziehungen zwischen ‚geistigen‘ und ‚physischen‘ Phänomenen? Und können wir diese kausalen Beziehungen in einer Weise charakterisieren, die den Epiphänomenalismus vermeidet?"[313]

Besonders die letzte Frage ist bei Searle brisant. Denn obwohl er stark betont, dass die Eigenschaften des Geistigen nicht zurückführbar sind, hält er dennoch daran fest, dass das Bewusstsein durch Gehirnprozesse verursacht wird. „Das Bewusstsein wird durch einer niederen Ebene zugehörige Nervenprozesse im Gehirn verursacht und ist selber ein Merkmal des Gehirns." Das kommt selbstverständlich sehr in die Nähe einer Form von Epiphänomenalismus. Deutlich ist das der Fall, wenn er schreibt, dass „der *geistige* Zustand des Bewusstseins eben ein gewöhnliches biologisches, d.i. *physisches* Merkmal des Gehirns ist" („the *mental* state of consciousness is just an ordinary biological, that is, *physical*, feature of the brain"). Aber wenn Searle einerseits das Bewusstsein oder das Geistige als durch neurologische Prozesse verursacht ansieht und andererseits die Eigenständigkeit desselben vertritt, wird es interessant, zu sehen, wie er die kausale Beziehung näher denkt. Siehe dazu folgende Passage: „Weil es [das Bewusstsein] ein Merkmal ist, das aus gewissen neurologischen Aktivitäten hervorgeht, können wir es als eine ‚emergente Eigenschaft‘ des Gehirns betrachten. Eine emergente Eigenschaft eines Systems ist eine, die durch das Verhalten der Elemente des Systems kausal erklärt wird; sie ist jedoch keine Eigenschaft der individuellen Elemente und kann nicht einfach als eine Addition der Eigenschaften jener Elemente erklärt werden." Es ist der Erwähnung wert, dass hier ein Begriff auftaucht, der zuvor in diesem Buch eine wichtige Rolle erfüllte, und zwar derjenige der Emergenz (bei Searle ausdrücklich auf eine Eigenschaft beschränkt, kein Phänomen also). Ich erörtere den Begriff der Emergenz noch näher, wobei auch klar werden wird, worin präzis der Unterschied zwischen Searles Position und der meinigen liegt. Weiter bemerke ich, dass, weil wir bei kausalen Beziehungen für gewöhnlich an Beziehungen zwischen Ereignissen denken und das Bewusstsein kein zusätzliches Ereignis in Hinsicht auf Gehirnprozesse ist, Searle sich gezwungen sieht, eine besondere Art von Kausalität einzuführen, von ihm als ‚nichtereignishafte Verursachung‘ (‚non-event causation‘) angedeutet.

In der Wissenschaft sieht es oft nicht anders aus, es sei denn, dass dort eine starke Tendenz zum Reduktionismus besteht. Schon im 18. und 19. Jahrhundert sind Bewusstseinsphänomene oft nur als Nebeneffekte von Hirnprozessen betrachtet, in der Psychiatrie z.B. ganz bündig in der Aussage von Wilhelm Griesinger (aus dem

---

[313] *A.a.O.*, S. 2.

Jahr 1845!) zusammengefasst: „Alle Geisteskrankheiten sind Gehirnkrankheiten." Es ist klar, dass eine große Gruppe, wahrscheinlich sogar die Mehrheit, der heutigen Molekularbiologen, Gehirnforscher und Psychiater, diese Auffassung teilt. So schreibt z.B. Francis Crick, der, wie bekannt, zusammen mit James Watson die Struktur des DNS enträtselte, in seinem Buch *The Astonishing Hypothesis: The Scientific Search for the Soul*: „Dass ‚Sie', Ihre Freuden und Betrübnisse, Ihre Erinnerungen und Ihre Ambitionen, Ihr Gefühl von persönlicher Identität und Willensfreiheit faktisch nicht mehr [sic! vdW] sind als das Verhalten einer großen Sammlung von Nervenzellen und mit ihnen assoziierten Molekülen."[314] Ähnliche Ansichten finden sich in den Niederlanden in den in Kapitel 8 schon genannten Büchern von Dick Swaab und Viktor Lamme.

Aber auch wo man einen solchen Reduktionismus nicht vertritt, bleibt dennoch oft eine Art von Zweischichtenmodell in Kraft. Wie es z.B. der Fall ist im schon eher genannten Buch *The Self and its Brain* vom Philosophen Karl Popper und dem Neurophysiologen John Eccles. Sie vertreten darin, wie schon erwähnt, die Position des Interaktionismus, die These, dass Geist und Körper zwei selbständige Wirklichkeitsformen sind, die gegenseitig auf einander einwirken. Sie nennen sich selber dann auch Dualisten oder sogar Pluralisten. Letzteres bezieht sich selbstverständlich auf Poppers Dreiweltenlehre, in der neben der Welt der physikalischen Objekte (‚Welt 1') und derjenigen der Geisteszustände (‚mental states', ‚Welt 2') noch eine dritte Welt unterschieden wird, und zwar diejenige der Inhalte von Gedanken wie Zahlensystemen, wissenschaftlichen Theorien, Geschichten usw., die ein objektives Dasein haben und deshalb vielmehr entdeckt als erfunden oder nach Belieben konstruiert werden. Und wiederum – darum geht es mir selbstverständlich – hat es den Anschein, dass die geistige und die physikalische Welt eigenständige Bereiche sind, innerhalb deren alle Erscheinungen und Prozesse von derselben Sorte sind und sich an dieselben Regeln halten.

Einheit und Mannigfaltigkeit

Wenn eine zentrale These dieses Buches richtig ist, nämlich dass die Natur aus einer aufsteigenden Reihe von Systemen mit immer zunehmender Komplexität und höheren Formen von Ordnung besteht, so impliziert das, dass das Sprechen in Kategorien von ‚dem Physischen' und ‚dem Geistigen' eine immense Simplifikation ist. Denn: entweder kennt die Natur eine solche Zweiteilung in zwei ontologische Bereiche mit total verschiedenen Eigenschaften und Formen von Ordnung nicht,

---

[314] Simon and Schuster, New York 1994, S. 3.

kennt sie also genau genommen nur ein Wirklichkeitsniveau mit einem Typus von Entitäten. Oder sie kennt eine ganze Reihe solcher Wirklichkeitsbereiche, jeder mit seinem eigenen Typus von Erscheinungen und seiner spezifischen Ordnung.

Nun, die von mir vertretene Position ist, dass auf eine bestimmte Weise verstanden, beides der Fall ist. Das heißt, dass die Natur zugleich Einheit und Mannigfaltigkeit aufweist. Einerseits kann die Natur als die ‚Great Chain of Being‘, von der früher die Rede war, betrachtet werden. Die verschiedenen Seinsregionen bauen auf einander auf, Atome auf subatomaren Teilchen, Moleküle auf Atomen, Zellen auf Molekülen, Organismen (über allerhand Zwischenglieder wie Gewebe und Organe) auf Zellen, usw. Oder, auf andere Weise angegangen: das Chemische fußt auf dem Physikalischen, das Organische auf dem Chemischen, das Psychische auf dem Organischen, und weiter ebenso, was das Soziale, Kulturelle und Geistige betrifft. Das Bindeglied dabei ist das offene, komplexe, nichtlineare, gleichgewichtsferne System bzw. die dissipative Struktur. Aber darin liegt auch genau der Schlüssel zum Unterschied zwischen den verschiedenen Ebenen der Erscheinungen. Und es werden bei der Anhebung der Komplexität von Systemen doch kritische Schwellen überschritten, wobei sie durch Selbstorganisation, von sich her also, Eigenschaften und Verhaltensweisen zeigen, die aus den Eigenschaften und Verhaltensweisen vor dem kritischen Sprung nicht erklärbar sind. Dennoch müssen diese ‚emergenten‘ Eigenschaften und Verhaltensweisen dispositionell schon in den früheren Strukturen veranlagt gewesen sein. Ein Hinweis darauf ist das Auftreten von Merkmalen von Systemen – es geht, um nochmals daran zu erinnern, immer um systemische Eigenschaften -, die auf höheren Niveaus deutlicher zur Entwicklung kommen, aber auf niederen Niveaus in ‚primitiverer‘ Ausführung auch bereits da waren. Wir haben dieses Auftreten von Vorformen oder Präfigurationen eher in Bezug auf den Metabolismus beschrieben, der oft als ein unterscheidendes Merkmal der Lebenserscheinungen betrachtet wird, aber, wie es sich herausstellte, sich bei allen dissipativen Strukturen (in einfacherer Form also) ergab. Und etwas Ähnliches gilt für die Selbstreplikation, eine Erscheinung, die ebenfalls auf präbiotischem Niveau schon nachweisbar ist, aber dann auf organischem Niveau in entwickelterer Form auftritt. Dieses Phänomen, dass sich bestimmte Merkmale der Wirklichkeit auf ganz verschiedenen Organisationsniveaus finden – aber immer in der zum fraglichen Organisationsniveau passenden Form -, habe ich zuvor nach dem Vorbild von Jantsch als das Homologieprinzip beschrieben.

In einem vorangehenden Kapitel habe ich den Organismus zur Illustration der Schichtenstruktur der Wirklichkeit angeführt, wobei die Niveaus auf einander aufbauen, aber zugleich die Niveaus höherer Ordnung einen neuen Typus von Erscheinungen mit eigenen Eigenschaften und eigenen Ordnungsformen repräsentieren. Stärker noch: die Erscheinungen höherer Ordnung zeigten nicht nur in Bezug auf die Niveaus, auf denen sie fußen, eine eigene irreduzible Seinsweise, sondern auch eine eigene Aktivität und Kausalität. Sie sind m.a.W. nicht einseitig abhängig von den Phänomenen und Prozessen auf den niederen Niveaus, sondern wirken darauf auch zurück, steuern jene Phänomene und Prozesse von höheren Organisationsprinzipien aus, ‚überformen' sie sozusagen. Das schöne Büchlein *The Music of Life* von Denis Noble lieferte für eine solche Sicht der Lebenserscheinungen ausgiebig Illustrationsmaterial.

Emergenz

Soeben war erneut vom Terminus ‚Emergenz' die Rede. Weil er in früheren Passagen schon mehrmals zur Sprache gekommen ist in Bezug auf Eigenschaften, Verhaltensweisen und Typen von Erscheinungen, ist dies Grund genug, dem Phänomen Emergenz Aufmerksamkeit zu widmen. Was ihre Etymologie betrifft, gehen die Termini ‚emergent' und ‚Emergenz' auf das Lateinische ‚emergo', auftauchen, zum Vorschein kommen, sich zeigen, zurück, und sind sie in diesen Bedeutungen auch in das Französische und Englische übergegangen. In diesem Sinne finden sie sich regelmäßig im französischen und englischen alltäglichen Sprachgebrauch.

Eine mehr technische Bedeutung erhielten genannte Termini in den Jahrzehnten vor und nach 1900. Man geht allgemein davon aus, dass George Henry Lewis den Terminus ‚Emergenz' in seinem Buch *Problems of Life and Mind*[315] in den wissenschaftlichen Sprachgebrauch eingeführt hat. Auf seinen Spuren sind mehrere Autoren weitergegangen, von denen die sogenannten ‚britischen Emergentisten' die bekanntesten geworden sind: der Psychologe und Evolutionstheoretiker Conwy Lloyd Morgan und die Philosophen Samuel Alexander und C. D. Broad[316]. Sie verwenden den Begriff Emergenz um die Kluft zwischen den physikalischen und chemischen Wissenschaften einerseits und der Psychologie und den sozialen Wissenschaften andererseits zu überbrücken. Morgan war schon in den neunziger Jahren des 19. Jahrhunderts auf der Grundlage des empirischen Materials zu der Schlussfolgerung gelangt, dass die Entwicklung des Lebens auf der Erde eine diskontinuierliche Serie Stadien mit radikal neuen Lebensformen und Verhaltensweisen zeigt. Die Evolution des Lebens vollzieht sich m.a.W. nicht nur, wie die Neodarwinisten behaupten, via kleine Anpassungen infolge zufälliger Variationen, sondern regel-

---

[315] Kegan Paul, London 1875.
[316] Für die Geschichte des Emergenzbegriffs, siehe Philip Clayton, ‚Conceptual Foudations of Emergence Theory', in: Philip Clayton & Paul Davies (eds.), *The Re-Emergence of Emergence. The Emergentist Hypothesis from Science to Religion*, OUP, Oxford 2009, 4-31.

mäßig über mehr oder weniger plötzliche Umschläge. Sein späteres Buch *Emergent Evolution*[317] (schon der Titel ist vielsagend) bietet dann die Ausarbeitung und das nähere Durchdenken der These, dass der Evolutionsprozess in der Tat beträchtliche Diskontinuitäten aufweist und dabei emergente Eigenschaften hervorbringt. Die Wirklichkeit zeigt auf diese Weise in seiner Sichtweise eine ganze Reihe verschiedener Niveaus oder, um seine eigenen Worte zu verwenden, „Ordnungen der Realität" (‚orders of reality'), was dann weiter beinhaltet, dass „1) es eine zunehmende Komplexität in ganzheitlichen Systemen gibt, wenn neue Arten von Bezogenheit nacheinander supervenieren; 2) dass die Wirklichkeit in diesem Sinne einen Entwicklungsprozess durchmacht; 3) dass es eine aufsteigende Leiter dessen gibt, bei dem wir von einem Reichtum an Wirklichkeit sprechen können; und 4) dass die reichste uns bekannte Wirklichkeit auf der Spitze der Pyramide der bisherigen emergenten Evolution liegt."[318]

Die oben genannten Philosophen Alexander und Broad übernehmen dann diese Einsicht und machen sie salonfähig. Beide sind der Ansicht, dass es sich beim Emergenzphänomen um das Auftreten von Erscheinungen höherer Ordnung handelt, die mit der Kenntnis der Eigenschaften und Regelmäßigkeiten des Niveaus niederer Ordnung unvorhersagbar sind. Aber während Alexander meint, dass das nur der Beschränktheit unserer Erkenntnis zugeschrieben werden muss (er vertritt m.a.W. eine Form von schwacher Emergenz[319]), geht Broad weiter, indem er behauptet, dass auf den verschiedenen Ebenen von Ordnung verschiedene niveauspezifische Kausalgesetze herrschen. Die Eigenschaften der höheren Niveaus können also *prinzipiell* nicht mittels der Merkmale der niederen und der dort herrschenden Regelmäßigkeiten erklärt werden (Emergenz im starken Sinn). Es wird einleuchten, dass die Ansichten von Broad eine starke Affinität zu der in diesem Buche von mir vertretenen Position aufweisen.

Terrence Deacon hat in seinem bemerkenswerten Buch *Incomplete Nature. How Mind Emerged [!] from Matter*[320] darauf hingewiesen, dass Broad mit seiner Idee, dass auf verschiedenen Organisationsebenen verschiedene Typen von Kausalgesetzen herrschen, auf einem Gedanken von John Stuart Mill weiterbaut. Dieser unterschied nämlich ‚homopathische' und ‚heteropathische' Gesetze, wie sie von ihm benannt werden. Erstere beziehen sich auf Prozesse, die sich auf einer bestimmten Ebene vollziehen, während letztere die Beziehungen zwischen den Ebenen regeln und deshalb auch als Brücken bildende Gesetze (‚bridging laws') bezeichnet wer-

---

[317] Holt, New York 1931.
[318] Morgan, *a.a.O.*, S. 203, zitiert bei Clayton, *a.a.O.*, S. 12.
[319] Siehe den Text zu Anmerkung 333.
[320] Norton, New York/London 2012, S. 154f.

den. Bei beiden, Mill und Broad, bedeutet das Erscheinen von Leben und Geist demnach das Auftreten von Phänomenen mit eigenen spezifischen Eigenschaften und Kausalgesetzen. Bei beiden ist die Wirklichkeit deshalb durch Diskontinuität gekennzeichnet, obgleich sie eine Form von Zusammenhang wiederherzustellen versuchen, Mill durch seine heteropathischen Gesetze und Broad durch Gesetze, die er ‚transordinal' nennt.

Kontinuität oder Diskontinuität in der Natur

Damit ist ein Problem, das in der Diskussion bezüglich der Emergenz immer wieder aufkommt, angesprochen worden, und zwar wie es um die Kontinuität oder Diskontinuität der Natur eigentlich bestellt ist. Eine Auffassung dabei ist, dass die hier zur Diskussion stehenden Qualitäten zwar neu und nicht ableitbar *scheinen*, aber es nicht wirklich *sind*. Das ist z.B. schon die Überzeugung des französischen Philosophen J.B. Robinet (1735-1820), verteidigt in seinem vierbändigen Hauptwerk *De la Nature* (1761-1768). Die große Präsupposition dabei ist, was Robinet das Gesetz der Kontinuität (‚loi de continuité') nennt, die von ihm als „das erste Axiom der Naturphilosophie" betrachtet wird. Darum kritisierte er seinen Landsmann Bonnet, der vier allgemeine Klassen von Entitäten unterschied, und zwar anorganische, organische aber unbeseelte (d.h. Pflanzen), organische und beseelte, aber ohne Vernunft (Tiere) und organische, beseelte und vernünftige Wesen (selbstverständlich Menschen). Eine solche Einteilung in Klassen, so sagt Robinet, steht diametral im Gegensatz zum Kontinuitätsprinzip, weil sie bestimmten Arten von Dingen Eigenschaften zuschreibt, welche anderen gänzlich abgehen. Jeder wirkliche qualitative Unterschied zwischen zwei Dingen bedeutet notwendig eine Diskontinuität und also einen Bruch in der großen Kette des Seienden. Die einzige Weise, das Prinzip zu retten, kann deshalb nur darin bestehen, anzunehmen, dass alle Dinge in gewissem Maße bei irgendeinem anderen Ding auffindbare Qualitäten besitzen. Also müssen auch Dingen, die ganz unten auf der Leiter der Natur stehen, in rudimentärer Form die Eigenschaften, die sich bei den höchsten Seinsformen finden, zukommen, und umgekehrt. „Wenn wir das Gesetz der Kontinuität intakt lassen wollen, (…) wenn wir der Natur gestatten wollen, unbemerkt von dem einen ihrer Erzeugnisse zum anderen überzugehen, ohne sie zu zwingen, Sprünge zu machen, müssen wir nicht das Bestehen anorganischer oder unbeseelter oder nichtvernünftiger Entitäten zulassen (…) Wo es auch nur eine einzige wesentliche Qualität gibt (eine *wesentliche*, sage ich), die für eine gewisse Anzahl von Dingen unter Ausschluss anderer kennzeichnend ist, da ist die Kette gebrochen, das Gesetz der Kontinuität wird eine Schimäre und die Idee eines Ganzen eine Absurdität." Die Einheit der Natur ist dann m.a.W. verlorengegangen.

Lovejoy, dem ich das Obenstehende entlehne[321], bemerkt dazu: „Dies war eine scharfe und wichtige Beobachtung in Bezug auf den Begriff des qualitativen Kontinuums. Sie explizierte und verallgemeinerte die Logik, die in vagerer und weniger konsistenter Form von vielen späteren Philosophen befolgt werden würde. Eines der Hauptmotive für den Panpsychismus in unserer Zeit ist der Wunsch, die Diskontinuität zu vermeiden, die klar in der Annahme impliziert ist, das Bewusstsein oder das Wahrnehmungsvermögen sei eine ‚emergente' Eigenschaft, die plötzlich auf einem bestimmten Niveau der Integration von Materie oder an einem bestimmten Punkt der planetarischen Evolution zum Vorschein kommt (‚supervenes'). Allem solchen Räsonieren liegt die Annahme der Notwendigkeit dessen, was die ‚retrotensive Methode' genannt werden kann, zu Grunde – die Regel, dass was empirisch in oder in Verbindung mit den komplexeren und hoch entwickelten Entitäten gefunden wird, schlussfolgernd in die einfacheren und früheren Entitäten zurückgelesen werden muss. Aber während spätere Autoren diese Methode in der Regel ab und zu und ohne sich deren allgemeiner Tragweite bewusst zu sein, angewandt haben, sah Robinet, dass sie entweder allgemein angewandt werden muss, oder dass zugegeben werden muss, dass sie überhaupt nicht stichhaltig ist. Wie der vernünftige Leser vielleicht einsehen wird, war das Ergebnis einfach eine *reductio ad absurdum* des Kontinuitätsprinzips. Aber für Robinet war es das Sicherstellen mittels eines einzigen Manövers einer ganzen Gruppe philosophischer Schlussfolgerungen – unter anderen des Hylozoismus, des Panpsychismus und einer bestimmten Art von Panlogismus, der Doktrin der Allgegenwärtigkeit von Rudimenten von Rationalität in allen natürlichen Dingen."[322]

Aber nicht nur, dass Lovejoy in obenstehender Passage im Vergleich zu Robinet genau die entgegengesetzte Schlussfolgerung zieht: dass, weil Panpsychismus, Hylozoismus und Panlogismus seiner Ansicht nach unvertretbare Auffassungen sind, daraus die Ungültigkeit des Kontinuitätsgesetzes hervorgeht. Er fühlt sich anscheinend unbehaglich beim Begriff Emergenz (nicht ohne Grund steht er in obenstehender Passage in Anführungszeichen). So stellen wir erneut die Frage, wie es um die Kontinuität bzw. Diskontinuität der Natur und im Zusammenhang damit um die Deutung des Phänomens Emergenz bestellt ist. Soviel ist jedoch bei Lovejoy schon deutlich: keine Kontinuität zum Preis von Panpsychismus usw.

---

[321] *The Great Chain of Being,* a.a.O., S. 276.
[322] *A.a.O.,* 276f.

Supervenienz

Das Zitat von Lovejoy enthält noch einen Hinweis auf einen Begriff, der regelmäßig zur Erhellung und sogar Definierung des Emergenzbegriffs verwendet wird, und zwar den der Supervenienz. Er schreibt nämlich, die Annahme bei Emergenz sei, dass eine Eigenschaft oder Funktion auf einem bestimmten Niveau der Integration von Materie plötzlich ,supervenes'. (Das würde also einen Verstoß gegen das Kontinuitätsprinzip bedeuten, dem nur durch Einführung der Idee des Panpsychismus zu entrinnen wäre.) Auch andere Autoren wie Maxwell, Searle, Davidson und schon Lloyd Morgan präzisieren den Emergenzbegriff durch den der Supervenienz.

Supervenienz (vom Lateinischen ,supervenire', zu etwas hinzukommen) ist ein Begriff, der meines Wissens aus der Wertlehre (Axiologie) stammt und auf G.E. Moore zurückgeht. Er bezieht sich da auf das Verhältnis von deskriptiven Eigenschaften einer Entität und einem ihr zugehörenden Wert. Der Wert einer Sache wird also durch die deskriptiven Qualitäten bestimmt. Aber zugleich wird, um dem Naturalismus zu entgehen, behauptet, dass es keine logische Konjunktion zwischen diesen Eigenschaften und dem betreffenden Wert gibt. M.a.W. ist der Wert nicht auf die Eigenschaften, zu denen er superveniert, zurückführbar.

Der englische Moralphilosoph Hare erläutert das am Begriff ,gut'. Wenn wir von Franziscus von Assisi sagen, dass er ein guter Mensch war, so ist das aufgrund bestimmter Eigenschaften, die er besaß. Aber, so sagt Hare, dieses Gutsein von Franziscus ist nicht logisch mit diesen Eigenschaften schon impliziert. Andererseits: „das Urteil, dass ein Mensch moralisch gut ist, ist nicht logisch unabhängig von dem Urteil, dass er bestimmte andere Eigenschaften besitzt, die wir Tugenden oder gutmachende Merkmale nennen können; es besteht eine Beziehung zwischen ihnen, obgleich es keine Beziehung von Implikation oder Identität von Bedeutung ist."[323]- Kein Wunder, dies als Zwischenbemerkung, dass in der Diskussion in Bezug auf den Supervenienzbegriff auch weiterhin Zweifel besteht, ob das Verhältnis von bestimmenden deskriptiven und supervenienten evaluativen Qualitäten so definiert werden kann, dass letztere in der Tat irreduzibel sind. Denn wenn das letztlich doch nicht der Fall wäre, würde das auf fatale Weise den Gedanken untergraben, der bei der Einführung des Supervenienzbegriffs beabsichtigt war, nämlich eine Abhängigkeitsbeziehung festzustellen, die zugleich Reduzierbarkeit ausschließt.

Das Problem, das schon bei Supervenienz in werttheoretischem Sinn spielt, und zwar dass daran zwei sich übereinander schiebende Arten von Eigenschaften betei-

---

[323] R.M. Hare, *The Language of Morals*, OUP, London/Oxford 1970 (1952), S. 145.

ligt sind, die jede ihre eigene Seinsweise haben und sie in der gegenseitigen Beziehung auch behalten -, dieses Problem wird noch verstärkt, wenn Supervenienz zur Erhellung von Emergenz verwendet wird. Emergenz bedeutet ja nicht nur, dass beim Überschreiten von kritischen Schwellen unerwartet und unvorhersagbar neue Phänomene, Eigenschaften und Verhaltensweisen entstehen. Sondern auch, dass die Phänomene niederer Ordnung in neue Zusammenhänge aufgenommen und von daher ‚abwärts‘ bestimmt werden – man denke nur an die Bénard-Konvektion, wo plötzlich die vielen separaten Moleküle ein kooperatives Verhaltensmuster zeigen, oder an die Lebenserscheinungen, wo chemische Prozesse von einer höheren Konfiguration her gesteuert werden. Denken in Kategorien von Supervenienz bleibt demgegenüber anfällig für den Verdacht einer Art von Unterbau-Überbaumodell, wobei der Unterbau die tragende und bestimmende Partie und der Überbau die abhängige Partie ist, wenn man sich (siehe Hare) auch alle Mühe macht, sich diesen Vorwurf vom Leibe zu halten. Weil Supervenienz auf diese Weise im Zeichen des ‚bottom-up‘-Denkens stehen bleibt, ist es meiner Ansicht nach ein ungeeignetes Mittel, das Phänomen Emergenz zu erhellen. Und es scheint mir richtig, dass der englische Philosoph John Dupré das Denken in Kategorien von Supervenienz als eine Form von Reduktionismus betrachtet[324].

Obenstehender Exkurs war an der Beziehung von Emergenz und Supervenienz, die wir schon bei Lovejoy fanden und die dann auch von anderen herangezogen wurde, festgemacht worden. Wie eher gesagt, spiegeln Lovejoys Bemerkungen in diesem Punkt seine Abneigung gegen den Emergenzbegriff, weil dieser Auffassungen wie Panpsychismus und Panlogismus, die er als absurd und unvertretbar erachtet, unterstützen könnte.

Eine vergleichbare Argumentation finden wir beim amerikanischen Philosophen Galen Strawson mit seiner ‚No-Radical Emergence Thesis‘[325]. Auch bei ihm geht es um die Abwehr des Panpsychismus. Denn: „erfahrbare Wirklichkeit kann möglicherweise nicht aus überhaupt nicht erfahrbarer Wirklichkeit hervorgehen.“ Deshalb, wenn der Emergenzbegriff schon gültig ist, dann nur in der Form „totaler Abhängigkeit“: „If it really is true that Y is emergent from X then it must be the case that Y is in some sense wholly dependent on X and X alone, so that all features of Y trace intelligibly back to X.“ Umgekehrt gesagt: „wenn irgendein Teil oder Aspekt von Y nur so irgendwoher aus der Luft hagelt (‚hails from somewhere else‘), dann können wir nicht sagen, dass Y emergent von X her stammt.“

---

[324] John Dupré, *Human Nature and the Limits of Science*, Clarendon, Oxford 2001, S. 160.
[325] G. Strawson, ‚Realistic Monism‘ und ‚Reply‘, in: Galen Strawson et al., *Consciousness and Its Place in Nature* (Anthony Freeman, ed., Charlottesville, VA, 2006), zitiert bei Noam Chomsky, ‚The Mysteries of Nature: How Deep Hidden?‘, in: *Journal of Philosophy*, vol. 106/4, 2009, 167-200, hier S. 192f.

Die unberechtigte Fixierung auf Vorstellbarkeit

Das Beispiel, das hierbei immer wieder verwendet wird, auch wieder von Strawson, ist jenes von Flüssigkeit als emergenter Eigenschaft des Verhaltens von Wassermolekülen[326]. Wir können uns dabei sozusagen eine Vorstellung davon machen, wie viele Wassermoleküle gemeinschaftlich die ‚emergente' Eigenschaft des Flüssigseins haben können. Wie Thomas Nagel das formuliert: „wir können *sehen*, wie Flüssigsein das logische Ergebnis davon ist, dass die Moleküle auf der mikroskopischen Ebene rund um einander herum rollen"[327]. Aber eben weil in der Beziehung von Gehirnprozessen und Bewusstsein (darum geht es Nagel in diesem Zusammenhang) von solch einem vorstellbaren Verhältnis nicht die Rede ist, ist der Begriff der Emergenz seiner Ansicht nach hier nicht anwendbar. Und das führt ihn, wie oben ausgeführt, zu seiner Zwei-Aspekte-Position. Und auch bei Strawson funktioniert, wie gesagt, Flüssigsein als Beispiel, wie Emergenz wohl und nicht gedacht werden kann.

Es scheint mir, dass hier mehr oder weniger implizit ein Ursache-Begriff im Sinne Humes im Spiel ist, und zwar, dass ein Kausalzusammenhang auf irgendeine Weise vorstellbar sein muss. Dies ist jedoch ein sehr beschränkter und simpler Begriff von Ursächlichkeit, der – wie schon oft dargelegt – zu sehr skeptischen Folgerungen führen muss, wie es bei Hume selber übrigens schon der Fall war. Der Kommentar von Chomsky ist hier darum sehr sachgerecht: „Es muss bemerkt werden, dass das viel gebrauchte Molekül-Flüssigkeit-Beispiel nicht sehr vielsagend ist. Wir können uns auch keine Vorstellung einer Flüssigkeit machen, die sich durch Elektrolyse in zwei Gase ändert und es gibt keinen intuitiven Sinn, in dem die Eigenschaften von Wasser, Basen und Säuren den Atomen von Wasserstoff, Sauerstoff u.a. eigen sind. Überdies scheint die ganze Frage der Vorstellbarkeit irrelevant zu sein, ob sie nun in Bezug auf die Bewegungseffekte, die Newton und Locke unbegreiflich fanden, oder in Bezug auf die irreduziblen Prinzipien der Chemie oder die Beziehungen von Geist und Gehirn vorgebracht wird. Wasserstoff und Sauerstoff haben ihrer Art nach etwas in sich, ‚aufgrund dessen sie intrinsisch geeignet sind, Wasser zustande zu bringen'. So entdeckten die Wissenschaften nach langer mühsamer Arbeit, wodurch Gründe, gelegen in der Natur der Dinge, angegeben wurden, warum das zum Vorschein kommende (‚emerging') Ding ist, wie es ist. Was ‚rohe Emergenz' (‚brute emergence') zu sein den Anschein hatte, wurde als

---

[326] Siehe z.B. Searle, *The Mystery of Consciousness*, S. 18: „ The liquidity of water is a good example [of a causally explainable emergent property]: the behaviour of the H2O molecules explains liquidity but the individual molecules are not liquid."

[327] Thomas Nagel, *Other Minds*, OUP, Oxford/New York 1995, 106.

normale Emergenz in die Wissenschaft aufgenommen – nicht, um deutlich zu sein, vom Typus der Flüssigkeit, der auf Vorstellbarkeit beruht. Ich sehe keinen triftigen Grund, warum ich notwendig einen Unterschied zwischen den Dingen im Fall von erfahrbarer und nichterfahrbarer Wirklichkeit machen sollte, gegeben unsere Unwissenheit in Bezug auf letztere, worauf von Newton und Locke bis Priestley der Nachdruck gelegt wird, was von Russell weiter ausgearbeitet wurde und in der neueren Diskussion wiederum auftaucht."[328]

In der Tat ist die Welt voller Erscheinungen, zwischen denen Kausalbeziehungen bestehen, die nicht vorstellbar sind und die nur mittels Theorien, die tiefere strukturelle Zusammenhänge zwischen Phänomenen ans Licht bringen, verständlich sind. Dass unser Sonnensystem durch die Schwerkraft, durch Newtons Gravitationsgesetze in eine Formel gefasst, zusammengehalten wird, wissen wir jetzt. Aber wie die Wirkung der Schwerkraft genauer vorgestellt werden soll, bleibt ein Mysterium, das vielleicht teilweise erhellt, aber ferner nur als Faktum festgestellt werden kann. Schon Newton wagte sich nicht an eine Erklärung heran, wie seine Aussage „hypotheses non fingo", „ich stelle keine Spekulationen an", beweist. Dass zwei Wasserstoffatome und ein Sauerstoffatom zusammen ein Wassermolekül bilden, kann quantentheoretisch einsichtig gemacht werden: das Sauerstoffatom ‚strebt' danach, seine äußere Elektronenschale (die L-Schale) mit zwei Elektronen voll besetzt zu bekommen und leiht sich sozusagen von jedem der zwei Wasserstoffatome ihr einziges Elektron. Aber warum bekommt Wasser dann die Eigenschaften, die es faktisch besitzt? Es war, wie Chomsky schrieb, jedenfalls nicht intuitiv einsichtig, dass jene Eigenschaften schon inhärent in den zusammensetzenden Atomen enthalten waren. Und dass bei allmählicher Erhitzung an einem Umschlagpunkt die Mischung der Belousov-Zhabotinsky-Reaktion ihre wundervollen Muster zeigen würde, ist alles andere als intuitiv evident.

Poppers Position

Was ergibt sich hieraus nun für die Emergenz-Idee? Wollen wir Popper folgen, dass emergente Phänomene und Eigenschaften sozusagen wie vom Himmel fallen (oder ‚hageln', wie Strawson sich ausdrückte)? Popper betrachtet Emergenzen ja als reale Neuheiten (‚real novelties'), als Ausdruck nämlich des kreativen und sogar inventiven Charakters unserer Wirklichkeit. Selbstverständlich muss er sich dann gegen die von Deterministen am Phänomen der Emergenz vorgebrachte Kritik wenden. Was emergent zu sein den Anschein hat, kann dies ihnen zufolge nur

---

[328] *A.a.O.*, 192f.

durch einen Mangel an Erkenntnis unsererseits sein. Aber im Prinzip, das ist die These der Deterministen, sind alle Erscheinungen vorhersagbar und erklärbar, gibt es also im objektiven Sinn keine unvorhersagbaren und nicht zurückführbaren Tatsachen. Dagegen führt Popper ‚objective chance' ins Feld, objektive Unbestimmtheit und Spontaneität, die schon von Peirce angenommen und durch die Quantenphysik bestätigt wurde[329].

Ebenso wendet Popper sich gegen die von ihm so genannten ‚klassischen Atomisten'. „Aus dem Blickpunkt der Atomisten sind alle physikalischen Körper und alle Organismen nichts als Strukturen von Atomen", wie er schreibt. „Also kann es außer neuen Weisen, wie die Dinge geordnet sind (‚novelty of arrangement'), keine neuen Sachen geben."[330] Aber dann, so legt Popper ihnen in den Mund, wäre es im Prinzip möglich, „alle Eigenschaften jeder neuen Ordnung aus der Kenntnis der ‚intrinsischen' Eigenschaften der Atome herzuleiten oder vorherzusagen." Das bedeutete jedoch wieder keine echte Emergenz, nämlich das plötzliche Erscheinen nach einem kritischen Umschlagpunkt von Eigenschaften und Phänomenen, die aus den Eigenschaften des niederen Niveaus nicht vorhersagbar waren.

Am interessantesten ist wohl die dritte Spitze von Poppers Polemik gegen die Kritiker des Emergenzphänomens. Sie richtet sich gegen die Auffassung, dass „wenn im Laufe der Evolution des Universums etwas Neues zu erscheinen scheint (‚seems to emerge') – ein neues chemisches Element (d.h. eine neue atomare Struktur) oder ein neu zusammengesetztes Molekül oder ein lebendiger Organismus, oder menschliche Sprache oder bewusste Erfahrung, dann die daran beteiligten physischen Teile oder Strukturen, die dem vorangingen, etwas besessen haben müssen, das wir die ‚Disposition' oder ‚Möglichkeit' oder ‚Potentialität' oder das ‚Vermögen' nennen können, die neuen Eigenschaften unter geeigneten Bedingungen hervorzubringen."[331] Popper deutet diese Position als eine schwache Variante des ‚Präformationismus' an, der biologischen Auffassung, Organismen seien von Anfang an schon in ihrer definitiven Form in der befruchteten Eizelle anwesend, nur im Minimaßstab, und Entwicklung sei bloß eine Angelegenheit von Wachstum. Aber von der Tatsache abgesehen, dass auch auf diese Weise die Emergenz ihren wirklich neuen Charakter einbüßen würde, ist für Popper ein wichtiges Motiv, um jede Form eines Angelegtseins des emergenten Phänomens in den Umständen, aus denen es hervorgeht, von der Hand zu weisen, dass dies die Tür für den Panpsychismus oder Panexperientialismus öffnen würde.

---

[329] Popper & Eccles, *a.a.O.*, S. 22, 34.
[330] *A.a.O.*, S. 23.
[331] *Ibid.*

Poppers Kritik scheint mir nur in Bezug auf die Deterministen wirklich stichhaltig, in den zwei anderen Fällen ist sie jedoch mindestens tendenziös. In der Tat gibt es ‚Atomisten‘, die das emergente Phänomen höherer Ordnung auf die Aktivität der Bausteine auf der niederen Ebene zurückführen. Searle tut das im Fall des Bewusstseins, das er, wie oben dargelegt, als eine ‚emergente Eigenschaft‘ des Gehirns betrachtet. In diesem Zusammenhang schreibt er, ich zitiere nochmals: „Eine emergente Eigenschaft eines Systems ist eine, die durch das Verhalten der Elemente des Systems kausal erklärt wird" (es folgt wieder das Flüssigkeitsbeispiel). Die Sache ist jedoch, dass das Verhalten der Elemente *von einer Konfiguration höherer Ordnung gesteuert wird.* Es handelt sich also in der Tat um ein Arrangement, wie Popper schreibt. Dann aber nicht im Sinn eines Aggregats verstanden, bei dem das Ganze über Aufwärtskausalität (‚bottom-up causality‘) durch die Eigenschaften und Aktivitäten der zusammensetzenden Teile bestimmt wird. Sondern verstanden im Sinn eines wirklichen Systems, bei dem die Komponenten in einen übergreifenden Zusammenhang, der ihr Funktionieren innerhalb jener Struktur auch über ‚Abwärtskausalität‘ bestimmt, aufgenommen werden. Es ist in diesem Zusammenhang der Erwähnung wert, dass eben auch Popper viel Nachdruck auf das Phänomen der ‚downward causation‘[332] legt, während er hier das Verhältnis von ‚Arrangement‘ und ‚Komponenten‘ außer Betracht lässt.

Und was schließlich seine Kritik am ‚Präformationismus‘ betrifft, vieles hängt davon ab, wie man das Phänomen deutet. Wieder scheint mir das Element der Vorstellbarkeit eine Rolle zu spielen – ist nicht schon die Wahl des Terminus ein Fingerzeig in die Richtung einer Auffassung von Erblichkeit und Entwicklung, die allzu anschaulich war und sich in dieser Form als unhaltbar erwies? Wenn Emergenz ‚präformationistisch‘ gedacht wird, und zwar so, dass eine emergente Eigenschaft sich *der Form nach* gleichsam schon ‚versteckt‘ in den Bausteinen befand, dann ist Poppers Kritik selbstverständlich richtig. Aber, um auf unsere frühere Ablehnung eines zu einfachen, weil zu anschaulichen Kausalbegriffs zurückzugreifen, es scheint mir, dass auch Popper dadurch in diesem Zusammenhang irregeführt wird. Chomsky erinnerte mit Recht daran, dass die Wissenschaften allerlei Zusammenhänge ans Licht gebracht haben, die intuitiv nicht einsichtig, trotzdem aber real sind. Das gilt ebenfalls für die vielen Beispiele von Emergenz: äußerst überraschend, nicht vorstellbar oder sogar geradezu kontraintuitiv, und nicht vorhersagbar von der Erkenntnis der Phänomene niederer Ordnung her.

Ich denke, kurzum, dass die Wahrheit auch hier zwischen den Positionen von Strawson und Popper in der Mitte liegt. Bei Strawson fanden wir einen zu schma-

---

[332] *A.a.O.*, 14-21, 35, 209.

len Emergenzbegriff, der von ‚echter‘ Emergenz, die doch wohl als Tatsache angenommen werden kann, nicht viel übrig lässt. Anderseits legt Popper so sehr den Nachdruck auf den Aspekt realer Neuheit („novelty‘) von Emergenzen, dass sie in der Tat vom Himmel zu ‚hageln‘ (Strawson) scheinen. Aber auch Emergenzen ergeben sich nur unter bestimmten Bedingungen, das Leben z.B. aufgrund der Gegebenheit sehr komplexer, selbstreplizierender und autokatalytischer chemischer Zusammensetzungen. Es muss schon so etwas wie eine ‚Disposition‘ oder ‚Potenz‘ angenommen werden, vorausgesetzt, dass diese nicht auf zu einfache präformationistische Weise verstanden wird.

Diesen Gedanken weiterführend kann auch das Bedenken von Strawson und Popper, übrigens auch von Lovejoy, Emergenz führe logischerweise zum Panpsychismus, beseitigt werden – welchem Schluss die beiden ersten, wie dargelegt, auf entgegensetzte Weise zu entkommen versuchen; Strawson, indem er eine ‚antiradikale‘ Interpretation von Emergenz verwendet, Popper, indem er eben durch eine Art Flucht nach vorne von der Psyche ein völlig neues Phänomen macht. Aber sagen, dass das Psychische eine emergente Erscheinung beim Überschreiten einer bestimmten Komplexitätsschwelle ist, wozu auf irgendeine Weise eine Veranlagung dagewesen sein muss, ist etwas anderes als zu behaupten, dass das Phänomen auch als Realität schon immer vorhanden war. Wir können auch hier nicht viel anderes tun, als zur Kenntnis nehmen, wie uns die Natur immer wieder Überraschungen bereitet, bzw. wie sie immer wieder neue ‚Mysterien‘ für uns bereit hält, von denen nicht wenige ‚tief verborgen‘ sind, um mit Chomsky zu sprechen.

Abwärtskausalität

Ich schließe die Erörterung des Emergenzthemas ab, indem ich dem Phänomen der Abwärtsverursachung einige Aufmerksamkeit widme – es ist in diesem Kapitel und in früheren Kapiteln bekanntermaßen schon wiederholt zur Sprache gekommen. Tatsächlich wird dieses Phänomen regelmäßig mit dem der Emergenz in Zusammenhang gebracht, sowohl von den Verteidigern der Realität des Phänomens als von denjenigen, die es bestreiten. Beide Gruppen sind der Ansicht, und mit Recht, dass es eine interne Beziehung zwischen beiden Erscheinungen gibt. Dass deshalb der Emergenzbegriff durch denjenigen der Abwärtskausalität erhellt und unterstützt werden kann – so diejenigen, die von der Wirklichkeit des Emergenzphänomens überzeugt sind –, oder dadurch eben untergraben wird – so die Kritiker. Sollten demnach die Argumente der letztgenannten Gruppe von Autoren für weniger stichhaltig befunden werden, würde das indirekt die Plausibilität des Glaubens an das Emergenzphänomen unterstützen.

Es geht dabei, der Deutlichkeit halber, um Emergenz in der starken Bedeutung[333]. In der Nachfolge von David Chalmers ist von einer Anzahl von Philosophen und Wissenschaftlern ein Unterschied zwischen Emergenz in starkem und schwachem Sinn gemacht worden. So schreibt z.B. Herbert Simon, schwache Emergenz sei die Auffassung, dass Teile eines komplexen Systems Beziehungen haben, die für die Teile in isoliertem Zustand nicht bestehen. Simon gibt als Beispiel, dass das Mall eines Enzyms keine Funktion hat, „es sei denn, dass es in eine Umgebung von Molekülen einer bestimmten Art gestellt wird. Obwohl die Funktion des Malls ‚emergent' ist, da sie für das isolierte Enzymmolekül keine Bedeutung hat, kann von dem Bindungsprozess und den dabei gebrauchten Kräften eine völlig reduktionistische [!] Erklärung in Kategorien der bekannten physikochemischen Eigenschaften der am Prozess teilnehmenden Moleküle gegeben werden"[334]

Das ist also abermals der springende Punkt: dass von schwacher Emergenz, in diesem Fall von biologischen Funktionen, auf physikalischem und chemischem Weg eine zureichende Erklärung gegeben werden kann. Es hat m.a.W. einen Augenblick den Anschein, dass mit dieser Form von Emergenz etwas Neues im Spiel ist, aber das ist nur Schein. Wenn dies schon alles wäre, was über Emergenz zu melden ist, wäre es kaum ein interessantes Thema. Die reduktionistische Position wird dadurch, wie Simon schreibt, nicht angetastet. In ähnlichem Sinn schreibt Chalmers: „Das Bestehen unerwarteter Erscheinungen in komplexen biologischen Systemen (…) bedroht an sich die Vollständigkeit des Katalogs fundamentaler Gesetze nicht, die in der Physik gefunden werden."[335] Emergenz, in der schwachen Form also, bleibt innerhalb des durch physikalische Gesetze regierten Bereichs.

Daraus folgt, dass, um ein interessantes Phänomen zu sein, es Emergenz in starkem Sinn geben muss und dass sie sich dem physikalischen Regime (im gangbaren Sinn verstanden) wird entziehen müssen. Mit den Worten von Chalmers: „Wir können sagen, das eine Erscheinung eines hohen Niveaus *emergent im starken Sinne* (‚strongly emergent') in Bezug auf einen Bereich von niedrigem Niveau ist (…), wenn Wahrheiten bezüglich jener Erscheinung [auf hohem Niveau] nicht *abgeleitet werden können* von Wahrheiten eines Bereichs von niedrigem Niveau."[336] Das einzige Phänomen, von dem Chalmers sich vorstellen kann, dass es diesen Bedingungen genügt, ist das Bewusstsein. Aber wie dem auch sei, der Punkt ist, ob die Gesetze der Physik und Chemie alle Erscheinungen zureichend erklären, oder ob es Ty-

---

[333] Ich mache im Folgenden von dem vorzüglichen Artikel ‚Emergence and Downward Causation' von Cynthia und Graham Macdonalds Gebrauch. In: dieselben (eds.), *Emergence in Mind*, OUP, Oxford 2010, 139-168.

[334] H.A. Simon, *The Sciences of the Artificial*, MIT Press, Cambridge MA, 1996, 170-71, zitiert bei Macdonald & Macdonald, *a.a.O.*, 142f.

[335] D. Chalmers, ‚Strong and Weak Emergence', in: P. Clayton & P. Davies (eds.), *a.a.O.*, S. 245.

[336] *A.a.O.*, 244.

pen von Erscheinungen gibt, für die eigene *andere* Gesetzmäßigkeiten und Merkmale gelten, wie z.B. eigene Formen von (u.a. abwärts gerichteter) Kausalität. Anders ausgedrückt: ist der physikalische Bereich allumfassend und geschlossen, oder nicht?

Ein Autor, der die Emergenzdebatte, jedenfalls in der englischsprachigen Welt, eine Zeit lang stark bestimmt hat, ist Jaegwon Kim, ein ausgesprochener Verteidiger der Geschlossenheit des physikalischen Bereichs: „*Geschlossenheit*: Wenn ein physikalisches Ereignis eine Ursache hat, dann hat es eine physikalische Ursache. Wenn ein physikalisches Ereignis eine Erklärung hat, hat es eine physikalische Erklärung."[337] Kims Strategie ist, kurz zusammengefasst, Emergenz (im starken, nichtreduktionistischen Sinn) dadurch zu widerlegen, dass er argumentiert, die mit ihr intern verbundene Abwärtskausalität sei inkonsistent. Denn das von ihm als Alexanders Diktum betitelte Prinzip beinhaltet, dass jede reale Eigenschaft spezifische kausale Vermögen besitzt. Das können aber, von der Idee der Geschlossenheit des physikalischen Bereichs her, nur physikalische kausale Vermögen sein. Dann kann es also, um die Worte von Chalmers zu verwenden, keine Wahrheiten in Bezug auf Erscheinungen höherer Ordnung geben, die prinzipiell nicht von Wahrheiten in Bezug auf Phänomene niederer (d.h. physikalischer) Ordnung ableitbar sind.

Ich denke, dass inzwischen zu viel Beweismaterial gesammelt worden ist, um diesen Standpunkt noch für glaubwürdig zu erachten. In Kapitel 7 und 8, über die Lebenserscheinungen und das Bewusstsein, ist eine Anzahl von Zeugnissen und Gründen zur Unterstützung der Idee der Abwärtskausalität angeführt worden[338]. Inzwischen ist diese Idee, und die damit intern verbundene Emergenzidee, in immer breiteren Kreisen akzeptiert worden. Wohl mit Recht ist gesagt worden, dass nach der ersten Welle von Emergenzdenken in den ersten Jahrzehnten des vorigen Jahrhunderts, seit den achtziger Jahren jenes Jahrhunderts von einer zweiten Welle gesprochen werden kann, bzw. von einer ,re-emergence of emergence'[339]. Eine wichtige Rolle haben in dieser Entwicklung Simulationstechniken mit Hilfe des Computers gespielt, wobei unter anderem durch iterative (sich selber wiederholende) Operationen neue ,Entitäten' hervorgerufen werden. Es ist sehr wohl möglich, dass hiermit neue Einsichten in Bezug auf das spontane Entstehen von Formen von Ordnung aus ,Chaos' gewonnen werden. Aber mehr im Allgemeinen hat es den Anschein, dass diese neuen Formen von ,Emergenz' die Bestätigung einer Sicht der

---

[337] J. Kim, ,Being Realistic About Emergence', in: Clayton & Davies (eds.), *a.a.O.*, 199.
[338] Um noch ein Urteil zu erwähnen: als Physiker gelangt Paul Davies am Ende seines Artikels ,The Physics of Downward Causation', trotz der Schwierigkeiten, die aus physikalischem Gesichtpunkt mit dem Begriff verbunden sind, zum Schluss „to take downward causation seriously as a causal category". In: Clayton & Davies, *a.a.O.*, 51.
[339] Siehe den Titel des in Anmerkung 6 genannten Buches von Clayton und Davies.

Natur sind, bei der aus ‚chaotischen‘ Umständen auf bestimmten Ebenen durch Überschreitung kritischer Schwellen spontan Phänomene höherer Ordnung entstehen.

Noch eine Bemerkung zum Phänomen der Abwärtskausalität. In einem Versuch, davon eine nähere Analyse zu geben, hat der Neurowissenschaftler Roger Sperry das Beispiel des Rades verwendet[340]. Wenn eine Anzahl von Elementen zu einem Rad zusammengefügt wird, zeigen sie gemeinschaftlich eine Eigenschaft, sich auf eine bestimmte Weise zu bewegen, welche Eigenschaft sie separat und ohne die Organisation des Rades nicht haben. Auf diese Weise könnte man sich Sperry zufolge das Entstehen einer emergenten Eigenschaft vorstellen. Damit wird jedoch kein adäquates Bild dessen, was wir unter Emergenz im starken Sinn verstehen (und was ich in diesem Buch darunter verstehe) aufgerufen. In Sperrys Beispiel entsteht zwar ein neues Verhaltensmuster, aber ohne dass die ‚Teile‘ auch ihre Eigenschaften ändern. Aber das ist es eben, was bei Abwärtskausalität und Emergenz im starken Sinn geschieht, nämlich dass die ‚Komponenten‘ in höhere Konfigurationsmuster aufgenommen werden, dadurch, was ihre Funktionsweise betrifft gesteuert werden und auf diese Weise auch neue Verhaltensweisen zeigen. Die Eigenschaften und Funktionsweisen hängen also mit der Teilnahme im System als ganzen und mit den Beziehungen zu den anderen Komponenten desselben zusammen. Aber das bedeutet, dass die Identität der Komponenten in der neuen Zusammensetzung nicht getrennt von ihrer Teilnahme am Ganzen und von den gegenseitigen Beziehungen gesehen werden kann. In dem Sinne sind sie also nur noch zum Teil voneinander unterscheidbar. Man könnte auch sagen, dass ein ‚mereologischer‘[341] Approach des Emergenzphänomens, bei dem die Teile innerhalb des Ganzen ihre ursprüngliche Identität behalten, prinzipiell versagt. Aus diesem Grund ist Sperrys Veranschaulichung über das Beispiel des Rades inadäquat, aber ebenfalls das eher erwähnte viel benützte Beispiel der Flüssigkeit von Wasser, bei dem die separaten Wassermoleküle ihre Identität einfach behalten (sie rollen, wie Nagel sagt, um einander herum). Allen diesen Erklärungen liegt immer noch eine Form von bottom-up Denken zum Grunde, wobei das höhere Niveau eine neue Schicht bildet, gestützt auf die zugrundeliegenden, die einfach sich selber gleich bleiben. Kurzum, bei diesem mereologischen *Approach* des Emergenzphänomens haben wir es, genau so, wie eher bei der Idee der Supervenienz, mit einer verkappten Form von Reduktionismus zu tun.

---

[340] Siehe dazu Terrence Deacon, *a.a.O.*, 160ff; Clayton, *a.a.O.*, 19ff.
[341] Abgeleitet vom griechischen Wort ‚meros‘, Teil.

Nochmals: Einheit und Vielförmigkeit der Natur

Ich kehre noch einen Augenblick zum Anfang dieses Kapitels, wo es um die Zweiteilung von ‚the mental' und ‚the physical' ging, zurück. Ich habe diese Zweiteilung verworfen, indem ich ihr eine Sicht der Natur gegenüberstellte, die Kontinuität und Diskontinuität miteinander verbindet. Kontinuität bezieht sich dann auf die Auffassung, dass alle erfahrbare Wirklichkeit zur einen Natur oder ‚physis' gehört – wie es schon bei den Griechen (z.B. den Stoikern) und später wieder bei Spinoza die Ansicht war und in der Idee der ‚Great Chain of Being' oder der Stufenleiter der Natur ihre zusammenfassende Formulierung fand. Diese Einheit der Natur wird dann innerlich differenziert, indem sich auf den verschiedenen Organisationsebenen ganz verschiedene Arten von Erscheinungen ergeben. Zwischen ihnen besteht also Diskontinuität; die Natur macht auf diese Weise m.a.W. viele Sprünge.

Die Einheit der Natur beinhaltet also, dass in bestimmter Weise alles ‚physisch' ist, auch das Leben, der Geist, das Soziale, usw. Ich erinnere nochmals an die Aussage der Physikers Paul Davies, dass er bereit ist, Leben und Geist *als physikalische Erscheinungen* ernst zu nehmen. Er schreibt: „a good case can be made that life and mind *are* fundamental physical phenomena" oder auch, dass Leben und Geist „are etched deeply into the fabric of reality". Leben und Geist sind demnach vollkommen ‚natürliche' Erscheinungen, dies im Gegensatz zu der Situation im Newtonuniversum, wo sie einen nicht einzuordnenden Fremdkörper bilden.

Eine solche Auffassung, das ist die Implikation, bedeutet eine beträchtliche Entfernung vom gängigen Begriff des ‚Physikalischen' oder dem der ‚Materie', der in der Regel damit verbunden ist. Dieser Begriff des ‚Physikalischen' (im beschränkteren Sinn also) wird in der hier vertretenen Sichtweise eine Variante eines viel breiteren Begriffs des ‚Physikalischen' oder der ‚Materie'. Ich greife hier nochmals zurück auf ein erhellendes Zitat des Kernphysikers Hans-Peter Dürr – im Kapitel über die Lebenserscheinungen habe ich es verwendet zur Illustration des Distanznehmens vom mechanistischen Weltbild durch die moderne Physik. In der betreffenden Passage beginnt Dürr damit, dass wir die Materie nicht länger in Kategorien von elementaren stofflichen Punkten denken sollten, sondern vielmehr in denen von Potentialität. Er fährt fort, ich zitiere nochmals: *„Potentialität hat vielmehr etwas von der Offenheit und Vielfältigkeit des Lebendigen.* Potentialität *existiert* nicht, es ist nichts Seiendes, das im Laufe der Zeit das Sein aufspannt, sondern Potentialität ist Beziehung, Veränderung, Prozessor, Operator, Form, Gestalt ohne materiellen Träger, so wie das Licht nur eine ‚Form des Nichts' ist, da es von keinem ‚Äther' getragen wird." Die belebte und die unbelebte Wirklichkeit sind in dieser Sichtweise „nur verschiedene Strukturen derselben Materie (…), einer Materie aber, die im Grund ja gar keine Materie [im geläufigen Sinn, vdW] ist, sondern, wie es uns die moderne Physik schon andeutet, mehr einer ‚embryonalen' Form des Lebendigen gleicht."

In meine Worte gefasst, bedeutet das, dass wir uns die Natur als ein dynamisches Flechtwerk denken müssen (Dürr: „Beziehung, Veränderung, Prozessor, Operator"), das durch seine Konfiguration oder sein Organisationsmuster gekennzeichnet wird (Dürr: „Form", „Gestalt"), und zwar eine „reine Form", die ihr eigener Träger ist (Dürr: „Gestalt ohne materiellen Träger"). Aus dieser Perspektive ist ‚die Materie' im alltäglichen Sinn nur eine der Erscheinungsformen der Natur, nämlich auf einem bestimmten Organisationsniveau. Sie ist also gar nicht *der* Träger der Wirklichkeit, wofür sie oft gehalten wird. Auch bei Dürr dreht es sich um Strukturen, die wie das Licht selbsttragend sind. Und wenn man in diesem Zusammenhang noch die Materie zur Sprache bringt, wie es Dürr tatsächlich tut, muss dem sofort hinzugefügt werden, dass es um eine Materie geht, „die im Grund gar keine Materie ist". Wäre es dann aber zur Vermeidung von Missverständnissen nicht besser, den Terminus gar nicht mehr zu verwenden, weil diese ‚Materie' doch nicht im geringsten die harte, tastbare Materie der alltäglichen Erfahrung ist? Deshalb kann Julian Barbour schreiben: „(…) modern physics suggests very strongly that so-called gross matter – the clay from which we are made – is anything but that. It is almost positively immaterial."[342]

In ähnlichem Sinn äußerte sich Henry Margenau, Professor für Physik an der Yale-Universität: „Gegen Ende des letzten [d.h. 19.] Jahrhunderts kam die Anschauung auf, dass bei allen Wechselwirkungen materielle Objekte beteiligt sind. Das wird nicht mehr für richtig gehalten. Wir wissen, dass es Felder gibt, die vollkommen immateriell sind. Die quantenmechanischen Wechselwirkungen physikalischer Psi-Felder – interessanterweise und vielleicht auch amüsanterweise kann das Psi des Physikers ebenso wie das Psi des Parapsychologen nur recht abstrakt und vage interpretiert werden – sind vollkommen immateriell und können dennoch mit den wichtigsten grundlegenden Gleichungen der heutigen Quantenmechanik beschrieben werden. Diese Gleichungen sagen nichts über sich bewegende Massen aus; sie bringen eine Ordnung in das Verhalten sehr abstrakter Felder hinein, unter denen in vielen Fällen sich immaterielle Felder befinden, die oft ebenso

---

[342] Julian Barbour, *The End of Time*, OUP, New York 2000, S. 327. ‚Immateriell' steht hier selbstverständlich im Gegensatz zur gewöhnlichen Vorstellung der Materie als ‚Lehm'. In dem Sinne sind die von mir hervorgehobenen Organisationsmuster der Dinge, die ihre Eigenschaften bestimmen, auch ‚immateriell'.

schwer erfassbar sind wie die Quadratwurzel aus einer Wahrscheinlichkeit."[343] In seinem Kommentar zu dieser Stelle bezeichnet Arthur Koestler das physikalische Psi-Feld als „immaterielles Substrat der Materie". Und wenn mit Einstein Materie als Äquivalent von Energie aufgefasst werden kann, kann ihrerseits Energie in Termini von „wandelbare(n) Konfigurationen von etwas Unbekanntem" betrachtet werden[344]. Kurzum kann, wie gesagt, die Materie im gangbaren Sinn - „the clay from which we are made"- für eine der Gestalten dieses uns als solches unzugänglichen Substrats gehalten werden.

Auf diese Weise gleicht sie also auch gar nicht der inerten, geistlosen Materie des klassisch-modernen Naturbildes. Im Gegenteil trägt sie, wie gesagt, die Dispositionen für Bewusstsein, Geist, Sozialität usw. in sich. Oder, das Psychische, Geistige und Soziale sind vollkommen natürliche Dimensionen des ‚Physischen' in der weiteren Bedeutung. Das könnte zu der Reaktion führen, dass die hier vertretene Sicht der Natur eine Form von Naturalismus ist. Ich erfahre das nicht als ein Problem, es sei denn, dass er als ‚ideeller Naturalismus' präzisiert wird. In eine vergleichbare Richtung geht Sir James Jeans, wenn er schreibt, dass die physikalische Realität nicht so sehr als ein Mechanismus, sondern vielmehr als „a materialization of thought" bzw. dass „matter as a crystallization c.q. precipitation of mind" gedacht werden muss[345]. Aber vielleicht sind diese Charakterisierungen noch zu viel gebunden an den lange vertretenen Gegensatz von Geist und Materie (in der engeren Bedeutung), so dass, wenn das Universum nicht mechanistisch vorgestellt werden muss, die einzige Alternative ist, es als Erzeugnis des Geistes zu denken. Aber auch der Geist ist in meiner Sichtweise eine Manifestation der ‚Natur'.

---

[343] H. Margenau, ‚ESP in the Framework of Modern Science', in: *Science and ESP*, hrsg. von J.R. Smythies, London 1967, S. 209, zitiert bei Arthur Koestler, *Die Wurzeln des Zufalls*, Scherz, Bern 1972, S. 60.

[344] Koestler, *a.a.O.*, 60, 62; vgl. 120. Die Idee einer 'background reality', die den unterschiedlichen Realitätsformen (besonders denen von Geist und Körper) zugrunde liegt und 'vorangeht', findet sich bei einer Reihe von Autoren, wie Bohr, Pauli, Bohm, Primas d'Espagnat, Jung u.a. Siehe dazu Harald Atmanspacher, 'Quantum Approaches to Consciousness', *Stanford Encyclopedia of Philosophy*, 2015, S. 6f, 14 u.ö. Der im Text vorgelegte Gedanke bildet also eine Verallgemeinerung der Ideen der genannten Wissenschaftler.

[345] Zitiert bei Ken Wilbur (ed.), *Quantum Questions. Mystical Writings of the World's Great Physicists*, Shambala, Boston & London 1985, 128ff. Siehe auch Jeans' Aussage daselbst, dass „the universe begins to look more like a great thought than a great machine".

Kapitel 12: Kausalität und Finalität

Formen von Kausalität

Eine der Behauptungen in vorigen Kapiteln ist, dass die Phänomene auf den verschiedenen Organisationsebenen der Natur ihre eigenen spezifischen Kausalitätsformen haben[346], ebenso wie sie ihre eigenen Zeiten und Rhythmen besitzen. Bisher ist es großenteils bei einer Behauptung geblieben, ein guter Anlass also etwas länger dabei zu verweilen und die These mit einer näheren Argumentation zu versehen. Nicht an letzter Stelle ist das von Belang, weil die Kausalitätsidee eine wichtige Rolle beim Verstehen der Naturerscheinungen spielt. Nicht selten wird sie sogar als *der* Schlüssel zum Verständnis der Wirklichkeit betrachtet, wenn z.B. Kausalität als der ‚Zement des Universums‘ bezeichnet wird, um einen Ausdruck von John Mackie zu verwenden, den er wiederum von David Hume übernommen hat[347]. Wenn es also Zusammenhänge zwischen Phänomenen gibt – und das ist doch, wonach Wissenschaft und Philosophie suchen –, sind das aus dieser Sicht kausale Zusammenhänge. Aber auch wenn Kausalität nicht die einzige Kategorie wäre, mit deren Hilfe wir die Phänomene deuten, ist sie dennoch unbestreitbar eine grundlegende Idee bei unserem Verstehen des Wie und Warum der Prozesse um uns herum.

Es ist selbstverständlich nicht meine Absicht, kann das wegen der Kompliziertheit der Thematik auch nicht sein, hier eine eingehendere Behandlung des Kausalitätsphänomens zu bieten. Die Haupttendenz des Nachfolgenden ist, wie angedeutet, etwas näher zu untermauern, dass zu einer pluriformen Natur ein pluriformer Kausalbegriff gehört. Oder, mit Nancy Cartwright zu sprechen, dass Kausalität zwar *ein* Terminus ist, der aber eine Verschiedenheit von Sachen deckt: „Causation: one word, many things“, wie der Titel einer ihrer Abhandlungen lautet[348]. Dass es eine Anzahl von Versionen von Kausalität gibt, hatte sich in früheren

---

[346] In demselben Sinn sprechen Cynthia und Graham Macdonald von „layers [above physics], each having its own laws describing the new forces arising at the relevant [levels?] of complexity“. Cynthia & Graham Macdonald (eds.), *Emergence in Mind*, OUP, Oxford 2010, S. 2; vgl. 6.

[347] J.L. Mackie, *The Cement of the Universe. A Study of Causation*, Clarendon, Oxford 1980. Übrigens meint Hume seine Aussage, Kausalität sei der Zement des Universums, in epistemologischem Sinn, und zwar dass Verursachung neben Ähnlichkeit und Aufeinanderfolge (resemblance and contiguity) „*to us* the cement of the universe, the only ties of our thoughts“ sind (*Abstract of a Treatise of Human Nature*, eds. J.M. Keynes and P. Sraffa, Cambridge 1938, S. 32).

[348] *Philosophy of Science* 71 (Dezember 2004), 805-819.

Teilen dieses Buches schon herausgestellt, als neben der Aufwärtskausalität von der Abwärtskausalität die Rede war und neben der Kausalität von Ereignissen die ‚nonevent causation' von Searle erwähnt wurde, der ferner Paul Noordhofs ‚property causation' an die Seite gestellt werden könnte[349]. Und ich erinnere nochmals an den Gedanken von Mill und Broad, dass die verschiedenen Wirklichkeitsebenen ihre zugehörigen Kausalitätsformen besitzen. Sogar ist, anlässlich des ‚aufgeschobenen Entscheidungsexperiments' (‚Delayed-Choice-Experiment') von John Wheeler mit dem sehr spekulativen Gedanken einer in der Zeit rückwirkenden Kausalität gespielt worden[350]. In diesem Zusammenhang könnte auch noch daran erinnert werden, dass Kant, um die Möglichkeit von Moralität zu sichern, neben die Naturkausalität (bzw. Naturnotwendigkeit, die eine „Kausalität aller vernunftlosen Wesen" ist) den Willen als „eine Art von Kausalität lebender Wesen, sofern sie vernünftig sind" stellte, die „unwandelbaren Gesetzen (…) von besonderer Art" gehorcht[351].

Die klassisch-moderne Naturauffassung kennt, wie in Kapitel 3 beschrieben wurde, nur eine Art von Kausalität (die physikalische ‚wirkende Ursache'), wie sie auch nur eine universale Form von Raum und Zeit (den „wahren" Raum und die „wahre" Zeit von Newton) und einen Typus von Materie kennt – daher auch der immer zurückkehrende Terminus *„das* Physikalische", *„the* physical". Diese eine Form von Kausalität ist weiter, wie wir gesehen haben, ‚blind'[352], d.h. dass die Prozesse rein äußerlich, anonym und nicht zielstrebig sind und sich nur durch ‚Stoß und Druck' vollziehen. Sie haben also keinen Handlungscharakter wie im prämodern-mythischen Denken der Fall ist und kennen schon gar keine sich hinter den Ereignissen verbergenden Aktoren mit ihren Motiven und Absichten. Zwecke, kurzum, gehören in der klassisch-modernen Sichtweise nicht zum ‚Gefüge der Wirklichkeit'. Man denke nochmals an Kants Aussage, dass der Zweck ein Fremdling in der Naturwissenschaft ist[353]. Bei ihm findet sich auch, wie schon erwähnt, eine andere Eigenschaft der einen, hier herrschenden Form von Kausalität, und zwar dass sie Notwendigkeit impliziert. Das Naturgeschehen wird hier m.a.W. durch eiserne Gesetze regiert, die keine Ausnahme zulassen. Dieses Naturbild steht demnach im Zeichen eines lückenlosen Determinismus. Daher die Idee, alle Zu-

---

[349] Paul Noordhof, ‚Emergent Causation and Property Causation', in: Cynthia & Graham Macdonald (eds.), *a.a.O.*, 69-99.

[350] Für diese ‚backwards-in-time causation', siehe z.B. Paul Davies, *Goldilock Enigma*, Lane, London 2006, 291ff. Siehe dazu auch Arthur Koestler, *Die Wurzeln des Zufalls*, Scherz, Bern/München/Wien 1972, 68, 74 u.ö.

[351] `Metaphysik der Sitten', *Kants gesammelte Schriften*, Akad.-Ausg. Bd. IV, Berlin 1902, S. 446.

[352] Siehe Kap. 3, Anm. 32.

[353] Kritik der Urteilskraft, *a.a.O.*, V, 390. So sagte schon Wilhelm von Ockham: „Die Frage nach dem Zweck hat keinen Platz im Naturgeschehen, weil die Frage, zu welchem Zweck das Feuer entsteht, sinnlos ist." *Quotlibeta* IV, qu. 1, zitiert bei Hans Welzel, *Naturrecht und materiale Gerechtigkeit*, Vandenhoeck & Ruprecht, Göttingen 1962[4], S. 82.

stände in Zukunft und Vergangenheit seien mit Sicherheit vorher- oder ‚zurück'zusagen, unter der Bedingung selbstverständlich einer hervorragenden Kenntnis der Wirklichkeit, wie Laplace sie seinem intelligenten ‚Dämon' zuschrieb.

Probleme mit dem klassisch-modernen Kausalitätsbegriff

In Kapitel 4 ist beschrieben worden, wie nach und nach immer mehr Risse im klassisch-modernen Naturbild sichtbar wurden. Wir haben das namentlich anhand des Phänomens der Zeit gezeigt. Eine erste Bresche wurde mit der Einführung probabilistischer Gesetze[354], anfänglich in der Thermodynamik, in die klassisch-moderne Bastion geschossen. Zwar brauchte das kein endgültiger Anschlag auf deterministische Gesetze der ersten Art zu sein, solange nämlich Wahrscheinlichkeit in epistemologischem Sinn afgefasst werden konnte, sie also der Mangelhaftigkeit unserer Kenntnis zugeschrieben werden konnte. In der Tat hielt eine Anzahl auf klassische Weise denkender Physiker, wie Einstein, Von Laue, Schrödinger u.a. an dieser Auffassung fest, glaubte m.a.W., mit dem Fortschritt der physikalischen Erkenntnis würden die probabilistischen Gesetze hinterher noch auf deterministische Gesetze zurückgeführt werden können. Die Waage der Plausibilität hat sich jedoch immer mehr nach der anderen Seite hin gesenkt, und zwar dass die probabilistischen Gesetze Merkmale der Natur selber zum Ausdruck bringen, d.h. eine ontologische Bedeutung haben. Die dominante Auffasung der Physiker neigt jetzt vielmehr dazu, die deterministischen Gesetze für einen Grenzfall der grundlegenderen probabilistischen zu halten. Dies beinhaltet, dass Zufall, Spontaneität, Unschärfe u.dgl. objektive Merkmale der Natur sind.

Noch von einer anderen Seite her wurde dem klassisch-modernen Kausalitätsbegriff ein schwerer Schlag versetzt. Man kann die Newtonische Naturauffassung auch so charakterisieren, dass von jedem Prozess und von allen Prozessen gemeinsam eine vollkommene Beschreibung (und damit eine exakte Vorhersage) möglich ist. Mit dem Aufstieg der Quantenmechanik erwies sich das als eine Illusion. Die Beobachtung auf der Mikroebene ist dieser Theorie zufolge nicht möglich, ohne in die Prozesse einzugreifen. Misst man den Impuls eines Teilchens, wird die Ortsbestimmung unscharf und umgekehrt – Heisenbergs Unbestimmtheitsrelation ist die exakte physikalische Formulierung dieser Einsicht. Heisenberg zog daraus die für den Kausalitätsbegriff fatale Schlussfolgerung, die Quantenmechanik bringe die Ungültigkeit des Kausalgesetzes ans Licht. Denn wenn Kausalität im Sinne von Newton, Kant und Laplace die notwendige Verbindung von Ursache und Wirkung

---

[354] Eddingtons Gesetze der Zweiten Art.

beinhaltet, so gilt das nur, wenn wir die Ursache in jeder Hinsicht kennen bzw. vollständig beschreiben können. Die Quantentheorie zeigte nun, dass eine solche vollständige Kenntnis der Ursache bzw. der Anfangsbedingungen unmöglich ist, nicht nur in praktischer Hinsicht, sondern *prinzipiell*. Um Heisenberg nochmals das Wort zu geben: „(…) an der scharfen Formulierung des Kausalgesetzes: Wenn wir die Gegenwart genau kennen, können wir die Zukunft berechnen, ist nicht der Nachsatz, sondern die Voraussetzung falsch. Wir *können* die Gegenwart in allen Bestimmungsstücken prinzipiell *nicht* kennenlernen.(…) So wird durch die Quantenmechanik die Ungültigkeit des Kausalgesetzes definitiv festgestellt."[355] Bei dieser Folgerung handelt es sich selbstverständlich um den klassisch-modernen, vollständig deterministischen Kausalitätsbegriff. Natürlich kann es nicht die Absicht Heisenbergs sein, Kausalität als solche zu einer obsoleten Kategorie zu erklären. Wissenschaft (und nicht nur Wissenschaft) ist eine Angelegenheit des Verstehens von Zusammenhängen, Korrelationen oder Regelmäßigkeiten, was unter anderem mit dem Terminus Kausalität angedeutet wird. Nur wird der Terminus dann hinsichtlich der klassisch-modernen Auslegung nachgeeicht werden müssen. In diesem Sinn hat Heisenberg sich später auch in der Tat geäußert.

Das ,covering law model'

Dennoch ist die klassisch-moderne Auffassung noch lange Zeit bestimmend geblieben, wenigstens als Ideal der Wissenschaft. Ich meine dann den enormen Einfluss, den das sogenannte ,covering law model', auch bekannt als das Hempel-Oppenheim-Modell, gehabt hat. Das Modell beabsichtigt zu explizieren, was Erklären in den Wissenschaften beinhaltet. Dabei wird wohl an erster Stelle an die Naturwissenschaften gedacht, die dann offen oder mehr implizit als Verkörperung des Ideals von Wissenschaftlichkeit betrachtet werden und z.B. den Sozialwissenschaften als Vorbild dienen sollen. Erklären ist hier synonym mit Erklären in kausalem Sinn, indem gezeigt wird, dass bestimmte Ereignisse oder Zustände, die Effekte,

---

[355] Werner Heisenberg, Schlussparagraph seines bahnbrechenden Artikels ,Über den anschaulichen Inhalt der quantentheoretischen Kinematik und Mechanik', in: *Zeitschrift für Physik*, vol. 43 (3-4), 1927, S. 197. Siehe auch H.-P. Dürr, E. Feinberg, B.L. van der Waerden, C.F. von Weizsäcker, *Werner Heisenberg. Eine Biographie*, Hanser, München 1992, S. 20-22.
In ähnlichem Sinn H. Poincaré: „If we knew exactly the laws of nature and the situation of the universe at the initial moment, we could predict exactly the situation of that same universe at a succeeding moment. But even if it were the case that the natural laws had no longer any secret for us, we could still only know the initial situation approximately. If that enabled us to predict the succeeding situation with the same approximation, that is all we require, and we should say that the phenomenon had be predicted, that it is governed by laws. But it is not always so; it may happen that small differences in the initial conditions produce very great ones in the final phenomenon. A small error in the former will produce an enormous error in the latter. Prediction becomes impossible (…)"

bestimmten allgemeingültigen Regelmäßigkeiten bzw. den ‚deckenden Gesetzen' gemäß, aus bestimmten Konstellationen von Tatsachen, den Anfangsbedingungen, hervorgehen. Aufgrund dessen können jene Effekte dann auch vorhergesagt werden. In dieser Sichtweise besteht also ein enger logischer Zusammenhang zwischen kausalem Erklären, Vorhersagen und Erhärten wissenschaftlicher Aussagen oder Theorien. Um Popper zu zitieren: „To give a *causal explanation* of a certain event means to derive deductively a statement (it will be called a *prognosis*) which describes that event, using as premises of the deduction some universal *laws* together with certain singular or specific sentences which we may call *initial conditions* (…). The initial conditions (or more precisely, the situation described by them) are usually spoken of as the *cause* of the event in question, and the prognosis (or rather, the event described by the prognosis) as the effect (…)“.[356]

Das Modell in seiner orthodoxen Form wurde schon bald mit verschiedenen Einwänden konfrontiert. Einer davon ist schon angesprochen worden, und zwar, dass es aus prinzipiellen Gründen unmöglich ist, die Anfangsbedingungen exakt zu bestimmen. Aber auch wenn dem nicht so wäre, bliebe noch immer die praktische Schwierigkeit, dass die Wahrnehmung von Zuständen bzw. die Feststellung von Tatsachen immer mehr oder weniger ungenau sein wird, so dass auch von dieser Seite eine vollkommene Beschreibung zu hoch gegriffen ist. Aber ein mindestens so gründlicher Zweifel in Bezug auf das Modell betrifft die Existenz echt universaler Gesetze. Sie beruhen doch immer auf Extrapolation und Verallgemeinerung gewisser beobachteter Regelmäßigkeiten, die obendrein auch noch auf bestimmte Weise konzeptualisiert worden sind (in Kategorien von Stoß und Druck z.B.). Eine Anzahl von Wissenschaftstheoretikern wie Bas van Fraasen, Nancy Cartwright, John Dupré u.a. bezweifelt dann auch die Existenz solcher allgemeinen grundlegenden Gesetze. Sie glauben nur an konkrete phänomenologische Gesetze und ‚low-level causal principles'[357].

Inzwischen ist es immer deutlicher geworden, dass die Idee universaler grundlegender Gesetze, die alle Erscheinungen ‚decken', ein Nachglanz der klassisch-modernen Naturauffassung ist. Mit der Einführung der historischen Dimension in die Naturwissenschaften und der Einsicht in die ‚Kontextgebundenheit' der Naturgesetze (siehe das zehnte Kapitel) ist die Existenz solcher universalen, fundamentalen und zeitlosen Gesetze sehr zweifelhaft geworden. Es konnte sogar die Frage aufkommen, ob es überhaupt Naturgesetze gebe: „Are there any laws of Nature at all?“

---

[356] K.R. Popper, *The Open Society and its Ennemies*, London 1952, vol. II, S. 262.
[357] Siehe z.B. Nancy Cartwright, *How the Laws of Physics Lie*, Clarendon, Oxford 1983, S. 10 u.ö.

Biologie, Soziologie, Geschichtswissenschaft

Selbstverständlich wird damit die Existenz von Naturgesetzen im Sinne von Regelmäßigkeiten nicht angezweifelt, wohl jedoch ihre Gültigkeit und Reichweite beschränkt. Damit wird auch die Kluft zwischen Physik und Chemie einerseits und einer Reihe von Wissenschaften wie der Biologie und den Sozial- und Geisteswissenschaften erheblich verkleinert. Herausragende Biologen wie Ernst Mayr haben wiederholt als ihre Meinung geäußert, die Biologie kenne keine Gesetze. Ich nehme an, dass sie dabei die Idee von Naturgesetzen im Sinne des (orthodoxen) ‚covering law model‘ im Auge hatten. In dem Sinn kennt die Biologie in der Tat keine Gesetze, ganz bestimmt aber einen Bestand an Einsichten in Bezug auf Regelmäßigkeiten in den Lebenserscheinungen, in Bezug auf eigene Formen von Kausalität also.

Eine vergleichbare Situation finden wir bei den Sozialwissenschaften. Auch da handelt es sich selbstverständlich um Einsicht in das Wie und Warum sozialer Entwicklungen bzw. um Formen von ‚Erklären‘. Max Weber, ein Soziologe, bei dem inhaltliche soziologische Forschungen fortwährend durch methodologische Reflexion begleitet werden, spricht auch in der Tat immer wieder in Kategorien von Verursachung. Z.B. wenn er - wohl seine bekannteste Analyse – nach einer Erklärung für das Entstehen des Kapitalismus als abendländischen ökonomischen Systems sucht. Was er de facto tut, ist das Aufzeigen eines verständlichen Zusammenhangs zwischen einer sozialen Lebensweise, derjenigen der ‚asketischen‘ Puritaner, und einer daraus hervorgehenden ökonomischen Konstellation, bzw. wie ein kollektives Handlungsmuster ein neues eigenständiges soziales Phänomen hervorruft. ‚Erklären‘ ist hier demnach das Plausibelmachen eines Zusammenhangs zwischen sozialen Phänomenen. Dabei werden keine ‚articulated general laws‘ in Anspruch genommen, wie Runciman, einer von Webers Kommentatoren, schreibt[358], denn solche kennt die Soziologie nicht. Aber die Tatsache, dass Runciman eine derartige Aussage macht, zeigt schon, dass das ‚covering law model‘ doch andauernd, sei es nun in zustimmendem oder abwehrendem Sinn, als Bezugspunkt desjenigen, was als Erklären gelten kann, funktionierte.

In der wissenschaftstheoretischen Besinnung auf die Art und Weise, wie die Geschichtswissenschaft historische Ereignisse ‚erklärt‘, hat auch oft das ‚covering law model‘ und die Stellungnahme ihm gegenüber eine wichtige Rolle gespielt. Einerseits haben Anhänger des Modells wie Popper, Hempel, White, Braithwaite und andere in der Tat versucht, historische Ereignisse mit Hilfe desselben zu erklären.

---

[358] W.G. Runciman, *A Critique of Max Weber's Philosophy of Social Science*, Cambridge University Press, Cambridge 1972, S. 64. Auf S. 62 charakterisiert Runciman Webers Arbeitsweise als „the analysis of causal explanations in the broadest sense".

Das lief jedoch meistens darauf hinaus, dass die ‚Gesetze' der Geschichte ziemlich triviale Regelmäßigkeiten eines niedrigen Abstraktionsniveaus oder auch allgemeinere soziale Regelmäßigkeiten sind, mit deren Hilfe die Geschichtswissenschaft also auf angewandte Soziologie zurückgeführt wurde. Meistens jedoch erkannten Historiker sich gar nicht in dem Modell als Rekonstruktion der Art und Weise, wie sie in der täglichen Praxis faktisch vorgehen. Sie arbeiten, wie Isaiah Berlin, Alan Donagan, William Dray u.a. sagen, nicht mit Verallgemeinerungen, unter die sie dann individuelle historische Begebenheiten subsumieren, eventuell um neue Entwicklungen vorherzusagen. Im Gegenteil verwenden sie ‚historische Geschichten' (‚historical narratives') oder sogar Formen von Fiktion, um verständlich zu machen, warum Personen in bestimmten Situationen, getrieben durch welche Ideen oder einfühlbare Motive, so handelten, wie sie es taten. Oder sie stellen ein anschauliches Bild einer einmaligen Entwicklung oder einer Episode mit einer ganz eigenen Physiognomie dar[359]. Bei der wissenschaftstheoretischen Reflexion darauf dient das ‚covering law model' eben als Kontrast, demgegenüber die eigene Arbeitsweise näher bestimmt wird. Das geschieht z.B. so, dass die Warumfrage in beiden Fällen auf ganz verschiedene Weise verwendet wird[360], weil man nach ganz verschiedenen Arten von Zusammenhängen auf der Suche ist.

Was von diesen Diskussionen als relevant übrig bleibt, ist, dass, *vorausgesetzt*, das ‚covering law model' würde in den Naturwissenschaften die wissenschaftstheoretisch richtige Vorstellung des Arbeitsverfahrens dieser Wissenschaften bieten, die Sozial- und Geisteswissenschaften eine abweichende Methodologie verwenden. Das ist aber eine Situation, wie sie dann im Gegensatz von ‚Erklären' und ‚Verstehen' festgeschrieben wurde, die uns jedoch mit einer Reihe von nicht einzuordnenden Wissenschaften wie Biologie, Geologie, Psychiatrie u.a. zurückließ. Nachdem aber das ‚covering law model' seriösem Zweifel ausgesetzt ist, höchstens für bestimmte Sektoren der Naturwissenschaften als repräsentativ betrachtet werden kann und in striktem Sinn womöglich nirgends, ist damit der alte Gegensatz von Natur- und Geisteswissenschaften obsolet geworden. Das öffnet den Weg für die Anerkennung eines ganzen Spektrums von Erklärungsformen mit zugehörigen Typen von Kausalität. Damit wären wir zurück bei dem in vorangehenden Kapiteln skizzierten Bild einer ganzen Reihe von Wirklichkeitsebenen, jede mit ihrer eigenen Organisations- und Kausalitätsform.

---

[359] Man denke z.B. an Jacob Burckhardts *Die Kultur der Renaissance in Italien,* Johan Huizinga's *Herbst des Mittelalters,* Karl Hampes *Das Hochmittelalter* u. dgl.

[360] Siehe z.B. Isaiah Berlin, `The Concept of Scientific History', in: William Dray (ed.), *Philosophical Analysis and History,* Harper & Row, New York/London 1966, 5-53.

So viel sei zur Erhärtung der Behauptung gesagt, auf den verschiedenen Niveaus der Wirklichkeit werde das Hervorgehen von Zuständen oder Ereignissen aus anderen auf ganz verschiedene Weise ‚erklärt‘, m.a.W. sei die Art des Zusammenhangs der Dinge, ihrer kausalen Beziehung demnach, abhängig von der Art der fraglichen Phänomene.

Eine situationelle Auffassung von Kausalität

Eine Erklärung ist die Beantwortung einer Warumfrage. Das Aufkommen einer solchen Frage deutet darauf hin, dass eine Tatsache oder Begebenheit nicht länger als selbstverständlich erfahren wird, sondern Befremden hervorruft. Durch eine Erklärung wird dann beabsichtigt, das Befremden aufzuheben und den Zustand der Problemlosigkeit, oft in verschobener Form, wiederherzustellen. Das funktioniert auf diese Weise auf dem alltäglichen Niveau, aber nicht weniger auch in Wissenschaft und Philosophie. Wenn daher eine Antwort auf eine Warumfrage als plausibel und befriedigend empfunden wird, die als fremd erfahrene Situation sich in einen allgemeineren Rahmen eingliedern lässt, ist die Frage jedenfalls vorläufig zur Ruhe gebracht worden. Wenn jemand auch weiterhin jenseits dieses Ruhepunkts noch die Warumfrage stellt, also ohne dass sich dahinter noch seriöses Befremden verbirgt, wird das mit Recht als einfältig betrachtet.

Wenn Kausalität eine wichtige Rolle spielt beim Erklären von Sachlagen und Ereignissen, und Erklären seinerseits von demjenigen, was wir wissen wollen, abhängig ist, bekommt Kausalität ein verschiedenes Aussehen, je nach unserem ‚Erkenntnisinteresse‘. Ein Beispiel ist die Situation in der Rechtsprechung. Wenn bei einem ernsten Verkehrsunfall die Schuldfrage gestellt wird, ist der Richter nicht an der Gesamtheit der Umstände einer Rutschpartie interessiert. Aber er oder sie wird daraus eine Auswahl derjenigen Elemente der Situation treffen, die für die Ermittlung der Schuld relevant sind, wie durch Regen rutschige Straßendecke, scharfe Straßenkurve, schlechte Reifen, Geschwindigkeit des gerutschten Fahrzeugs u. dgl., und wird aufgrund dieser Tatsachen beurteilen, ob dem Fahrer leichtsinniges Fahrverhalten vorzuwerfen sei.

Auf ähnliche Weise beinhaltet aber jede kausale Erklärung, dass nur eine Auswahl der Gesamtheit der Vorbedingungen in Betracht gezogen wird. Nicht an letzter Stelle gilt das auch für das ‚covering law model‘. Eigentlich ist doch die Zahl der Vorbedingungen jedes Zustandes oder Ereignisses ‚unendlich‘. Deshalb beruht jede Isolierung einer Sammlung von Anfangsbedingungen genau genommen auf einer

Wahl unsererseits, wie der Göttinger Logiker Josef König gezeigt hat[361]. Für eine wirklich vollständige Erklärung müssten *alle* Antezedenzien herangezogen werden, weil jedes Element der Wirklichkeit mit jedem anderen auf gewisse Weise verbunden ist[362]. Streng genommen könnte sogar kein Unterschied zwischen einem Ereignis und seinen Antezedenzien gemacht werden, weil die Genese des fraglichen Ereignisses schon zu dessen Definition gehört. Diese Argumentation führt dann dazu, dass Kausalität letztlich situationell aufgefasst werden muss.

Poppers ‚propensities'-Theorie

Auf dieser Linie scheint mir eine interessante Idee des späteren Popper zu liegen (ziemlich abweichend von seiner früher zitieren Kausalitätsauffassung im Sinne des Hempel-Oppenheim-Modells), und zwar die Idee, Kausalität in Kategorien von ‚propensities', Tendenzen bzw. objektiven Wahrscheinlichkeiten aufzufassen[363]. Diese werden dann als bestimmten *Situationen inhärent* gedacht, anstatt im Sinn von gebunden an Prozesse. Jede Situation trägt eine (meistens beträchtliche) Anzahl von Möglichkeiten in sich – ein relativ einfacher Fall wie ein Wurf mit einem Würfel schon sechs Möglichkeiten in Bezug auf das Hochkommen einer der sechs Seiten. Diese sechs Möglichkeiten sind jedoch nur im idealen Fall exakt gleich wahrscheinlich. In der realen Welt wird der Würfel nicht genau homogen an Zusammensetzung und Gewicht und nicht genau achteckig sein, was selbstverständlich auf das Ergebnis des Wurfs von Einfluss ist. Deshalb werden wir anstatt mit gleichen, mit gewogenen Möglichkeiten rechnen müssen. Und die Situation wird eine gewisse Tendenz haben, eine bestimmte Möglichkeit zu realisieren. Popper betrachtet diese Sichtweise als „eine objektive [anstatt einer rein mathematischen, vdW] Interpretation der Wahrscheinlichkeitstheorie". „Propensities (…) are not mere possibilities but physical realities"[364]. Und nochmals: diese Tendenzen sind „propensities of *the whole physical situation* and sometimes even of the particular way in which the situation changes. And the same holds of the propensities in chemistry, in biochemistry, and in biology."[365]

Diese Tendenzen werden nun weiter von Popper mit den Kräften der klassisch-modernen Physik verglichen. Oder besser gesagt: diese Tendenzen *sind* die neue

---

[361] J. König, ‚Bemerkungen über den Begriff der Ursache', in: ders., *Vorträge und Aufsätze* (Hg. G. Patzig), Freiburg 1978, 122-255.

[362] Siehe dazu auch Kap. 5, S. 106.

[363] Karl R. Popper, *A World of Propensities: Two New Views of Causality*, Thoemmes, Bristol 1990. Siehe auch ders., *Unended Quest*, a.a.O., Kap. 34.

[364] *A.a.O.*, S. 12.

[365] *Ibid.*, S. 17.

erweiterte Erscheinungsweise derselben. Und ebenso wie die Newtonschen Kräfte wirken sie durch Anziehung. Wenn nun weiter Verursachung als ein Spezialfall von Tendenz betrachtet wird, wirkt sie also nicht so sehr durch Stoß und Druck von hinten, als vielmehr duch Anziehung: „Causation is just a special case of propensity: the case of a propensity equal to 1 [...] a *determining demand*, or force, for realization. It is not the kick from the back, from the past, that *impels* us, but the attraction, the lure of the future and its competing possibilities, that *attracted* us, that *entice* us. This is what keeps life – and, indeed, the World – unfolding."[366] Und weil Tendenzen immer neue Möglichkeiten schaffen, ergibt dieser Gedankengang alles in allem das Bild eines nach der Zukunft hin offenen und inhärent kreativen Universums. Ob mit dieser ‚neuen Sicht der Kausalität', wie sie von Popper bezeichnet wird, die ganze diesbezügliche Geschichte erzählt worden ist, lasse ich dahingestellt. Jedenfalls entspricht diese Sichtweise der oben genannten situationellen Auffassung von Kausalität. Und passt sie zu dem in diesem Buch vertretenen Naturbild.

Zugleich erscheint damit eine Frage, die Wissenschaft und Philosophie Jahrhunderte lang gequält hat, in einem neuen Licht, und zwar das Finalitätsproblem. Die klassisch-moderne Naturauffassung erkannte doch zur Erklärung der Phänomene keine Zweckbestimmtheit der Prozesse an. Alles vollzog sich in diesem ‚Uhruniversum' auf kausale Weise, Kausalität dann aufgefasst als Bewerkstelligung durch Stoß und Druck, ‚von hinten' also. Dass schon Newtons Attraktionsgesetze nicht in dieses Schema passten, bildete dann auch ein seriöses Problem. Newton selbst betrachtete Beeinflussung auf Distanz (‚actio in distans') anstatt durch direkte Wirkung über ‚Berührung' als eine Absurdität[367]; er hatte dann auch keine Erklärung für die Anziehung von z.B. Sonne und Planeten. Er entwich, wie bekannt, der Frage, indem er sagte, er habe für die hier zur Diskussion stehenden Prozesse die das Wie derselben betreffenden Gleichungen aufgestellt. Er wünsche aber über deren Was und Warum keine Mutmaßungen anzustellen: „hypotheses non fingo".

Finalität

Dieser gewiss nicht geringen Unstimmigkeit im mechanisierten Weltbild zum Trotz hatte und behielt die Kausalitätsidee darin eine zentrale Stellung. Sie fungier-

---

[366] *Ibid.*, 20f.

[367] Wie seine berühmte Aussage beweist, dass die Annahme einer Wirkung auf Distanz (die einen Verstoß gegen Grundprinzipien einer mechanistischen Theorie bedeuten würde) sei „so great an Absurdity that I believe no Man who has in philosophical matters a competent Faculty of thinking, can ever fall into it." Brief vom 25. Februar 1693 an Richard Bentley.

te, wie erwähnt, als der Zement des Universums, bzw. war in Kants Terminologie konstitutiv für unsere Naturauffassung. Dennoch sah schon Kant sich zu einer Selbstkorrektur gezwungen. Während in der *Kritik der reinen Vernunft* dem Zweckbegriff keine Aufmerksamkeit geschenkt wird, eine Analyse der Erfahrungswelt also ohne ihn auskommen kann, wird er in der *Kritik der Urteilskraft* einer ausführlichen Erörterung unterzogen. War es doch zu evident, dass die lebendige Wirklichkeit durch Zielstrebigkeit bzw. Zweckbestimmtheit gekennzeichnet ist. Kant honorierte dies, indem er Finalität zum Interpretationsprinzip der organischen Welt erklärte, was aber nicht in objektivem und konstitutivem Sinn aufgefasst werden durfte. Diesen Status eines konstitutiven Prinzips der erfahrbaren Wirklichkeit reservierte er auch weiterhin für die Kausalitätsidee. Aber warum, so kann man fragen, bedürfen wir in Bezug auf die organische Wirklichkeit eines solchen subjektiven Interpretationsprinzips, wenn es uns über die Wirklichkeit, wie sie für unsere Erkenntnis ist, nichts zu sagen hat?

Das Finalitätsproblem hat seitdem immer aufs Neue zu denken gegeben[368]. Die lebendige Wirklichkeit drängt sich allzu deutlich als teleologisch strukturiert auf, so dass man es kaum vermeiden kann, es als ein intrinsisches Merkmal desselben zu betrachten. In der plastischen Beschreibung von Ian Stewart[369]:

> „Eine Amöbe, mit bloßem Auge wahrgenommen, ist alles andere als eindrucksvoll – ein kleines Pünktchen, angenommen, dass es groß genug ist, um überhaupt sichtbar zu sein. Es sieht wie ein Körnchen Sand aus und man erwartet, es sei ungefähr gleich interessant. Wenn man jedoch eine Amöbe durch ein einigermaßen kräftiges Mikroskop beobachtet, erkennt man plötzlich, wie bemerkenswert Leben ist. Denn eine Amöbe ist nicht wie ein Sandkorn; sie hat keine feste Form. Sie bewegt sich – zielstrebig.
>
> Es ist schwierig, ein solches Wort nicht zu verwenden, unwissenschaftlich wie es möglicherweise ist. Unwillkürlich erweckt es stark den Eindruck, dass die Amöbe weiß, wohin sie gehen will und was sie tun soll, um dahin zu kommen. In nächster Nähe ist ein Stückchen Nahrung; man kann es durch das Mikroskop sehen. Die Amöbe weiß auch, dass es da ist, denn sie fängt an, dahin zu langen. Die Oberfläche fängt an, sich zu verändern, wobei sie einen Höcker bildet, der schnell länger wird und unfehlbar in die Richtung des Stückchens Nahrung geht. Die Amöbe hat ein *pseudopodium* hinausgestreckt, eine flexible, einem Ärmchen gleichende Ausstülpung. Im Pseudopodium stecken kleine

---

[368] Für eine ausführliche und reich dokumentierte Studie, jedoch mit beschränktem ‚Ertrag‘, siehe Eve-Marie Engels, *Die Teleologie des Lebendigen. Eine historisch-systematische Untersuchung*, Duncker & Humblot, Berlin 1982.

[369] Ian Stewart, *Life's Other Secret. The New Mathematics of the Living World*, Wiley, New York 1998, S. 27f., meine Übersetzung.

Körner eines bestimmten Materials, die durch das Pseudopodium zirkulieren und nach dem wachsenden Ende hin strömen.

Dann besinnt sich das Geschöpf plötzlich eines Anderen. Der Strom Körner wendet sich um, das Pseudopodium schrumpft zusammen. Aus ganz undeutlichen Gründen bewegt sich die Amöbe in eine ganz andere Richtung.

Man entfernt sein Auge vom Mikroskop und beobachtet ohne optische Hilfsmittel die Amöbe aufs Neue. Wiederum ähnelt sie nur einem Sandkorn – aber man wird nie mehr die Fähigkeiten eines Stückchens *lebendiger* Materie unterschätzen."

Kein Wunder dann, dass Biologen immer wieder teleologischen Sprachgebrauch verwenden. Das tat sogar Darwin selber, obwohl seine Evolutionstheorie das Leben und dessen Entwicklung in mechanistischen Kategorien beschreibt und erklärt. Und noch ein Autor wie Dawkins verwendet ein teleologisches Idiom, obwohl er sagt, es sei nur eine gefügige Sprechweise, die, wenn wir nur wollten, ohne Rest in ein respektables kausalistisches Idiom übersetzbar ist. Siehe z.B. seine Aussage: „If we allow ourselves the license of talking about genes as if they had conscious aims, always reassuring ourselves that we could translate our sloppy language into respectable terms if we wanted to, we can ask the question, what is a single selfish gene trying to do?"[370]

Aber erstens: warum dann doch immer wieder dieser ‚nachlässige' Sprachgebrauch? Und zweitens: warum führt Dawkins die Übersetzung dann nicht durch, aber belässt er es bei der Mitteilung der Möglichkeit derselben? Könnte es sein, dass die finalistische Sprechweise unvermeidlich ist, um die Erscheinungen adäquat zu charakterisieren?

Teleologischer Sprachgebrauch in der Physik

Besonders interessant ist in diesem Zusammenhang nun aber, dass teleologischer Sprachgebrauch auch mit einer gewissen Regelmäßigkeit in der Physik und Chemie als Wissenschaften der anorganischen Natur auftaucht. Man erinnere sich, dass in der Sichtweise der Dynamik, die sich mit den Bewegungsphänomenen beschäftigt, Zwecke nicht vorkommen, weil die Prozesse durch ihre Anfangsbedingungen definitiv festgelegt sind. Max Planck hat nun mehrmals darauf hingewiesen, dass es neben dynamischen Prozessen noch ganz andere Vorgänge in der Natur gibt, und zwar Prozesse, die durch die Thermodynamik, die Theorie komplexer Systeme mit ihrer unumkehrbaren Zeit, beschrieben werden. Aus dieser Perspektive, so sagt

---

[370] Richard Dawkins, *The Selfish Gene*, OUP, Oxford 1989 (1971), S. 84.

Planck, scheint die Natur bestimmte Zustände zu ‚bevorzugen'. Systeme werden durch diese Zustände ‚angezogen', bzw. ‚ziehen' sie anderen ‚vor'. So beschreibt die unumkehrbare Zunahme der Entropie eines Systems die Annäherung an einen Zustand, durch den es ‚angezogen' wird, den es ‚bevorzugt'. In den Worten von Planck: „Nach dieser Ausdrucksweise [nämlich aus thermodynamischer Sicht] sind solche Prozesse in der Natur durchaus unmöglich, für deren Endzustand die Natur eine kleinere Vorliebe besitzen würde als für den Anfangszustand. Einen Grenzfall bilden die reversiblen Prozesse; bei ihnen besitzt die Natur die gleiche Vorliebe für den Anfangs- wie für den Endzustand, und der Übergang kann zwischen ihnen beliebig nach beiden Richtungen erfolgen"[371] Dies geschieht im Gegensatz zum ‚Normalfall' des unumkehrbaren Prozesses in der Natur, bei dem sie jenen Endzustand wohl bevorzugt.

Es könnten, dies beiläufig gesagt, weitere Beispiele von ‚mentalistischem' Sprachgebrauch in den Naturwissenschaften gegeben werden, wie im Fall von Teilchen, die dem Anschein nach von anderen Teilchen ‚wissen', was sie tun, oder sich verhalten, als ‚wüssten' sie im Voraus, welche Entscheidung der Beobachter in einem Experiment trifft, das wesentlich durch seine Entscheidung beeinflusst wird, wie im obengenannten ‚aufgeschobenen Entscheidungsexperiment' von John Wheeler[372].

Ein treffender Fall, um dies noch zu erwähnen, ist der des sogenannten Majorana-Teilchens, benannt nach dem hervorragenden italienischen Physiker Ettore Majorana, der während einer Schiffsreise von Palermo nach Neapel im Jahre 1938 auf mysteriöse Weise verschwand und dessen Körper nie wieder aufgefunden wurde. Fortbauend auf Theorien von Paul Dirac, dass zu jedem Elementarteilchen ein Antiteilchen gehört, sagte er das nach ihm benannte Fermion voraus.[373] Es handelt sich nun darum, dass das von Majorana vorausgesagte Fermion (das nie aufge-

---

[371] M. Planck, ‚Die Einheit des physikalischen Weltbildes', in: ders., *Vorträge und Erinnerungen*, Hirzel, Stuttgart 1949 (Neudruck WBG, Darmstadt 1970), S. 36, zitiert bei I. Prigogine & I. Stengers, *Dialog mit der Natur, a.a.O.*, S. 130.

[372] In beiden Fällen handelt es sich um Teilchen (Photonen und Elektronen), die durch Spalten in einem Schirm geschossen werden und dann auf eine dahinter liegende Wand treffen, wobei sie Interferenzmuster zeigen. In einem Fall geht das Teilchen durch eine Spalte, aber passt sein Verhalten an, als wüsste es von der anderen Spalte. Im Delayed-Choice-Experiment (mit Erfolg von Caroll Alley der Universität von Maryland durchgeführt) hängt das Ergebnis von der Entscheidung des Experimentators ab, der aber seine Entscheidung trifft, *nachdem* die Teilchen durch die Spalte gegangen sind. Wie konnten sie im Voraus wissen, welche Entscheidung der Experimentator treffen würde? Siehe Paul Davies & John Griffin, *Auf dem Wege zur Weltformel*, Komet, Köln 1995, 191ff. Siehe auch Anm. 350.

[373] Zur Verdeutlichung: Elementarteilchen können in zwei Klassen eingeteilt werden: Fermionen (wie das Elektron) und Bosonen (wie das Photon bzw. Lichtteilchen). Anders als bei Fermionen der Fall ist, wo Teilchen und Antiteilchen (z.B. Elektron und Positron) verschiedene Eigenschaften haben, sind Bosonen ihre eigenen Antiteilchen.

funden worden war, aber jetzt möglicherweise von einer Forschergruppe der Technischen Universität Delft zum ersten Mal nachgewiesen worden ist) eine Ausnahme seiner Art ist. Es hat nämlich besondere quantenmechanische Eigenschaften: wenn zwei von ihnen umgetauscht werden, ‚behalten‘ sie, ob das im oder gegen den Uhrzeigersinn geschehen ist. Eben wegen dieses ‚Gedächtnisses‘ ist das Teilchen geeignet, in einem ‚topologischen Quantencomputer‘ im Nanomaßstab Berechnungen anzustellen.

Es gibt offenbar physikalische Teilchen, die eine ‚Vorliebe‘ für bestimmte Zustände haben, die ‚wählen‘, ‚sich entscheiden‘, ‚behalten‘, usw. [374] Abermals stehen wir damit vor der Frage, ob dies alles nur ‚façons de parler‘ sind, die zwar auf der Hand liegend, aber im Grunde uneigentlich sind, oder ob dieser Sprachgebrauch eine Grundlage in den Erscheinungen hat. Könnte es nun sein, dass auch bei dieser Thematik das Homologieprinzip einen Hinweis geben kann – das Prinzip also, dass es zwischen den verschiedenen Organisationsebenen der Natur eine Strukturverwandtschaft gibt, und zwar so, dass die verwandten Strukturmerkmale sich nach den Organisationsmustern der verschiedenen Ebenen richten? – Früher haben wir das u.a. für das Phänomen des Metabolismus beschrieben, das für alle dissipativen Strukturen (den ‚Normalfall‘ in der Natur) kennzeichnend ist, und so schon auf präbiotischem Niveau nachweisbar ist – man denke nur an die Kerzenflamme. Auf organischem Niveau nimmt er (d.h. der Metabolismus) dann die zu dem Organisationsmuster gehörenden spezifische Form an.

Es gibt, wie mir scheint, gute Gründe, für das Phänomen der Teleologie etwas Ähnliches anzunehmen. Dass wir also auch in diesem Fall einen vertikalen Strang vor uns haben, der von Niedrig bis Hoch durch die Natur geht. Ebenso wie der Metabolismus lange Zeit für ein besonderes Merkmal der organischen Wirklichkeit gehalten worden ist, aber dann, wie es sich herausstellte, auch auf den vororganischen Niveaus vorkam (wie gesagt, auf die für diese Niveaus spezifische Weise), so wäre das auch mit der Teleologie der Fall. Dass Organismen teleologisch strukturiert sind, in konstitutivem Sinn also, dürfen wir nach dem oben Gesagten schon annehmen. Übrigens – wenn ich mir einen kurzen Exkurs erlauben darf – sind auch dabei Niveauunterschiede feststellbar. Auf den niederen organischen Ebenen

---

[374] Mein Kollege, Professor Harm Bart, machte mich auf eine Passage in Richard Feynmans *Lectures on Physics* (vol. 2, chapter 19, ‚The Principle of Least Action‘) aufmerksam: „In the case of light we also discussed the question: How does the particle find the right path? From the differential point of view, it is easy to understand. Every moment it gets an acceleration and knows only what to do at that instant. But all your instincts on cause and effect go haywire when you say that the particle decides [!] to take the path that it is going to give the minimum action. Does it ‚smell‘ the neighboring paths to find out whether or not they have more action?" Genauso in der Mechanik: da „it [scil. the particle] smells all the paths in the neighborhood and chooses the one that has the least action by a method analogous to the one by which light chose the shortest time."

sind die Ziele unbewusst. Mit dem Erscheinen des Bewusstseins nimmt zielstrebiges Verhalten dann die Form des Anstrebens vorgestellter Zwecke an. Das Merkwürdige ist nun, dass in der modernen Philosophie, ganz explizit z.B. bei Nikolai Hartmann[375], Teleologie nur noch in dieser verschmälerten Form verstanden wird. Vor Thomas von Aquin, bei dem die Verengung einsetzt[376], war das gewiss nicht der Fall – Aristoteles ist dafür ein gutes Beispiel. Die Verengung des Teleologiebegriffs als Ausrichtung auf bewusst vorgestellte Ziele ist zweifellos einer der Faktoren gewesen, die zu der Beseitigung der Teleologie aus der Natur geführt haben. Wurde sie doch aus klassisch-moderner Sicht nur noch als Ensemble blinder, toter Dinge ohne Inneres aufgefasst.

Um den Gedankengang nun wieder aufzunehmen: ebenso wie beim Metabolismus können wir auch bei der Teleologie vom organischen Niveau nach vororganischen Ebenen hinabsteigen. Erste Hinweise in diese Richtung waren Formen des teleologischen Idioms auf physikalischem und chemischem Niveau, von denen oben die Rede war. Aber es gibt mehr, was in die Richtung zeigt.

Extremalprinzipien

Ein äußerst interessantes Phänomen in dieser Hinsicht sind die sogenannten Extremalprinzipien. Ein klassisches Beispiel derselben ist das Prinzip des kürzesten Lichtwegs. Dass Licht bei Reflexion den kürzesten Weg nimmt, war schon dem großen Mathematiker Heron von Alexandrien (erstes Jahrhundert n.Chr.) bekannt. Im Jahre 1662 wurde das Prinzip von Fermat für den Übergang von Licht von einem Medium in das andere (z.B. von Luft in Wasser oder Glas) formuliert. Die Geschwindigkeit von Licht in verschiedenen Medien ist verschieden. Wenn nun ein Lichtstrahl, der durch eine in Luft befindliche Lichtquelle A ausgesandt wird, schräg auf eine Wasser- oder Glasoberfläche fällt, wird er gebrochen und erreicht einen Punkt B. Das Licht wird nun denjenigen Weg von A nach B wählen, für den es die *möglichst kürzeste Zeit* braucht. Es wird dazu eventuell einen kleinen Umweg durch die Luft wählen, da die Geschwindigkeit größer als in Wasser oder Glas ist.

---

[375] N. Hartmann, *Teleologisches Denken*, de Gruyter, Berlin 1951.

[376] Siehe dazu R. Spaemann & R. Löw, *Die Frage Wozu? Geschichte und Wiederentdeckung* des teleologischen Denkens, Piper, München/Zürich 1981, 84ff. In ähnlichem Sinn F.J.K. Soontiëns, *Natuurfilosofie en milieu-ethiek* [Naturphilosophie und Umweltethik], Boom, Amsterdam 1993, 62f: Bei Aristoteles ist die Natur immanent teleologisch strukturiert und ist auf dieser Grundlage zweckgerichtetes technisches Handeln möglich. Bei Thomas ist umgekehrt „Naturfinalität nur unter der Voraussetzung von (göttlicher) Handlungsteleologie denkbar", d.h. des zielbewussten schöpferischen Handelns Gottes als des großen Handwerkers oder Künstlers. Das impliziert, dass „jede Teleologie ein Bewusstsein voraussetzt". Fortan wird dann, so noch immer Soontiëns, „implizit oder explizit, vorausgesetzt, dass für Teleologie ein antizipierendes Bewusstsein notwendig ist".

Es hat also den Anschein, als würde der Weg eines Lichtstrahls von der Erreichung des zukünftigen Endpunktes her bestimmt, so dass die Frage auftaucht, ob wir es hier mit einer Form von Finalität zu tun haben.

Nicht weniger bemerkenswert ist, dass es 1760 dem Mathematiker Lagrange gelang, fortbauend auf dem Werk von Maupertuis und Euler (und letztlich von Leibniz), die Gesetze der Newtonschen Mechanik aus einem solchen Extremalprinzip, dem *Prinzip der kleinsten Wirkung,* herzuleiten. Die ganze klassische Mechanik konnte m.a.W., wie es sich erwies, aus diesem Wirkungsprinzip hergeleitet werden. Damit hatten wir die Situation, dass dieselben Naturgesetzmäßigkeiten auf zwei verschiedene Weisen formuliert werden konnten: aus der mechanischen Perspektive in der Form von Differenzialgleichungen[377]; und unter dem Aspekt der Extremalprinzipien, die Prozesse als ganze, im Hinblick auf den Endeffekt betrachten und so (anscheinend) einen finalistischen und holistischen Einschlag haben. Und die Frage ist, ob diese beiden Betrachtungsweisen völlig äquivalent sind.

Dieser Ansicht huldigt z.B. der schon mehrmals genannte Carl Friedrich von Weizsäcker, und mit ihm viele Andere. Er schreibt: „Es ist eine entscheidende, viel zu wenig ins Allgemeinbewusstsein gedrungene Erkenntnis der neuzeitlichen Mathematik, dass dieser Gegensatz zwischen kausaler und finaler Determination des Geschehens in Wahrheit gar nicht existiert, wenigstens nicht, solange es erlaubt ist, das Prinzip der Kausalität durch Differenzialgleichungen und dasjenige der Finalität durch Extremalprinzipien zu präzisieren. Die Variationsrechnung lehrt uns dieselbe mathematische Forderung entweder durch ein Extremalprinzip oder durch eine Differenzialgleichung auszudrücken: die Differenzialgleichung gibt die Zusammenhänge, die im kleinen (von Ort zu Ort) herrschen müssen, damit im großen der im Extremalprinzip geforderte Effekt erreicht werden kann (Euler). So kann man nach der Differenzialgleichung ausrechnen, welchen Endpunkt ein Lichtstrahl erreichen wird, der in einer bestimmten Richtung abgegangen ist; dieser Ort ist gerade so bestimmt, dass der Lichtstrahl, um ihn in kürzester Zeit zu erreichen, die Richtung einschlagen musste, die er tatsächlich eingeschlagen hat. Das finale ‚Ziel' und das kausale ‚Gesetz' sind also nur verschiedene Arten, dasselbe Prinzip auszudrücken. Das Ziel gibt nur die Folge an, die nach dem Gesetz notwendig eintreten muss, und das Gesetz ist gerade so eingerichtet, dass die von ihm beherrschten Wirkungen das Ziel realisieren."[378]

---

[377] Diese Gleichungen deuten Zusammenhänge an, die im Kleinen, von Ort zu Ort, herrschen. Siehe auch Anm. 374.

[378] C.F. von Weizsäcker, *Zum Weltbild der Physik,* Hirzel, Stuttgart 1948[4], S. 166. Während es bei Von Weizsäcker um zwei verschiedene, aber gleichwertige Gesichtspunkte geht, ist es lange Zeit die Überzeugung vieler Wissenschaftsphilosophen gewesen, teleologische Erklärungen könnten in kausale Erklärungen umformuliert werden.

Wer jedoch in Von Weizsäckers höchst interessanten Darlegungen in Bezug auf Kausalität und Finalität ein wenig weiter liest, sieht, dass er den ‚grob mechanistischen' Kausalitätsbegriff der (klassisch-)modernen Physik in mathematische Formen auflöst, darin eine Art ‚causa formalis' im Sinne von Aristoteles sieht, die dann sogar „den Geist in der Materie" verkörpert. Mir scheint, dass damit ein Licht auf die physikalische Wirklichkeit fällt, wie das von seiten einer Betrachtung in Kategorien von (mechanischer) Kausalität nicht möglich ist. Noch sprechender ist m.E. eine Aussage wie: „Die Vollkommenheit einer Welt, in der Extremalprinzipien gelten, besteht aber darin, dass sie mit dem einfachsten, für den Geist durchsichtigsten Gesetz den größten Reichtum an Erscheinungen zusammenfasst; sie besteht darin, dass eine solche Welt die größte Schönheit besitzt."[379]

Inzwischen ist von einer ganzen Reihe von Naturerscheinungen erkannt worden, dass sie unter dem Aspekt von Extremalprinzipien betrachtet werden können. Die Natur zeigt, so kann man es auch formulieren, die Neigung, auf die effizienteste, Materie und Energie sparende Weise vorzugehen – Ian Stewart dichtet ihr in diesem Zusammenhang sogar ‚Faulheit' an. Eine Honigwabe z.B. ist mit ihrem sechseckigen Bau so gebildet, dass sie ein Minimum an Materialgebrauch mit dem größtmöglichen Inhalt kombiniert. Und um noch ein Beispiel zu geben: der Groninger Physiker C.D. Andriesse glaubte, feststellen zu können, dass das physikalische System eines Sterns und seiner Umgebung sich derart verhält, dass dessen Entropie möglichst langsam zunimmt[380], eine Gegebenheit, die er als eine (mögliche) „neue Manifestation (...) eines ökonomischen Prinzips, das in unterschiedlichen Naturerscheinungen wirksam ist" präsentiert, d.h. des Prinzips der ‚kleinsten Wirkung'.

In all diesen Fällen hat es den Anschein, dass die Prozesse auf den zu erreichenden Endzustand ausgerichtet sind, bzw. dass sie, um die Worte Von Weizsäckers zu verwenden, „einen finalen Vorgriff auf die Zukunft" beinhalten. Unverkennbar ruft dieser Ausdruck teleologische Assoziationen auf. Und in der Tat gibt es mehrere Physiker, die in diese Richtung denken. Stärker ausgedrückt: diese Physiker meinen, eine Betrachtung von Naturprozessen in Kategorien von Extremalprinzipien sei grundlegender als eine in mechanistischen Kategorien. So war schon der deutsche Physiker Helmholtz (Mitte des 19. Jahrhunderts) der Meinung, ein Extremalprinzip könne „als ein heuristisches und leitendes Prinzip in unserem

---

Teleologische Erklärungen hätten dann nur eine vorläufige oder heuristische Bedeutung. So z.B. Ernest Nagel in seinem einflussreichen Buch *The Structure of Science*, Routledge & Kegan Paul, London 1974[4].

[379] *A.a.O.*, 167.

[380] C.D. Andriesse, *Het melancholieke genie* [Der melancholische Genius], Contact, Amsterdam/Antwerpen 2004, S. 77f; vgl. 187.

Streben (fungieren), die Gesetze zu formulieren, die neue Klassen von Phänomenen regieren"[381]. Und auch Max Planck zufolge bietet, wie oben gesagt, ein Ansatz in Kategorien von Extremalprinzipien eine grundlegendere Sicht der Naturerscheinungen als eine mechanistische. Die nach ihm benannte Naturkonstante hat sogar einen Wirkungsaspekt.

Ich erwähne in diesem Zusammenhang noch einen von Barrow und Tipler entliehenen Fall. Unabhängig von Einstein entdeckte der deutsche Mathematiker Hilbert die definitive Form von Einsteins Feldgleichungen über das Erfordernis, dass sie von einem einfachen Aktionsintegral abgeleitet werden können. Das bedeutet, es ist unter der Voraussetzung an die Problematik heranzugehen, „Aktion – *was impliziert, dass es sich um einen teleologischen Prozess handelt* – sei grundlegend für die Natur"[382]. Barrow und Tipler bemerken dazu, dass in der Tat, wie Helmholtz schon angedeutet hatte, das Einnehmen der Aktionsperspektive hier zu einer wichtigen Entdeckung führte. Und sie belassen es nicht bei der Bemerkung, sondern bieten eine ganze Serie von Beispielen richtiger Vorhersagen auf der Grundlage teleologischer Überlegungen. Das ist übrigens nicht verwunderlich, weil sie in ihrem Buch die Argumente für und wider das anthropische Prinzip vor dem Hintergrund des jetzigen Standes der Physik durchnehmen. Dieses Prinzip hat seinerseits einen unverkennbaren teleologischen Einschlag, jedenfalls in seiner starken Version, die doch beinhaltet, das Universum sei auf das Erscheinen des Menschen ausgerichtet. Aber auch die (plausiblere) schwache Fassung kann ungezwungen auf teleologische Weise gelesen werden. Diese beinhaltet doch, dass die Tatsache unseres Daseins als hochkomplexer Wesen impliziert, es müsse einer großen Anzahl von obendrein gegenseitig verwobenen und fein auf einander abgestimmten Bedingungen genügt werden – wir haben uns früher ausführlicher damit befasst. Von unserer jetzigen Position aus können also Rückschlüsse auf die physikalischen Bedingungen vorgenommen werden.

In diesem Licht geben Barrow und Tipler dann, wie gesagt, eine Reihe von Beispielen[383] von Vorhersagen auf der Grundlage von ‚anthropisch beschränkenden Bedingungen‘, z.B. dass es wegen der für die Evolution des Menschen benötigten Zeiträume in der Sonne Energiequellen geben müsse, die im 19. Jahrhundert unbekannt waren, aber mit der Entdeckung der Kernfusionsprozesse in der Tat ans Licht kamen.

Alles in allem gibt es anscheinend schon auf der physikalischen Ebene gute Gründe für eine Betrachtung von Naturprozessen unter teleologischem Aspekt.

---

[381] Zitiert bei Barrow & Tipler, *a.a.O.*, S. 151.
[382] *Ibid.* (Kursivierung von mir, vdW).
[383] *A.a.O.*, S. 126, 165, 184, 195, 204, 252.

Stärker ausgedrückt scheint es nicht unplausibel, auf eine Asymmetrie von teleologischen und kausal-mechanistischen Betrachtungsweisen von Naturprozessen zu schließen. Eine in dieselbe Richtung weisende Überlegung knüpft beim Selbstorganisationsphänomen an, das wohl auf allen Ebenen der Natur wirksam ist (wieder: auf die für das fragliche Niveau kennzeichnende Weise). Nun, „sich selbst organisierende Prozesse haben einen Attraktor oder ein Ziel, auf das sie selbständig zusteuern. Es gibt die Marschrichtung an, zu der sich die kausalen Mikroprozesse aufsummieren."[384] Kurzum, es ist in diesen Fällen vielmehr von einem Ausgerichtetsein auf die Zukunft die Rede, als von einer Bestimmung von der Vergangenheit her.

Damit kommen wir in die Nähe von Poppers ‚propensity'-Auffassung von Kausalität, die ebenfalls wegen ihrer Ausrichtung auf die Zukunft hin eine teleologische Färbung besitzt. Ich habe länger bei der Situation auf physikalischem Niveau verweilt, weil es wichtig ist festzustellen, dass die Natur schon auf dieser Ebene Tendenzen bzw. Merkmale eines Strebens zeigt. Das setzt sich dann (nochmals dem Homologieprinzip gemäß) auf höheren Organisationsebenen auf immer deutlichere Weise fort. Dass Organismen eine teleologische Konstitution haben, davon war schon die Rede, es wird sogar von ‚mechanistisch' denkenden Autoren wie Monod anerkannt (jedoch für den Evolutionsprozess des Lebens im Allgemeinen verneint). Aber auch dieser Prozess weist einen Trend nach immer komplexer organisierten Lebensformen auf. Und noch wieder eine Stufe höher streben ökologische Systeme danach, womöglich alle darin angelegten Potenzen zur Entwicklung zu bringen.

Zu alledem muss bemerkt werden, dass diese Tendenzen und Strebungen in der Natur nicht auf ein im Voraus feststehendes Ziel ausgerichtet sind, eine Art von Punkt Omega in der Terminologie von Teilhard de Chardin. Das würde uns von Neuem zu einem geschlossenen Universum zurückführen. Im Gegenteil haben sich nach und nach immer deutlicher die Umrisse einer Naturphilosophie abzuzeichnen begonnen, in der das offene, komplex organisierte System der Normalfall ist und sogar das Universum als Ganzes Merkmale eines offenen Systems aufweist. Dazu gehört die Idee einer offenen Zukunft, in der ständig aufs Neue kreativ unerwartete Entwicklungen eingeleitet und neue Potenzen realisiert werden.

---

[384] Benz, *a.a.O.*, S. 113.

Kapitel 13: Die soziale Wirklichkeit

Das Soziale als natürliches Phänomen

Soweit hat dieses Buch vorwiegend von der Natur im gangbaren Sinn als der nichtmenschlichen Wirklichkeit gehandelt. Obwohl – eines der früheren Kapitel war den Bewusstseinserscheinungen gewidmet, mit denen wir uns auch schon auf die menschliche Ebene begeben hatten. In diesem Kontext war schon bemerkt worden, dass nicht nur das Leben, sondern auch ‚der Geist' zum ‚Gefüge der Wirklichkeit' gehört, und zwar als Phänomen, das auf einem hohen Niveau komplexer Organisation manifest wird. Ich führe die Linie nun weiter zu dem Bereich des Sozialen. Auch dieser gehört aus der in diesem Buch eingenommenen Perspektive zur Natur – aber dann, wie z.B. bei den Bewusstseinserscheinungen auch schon der Fall war, zur Natur in der erweiterten Bedeutung. Das ist dann der erste Grund, aus dem Gesichtswinkel dieses Buches dem sozialen Phänomen Aufmerksamkeit zu widmen. Die Frage ist also, ob es erhellend ist, auch auf das Soziale das Modell des offenen, komplexen, nichtlinearen usw. Systems anzuwenden. Es wird kein Staunen erregen, dass ich in der Tat der Ansicht bin, dass dem so ist.

Daran schließt sich ein zweiter Grund, in einem der Naturphilosophie gewidmeten Buch das soziale Phänomen zur Sprache zu bringen, unmittelbar an. Im Vorwort habe ich gesagt, dass es zwei Gründe gibt, das Thema der Natur wieder hoch auf die philosophische Tagesordnung zu setzen. Der theoretische Grund ist, dass sich das klassisch-moderne Naturbild, das die Philosophie noch in hohem Maße beherrscht, als immer weniger haltbar erwiesen hat. So muss nach einem neuen Naturverständnis, das auf befriedigendere Weise von allem, was zur Zeit an Kenntnis über die Natur anwesend ist, Rechenschaft geben kann, Ausschau gehalten werden. Aber gewiss nicht weniger wichtig ist der praktische Grund, dass die moderne Gesellschaft auf Kollisionskurs mit der Natur (im Sinne der nichtmenschlichen Wirklichkeit) liegt, wobei ein entscheidender Faktor die klassisch-moderne Naturauffassung ist. Diese mag dann inzwischen als überholt gelten, ist aber in alle Schichten und Strukturen der modernen Gesellschaft durchgedrungen und bestimmt in dieser internalisierten Form den Umgang dieser Gesellschaft mit der Natur. Wesentliches Prinzip dieser kollektiven Praxis ist, wie eher dargelegt wurde, die Beherrschungsidee, der Gedanke also, dass unser Verhältnis zur Natur primär das eines beherrschenden Subjekts zu einem beherrschten, machbaren und manipulierbaren Objekt ist. Dabei ist nicht unbedenklich, dies nebenbei gesagt, ich komme gleich darauf zurück, dass diese Idee in immer zunehmendem Maß auf die menschliche Gesellschaft übertragen wird, oder stärker: auf die menschliche Wirklichkeit in ihrer Gesamtheit. Wenn aber die in diesem Buch vertretene Naturauffassung haltbar ist, dann beinhaltet sie, dass die Natur viel weniger ein geduldiges Objekt von Erklärbarkeit, Vorhersagbarkeit und Manipulierbarkeit ist, als in der klassisch-modernen Sicht der Natur angenommen wird.

Aber das gestörte Verhältnis zur Natur muss nicht weniger als einem inadäquaten Naturbild einer verkehrten Vorstellung von der Art und Weise, wie die Gesellschaft funktioniert, zugeschrieben werden – das ist der dritte Grund, das Thema der Gesellschaftsanschauung hier zur Sprache zu bringen. Die inadäquate Sicht des Sozialgeschehens hängt ihrerseits wieder mit der enormen Überschätzung des menschlichen Vermögens zusammen, die Situation überschauen und damit die sozialen Prozesse lenken und beherrschen zu können. Aus diesem letzten Grund (und aus Kompetenzerwägungen) beschränke ich mich auf die Erörterung des sozialen Phänomens in seiner menschlichen Gestalt. Obwohl das soziale Leben der Tiere ein äußerst faszinierendes Thema ist, auch weil es ein überraschendes Licht auf das soziale Leben des Menschen werfen kann[385]. Auch in diesem Zusammenhang könnte übrigens wiederum auf das Phänomen der Konvergenz hingewiesen werden, die Tatsache also, dass das Leben auf ganz verschiedenen Evolutionslinien, einer eigenen ‚Logik‘ folgend, nach ähnlichen Lösungen seiner Probleme greift. Das bedeutet, dass nicht nur das Leben dispositionell in die Wirklichkeit eingeschrieben ist, sondern auch die soziale Organisation desselben. Ich habe bei der Erörterung des Konvergenzphänomens schon darauf hingewiesen, dass einer der hervorragenden Forscher auf diesem Gebiet, Simon Morris, in der Tat der Ansicht ist, Sozialität und sogar Kultur (z.B. Landwirtschaft und Viehhaltung) seien dem Evolutionsprozess inhärent und müssten deshalb früher oder später daraus zum Vorschein kommen. Und auch hier wieder können von diesem Sozialphänomen Vorformen oder Präfigurationen festgestellt werden, wenn ordnungslose Versammlungen unter bestimmten Umständen abrupt Formen von Kooperation, von geordneten kollektiven Verhaltensweisen, zeigen. Als Beispiele einer solchen Kollektivordnung aus Chaos habe ich aus der präbiotischen Wirklichkeit an früherer Stelle die Bénard-Konvektion und aus der niederen biotischen Sphäre den Hergang beim Schleimpilz beschrieben.

---

[385] Siehe aus der Unmenge von Literatur z.B. Frans de Waal, *Das Prinzip Empathie. Was wir von der Natur für eine bessere Gesellschaft lernen können*, Hanser, München 2011; und Adolf Portmann, *Das Tier als soziales Wesen*, Rhein-Verlag, Zürich 1953.

Aber auch hier wieder gilt, dass ein Phänomen auf einem höheren Entwicklungsniveau klarer artikuliert ans Licht tritt. Dass wir m.a.W. ein solches Phänomen am besten in seiner am meisten entwickelten Form untersuchen können. (Und abermals: dass es also Sinn hat, die weniger entwickelten Formen im Licht der höher entwickelten zu lesen.)

Die menschliche Gesellschaft

Nun, es lässt sich kaum abstreiten, dass das soziale Phänomen in seiner menschlichen Gestalt einen Mutationssprung im Vergleich mit den nichtmenschlichen Formen des Soziallebens bedeutet, wie ausgeklügelt diese auch sind. Einer der wichtigsten Faktoren dabei ist wohl die Entwicklung der sehr komplexen menschlichen Sprache, die ein viel größeres Arsenal von Ausdrucksmöglichkeiten als die Tiersprachen besitzt und die eine Kumulation und Übertragung von Erfahrungen ermöglicht und damit dem Lernvermögen, vor allem im kollektiven Zusammenhang, einen enormen Impuls erteilte.

Um nun zum Anfang des Gedankengangs zurückzukehren, wenn das soziale Phänomen, auch in seiner menschlichen Gestalt, Teil der Natur in der von mir verwendeten breiten Bedeutung der Wirklichkeit als ganzer ist, dann muss sich zeigen lassen, dass die in diesem Buch vertretene Sicht der Naturerscheinungen auch auf das menschliche Sozialleben anwendbar ist – aber dann selbstverständlich auf die für dieses Gebiet spezifische Weise. Dann soll also, nochmals, die menschliche soziale Wirklichkeit einer Beschreibung in Kategorien des offenen, komplexen, nichtlinearen, nichtstabilen selbstorganisierenden Systems zugänglich sein.

Wenn wir die menschliche Gesellschaft unter diesem Aspekt in Augenschein nehmen, bedarf es, um damit zu beginnen, keiner weiteren Erörterung, dass wir es mit einem offenen System zu tun haben, das mit seiner sozialen und ‚natürlichen‘ Umgebung in einer fortwährenden Austauschbeziehung steht. Sogar wenn es sich um Gemeinschaften handelt, die in sozial-kultureller Hinsicht ein (relativ) isoliertes Dasein führen – vielmehr eine seltene als eine ‚normale‘ Erscheinung –, auch dann ist das Zusammenspiel mit der natürlichen Umwelt ein unentrinnbarer Aspekt des Gemeinschaftslebens. Auch bedingt diese Tatsache die Lebensweise einer solchen Gesellschaft auf fundamentale Weise – das gilt aber für jede Gesellschaft. Die Sicht der Dinge und die Haltung ihnen gegenüber, kurzum die ganze Lebens- und Denkart, einer Gemeinschaft von Sammlern unterscheidet sich nicht nur tiefgreifend von derjenigen einer Bauerngesellschaft, und diese wieder von einer Gemeinschaft, die von der Jagd oder vom Fischfang lebt. Und was den sozialen Aspekt betrifft haben, wie schon angedeutet, Gesellschaften in der Geschichte immer wieder Kontakte mit einander gehabt (nicht selten auf gewalttätige Weise) und hat auf diesem Weg eine Übertragung von Technikformen, Gewohnheiten, Ideen, Geschichten usw. stattgefunden. Dass diese Arten von Austausch in der modernen Zeit einen mächtigen Aufschwung genommen haben, die Sozialstrukturen heutzutage offener sind als je, braucht kaum gesagt zu werden.

Soziale Systeme, auch schon die sogenannten archaischen Gesellschaften, sind weiter durch eine komplexe Ordnung gekennzeichnet, die sich in einer Vielheit von Regeln, Normen, Praktiken und Ritualen ausdrückt. Für die verschiedenen Untergruppen der Gemeinschaft wie Männer, Frauen, Kinder, Ältesten, geistliche Funktionäre usw. gelten bestimmte Verhaltensregeln und auch die Umgangsformen zwischen verschiedenen Kategorien von Personen sind mehr oder weniger fest reguliert.

Umschlagspunkte

Ein allgemeines Merkmal komplexer dynamischer Systeme ist, wie wir eher gesehen haben, ihr nichtlinearer Charakter. Das gilt besonders auch für soziale Systeme. Es beinhaltet auch hier wieder, dass Ursachen und Folgen in einer nichtproportionalen Beziehung stehen, was unter anderem der Tatsache zuzuschreiben ist, dass diese Systeme das Vermögen haben, destabilisierende Prozesse eine gewisse Zeit lang und bis zu einer Belastbarkeitsgrenze aufzufangen, bzw. dass sie eine Pufferkapazität besitzen. Prozesse können sich dadurch eine gewisse Zeit lang (manchmal sehr lange) den Blicken entziehen, um dann aus einem geringen Anlass plötzlich und unerwartet ans Licht zu treten – der bekannte Funke, der ins Pulverfass fällt, oder der Tropfen, der den Eimer überlaufen lässt. Auch soziale Systeme kennen m.a.W. ihre kritischen Umschlagspunkte, nach denen sie eine ganz andere Verhaltensweise zeigen, entweder in absteigender Linie (sogar bis zum Zusammenbruch), oder in aufsteigender Linie, wobei schlummernde Potenzen die Chance zur Entfaltung bekommen.

Von beiden Entwicklungen sind viele Beispiele bekannt. Was die Abwärtsentwicklung betrifft, ist selbstverständlich ein bekannter Fall der Zusammenbruch der osteuropäischen kommunistischen Regime im Jahre 1989. Dass es sich um erstarrte politisch-soziale Strukturen und stagnierende Ökonomien mit einem hohen Korruptionsgehalt und wenig Unterstützung in breiteren Schichten der Bevölkerung handelte, war wohl bekannt. Dennoch hatten sogar Kenner jener Gesellschaften bis kurz vor dem Fall des Eisernen Vorhangs nicht das Gefühl, dass dies bald geschehen sollte. Was von außen her noch den Anschein einer ziemlich robusten Struktur hatte, erwies sich, von innen her völlig morsch zu sein. Ein kleines Ereignis, wie der

Ruf einer Person auf dem Platz vor dem Palast des Präsidenten Ceaucescu während seiner Ansprache an das Volk, genügte, eine Kettenreaktion in Gang zu setzen und das Regime zusammenbrechen zu lassen. Dieses Beispiel ist deshalb so interessant, weil es nicht so sehr externe Faktoren waren, die den Niedergang verursacht haben (obwohl die gewiss auch eine Rolle gespielt haben), sondern primär innere Umstände: eine politisch-soziale Konstellation, die sich in sich selbst verfahren hat, sich selbst also überlebt hat und nun nur noch auf den letzten Stoß wartete, um wie ein Kartenhaus in sich zusammenzufallen.

Andere Beispiele von Staaten, die an innerer Schwäche und Desintegration zugrunde gegangen sind, sind das römische Imperium und das österreichische Kaiserreich der Habsburgischen Dynastie. Auch hier wieder haben wir es mit Strukturen zu tun, die einst vital und zeitgemäß waren, aber dann durch gesellschaftliche Entwicklungen, mit denen sie nicht mehr mitkommen konnten, unterhöhlt wurden, so dass nur ein kleiner Anlass genügte, sie zusammenbrechen zu lassen. Das gilt selbstverständlich nicht nur für Reiche und Zivilisationen, obwohl es dort am meisten ins Auge springt. Aber auch allerlei Organisationen wie religiöse Bewegungen, politische Parteien, Unternehmen usw. können an interner Desintegration, z.B. Missmanagement, zugrunde gehen.

Oft ist es ein Zusammenspiel von externen und internen Ursachen, das zu einem solchen Niedergang führt. Jared Diamond hat in seinem Bestseller *Collapse. How Societies Choose to Fail or Survive*[386] eine ganze Reihe ‚Zusammenbrüche' beschrieben, wobei in seiner Sicht Umweltfaktoren eine wichtige oder sogar entscheidende Rolle gespielt haben – Übernutzung und Erschöpfung der natürlichen Umwelt zum Beispiel. Beispiele dieses „unbeabsichtigten ökologischen Suizids – Ökozids" (‚unintended ecological suicide – ecocide')[387], wie er sie bezeichnet, sind unter anderen die Mayakultur in Zentral-Amerika, die Moche- und Tiwanakagesellschaften in Süd-Amerika, das mykenische Griechenland und das minoische Kreta in Europa, die Harappa-Städte im Industal in Asien und die Osterinsel im Pazifik.

Die ‚Moral' des Buches von Diamond ist selbstverständlich, dass die heutige technologische Weltgesellschaft schon eine ganze Strecke unterwegs ist, die natürlichen Ressourcen, von denen unser aller Leben abhängig ist, zu vernichten – wenn wir jedenfalls nicht drastisch korrigieren. Aber auch hier hat es den Anschein, dass unser Typus Gesellschaft so sehr durch seine eigene Logik als Geisel genommen ist, dass wir den Weg vom Abgrund hinweg nicht mehr zu finden wissen. Man könnte dies einen Fall von negativer Koevolution nennen, d.h., dass eine Gesellschaft und

---

[386] Penguin, London 2006.
[387] *A.a.O.*, S. 6.

ihre Umwelt einen Prozess gegenseitiger Beeinflussung durchmachen und in diesem Fall in eine negative Spirale geraten.

Neue Formen sozialer Ordnung

Äußerst interessant sind aus der Perspektive der offenen, komplexen, dynamischen Systeme selbstverständlich die Fälle, in denen sich nach dem Überschreiten einer kritischen Schwelle, meist ziemlich abrupt, eine neue Ordnung auskristallisiert. Zu denken ist dann z.B. an den Erdrutsch auf geistigem Gebiet, den Luther, ganz unbeabsichtigt, auslöste, als er seine 95 Thesen an die Tür der Schlosskirche in Wittenberg nagelte. Luther wollte damit, wie bekannt, ein gelehrtes Gespräch über die bedenkliche Praxis des Ablasses, der Möglichkeit, das Seelenheil kaufen zu können, herbeiführen – seine Thesen waren ursprünglich auf Lateinisch abgefasst, waren also offensichtlich an die gelehrte Welt gerichtet und unlesbar für das gemeine Volk. Aber in der explosiven Sphäre jener Zeit, wegen des in breiten Kreisen herrschenden Unfriedens bezüglich einer in vielen Hinsichten auf einem falschen Weg befindlichen Kirche, setzte seine Tat, nochmals völlig unbeabsichtigt, eine Kettenreaktion in Gang, die den Übergang zu einem neuen Typus von Christentum einleitete. Denn anders als es beabsichtigt war, und zwar Rückkehr zum unverdorbenen Ursprung der christlichen Religion, muss der Protestantismus als Neuorientierung des Christentums unter modernen Umständen betrachtet werden. Er repräsentiert m.a.W. eine neue Form religiöser Ordnung, die in vielen Hinsichten Affinität hat und in Wechselwirkung steht mit für die Moderne kennzeichnenden Prozessen.

Einen vergleichbaren Hergang haben wir bei der Französischen Revolution vor uns. Auch hier sehen wir in der Form des Ancien Régime einen Zustand politischer Stagnation, anders gesagt, ein politisches System, das sich selbst überlebt und mit der allgemeinen gesellschaftlichen Entwicklung nicht mehr Schritt gehalten hat. In ökonomischer und kultureller Hinsicht hat doch das (Groß-)Bürgertum bzw. der ‚dritte Stand' den Primat in der Gesellschaft schon längst von Adel und Geistlichkeit übernommen. Es sind die Städte, wo sich das Geld befindet und wo Literatur, Kunst, Wissenschaft und Philosophie einen bürgerlichen Geist widerspiegeln. Nur auf der politischen Ebene haben die alten führenden Klassen des Mittelalters ihre prominente Position zu behalten gewusst. Aber auch hier schwelt unter der Oberfläche ein großer Unfriede. Ein regelloser Volksaufruhr, die Bestürmung der Bastille, ist dann in dieser Situation der Funke, der das Pulverfass entzündet. Und wiederum bedeutet dieses Ereignis den Übergang zu einem neuen Typus von Ordnung, jetzt auf der politischen Ebene. Man kann sagen, dass die Französische Revolution die Vollendung der Emanzipation des Bürgertums ist, der Schlussteil eines Prozesses, der schon Jahrhunderte vorher auf ökonomischem, gesellschaftlichem und kulturellem Gebiet eingesetzt hatte.

Wichtig dabei ist, dass das Konzept einer neuen politisch-sozialen Ordnung schon bereitlag, in der Form der frühmodernen politischen Philosophie von Hobbes, Spinoza, Locke, Montesqieu und anderen. Ohne diese ideelle Komponente hätte die Französische Revolution nie die welthistorische Bedeutung erlangt, die sie faktisch hat. Und wäre es ihr wahrscheinlich ergangen wie vielen Volksaufständen in der Vergangenheit, z.B. den Bauernaufständen im 15. und 16. Jahrhundert in vielen Ländern Europas. Dort handelte es sich um reine Ausbrüche gesellschaftlichen Unbehagens ohne eine Konzeption, wie die Gesellschaft einzurichten wäre. Es ist dann auch bedeutungsvoll, dass die erste Tat der Nationalversammlung im Jahre 1789 die Aufstellung der ‚Erklärung der Rechte des Menschen und des Bürgers‘ (Déclaration des droits de l'homme et du citoyen) war. Damit zeigte sie an, was die ideelle Grundlage war, auf der die neue politische Ordnung fußte. Diese Initiative ist von (fast) allen westlichen Staaten übernommen worden, die alle ihr Grundgesetz mit einem Katalog von Grund- und Menschenrechten anfangen. Sie deuten damit an, auf welchem Fundament das politisch-soziale System beruht. Auch hier war es wieder, genau wie im Fall der Reformation, ein konkretes Ereignis, welches – ohne dass eine bewusste Absicht im Spiel war – den diffus anwesenden Trends einen kritischen Punkt überschreiten half und so zu der Geburt einer neuen politisch-sozialen Ordnung führte.

Emergenz im sozialen Bereich

Wir können dementsprechend auch hier, im sozialen Bereich, von Emergenz sprechen, dem Erscheinen neuer Phänomene, die auf der Grundlage der Kenntnis der Fakten, die der kritischen Schwelle vorauslagen, nicht voraussehbar waren. Die menschliche Sozialgeschichte ist so die Darstellung des Auftretens einmaliger sozial-kultureller Konstellationen mit ihrer unverwechselbar eigenen Physiognomie. Dabei ist es nicht so, dass auf der sozialen Ebene, ebenso wie anderswo in der Natur, von Linien der Kontinuität keine Rede wäre. Aber genauso wie dort handelt es sich um eine Kombination von Kontinuität und Diskontinuität. Wenn auch allerlei Parallelen zwischen sozialen Erscheinungen feststellbar sind, dann doch immer so, dass sie ihren eigenen Charakter und ihr eigenes Aussehen haben.

Wie bekannt, steht das soziologische Werk Max Webers im Zeichen des Abtastens dieser Übereinstimmungen und Unterschiede. Die führende Frage bei seinen Forschungen war wohl, was nun eigentlich der spezifische Charakter der abendländischen Gesellschaft im Vergleich mit den nicht-westlichen Gesellschaften wie der indischen oder der chinesischen war. Näher: was genauer das Eigene der abendländischen Stadt, des abendländischen Rechts, der abendländischen Religion im Unterschied zu der Stadt, dem Recht, der Religion in nicht-westlichen Gesellschaften war. Auf eine kurze Formel gebracht: wer sind wir abendländische Menschen eigentlich, was sind die Merkmale unserer spezifischen Form des Menschseins? Faktisch also eine philosophische Frage, und zwar nach der eigenen Identität, anvisiert über das Medium sozialwissenschaftlicher Forschung.

Das führte Weber dann auch zu der Frage nach der eigenen Art und Herkunft des Kapitalismus als typisch abendländischen ökonomischen Systems. Seine These darf als bekannt vorausgesetzt werden, und zwar, dass der Kapitalismus in protestantischen Ländern mit einem puritanischen Einschlag entstanden ist. Er suchte die Wurzeln desselben im puritanischen asketischen Ethos, das Menschen gebot, ein arbeitsames Leben zu führen, ohne dass sie von dem Ertrag ihrer Arbeit genießen durften. Dadurch konnten sie wenig anderes tun, als ihn in ihren Betrieb zu investieren. Somit wurde das Schwungrad größerer Erträge, neuer Investitionen usw. in Gang gesetzt, kurzum der Wachstums- anstatt der Subsistenzökonomie. Das war jedoch durchaus nicht die Absicht der frühen ‚Kapitalisten', sondern eine unbeabsichtigte Nebenwirkung ihrer puritanischen Lebens- und Denkweise. Das treibende Motiv war m.a.W. authentisch religiös-ethisch, mit als Nebeneffekt ein neuer Typus von Ökonomie. Dieser Zusammenhang zwischen Religion und Ökonomie musste für die Beteiligten sogar unsichtbar bleiben und hinter ihrem Rücken wirken, da er sonst die antreibende religiöse Inspiration pervertiert, weil instrumentalisiert hätte.

Wir haben hier – angenommen, dass Webers Theorie hinreichende Plausibilität besitzt – einen Fall vor uns, bei dem eine unvorhersehbare soziale Konstellation als Nebeneffekt von Handlungsweisen von Menschen entsteht, die auf ganz andere Ziele gerichtet sind – ein wirklich neues Sozialphänomen also. Etwas Neues in der Form einer einmaligen Konfiguration besteht, nicht anders als anderswo in der Natur, demnach wirklich. Aber zugleich: auf die spezifische Weise, die diesem Wirklichkeitsniveau entspricht. Dabei ist dieses Auftreten ganz neuer Erscheinungen, wie ich sie für den Kapitalismus beschrieben habe, alles andere als eine Seltenheit. Der deutsche Psychologe und Philosoph Wilhelm Wundt hat dafür sogar einen besonderen Ausdruck geprägt, und zwar ‚die Heterogonie der Zwecke'[388], buchstäblich: das Werden von Zwecken aus Anderem. Wundt deutet damit auf das Phänomen des Entstehens von Konstellationen von Handlungszwecken als Ne-

---

[388] W. Wundt, *Ethik*, Bd. I, Stuttgart 1912, S. 284f.

benwirkung von Handlungsweisen von Menschen hin, die auf ganz andere Sachen gerichtet sind.

Die äußerst wichtige Implikation hiervon ist, dass wir Menschen regelmäßig, und besonders, wenn es großangelegte Prozesse wie z.B. die Industrialisierung, Globalisierung oder Computerisierung betrifft, andere Dinge tun als wir zu tun glauben[389]. Stärker noch: dass jene Dinge im Nachhinein betrachtet oft viel wichtiger sind als die bewusst nachgestrebten Zwecke. Auf dieses Thema der unvorhergesehenen und in vielen Fällen unvorherseh*baren* Nebeneffekte des menschlichen Handelns komme ich in einem anderen Zusammenhang noch zurück. Aber auch hier, in Bezug auf das Erscheinen neuer Typen sozialer Phänomene, die ein vorher unbekanntes Organisationsmuster aufzeigen, kann berechtigterweise von Emergenz gesprochen werden. Emergenz ihrerseits ist ein Merkmal offener, nichtlinearer dynamischer Systeme. Es gibt m.a.W. gute Gründe, auch den Sozialbereich von diesem Blickpunkt aus zu betrachten. Beispiele von Nichtlinearität sind im Obenstehenden schon in der Form plötzlicher Umschläge oder Übergänge in sozialen Systemen gegeben worden. Diese Reihe könnte noch um viele andere Fälle erweitert werden, fast ad libitum. Es handelt sich also keineswegs um Ausnahmefälle, sondern um Prozesse, die glaubhaft machen, dass sich alle sozialen Systeme in einem prekären Gleichgewicht befinden bzw. quasi- oder metastabil sind. In einem früheren Kapitel haben wir gesehen, dass bei solchen plötzlichen Verschiebungen in Systemen positive Rückkopplung oft eine wichtige Rolle spielt, Selbstverstärkung von Prozessen also, die sich dadurch immer weiter vom Gleichgewichtszustand entfernen. Ein sich steigernder Streit zwischen Menschen kann in diesem Licht betrachtet werden. Ein anderes Beispiel von Metastabilität im sozialen Bereich, wobei ein bestimmter Zustand sprunghaft in einen anderen übergeht, ist die Situation eines von außen her bedrohten Landes, in dem Tauben und Falken in Bezug auf den zu verfolgenden Kurs einander gegenüberstehen. Wird die Bedrohung ernsthafter, werden sich die Tauben letztlich genötigt sehen, ihre Denkweise aufzugeben und auf die Linie der Falken überzugehen. Das Umgekehrte ist selbstverständlich der Fall beim Nachlassen der Drohung. Aber beide Gruppen – und darum geht es – werden so lange wie möglich an ihrer Verhaltensregel festhalten, um, wenn das nicht länger möglich ist, ziemlich plötzlich den Kurs zu ändern. In die-

---

[389] Ein schönes Beispiel gibt Herbert Simon, *Man and his Tools: Technology and the Human Condition*, Duijkervortrag 1981, Intermediair bibliotheek, S. 4f: Als die ersten Automobilfabrikanten ihre Automobile auf den Weg schickten, glaubten sie damit einen Beitrag zum Mobilitätsproblem zu liefern. Und selbstverständlich taten sie das, denn auch die ersten Autos waren schneller als die Karosse oder die Treckschute. Aber sie hatten keine Ahnung davon, dass sie zugleich die Schlafstädte und die Familienferien an fernen Orten erfanden.

sem Zusammenhang eines selbstverstärkenden Prozesses könnte, um nur dieses noch zu nennen, auch an die heutige Bevölkerungsexplosion gedacht werden.

Der Prozesscharakter der sozialen Wirklichkeit

Die Theorie der offenen, komplexen dynamischen Systeme impliziert, wie eher in diesem Buch schon mehrmals zur Sprache gekommen ist, den prozesshaften bzw. ‚heraklitischen' Charakter der Realität. Deshalb sind Zeit und Geschichte auf allen Niveaus der Wirklichkeit so nachdrücklich (wenn auch nicht immer mit demselben Nachdruck) zugegen. Das gilt nicht anders für den sozialen Bereich – das Vorhergehende war davon schon eine deutliche Illustration. Kein einziges soziales System verkehrt darum in einem vollkommenen Gleichgewichtszustand. Wohl zeigen die unterschiedlichen Systeme Unterschiede an Dynamik, die moderne Gesellschaft sogar in außergewöhnlichem Maße. Schon Marx und Engels hatten auf dieses Merkmal der modernen ‚bürgerlichen' Gesellschaft hingewiesen – dass „die Bourgeoisie nicht bestehen (kann), ohne (…) die Produktions-Verhältnisse, also sämtliche gesellschaftlichen Verhältnisse fortwährend zu revolutionieren. (…) Die fortwährende Umwälzung der Produktion, die ununterbrochene Erschütterung aller gesellschaftlichen Zustände, die ewige Unsicherheit und Bewegung zeichnet die Bourgeois-Epoche vor allen früheren aus. Alle festen, eingerosteten Verhältnisse mit ihrem Gefolge von altehrwürdigen Vorstellungen und Anschauungen werden aufgelöst, alle neugebildeten veralten, ehe sie verknöchern können. Alles Ständische und Stehende verdampft, alles Heilige wird entweiht, und die Menschen sind endlich gezwungen, ihre gegenseitigen Beziehungen mit nüchternen Augen anzusehen."[390] (Letzteres ist die Formulierung von Marx und Engels für die ‚Entzauberung der Welt'.) Auch Ulrich Beck nennt übrigens die moderne industrielle Gesellschaft in hohem Maße instabil. Wir sehen dann auch, dass diese Gesellschaft von Krise zu Krise wandelt (oder wankt).

Beiläufig bemerkt: auch die moderne Wissenschaft ist in beträchtlichem Maße durch Instabilität gekennzeichnet. Schon die Tatsache, dass ihre Geschichte ein regelmäßiger Paradigmenwechsel ist – von Kuhn, wie bekannt, auch als ‚wissenschaftliche Revolutionen' betitelt – legt davon Zeugnis ab. Und auch hier begegnen wir dem Phänomen der Metastabilität in der Form, dass so lange wie möglich an einem bestimmten Denkmodell bis jenseits des Haltbarkeitsdatums festgehalten wird. Werden dann aber die Inkonsistenzen und gezwungenen Konstruktionen zu groß, kippt das Denken ziemlich abrupt nach einem neuen, auf anderen Ausgangs-

---

[390] Karl Marx & Friedrich Engels, ‚Manifest der Kommunistischen Partei', in: Kurt Rossmann (Hg.), *Deutsche Geschichtsphilosophie von Lessing bis Jaspers*, Schönemann, Bremen 1959, S. 247.

punkten und Definitionen beruhenden Paradigma um. Dazu braucht es dann aber wohl eines glücklichen Griffs. Immer sehen wir, dass in diesen Beispielen das Gleiche geschieht, und zwar dass nach einer Periode, in der die alte Ordnung ungewiss wird, eine neue Ordnung sich abzeichnet, Ordnung aus ‚Chaos‘ also. Aber diese Situation von Ungewissheit und einer sich auflösenden Ordnung ist eben die Bedingung, unter der sich Selbstorganisation ereignen kann. Auch davon sind wieder viele Beispiele möglich, nicht verwunderlich, wenn wir davon ausgehen, dass, wie Stefan Greschik schreibt, „wir in einer chaotischen Welt leben"[391], in der ständig Ordnung aus Chaos entsteht. Nicht anders liegen die Dinge dann auf der sozialen Ebene. So zeigte der theoretische Physiker Dirk Helbig an Computersimulationen des Verhaltens von Fußgängern, dass auch hier Formen von Selbstorganisation feststellbar sind[392].

Information

Besonders interessant ist in diesem Zusammenhang die Sachlage beim Phänomen der Information, einer ‚geistigen‘ Struktur, die auch deutliche Zeichen von Selbstorganisation zeigt. Nicht, wie erwähnenswert ist, in der Form, die die mathematische Informationstheorie ursprünglich im Werk von Claude Shannon und Warren Weaver in den vierziger Jahren des vorigen Jahrhunderts erhielt. Ebenso wie die zu derselben Zeit entwickelte Kybernetik orientiert sie sich an Gleichgewichtszuständen und Situationen von Stabilisierung von Strukturen (in der Kybernetik, wie an früherer Stelle gesagt, über negative Rückkopplung). Um Erich Jantsch zu zitieren: „Wie im thermodynamischen Ordnungsprinzip Boltzmanns die Bewegung nur in Richtung auf Gleichgewichtsstrukturen verlaufen kann, so kann in der Theorie von Shannon und Weaver (1949) neue Information praktisch nur bestehende Informationsstrukturen bestätigen und festigen. Die Menge der Information ist vorgegeben, sie kann durch Übertragung infolge unvermeidlicher Rauscheffekte nur abnehmen, wie in der Gleichgewichts-Thermodynamik Ordnung nur abnehmen kann. Diese Art von Informationstheorie zieht nur die *syntaktische* Ebene in Betracht, die Anordung der Zeichen, was bei der Entwicklung von Maschinencodes ohne Zweifel sehr wertvoll ist."[393].

---

[391] Stefan Greschik, *Das Chaos und seine Ordnung. Einführung in komplexe Systeme*, DTV, München 2005⁴, S. 65. Der Begriff ‚Chaos‘ wird hier im chaostheoretischen Sinn zur Andeutung nicht berechenbarer Systeme verwendet, siehe 23ff.
[392] Siehe Greschik, *a.a.O.*, 61ff.
[393] Erich Jantsch, *Die Selbstorganisation des Universums*, DTV, München 1982, S. 88.

Aber vom Gesichtspunkt der Selbstorganisation aus wird sichtbar, dass dies eine inadäquate Auffassung von Information ist. Sie wird nicht nur in einem in einer Richtung verlaufenden Geschehen übertragen, sondern in Kreisprozessen, wobei neue Information entsteht. Information hat, wie sich herausstellt, nicht nur einen syntaktischen, sondern insbesondere auch einen semantischen, d.h. einen Bedeutungsaspekt. Bedeutungen ihrerseits können in ganz verschiedenen Sinnzusammenhängen funktionieren und so ganz verschiedene Handlungsfolgen haben. Es macht z.B. einen großen Unterschied, ob man eine schlechte Nachricht erhält, auf die man sich hätte vorbereiten können oder ob man dadurch gänzlich überfallen wird. Der semantische Aspekt von Information erweitert sich so in pragmatische Richtung, d.h. der Art und Weise, wie Bedeutungen in der Praxis verwendet werden oder welche Wirkung sie haben. Information führt so zu neuer Information. Sie ändert bei Menschen ihre Haltung und Erwartungen, dies im Gegensatz zu informationsverarbeitenden Maschinen, die immer in derselben Weise mit Information umgehen. Dass Menschen nicht nur passive Empfänger von Information sind, sondern auf aktive Weise damit umgehen, bedeutet, dass Information in neuen Kontexten angereichert wird. Carl Friedrich von Weizsäcker hat das in die Formel gegossen, dass Information dasjenige ist, was neue Information erzeugt[394]. Abermals klingt hier das Selbstorganisations-Motiv an, wie Jantsch schreibt.

Wieviel Flexibilität und Risiken sind annehmbar?

Damit ergibt sich wohl ein beträchtliches Problem. Wenn Werden, Änderung, das Grundmerkmal einer wesentlich prozesshaften Wirklichkeit ist, auch im sozialen Bereich, und neue Formen von Ordnung eine Situation von Flexibilität, Nicht-Stabilität oder sogar ‚Chaos‘ voraussetzen, so ist ein Denken einzig in Kategorien von Gleichgewicht, Stabilität und Regulierung tödlich, jedenfalls auf längere Frist. Faktisch orientiert man sich dann an der Idee eines geschlossenen Systems, in dem jeder Zustand eine Reproduktion vorhergehender Zustände ist. Wieviel Offenheit, Flexibilität und Risiken soll man m.a.W. akzeptieren oder wieviel Raum soll man den Prozessen zur Selbstentfaltung geben? Denn der Preis kann hoch sein. Jeder ‚Fortschritt‘ und jede Errungenschaft ist nicht selten teuer bezahlt worden. Whitehead hat das einmal in die Worte gefasst, dass „die wichtigsten Fortschritte in Betreff der Zivilisation Prozesse sind, welche die Gesellschaften, in denen sie stattfinden, fast zugrunde richten.“ Der Altphilologe E.R. Dodds setzte diese Aussage als Motto über eines der Kapitel seines schönen Buches *The Greeks and the Irratio-*

---

nal[395]. In der Tat ist es glaubhaft, dass eine Anzahl Faktoren, die als Bedingungen des Entstehens der antiken griechischen Kultur betrachtet werden können – dieses einmalige grandiose Feuerwerk, das auf einer Vielheit von Gebieten (Literatur, Drama, Architektur, Malerei, Bildhauerkunst, Wissenschaft, Philosophie, Politik usw.) zugleich von einer Handvoll Menschen abgebrannt wurde –, für große Spannungen und Desintegrationserscheinungen innerhalb der griechischen Gesellschaft und für das politische Fiasko derselben verantwortlich gehalten werden muss. Die Griechen selbst haben von diesem Zusammenhang der Dinge kaum eine Ahnung gehabt, d.h. von dem enormen Preis, den sie für ihre kulturellen Leistungen, auf die sie (mit Recht) sehr stolz waren, zahlen mussten. Was dies angeht, gab es für sie kein Dilemma, gab es doch keine Wahl, geschahen die Dinge über ihren Kopf hinweg, einfach wie sie geschahen. Trotzdem ist es eine fesselnde Frage, ob die Griechen bereit gewesen wären, den gesellschaftlichen Preis für ihre Errungenschaften zu zahlen, wenn sie den Zusammenhang der Dinge durchschaut hätten.

Durch viel historischen Schaden erfahrener geworden, haben wir ein Stück der Naivität der Griechen verloren, jedoch auch nicht mehr als ein Stück: fortwährend stoßen uns Dinge zu, die, jedenfalls in der Retrospektive, als unbeabsichtigte Rückwirkungen unseres eigenen Handelns erkennbar sind. Zum Teil ist das unserer vom schon genannten Entscheidungsforscher und Nobelpreisträger Herbert Simon so genannten ‚intrinsischen Kurzsichtigkeit' zuzuschreiben[396] – ich habe im Vorbeigehen schon eher darauf hingewiesen. Das trifft sowohl auf unsere kognitiven Fähigkeiten als auf unsere Motivationsstruktur zu. Was letztere betrifft, sind wir im Evolutionsprozess so gebildet worden, dass nahegelegene Sachen viel stärker bei uns ankommen und uns zum Handeln antreiben als Sachen, die in Raum und Zeit ‚weit weg von unserem Bett' liegen. Vielleicht wäre im Hinblick auf diesen Aspekt eine Strategie zu bedenken, um damit umgehen zu können, z.B. ein Verzögern von Prozessen. Aber wie dem auch sei, es ist nicht anders möglich, als dass wir immer wieder mit unbeabsichtigten und unvorhergesehenen Folgen unseres Handelns konfrontiert werden, wenn die These richtig ist, dass auf allen Ebenen der Wirklichkeit, und nicht an letzter Stelle im sozialen Bereich, sich Selbstorganisationsprozesse vollziehen, Prozesse also, die unvorhersehbare neue Konstellationen mit neuen Eigenschaften erzeugen.

---

[395] California Press, Berkeley 1966 (1951), S. 179: „The major advances in civilisation are processes which all but wreck the societies in which they occur."

[396] Herbert Simon, *a.a.O.*, S. 4: „Myopia is not solely a human failing; it is intrinsic to all organic evolution. Evolution selects out the immediately useful, and reproduces it, without concern for (or even the ability to detect) longer-range consequences."

Dann kann die Konsequenz keine andere sein, als dass wir eine der Grundannahmen, auf denen die moderne Gesellschaft beruht, verabschieden müssen, und zwar diejenige der (idealiter totalen) Beherrschbarkeit und Steuerbarkeit der Prozesse in Natur und Gesellschaft. Selbstverständlich bedeutet das nicht, dass wir damit jeden Versuch einer Beeinflussung und Kontrolle der Prozesse aufgeben müssen. Aber es bedeutet wohl, dass wir in unseren Bestrebungen erheblich bescheidener werden müssen. Das wird jedoch Rhetorik bleiben, solange wir auch weiterhin vorwiegend in Kategorien von Gleichgewicht, Stabilität, Linearität u.dgl. denken, solange kurzum das geschlossene System mit seiner Übersichtlichkeit und Vorhersagbarkeit das Paradigma bleibt.

Die Überschätzung der Steuer- und Planbarkeit sozialer Prozesse

Das Problem ist nun aber, dass das dominante Denken in Politik, Ökonomie und Organisationstheorie noch immer im Zeichen des geschlossenen, linearen, am Gleichgewichtszustand orientierten Systems steht. Das war so, davon ist eher ausführlich die Rede gewesen, in Bezug auf die Natur in klassisch-moderner Sicht, die noch immer für die technologische Gesellschaft in hohem Maß bestimmend ist. Noch immer wird in Kategorien von Beherrschung, Kontrolle und Vorhersagbarkeit einer tatenlosen Natur gedacht, wenn diese Natur sich auch immer wieder viel weniger als vorhersagbar, beherrschbar und tatenlos erweist, als angenommen wurde. Offenbar ist das klassisch-moderne Denkschema also ein prinzipell inadäquates Modell bei unserem Umgang mit der Natur, mit dementsprechend auch immer bedenklicheren Folgen. Das war der am Anfang dieses Kapitels genannte erste praktische Grund, diesem Phänomen eine besondere Betrachtung zu widmen.

Als zweiten praktischen Grund nannte ich daneben die Tatsache, dass das Modell des geschlossenen, linearen usw. Systems auch das Denken über das soziale Phänomen, über Politik, Ökonomie und Organisation im Allgemeinen stark bestimmt. Deshalb die Darstellung bisher in diesem Kapitel, um glaubhaft zu machen, dass auch soziale Systeme durch Offenheit, Dynamik, Quasistabilität, Nichtlinearität und Selbstorganisation gezeichnet sind.

Wie sehr das Denken in Kategorien von Gleichgewicht, Linearität usw. auch auf der sozialen Ebene tonangebend ist, geht schon aus dem Nachdruck auf Planung, Steuerung und Regulierung gesellschaftlicher Prozesse hervor. Zwar hat es den Anschein, dass die Planungseuphorie[397] der sechziger und siebziger Jahre des vori-

---

[397] Siehe z.B. das Zitat von Walt Rostow, unten bei Anm. 18.

gen Jahrhunderts wegen der dürftigen Ergebnisse, geschweige denn der vielen Missgriffe, inzwischen wohl vorüber ist. Dennoch sieht man noch immer mit großer Regelmäßigkeit, dass Planungsschemas für fünf, zehn, zwanzig oder mehr Jahre gemacht werden, während es hartnäckig nicht gelingt, die Ökonomie, die Börsenkurse usw. auch nur für drei Monate vorherzusagen. Wohl sind inzwischen von sensitiven Wissenschaftlern alternative Planungsstrategien entwickelt worden, wie diejenige des ‚zielsuchenden Planens‘ vom niederländischen Verwaltungswissenschaftler Ig Snellen[398]. Dabei werden nicht zuerst die Ziele festgestellt, die danach linear auf entscheidungslogischem Weg in Verwaltungsmaßnahmen übersetzt werden. Im Gegenteil geht diesem Ansatz zufolge „die Formulierung der Ziele (…) dem strategischen Planungsprozess nicht voraus, sondern ist ein Teil davon." Oder besser noch ist die Wahl der Ziele das Ergebnis eines Planungsprozesses, der mit einer Vielheit an Faktoren rechnet, anstatt des ‚Inputs‘ davon. Dennoch kann ich mich des Eindrucks nicht erwehren, dass viel Politikentwicklung noch immer im Zeichen des linearen Denkens steht.

Weiter rückt auf allen Ebenen der Gesellschaft, ob es sich nun um Schulen, Universitäten, Krankenhäuser, den Justizapparat, die Polizei, die Welt der Kunst, sogar ideelle Organisationen wie die Kirchen oder andere weltanschauliche Einrichtungen handelt, die Verwaltung durch Manager und die Verrechtlichung unaufhaltsam auf. Alles wird in ein immer dichter angezogenes Netz von Regeln eingeschnürt, einem immer strengeren Regime unterworfen, in der Erwartung, alles werde solcherart besser und zweckdienlicher funktionieren. Kurzum, es wird in festen, immer festeren Strukturen gedacht, wodurch man sich die Möglichkeit nimmt, wenn nötig, flexibel den Kurs zu korrigieren. Es kommt mir vor, dass die moderne Gesellschaft in verschiedenen Hinsichten, z.B. was den finanziell-ökonomischen Sektor betrifft, Anzeichen von Verkalkung zeigt: Strukturen, die eine Zeit lang befriedigend funktioniert haben mögen, sind allmählich so sehr in eine Richtung gestrafft und formalisiert worden, dass sie den Eindruck einer Reuse erwecken, in der wir alle gefangen sind und aus der anscheinend, nun die Umstände mehr oder weniger radikale Änderungen erfordern, kein Entwischen mehr möglich ist.

Ich habe soeben den Terminus ‚Formalisierung‘ verwendet. Auch damit wird ein Zug des dominanten Denkschemas getroffen, und zwar die Trennung von Form

---

[398] Siehe z.B. I.Th.M. Snellen, *Benaderingen in Strategievorming. Een bijdrage tot de beleidswetenschappen* [Ansätze der Strategiebildung. Ein Beitrag zu den Verwaltungswissenschaften], Samson, Alphen aan den Rijn 1980², 96ff, 111ff. Schon 1972 hatte der deutsche Soziologe Friedrich Tenbruck in seinem abgeklärten Büchlein *Zur Kritik der Planenden Vernunft* (Alber, Freiburg/München 1972) auf die Schwächen und Grenzen des gangbaren Planungsdenkens hingewiesen.

und Inhalt von allerhand Sachen und die immer ausschließlichere Aufmerksamkeit für ersteren Aspekt. Wir sehen, wie die Managementmodelle über die verschiedensten Organisationen gelegt werden, in der Auffassung, dass wer irgendwo leiten oder verwalten kann, dazu überall fähig ist, ungeachtet der jeweiligen Materie. Wir sehen es weiter in der Aufstellung der Budgets (z.B. an den Universitäten), um danach zu untersuchen, was inhaltlich realisiert werden kann, anstatt des umgekehrten Ansatzes, im Übergewicht des formalen Strafrechts über das materiale – während ersteres gemeint war, gute Verfahren zu schaffen, die Garantien für eine möglichst faire materiale Rechtsfindung bieten. Und weil wir gerade von Verfahren sprechen: überhaupt wird Rationalität in der heutigen Gesellschaft immer mehr in prozeduralem als in materiellem Sinn aufgefasst[399]. Kurzum, immer geschieht das Gleiche: die Trennung von Form und Inhalt. An früherer Stelle sind wir diesem Sachverhalt in Bezug auf das Newtonsche Universum in der Form der Trennung des Raumes und der Zeit von ihrem Inhalt begegnet. Auch damals schon erwies sich das als eine unhaltbare Auffassung, stellte es sich heraus, dass die verschiedenen Arten von Entitäten ihre eigenen, mit ihrem Organisationsmuster zusammenhängenden inhärenten Zeiten und Rhythmen besitzen.

Rehabilitierung des Inhalts

Nun, ich glaube, dass wir auch im sozialen Bereich nach einer Rehabilitierung des Inhalts zurückkehren sollten. Die Grundtendenz dieses Buches ist jedoch eben, dass die Form die unlösliche Erscheinungsweise des Inhalts ist. Sogar noch stärker: dass die Form, die Konfiguration des Systems, der Inhalt oder die Materie *ist*. Über die Form kann man dann nicht anders als von der Art der Phänomene her reden. Das bedeutet z.B., dass die verschiedenen Sektoren des sozialen Bereichs, wie der Unterricht, das Gesundheitswesen, der Justizapparat, die Kunstwelt usw., primär wieder von ihren eigenen Merkmalen und Zielen her gedacht werden, in deren Licht dann über die Mittel nachgedacht wird. Dabei hat in der heutigen Gesellschaft, es ist schon so oft gesagt worden, eine Umkehrung von Zwecken und Mitteln stattgefunden. Damit stimmt vollkommen die Behauptung überein, dass in der

---

[399] So steht die politische Ethik bei Rawls und Habermas im Zeichen der Suche nach den richtigen Verfahren um zur Bestimmung des inhaltlich Guten zu kommen; und wird die Demokratieidee auch oft im formalen Sinn als ein System von Prozeduren, um zu politischen Entscheidungen zu gelangen, aufgefasst. Für eine Kritik an dieser formalen Demokratieauffassung, siehe meinen Aufsatz ‚Formale und materiale Demokratie‘, in: G.A. van der Wal, *Recht met reden. Verzamelde opstellen* [Recht mit Gründen. Gesammelte Aufsätze], eingeleitet und herausgegeben von René Foqué, Kluwer, Deventer 2003, 3-29.

modernen Gesellschaft der Primat beim sogenannten WTÖ-Komplex[400] beruht, dem Komplex von Wissenschaft, Technologie und Ökonomie. Diese Sektoren sind jedoch alle drei instrumentell eingestellt. Für die Technologie und die Ökonomie gilt sowieso, dass sie sich mit dem Verschaffen von Mitteln für externe Zwecke befassen[401]. Aber ebenso gilt das für den Typus von Wissenschaft, der hier zur Diskussion steht, und zwar die ‚nomothetische' Wissenschaft, unter der Bedingung, dass man sie als gänzlich im hypothetischen Modus stehend und als strukturell mit Technologie äquivalent interpretiert. Wobei man also die Motivation des Suchens nach Wahrheit *um willen* der Wahrheit oder ihres Bildungswerts nicht gelten lässt.

Ich kehre noch einmal zu dem bereits eher angesprochenen Thema der Linearität, eines der grundlegenden Merkmale des geschlossenen Systems, zurück. Lineares Denken hängt fast immer mit einer Anschauungsweise zusammen, bei der die beteiligten Faktoren alle einzeln und an sich betrachtet werden. Von einem solchen separaten Faktor wird dann die kontinuierliche Zunahme als Folge einer gleich kontinuierlich zugenommenen Wirkung einer Ursache (nochmals: Proportionalität von Ursache und Wirkung) betrachtet. Eine solche Betrachtungsweise ist aber nur möglich, wenn man die Ganzheit als Aggregat von separaten Bestandteilen auffasst, als ein Gefüge einzelner Elemente, die alle auf ihre eigene Weise, unabhängig von der Umgebung, bestehen und funktionieren (‚Baukastendenken'). So kann über ‚die Ökonomie' in Modellen gesprochen werden, in denen ausschließlich ökonomische Faktoren figurieren, unter Verzicht auf den sozial-kulturellen Zusammenhang, innerhalb dessen die Ökonomie funktioniert.

Dies ist nur eines der Beispiele der Blockbildung, die auf allen Ebenen der modernen Gesellschaft nachweisbar ist. Selber habe ich für diese Denkweise, die nur einen Faktor herausgreift und das Verhalten desselben abgetrennt von allen damit verbundenen Faktoren glaubt bestimmen zu können, den Ausdruck ‚the everything else remaining the same fallacy' verwendet, den Irrtum also, dass alles andere bleibt, wie es war. Um nur dieses Beispiel zu nennen: als alles in den Läden von hinter dem Ladentisch verkauft wurde, gab es verständlicherweise wenig Laden-

---

[400] In etwas anderer Form stammt der Ausdruck vom belgischen Philosophen Etienne Vermeersch, in seinem Buch *De ogen van de panda. Een milieufilosofisch essay* [Die Augen des Panda. Ein umweltphilosophischer Aufsatz], Van de Wiele, Brugge 1988, S. 28ff. Vermeersch spricht vom WTK-Komplex, wo das K für Kapitalismus steht. Statt dessen verwende ich lieber den Terminus ‚Ökonomie' als Andeutung des Genus, dessen moderne Version der Kapitalismus ist (als Markt- oder Staatskapitalismus).

[401] Ich übergehe hier die Frage, in wieweit die Technik nicht nur, oder in erster Instanz sogar gar nicht, eine Angelegenheit der Mittel ist, sondern, wie bei Heidegger, eine Weise des In-der-Welt-Seins. Auch Ökonomen widersetzen sich manchmal einer nur instrumentellen Sicht auf die Ökonomie. So setzt z.B. Galbraith ein von Alfred Marshall übernommenes Motto auf das Titelblatt seines Buches *The Affluent Society* (Boston 1958): „The economist, like everyone else, must concern himself with the ultimate aims of man." Dies sind in beiden Disziplinen aber nicht die dominanten Ansichten.

diebstahl. Aber als Geschäfte damit anfingen, ihre Waren breit auszustellen, um das Publikum zu größeren Ausgaben zu verführen, nahm der Umfang der Diebstähle zum Entsetzen derjenigen, die diesen Zustand ausgedacht hatten, mit Sprüngen zu. Sie glaubten, die Steigerung des Umsatzes, eines bestimmten Faktors also, stimulieren zu können, während alles andere beim Alten bleiben würde. Etwas Vergleichbares vollzog sich bei der Einführung des Euros, angeblich lediglich eine monetäre Angelegenheit. Und so weiter. Aber trotz der immer zurückkehrenden Erfahrung, dass die Wirklichkeit, und nicht an letzter Stelle die soziale, ‚holistisch‘ funktioniert, ist das lineare Denken dem Anschein nach unausrottbar.

Ein meiner Ansicht nach sehr instruktiver Fall dieses verengten Denkens ist die Art und Weise, wie insbesondere in den sechziger und siebziger Jahren des vergangenen Jahrhunderts das Entwicklungsproblem betrachtet wurde, die Frage also des Zurückdrängens der oft himmelschreienden Armut in den sogenannten Entwicklungsländern. Viele sahen Entwicklung als eine Angelegenheit des Antreibens der Ökonomie in Richtung eines Zustands von ‚self-sustaining growth‘ mit Hilfe beträchtlicher Finanzspritzen und der Einführung moderner Technologie. Ich habe oben schon auf die Aussage von Walt Rostow, dem Initiator des ‚linear [!] stages of growth‘-Modells, hingewiesen, dass mittels rationaler Planung von Ressourcen und adäquater Investitionen „in a decade or two the basic structure of the economy and the social and political structure of the society are transformed in such a way that a steady rate of growth can be, therefore, regularly sustained"[402]. Der wirkliche Gang der Dinge entsprach bei weitem nicht dieser Erwartung. Entwicklung erwies sich als eine viel umfassendere als nur ökonomische Angelegenheit, und zwar als ein makrosozialer Prozess gezielter Veränderung, bei dem die Kultur und die Gesinnung der betreffenden Bevölkerung eine ausschlaggebende Rolle spielen. Die Art und Weise, wie die Ökonomie einer Gesellschaft funktioniert, hängt m.a.W. mit der ganzen Einrichtung, der Lebens- und Denkweise und der Mentalität dieser Gesellschaft zusammen – aber etwas Ähnliches gilt genauso für das Recht, die Politik, das Unterrichtssystem usw. Abermals erweist sich die Gesellschaft, ein komplexes System zu sein, das als Ganzes durch eine bestimmte Konfiguration gekennzeichnet ist, welche die Seins- und Funktionsweise der ‚Komponenten‘ bestimmt.

Es scheint mir, dass hier auch die tiefere Ursache liegt, die das ‚Umweltproblem‘ zu einer so widerspenstigen Frage macht. Umweltpolitik ist doch in der gangbaren Praxis ein Sektor neben vielen anderen, und gewiss nicht der wichtigste. Wenn aber die moderne Gesellschaft als ganze und vor allem die tonangebenden Sektoren derselben, der WTÖ-Komplex, im Zeichen von Wachstum, Produktionssteigerung,

---

[402] Walt Rostow, *The Stages of Economic Growth*, Cambridge University Press, New York 1960, S. 8f.

dem Hochtreiben der Leistungen (in Wissenschaft, Sport usw.) stehen, dann kann jene Umweltpolitik kaum etwas Anderes tun, als Rückzugsgefechte führen und die schlimmsten Falten des Umweltverfalls glätten. Deshalb wird auch hier eine wirkliche Lösung, wenn überhaupt, von einer ziemlich radikalen Änderung des sozialen Systems als Ganzem herkommen müssen.

Kapitel 14: Über den intrinsischen Wert natürlicher Gegebenheiten

Der Teufel hole euch alle mit eurem besten Wissen und Gewissen,
wenn ihr nicht einen Funken Gefühl habt für die Unantastbarkeit der reinen Natur.
Emil Strauß

Die moderne Trennung von Tatsachen und Werten

Eine der Besonderheiten des modernen (‚mechanisierten‘) Weltbildes ist die radikale Trennung von Tatsachen und Werten. Objektiv betrachtet gibt es aus dieser Sicht nur faktische Sachlagen und Prozesse. Werte dagegen haben aus dieser Perspektive keinen objektiven Status: sie bestehen nur in der Erfahrung von Subjekten, werden von ihnen sozusagen in die Wirklichkeit hineinprojiziert. Anders formuliert sind moderner Ansicht nach Subjekte die einzige Quelle von Werten. Natürliche Gegebenheiten haben von sich aus keinen Wert, bzw. sind ‚wertlos‘, weil sie keine Innenseite und keinen Selbstcharakter besitzen, als völlig passiv und inert betrachtet werden. Dies alles entspricht der Entkoppelung von Realität und Idealität, die wir früher als Grundmerkmal der modernen Sicht der Dinge bezeichnet haben. Die Welt der Objekte hat damit ihre ideelle Dimension total verloren und ist zu einer bloß faktischen Realität abgesunken.

Wenn nun aber die klassisch-moderne Natur- und Wirklichkeitsauffassung immer mehr an Plausibilität eingebüßt hat – eine der zentralen Thesen dieses Buches –, dann können wir uns fragen, ob das Konsequenzen für den Status von Werten bzw. für Normativität im Allgemeinen hat. Ich gehe von der Annahme aus, dass es den Zusammenhang von Naturbild und Wertbegriff in der Tat gibt. Die neu sich abzeichnende Natur- und Wirklichkeitsauffassung bringt, wie anzunehmen ist, dann auch eine andere Sichtweise in Bezug auf Werte oder Normativität im Allgemeinen mit sich.

Ein allgemeiner Grund für diese Annahme ist folgender: Schon die Philosophen der Antike haben drei Hauptrichtungen der Philosophie unterschieden, und zwar die Physik, die Logik und die Ethik: das heißt die Lehre von der *Physis* (für die Griechen die Gesamtheit alles Bestehenden), in der die Natur und Bauform der Realität behandelt wird; die Lehre des *Logos*, bei der es um die Merkmale des richtigen Denkens und Argumentierens geht; und die Lehre des *Ethos*, der Sitte oder guten Lebensweise, in der über normative Fragen, über Gesichtspunkte des richtigen Handelns oder des guten Lebens nachgedacht wird.

In der griechischen Philosophie hat der Unterschied zwischen diesen drei Bereichen oder Hauptrichtungen der Philosophie eine methodische Bedeutung: es handelt sich in den drei Fällen um verschiedenartige Fragen, von denen erkannt worden ist, dass sie einen unterschiedlichen Ansatz erfordern. Aber es ist nie die Absicht gewesen, ist faktisch auch nie geschehen, die drei Bereiche voneinander loszulösen, und ‚physische‘ Fragen nur innerhalb eines ‚physischen‘ Rahmens, normative Fragen einzig innerhalb eines normentheoretischen Rahmens zu behandeln, usw. Physik, Logik und Ethik sind lediglich relativ selbständige Gebiete der Philosophie und bei näherem Hinsehen ist es nicht schwer, eine Vielheit von expliziten, aber nicht weniger auch impliziten gegenseitigen Verweisungen zwischen diesen philosophischen Subsystemen festzustellen. Bei Heraklit und Parmenides, bei Platon und Aristoteles, bei den Stoikern und Epikur, aber ebenso sehr bei Sophisten wie Gorgias und Protagoras stehen Auffassungen in Bezug auf die Wirklichkeit, das Erkennen und das gute Leben in einem unauflöslichen Zusammenhang mit einander. Die mittelalterliche Philosophie bringt das dann auf die Formel, dass das Seiende, das Wahre und das Gute gegenseitig auswechselbare, sich deckende Begriffe sind. Ich möchte behaupten, dass auch für die moderne Philosophie dieser Zusammenhang von Wirklichkeitsauffassung, Erkenntnistheorie und Ethik noch immer gilt – sei es auf spezifische Weise, und zwar die eines gegenseitigen Ausschlusses. In der modernen Philosophie ist m.a.W. der von den Griechen eingeführte *Unterschied* zwischen Physik, Logik und Ethik, der, wie gesagt, bei ihnen eine methodische Bedeutung hat, zu einer *Trennung* radikalisiert worden. Aber auch in dieser Form einer negativen Beziehung verweisen die drei Bereiche noch immer auf einander, nämlich auf implizite Weise. Auch hier, sei es auf eine für die Moderne besondere Weise, bleibt die These bestehen, dass über Werte und Normativität im Allgemeinen nur im Kontext eines symbolischen Universums als ganzen auf adäquate Weise gesprochen werden kann. Damit sind wir wieder bei der Behauptung angelangt, dass, wenn auf der Ebene der Naturbetrachtung von einem Paradigmenwechsel die Rede ist, wie es beim Übergang vom modernen zum postklassischen Naturbild der Fall ist, dies auch eine neue Sicht auf die Natur, sowie die Gültigkeit und Positionierung des Normativen mit sich bringt.

Ich greife hier nochmals auf die eher in diesem Buch verfolgte Strategie zurück, um vom Kontrast her ein schärferes Verständnis für die tragenden Ideen der verschiedenen Natur- und Wirklichkeitsauffassungen zu bekommen. Dabei ist die Aufmerksamkeit jetzt auf die Art und Weise gerichtet, wie Normativität jeweils in die drei von mir pauschal unterschiedenen Naturbilder einbezogen worden ist. In der prämodernen Sicht der Natur gehört, wie oben dargelegt wurde, alles (unter Einschluss des Menschen) zu der einen großen Seinsfamilie und partizipiert durch diese Allverwandtschaft auch alles an der Sinn- und Bedeutungsfülle der Wirklichkeit als ganzer, hat darin folglich seine natürliche Stellung. Und, das ist ein äußerst wichtiges Merkmal dieser Sicht der Dinge, alles hat hier seine eigene spezifische Identität, die zugleich als Norm für das eigene Handeln fungiert. Alles ist m.a.W. auf seine eigene Weise normiert. Ontologie und Ethik (letztere als Theorie des Normativen im umfassenden Sinn verstanden) sind hier zwei Seiten derselben Sache.

Auf vorphilosophischem Niveau bedeutet dies, dass alles sich seiner eingeborenen Natur gemäß verhalten soll – im menschlichen Bereich z.B. seiner Art als Mann, Frau oder Kind nach. Und aus der philosophischen Perspektive ist das z.B. bei den Stoikern als die Norm des Lebens in Übereinstimmung mit der Natur formuliert worden, beim Menschen also in Übereinstimmung mit seiner vernünftigen Natur. Auf dieser Linie liegt auch die Idee des Naturrechts, die Auffassung, dass für Moral, Recht und Politik der Natur normative Hinweise entnommen werden können. Weiter liegt diese Denkweise der mittelalterlichen Lehre der sogenannten Transzendentalien zugrunde, allgemeiner Merkmale des Seienden als Seienden, die für alle Seinsformen gelten und über ihre spezifischen Eigenschaften, durch die sie sich als Fels, Pflanze, Tier, Mensch, usw. voneinander unterscheiden, hinausreichen. Nun, zu diesen Transzendentalien gehören auch normative Begriffe wie Wahrheit (im Sinne von Intelligibilität, der Erkennbarkeit oder Rationalität der Dinge), Güte und Schönheit, die demnach objektive Merkmale der Realität bilden[403]. Die mittelalterliche Philosophie, es war schon kurz die Rede davon, drückt das in den Aussagen aus, dass das Seiende und das Wahre austauschbare, sich deckende Begriffe sind, ebenso wie das Seiende und das Gute oder Schöne[404].

Dies alles habe ich früher in der Behauptung zusammengefasst, dass in der prämodernen Sicht der Wirklichkeit Realität und Idealität eng mit einander verwoben sind, dass sie im Grunde sogar mit einander identisch sind. In Fortsetzung dieses Gedankens stellt sich nunmehr heraus, dass die Entkoppelung von Realität und Idealität eines der grundlegenden Merkmale des modernen Naturbildes ist. Natürliche Gegebenheiten tragen hier keine eingebaute Norm in sich, sie sind, wie oben gesagt wurde, ,norm'- und ,wertlos'. Überhaupt gehört Normativität nicht zur ,fabric of reality', verweisen normative Prädikate nicht auf objektive Eigenschaften

---

[403] Siehe dazu z. B. Brigitte Scheer, *Einführung in die philosophische Ästhetik*, WBG, Darmstadt 1997, S. 11, 19, 26 u.ö.

[404] Im lateinischen Original heißt das in Bezug auf beide: „Ens et verum convertuntur" und „Ens et bonum convertuntur".

der Wirklichkeit. Kurz gesagt haben Werte und Normen keinen objektiven Status. Die Dinge besitzen bloß ein Sein als Tatsachen; ihr Verhalten kann lediglich experimentell festgestellt werden. Und während, wie in Kapitel 2 dargelegt wurde, im prämodernen Naturbild alle Ereignisse Handlungscharakter haben, hinter denen sich ‚personhafte‘ Aktoren mit Motiven und Absichten verbergen, ist dies alles nach moderner Auffassung nicht mehr Teil der Natur. Diese ist nur noch ein Ensemble ‚toter‘ Dinge ohne Innenseite und eigene Aktivität (sind sie doch völlig inert). Und Naturprozesse sind bloß ‚blinde‘ und ziellose, anonyme Geschehnisse. Daher kann Kant sagen, dass „der Zweck ein Fremdling in der Naturwissenschaft" ist[405]. Überhaupt ist, wie in einem früheren Kapitel ausührlicher ausgeführt wurde, modernem Empfinden nach eine teleologische Betrachtungsweise von Naturerscheinungen unsachgemäß.

Der Mensch als einzige Quelle von Werten

Und wie verhält es sich mit dem Menschen? Erfährt er sich doch als ein Wesen mit einer Innenseite, mit Selbstbewusstsein und Empfindung, mit einem Willen als Quelle eigener Aktivität, als Aktor, der gerichtet bestimmten Zielen nachstrebt, als mit vernünftigen Fähigkeiten ausgestattet, die es ihm ermöglichen, davon für die Verwirklichung seiner Bestrebungen Gebrauch zu machen. Das alles ist der Grund, dass der Mensch nicht länger Teil einer Natur, wie sie aus klassisch-moderner Sicht verstanden wurde, sein konnte, fehlen ihr doch alle für das Menschsein charakteristischen Eigenschaften.

Die moderne Wirklichkeitsauffassung kann, wie früher schon zur Sprache gekommen ist, dann keine andere als eine radikal dualistische sein, wie sie von Descartes erstmals mit großer Treffsicherheit formuliert worden ist. Damit war auf Jahrhunderte der Trend gesetzt. Denn die ‚Cartesianische‘ Sicht der Wirklichkeit ist repräsentativ für eine Denktradition, die von Bacon und Locke über Kant, Fichte, Hegel, Marx, die Pragmatisten und Existenzphilosophen (ganz ausgesprochen Sartre) bis zu den neo-nietzscheanischen Postmodernen reicht und der modernen Gesellschaft ihr Selbstverständnis und ihre Legitimation verschafft hat. Fortan denkt die moderne Gesellschaft in Dualitäten wie die von Person und Sache (wir teilen folglich das Recht in Personen- und Sachenrecht ein), Subjekt und Objekt, Handeln und Geschehen, Wert und Tatsache, usw.

Die erstgenannten Termini deuten immer auf Merkmale der menschlichen Seinsweise, die anderen auf diejenigen natürlicher Gegebenheiten hin. Der Mensch

---

[405] *Kritik der Urteilskraft,* B 320.

gehört m.a.W. zu einer ganz anderen Ordnung als die Wirklichkeit der Natur. Diese ist also nicht länger die Totalität alles Seienden wie in der prämodernen Betrachtungsweise. Von der großen Seinsfamilie alles Bestehenden kann nicht länger die Rede sein. Der Mensch ist solcherart auch nicht länger mit den anderen Wesen verwandt – vielmehr: sie sind ihm vollkommen wesensfremd. Für viele moderne Denker ist der Mensch dann auch eine ‚displaced person‘ in der Welt, oder mit den schon zitierten Worten von Monod ein ‚Zigeuner am Rand des Universums‘, einer absurden Welt, in die er ‚geworfen‘[406] ist, die ihm Angst einjagt und in der er versuchen soll, Bruchstücke von Sinn zu stiften. Mit alledem verlieren viele Ideen des prämodernen Denkens ihre Bedeutung, wie die Idee der ‚Great Chain of Being‘ bzw. der Leiter der Natur, die Idee weiter der Transzendentalien (Wahrheit, Güte und Schönheit sind doch nicht länger objektive Merkmale der Realität), das Prinzip des zureichenden Grundes (alles hat einen guten Grund, dass es besteht und dass es ist, wie es ist)[407], usw.

Zu den Sachen, die in der modernen Sichtweise über Bord gehen, gehört auch die Idee des Naturrechts. Einer Natur, die in sich selbst ‚wert‘- und ‚normlos‘ ist, die überhaupt keine Affinität zum Menschen mehr besitzt, können keine Hinweise für das Handeln mehr entliehen werden. Der Mensch wird sie irgendwo anders herholen müssen, und zwar aus sich selber. Damit komme ich auf meine frühere Behauptung zurück, dass auch für den modernen Orientierungsrahmen gilt, dass Physik, Logik und Ethik in einer gegenseitigen Beziehung stehen, jetzt nicht in positivem, einander unterstützendem Sinne wie im prämodernen Denkrahmen, sondern in einem negativen, einander ausschließenden Sinn. Aber auch auf diese Weise bestimmen sie einander.

Autonomie, Selbsterschaffung, Freiheit

Menschsein ist in dieser Optik, wie früher gesagt, Subjektsein in einer Wirklichkeit, die ferner lediglich Objektcharakter hat. Das bedeutet, dass der Mensch sich als Subjekt von der in der Welt der Dinge herrschenden Ordnung emanzipiert hat.

---

[406] Für das Thema des Verirrt- oder Geworfenseins, siehe z.B. Pascal, *Gedanken* (übersetzt, herausgegeben und eingeleitet von Ewald Wasmuth), Reclam, Stuttgart 1980, Fragm. 35 (= Brunschvicg 72): „dass der Mensch sich betrachte als verirrt in diesem versprengten Winkel der Welt"; oder 211 (Brunschvicg 233): „Unsere Seele [d.h. unser eigentliches Selbst] ist in den Körper gestoßen (…)". Für das Geworfensein bei Heidegger, siehe *Sein und Zeit*, Niemeyer, Tübingen 1963[10], 135ff, 179 u.ö
Und in Bezug auf die Daseinsangst denke man an die berühmte Aussage von Pascal: „Das ewige Schweigen der unendlichen Räume erschreckt mich" (Brunschvicg 206); daneben viele anderen Passagen).
[407] Lovejoy ist, wie mir scheint mit Recht, der Ansicht, dass dieses Prinzip des zureichenden Grundes eines der grundlegenden Prinzipien, wenn nicht *das* Grundprinzip der abendländischen Philosophie von Parmenides und Platon bis Spinoza, Leibniz und später ist, *a.a.O.*, 47, 71f, 116, 145f u.ö

Um auch weiterhin Subjekt bleiben zu können, darf er dann aber nicht aufs Neue, sei es auf anderer Ebene, der Unterworfene einer Ordnung werden, die er nicht selber ins Leben gerufen hat. Subjekt im wahren Sinn kann m.a.W. nur sein, wer autonom ist, sich selber das Gesetz gibt, stärker noch: wer zur Selbsterschaffung fähig ist. Was das erstgenannte betrifft, das Prinzip der Autonomie oder Selbstbestimmung also: wie bekannt, formuliert Rousseau als das Grundproblem einer politischen Ordnung, die legitim sein will, wie jeder mit anderen eine Verbindung eingehen und dabei ebenso frei wie vorher bleiben kann. Denn, „wer auf seine Freiheit verzichtet, verzichtet auf seine Beschaffenheit als Mensch."[408] In *Vom Gesellschaftsvertrag* wird als Lösung dieses Problems gegeben, dass jedermann Mitgesetzgeber, d.h. Gesetzgeber seiner selbst sein soll. Kant hat diesen Gedanken auf den ganzen normativen Bereich erweitert: Verpflichtungen können nur durch Selbstgesetzgebung oder Selbstbindung geschaffen werden[409]. In seiner beispiellos pointierten Formulierung: „Niemand ist obligirt außer durch seine Einstimmung".[410]

Aber, wie gesagt, eigentlich geht die moderne Idee des autonomen Subjekts weiter. Wirklich autonom ist dieses Subjekt nur, wenn es nicht nur seine eigenen Normen, sondern ganz sich selber schafft. Dieser Gedanke ist erstmals von dem italienischen Renaissancephilosophen Pico della Mirandola formuliert worden, der in seinem Büchlein *Rede über die Menschenwürde*[411] bei der Schöpfung Gott zu Adam sagen lässt, dass dieser „als ein freier und souveräner Künstler" die Gelegenheit bekommt, „sich selber zu bossieren und modellieren in der Form, die ihm beliebt". Er darf seine Wohnstätte, sein Aussehen und seine Aufgabe wählen „nach eigenem Willen und Wunsch". „Für alle anderen Wesen ist die Natur fest umrissen und innerhalb von von uns vorgeschriebenen Gesetzen begrenzt. Du wirst sie für dich selbst bestimmen, durch keine Grenzen behindert, nach eigenem freien Willen, dem ich dich anvertraut habe." Kurzum, es ist dem Menschen gestattet, „zu sein, was er will".

Dieses Grundmotiv der Moderne ist dann ausgearbeitet worden in der sogenannten Konstitutionsphilosophie von Denkern wie Leibniz, Kant, Fichte, Hegel, Husserl, Cassirer und vielen anderen, auf seine eigene Weise z.B. von Marx. Immer bildet dort die Subjektivität (bei Marx der Mensch als gesellschaftliches Wesen) den archimedischen Punkt, von dem aus die Wirklichkeit hervorgebracht wird. Seinen

---

[408] J.-J. Rousseau, *Vom Gesellschaftsvertrag* , in: Politische Schriften, Schöningh, Paderborn 1977, Band 1, I. Buch, 8. Kapitel.

[409] Die Metaphysik der Sitten, *Kants gesammelte Schriften*, Akad.-Ausg. Bd. VI, Berlin 1907, S. 223.

[410] Reflexionen zur Moralphilosophie, 6645, a.a.O., Bd. XIX , Berlin/Leipzig 1934, S. 123; im gleichen Sinn Metaphysik der Sitten, a.a.O., VI, 417 u.ö. Vgl. schon Hobbes, *Leviathan* II: „(...) there can be no obligation on any man which arises not from some act of his own".

[411] Pico della Mirandola, *De hominis dignitate*, 1487 [!], meine Übersetzung.

radikalsten Ausdruck bekommt dieser Gedanke der Selbsterschaffung des Subjekts bei Fichte, bei dem das Ich *sich selbst setzt*, um auf dieser Grundlage die Natur, die Wirklichkeit des Nicht-Ich, zu setzen. Aber von einer unvergleichlichen Direktheit ist wieder die Formulierung, die wir bei Kant finden – deshalb komme ich nochmals darauf zurück: „ich mache mich selbst." Sie findet sich in Kants posthumem Werk, wo er seinen transzendentalphilosophischen Gedankengang in dem Sinne radikalisiert, dass die objektive Realität, aber ebenso sehr das Subjekt selber, letztlich als Produkt dieses Subjekts aufgefasst werden müssen. Die sogenannte ‚Selbstsetzungslehre' findet sich also schon in Kants Nachlass. Das ganze Zitat, in dem der soeben angeführte Satz steht, lautet: „Ich bin ein Gegenstand von mir selbst und meiner Vorstellungen. Dass noch etwas außer mir sei, ist ein Product von mir selbst. Ich mache mich selbst (…) Wir machen alles selbst."[412]

Es sind diese Ideen der Selbsterschaffung und Selbstbestimmung des Subjekts, die den sichtbarsten Ausdruck in der modernen Idee der Freiheit gefunden haben. Freiheit kann als die normative Schlüsselidee der modernen Kultur betrachtet werden. Als Selbstbestimmung und allseitige Möglichkeit zur Entfaltung ist sie moderner Ansicht nach der Kern des Menschseins. Alle normativen Begriffe werden in der modernen Sichtweise anscheinend aus der Freiheitsidee abgeleitet, werden dadurch zum mindesten in beträchtlichem Maße bestimmt, wie im Fall der Ideen der Gerechtigkeit und der Gleichheit[413]. Dass bedeutet, dass normative Begriffe, die ihrer Art nach mit der modernen Freiheitsidee auf gespanntem Fuß stehen, wie Rücksicht, Mitleid, Sorge, Solidarität, Treue, Loyalität, Freundschaft usw.(kurzum die warme Seite des moralischen Spektrums), an den Rand des moralischen Bereichs oder sogar über diesen hinaus gedrängt werden.

Freiheit in diesem modernen Sinn bedeutet also, dass von dem Selbst und dessen Entfaltung aus gedacht wird. Das kann nur sein, wenn die Wirklichkeit außer mir als Vehikel und Rohstoff für meine Selbstentfaltung betrachtet wird. In der Tat ist das die Situation mit einer Natur, die zur manipulierbaren und ausbeutungsfähigen Objektwelt bzw. zum Inventar von Ressourcen geworden ist. Das entspricht wieder genau dem Bild einer ‚mechanisierten' und ‚entzauberten' Natur. Das moderne

---

[412] Kant, Opus postumum, *Ges. Schriften*, Bd. XXII, Berlin 1936, S. 82. In seinem Aufsatz ‚Der Begriff der sittlichen Einsicht und Kants Lehre vom Faktum der Vernunft' (in: G. Prauß, Hg., *Kant. Zur Deutung seiner Theorie von Erkennen und Handeln*, Kiepenheuer & Witsch, Köln 1973) sagt Dieter Henrich, dass bei Kant die Vernunft „reine Aktuosität" ist: „Ich – das bedeutet eben, Grund seiner selbst zu sein" (S. 245).

[413] Siehe dazu ausführlicher meine Studie *Die Umkehrung der Welt*, 47ff. Z.B. sagt Kant in der ‚Metaphysik der Sitten' unter dem Titel ‚Das angeborne Recht [nämlich die Freiheit] ist nur ein einziges', dass alle Befugnisse der angeborenen Gleichheit „schon im Princip der angebornen Freiheit (liegen) und (…) wirklich von ihr nicht (…) unterschieden" sind. *A.a.O.*, Bd. VI, 237f.

Naturbild und die moderne Freiheitsidee setzen sich kurzum gegenseitig voraus und ergänzen sich gegenseitig.

Risse im modernen Bollwerk

Aber, ebenso wie in theoretischer Hinsicht immer mehr Risse im modernen („Newtonschen' oder ‚Cartesianischen') Naturbild[414] sichtbar geworden sind, sind nach und nach auch immer mehr Zweifel in Bezug auf die rein subjektivistische Axiologie des modernen Bezugsrahmens aufgekommen und dementsprechend Zweifel in Bezug auf die ‚Wertlosigkeit' der Natur, den Gedanken also, dass natürliche Gegebenheiten wie Tiere oder Blumen von sich her keinen Wert besitzen würden, in mehr philosophischem Sprachgebrauch ausgedrückt: dass sie keinen ‚intrinsischen oder Eigenwert' haben würden. In der Tat können aus der ‚Cartesianischen' Perspektive Objekte, d.h. alles was kein Subjekt, i.e. Mensch ist, nur einen instrumentellen, von außen her zugeschriebenen Wert haben. Gegen diese Sichtweise ist immer mehr Einspruch erhoben worden. Wohl nie sind Tiere, Blumen, Landschaften usw. seriös als reine Dinge betrachtet worden, mit denen man beliebig umgehen könnte (peinigen, lebendig enthäuten, zerstören usw.). Das Cartesianische Schema ist demnach nie ein getreuer Ausdruck unserer Naturerfahrung gewesen, sondern vielmehr ein Raster über diese Erfahrung, das wichtige Komponenten derselben verzerrte oder sogar verdrängte. Aber die Diskussion hat sich überstürzt durch die moderne umfangreiche Umweltverschmutzung und die immer rücksichtslosere Ausbeutung der Natur.

Verschiedene Ereignisse bzw. ‚Katastrophen' haben als Katalysator der öffentlichen Meinungsbildung in diesem Punkt gewirkt. Eines davon, um es konkreter zu machen, war die die Maul- und Klauenseuche (MKS) im Frühjahr 2001 in den Niederlanden, Großbritannien und anderen Ländern. Ziemlich allgemein herrschte Empörung oder zum mindesten Unbehagen über die massenhaften ‚Räumungen' (über Euphemismen gesprochen!) von Vieh in Gebieten, wo die Krankheit festgestellt worden war oder auch nur der Verdacht gehegt wurde, die Tiere könnten angesteckt worden sein. Es ging da nicht um das Töten kranker Tiere (darüber könnte wegen des Leidens der Tiere selbst diskutiert werden), auch nicht um die Art und Weise, wie die Räumungen stattfanden, was wegen der großen Zahl der Tiere fast unvermeidlich roh, unsorgfältig und sogar ‚unfachmännisch' geschah (auch darüber könnte ein ernsthaftes Wort geredet werden), sondern um die Tatsache, dass gesunde Tiere massenhaft abgeschlachtet wurden, um so den Schaden

---

[414] Siehe Kapitel 4 dieses Buches.

für den Fleisch produzierenden und verarbeitenden Sektor möglichst begrenzt zu halten. Die Entrüstung galt mit anderen Worten der Tatsache, dass Tiere hier im Hinblick auf wirtschaftliche Interessen völlig instrumentalisiert wurden. Und einer weit verbreiteten Ansicht nach ‚kann das nicht sein'.

Selbstverständlich handelt es sich hier um ein Geschehen, das ein Glied in einer viel längeren Kette bildet. Ihm voran gingen Aktionen gegen (unnötige) Experimente an Tieren, gegen Legebatterien, gegen allerlei Missstände in der intensiven Viehhaltung, gegen die Jagd als Sportart, überhaupt gegen einen grausamen und unsorgfältigen Umgang mit Tieren. Wie immer halfen auch bei der MKS-Krise keine abstrakten Argumente, sondern oft sehr konfrontierende und erschütternde Bilder, um die Menschen vom Schlimmen der Situation zu überzeugen. So bekam in Großbritannien der diffuse Unfriede plötzlich seine Maskotte im Kälbchen Phoenix aus Devon, das halb ausgetrocknet inmitten von Haufen getöteter Rinder aufgefunden wurde. Dort hatte es fünf Tage neben seiner (MKS-freien) toten Mutter gelegen, übersehen von den Schlächtern. Katalysiert durch das Bild dieses Kälbchens schwoll die Aversion gegen die Schlächtereien und Massenverbrennungen zu einem Protest mit Sturmkraft an.

Das geht in die Richtung einer intuitiven Erkenntnis von so etwas wie einem eigenen bzw. ‚intrinsischen' Wert von (in diesem Fall) Tieren. Aber es ist nicht unwahrscheinlich, dass dies auf einer viel breiteren Front für natürliche Entitäten gelten könnte. Die Trennungslinie zwischen Wesen mit einem intrinsischen Wert und solchen mit einem nur zugesprochenen Wert liefe dann zumindest ganz anders als im Cartesianischen Schema der Dinge. Die im Rahmen dieses Buches interessante Frage ist dann, wie diese Angelegenheit im Lichte des neu sich abzeichnenden Natur- und Wirklichkeitsbildes aussieht. Das Mindeste, das darüber gesagt werden kann, ist wohl: wenn die Idee eines intrinsischen Werts (bestimmter) natürlicher Entitäten vertretbar ist, auch die radikale Trennung von Werten und Tatsachen bzw. von Sollen und Sein nicht länger haltbar ist. Bestimmte natürliche Gegebenheiten hätten dann bestimmte Eigenschaften, aufgrund derer sie Träger eines damit verbundenen Eigenwerts wären.

Zweifel bezüglich der Kluft zwischen Tatsachen und Werten

Es lohnt die Mühe, einen Augenblick näher auf diese Materie einzugehen. Ich fing dieses Kapitel mit der Feststellung an, dass die radikale Trennung von Tatsachen und Werten, bzw. von Sein und Sollen, eine der Besonderheiten des modernen ‚mechanisierten' Weltbildes ist. Man hat in diesem Zusammenhang wohl von einem Dogma des modernen Denkens gesprochen, dass aus deskriptiven Aussagen keine normativen Folgerungen abgeleitet werden können[415]. Diese These steht auch als das ‚Humesche Gesetz' zu Buche, das sogar als eine logische Regel betrachtet wird. Verstöße gegen dieses Gesetz, bzw. das Begehen des ‚naturalistischen Fehlschlusses', wie es auch genannt wird, wäre das Sündigen gegen eine logische Regel und führte demnach zu einer logischen Ungereimtheit. Auf den ersten Blick scheint das plausibel, besonders wenn konkrete Beispiele gegeben werden. Das ist auch genau die Art und Weise, wie Hume sein ‚Gesetz' annehmlich macht. Versuche es nur, sagt er, und du wirst bemerken, dass bei einer solchen Ableitung eine mindestens implizite normative Prämisse im Spiel ist. Das ist aber alles andere als ein ‚Beweis'. Und ebenso wenig wird bei Kant, der die strenge Trennung von Sein und Sollen übernimmt, ein ‚Beweis' erbracht. Wenn es sich hier also schon um eine logische Frage handelte, so in dem breiteren und lockereren Sinn von Logik als formaler Struktur. In dem Fall hängt es aber in hohem Maße von den Voraussetzungen und Definitionen des Systems ab, d.h. vom ganzen Aufbau des Bezugsrahmens, wie die logischen Linien genau laufen.

Eine eingehende Analyse von Humes Argumentation[416] bringt nun ans Licht, dass es ihm primär *nicht* um die Widerlegung einer logischen Ableitung normativer Folgerungen aus faktischen Prämissen ging. Die Stoßrichtung seines Gedankengangs ist gegen eine kognitivistische Moralphilosophie gerichtet, die moralische Urteile als von der Vernunft gemachte Feststellungen von (moralischen) Sachlagen in der Welt auffasst. Moralität ist Hume zufolge jedoch keine Angelegenheit der Vernunft, sondern findet ihre Quelle in der Gefühlsnatur des Menschen. Alle Menschen verfügen seiner Ansicht nach über ein gemeinschaftliches Gefühl, und zwar das der Sympathie oder des Mitgefühls, das die Grundlage der Moral bildet – Hume verwendet regelmäßig den Begriff ‚humanity', Menschlichkeit, als Synonym für Sympathie.

Humes Absicht war also vor allem das Abwehren einer auf die Vernunft gegründeten Ethik, und nicht so sehr das Ziehen einer scharfen Trennungslinie zwischen dem Moralischen und dem Natürlichen. Stärker: wenn Hume die Moral an der Gefühlsnatur des Menschen festmacht, kommt er sehr dicht in die Nähe eines ethischen Naturalismus. Während das ‚Humesche Gesetz' doch gerade als Prellbock gegen den Naturalismus betrachtet wird. Es ist, dies alles in Augenschein nehmend,

---

[415] Hans Jonas, *Das Prinzip Verantwortung*, Insel, Frankfurt a.M. 1972, S. 92; vgl. 153, 185 u. ö.

[416] Ich verweise hierfür auf die gediegenen Analysen von Jörn Müller, ‚Ist die Natur ethisch irrelevant? Zur Genealogie des naturalistischen Fehlschlusses', in: Hanns-Gregor Nissing (Hg.), *Natur. Ein philosophischer Grundbegriff*, WBG, Darmstadt 2010, 99-114. Siehe auch die genaue Analyse von Hans Mooij, ‚Hume over ‚Is' en ‚Ought' en de ‚Standard of Taste'', in: J.J.A. Mooij, *De wereld der waarden* [Die Welt der Werte], Meulenhoff, Amsterdam 1987, 45-59, der in einem früheren Kapitel ‚Feiten en waarden' schon zu dem Schluss gelangt war: „Die Landschaft von Tatsachen und Werten zeigt keine unverkennbare Kluft." (S. 44)

nicht sonderbar, dass die Meinungen der Kenner von Humes Denken darin auseinandergehen, ob Hume die Kluft von Sein und Sollen (‚is‘ und ‚ought‘) für prinzipiell unüberbrückbar hielt, oder der Meinung war, die Zusammengehörigkeit sei eventuell möglich, nur nicht auf die bisher gängige Weise.

Eine ähnliche Geschichte kann über G.E. Moore erzählt werden, der neben Hume als prominenter Vertreter der Sein-Sollen-Unterscheidung gilt und auch den Ausdruck ‚naturalistic fallacy‘ (naturalistischer Fehlschluss) in Umlauf gebracht hat. In Moores Sicht ist der zentrale Begriff der Ethik das Prädikat ‚gut‘ und ist ihre zentrale Frage: ‚Was ist gut?‘ Der naturalistische Fehlschluss besteht dann darin, dass der Begriff ‚gut‘ mit Hilfe natürlicher (d.h. empirischer) oder metaphysischer Prädikate definiert wird. Damit wird verkannt, so sagt Moore, dass ‚gut‘ eine irreduzible, undefinierbare und nicht-natürliche Eigenschaft bezeichnet. Es geht Moore m.a.W. primär um die Autonomie der Ethik bzw. um die Einsicht, dass sie nicht auf die Naturwissenschaft oder die Metaphysik gegründet werden kann.

‚Gut‘ wird dann im späteren Werk von Moore auf solche Weise präzisiert, dass es um ‚intrinsisch gute‘ (‚intrinsically good‘) Sachen geht, die also in sich gut sind bzw. einen ‚Wert an sich‘ repräsentieren, und zwar in objektivem Sinn – Moore vertritt also eine wertrealistische und kognitivistische Position. Entscheidend ist nun, dass Moore schreibt, dass „der intrinsische Wert einer Sache immer von ihren *natürlichen* intrinsischen Eigenschaften abhängt" („a thing's intrinsic value always depends on its *natural* intrinsic properties")[417]. Die empirische Beschaffenheit und der Wert einer Sache hängen bei Moore also eng zusammen, so dass von einer fundamentalen Trennung von Tatsachen und Werten kaum noch die Rede sein kann.

Die Position von Kant

Wird in Anbetracht des oben Gesagten sowohl bei Hume als auch bei Moore eine solche radikale Trennung problematisch, nicht weniger ist das bei Kant der Fall, um darauf wegen seines enormen Einflusses noch einen Augenblick einzugehen. Einen Unterschied verwendend, der schon von den Stoikern gemacht worden ist und auf den wir schon beiläufig hingewiesen haben, nämlich zwischen Wert oder Würde (*dignitas*) und Preis (*pretium*), sagt Kant in einem bekannten Passus der *Grundlegung zur Metaphysik der Sitten*, dass im Reich der Zwecke alles entweder einen Preis oder einen Wert hat[418]. Ein Preis wird von außen her festgesetzt, z.B. im

---

[417] Moore, ‚A Reply to my Critics‘, in: P.A.Schilpp (ed.), *The Philosophy of George Edward Moore*, New York 1942, S. 603, zitiert bei Jörn Müller, *a.a.O.*, S. 111 (Hervorhebung im Original).
[418] Akad.-Ausg., Bd. IV, Berlin 1911, S. 434. Siehe auch H.J. Paton, *The Categorical Imperative. A Study in Kants Moral Philosophy*, Hutchinson, London 1970 (1947), S. 189.

Hinblick auf den Nutzen für Menschen – Kant spricht in diesem Fall vom Marktpreis der Dinge. Diese werden dann also nicht nach ihrem eigenen Wert, sondern nach ihrer Brauchbarkeit für fremde Zwecke beurteilt, sind im Prinzip daher auswechselbar. Deshalb ist ein solcher Preis auch immer relativ, nie absolut. Demgegenüber stehen dann ,Entitäten', bei denen nicht in Äquivalenten gedacht werden kann, sondern die nur nach ihrer Eigenheit beurteilt werden können. Hier kann also von einem Preis nicht die Rede sein, sondern nur von einem „innern Wert" bzw. „Würde", „in moderner Terminologie ausgedrückt" von einem intrinsischen Wert, wie Beck bemerkt[419].

Auf die Frage, ob es in der Welt Dinge, die einen solchen intrinsischen Wert haben, gibt, antwortet Kant, dass dies die vernünftige Natur selber ist, bzw. die reine Subjektivität, die nicht anders denn als vernünftig gedacht werden kann. Die Vernunft ist doch die einzige Instanz, die in sich selbst ruht, sich selber mächtig ist und nicht von außen her bestimmt wird, wie es mit allen Dingen, die unter der ,Naturnotwendigkeit' stehen, d.h. kausalen Naturgesetzen gehorchen, der Fall ist. Nur eine Entität, die ihrer Art nach reine Selbstausübung ist, die ihre ganze Seinsweise, also auch die Ordnung und die Gesetze derselben selbst bestimmt, besitzt Kants Überzeugung nach Würde oder intrinsischen Wert. Zu der Kategorie solcher Entitäten, die Zweck an sich sind, gehört jedenfalls der Mensch als vernünftiges Wesen – ob es außer dem Menschen noch andere dergleichen Wesen gibt, lässt Kant dahingestellt.

Schlussfolgerung: Sein und Normativität werden auch bei Kant nicht radikal getrennt. Das gilt nur für alles Seiende, das lediglich Objektcharakter hat. Aber wenigstens an einer Stelle in der Wirklichkeit hängen sie unlöslich zusammen, und zwar in der sich selbst ausübenden, selbstbewussten und vernünftigen Subjektivität. Hier ist demnach eine bestimmte Seinsweise als solche Träger von Wert. Wie gesagt, das wird nicht ,bewiesen', sondern nur ,gezeigt' in der Entfaltung eines ganzen Denksystems mit allen ihm zugrunde liegenden Voraussetzungen – eines Denksystems, das in hohem Maße Anerkennung hervorgerufen hat, weil es grundlegende Trends in der modernen Gesellschaft auf die Formel brachte.

Die Hauptabsicht des Vorangehenden war, sichtbar zu machen, dass parallel mit dem Geschehen auf der theoretischen Ebene, das moderne Wirklichkeitsbild auch in praktischer Hinsicht deutliche Risse aufweist: einerseits in Bezug auf den wachsenden Unfrieden über die rücksichtslose Instrumentalisierung und Ausbeutung von Tieren, Pflanzen, Ökosystemen usw., andererseits in Bezug auf den problema-

---

[419] L.W. Beck, *A Commentary on Kant's Critique of Practical Reason,* University of Chicago Press, Chicago 1966, S. 115.

tischen Charakter der Trennung von Tatsachen und Werten und auf die Verneinung jeder Form eines intrinsischen Wertes natürlicher Entitäten.

Der moderne Bezugsrahmen als negative Bezugsgröße

Die Strategie der Fortsetzung dieses Kapitels ist nun wie folgt: Auf der Suche nach einer anderen Beziehung von Tatsachen und Werten, Faktizität und Normativität, und in der Vermutung, diese im neu sich abzeichnenden Naturbild zu finden, entwickeln wir die alternative Sicht wieder im Kontrast zur klassisch-modernen Sicht der Natur. Ich wiederhole dazu kurz die Ontologie, Epistemologie und Axiologie des Cartesianischen Bezugsrahmens. Ich verwende diesen Bezugsrahmen als Kontrastfolie bzw. negative Bezugsgröße, um demgegenüber zuerst im hypothetischen Modus das Profil eines Bezugsrahmens zu skizzieren, innerhalb dessen der Begriff eines intrinsischen Werts der Natur auf sinnvolle Weise gebraucht werden kann. Danach wird im positiven Modus ein Vorschlag gemacht, wie das so in hypothetischer Form herausgestellte Orientierungsschema plausibel gedeutet werden kann, wie es m.a.W. nicht bei einer hypothetischen Konstruktion bleibt.

Was die Ontologie betrifft, wird das Cartesianische Deutungsschema, wie gesagt, durch eine radikale Trennung der Bereiche von Subjekt und Objekt gekennzeichnet – Cartesianisches Denken ist überhaupt Trennungsdenken, Denken in Kategorien sich ausschließender Sachen, wie Erkenntnis und Vorurteil, Vernunft und Gefühl, Seele und Körper, usw. Auch in Bezug auf Subjekt und Objekt ist es so: was das Eine hat, fehlt dem Anderen. Die Wirklichkeit des Subjekts ist dann, wie gesagt, der Bereich des Selbst oder Ichs, des Selbstbewusstseins und der Innerlichkeit, der Vernunft und des Willens. Dieses Subjekt ist weiter selbstbestimmend, aktiv, schaffend, entwerfend, setzend und machend. Demgegenüber ist der Bereich des Objekts bzw. der Natur durch Selbst-, Willens- und Vernunftlosigkeit gekennzeichnet. Es ist die Sphäre rein äußerlicher Dinge ohne Innenseite, (Selbst)Bewusstsein und eigenes Streben, blind, taub, passiv und inert, der Heteronomie unterworfen, ihrer Art nach machbar und manipulierbar, kurzum: bloßes Material.

Diese ontologische Trennung geht in epistemologischer Hinsicht – ein Aspekt, der im Vorhergehenden nur beiläufig zur Sprache gekommen ist – mit einer Trennung von Denken und Sein einher. Die moderne Philosophie erweist sich damit als Erbin des spätmittelalterlichen Nominalismus, der die innere Affinität und Korrespondenz (zutiefst sogar Identität) von Sein und Denken, die Grundthese der ‚klassischen' Philosophie[420], verwarf und damit den Status aller Erkenntnis problema-

---

[420] Von Parmenides' Aussage „Denken und Sein sind dasselbe" bis zur These Hegels „Alles Wirkliche ist vernünftig und alles Vernünftige ist wirklich".

tisch machte. Wenn Sein und Erkennen sich (radikal) fremd werden, kann die Objekt-Welt nicht länger, wie sie in sich selbst ist, gekannt werden, sondern nur noch vom Subjekt und seiner Struktur aus. Die Erkennbarkeit der Dinge ist m.a.W. von der konstruierenden und Wirklichkeit stiftenden Aktivität des Subjekts abhängig[421]. Anders gesagt: die Erkenntnislehre des modernen Bezugsrahmens ist konstruktivistisch und konventionalistisch, was unter anderem in einer Verwerfung der Korrespondenztheorie der Wahrheit zum Ausdruck kommt.

Auch die Axiologie des Cartesianischen Deutungsschemas, schließlich, ist, wie gesagt, nicht-realistisch: Werte haben keine objektive Existenz, sie gehören nicht zur ‚Ausrüstung‘ der natürlichen Wirklichkeit, haben kein Fundament in der Natur der Dinge. Diese Trennung von Sein und Sollen ist der axiologische Aspekt der Abkoppelung von Realität und Idealität, die für die moderne Philosophie kennzeichnend ist und in der Trennung von Sein und Denken sein erkenntnistheoretisches Gegenstück hat. Aber wenn Werte im ontologischen Bereich der Natur keinen Platz haben, bzw. auf der Objektseite der Wirklichkeit nicht vorkommen (also nicht ‚aufgefunden‘ oder ‚entdeckt‘ werden können), dann muss ebenso wie die Erkennbarkeit der Dinge auch ihre Werthaftigkeit im Subjekt wurzeln. Tatsächlich ist eine Grundthese des modernen Denkens, wie bei Kant, Sartre und vielen anderen deutlich wird (siehe oben), dass es Werte nur von Seiten des Subjekts gibt, dass es sie gibt, indem sie von Subjekten gewollt, gesetzt oder erfunden werden[422]. Aus dieser Perspektive ist die Subjektivität (bzw. Vernünftigkeit, Existenz, Freiheit, usw.) die einzige Quelle von Werten. Sie ist m.a.W. das Einzige, was Eigen- oder intrinsischen Wert besitzt und bildet in dieser Qualität die Quelle aller übrigen (zugeschriebenen) Werte.

Der gesuchte Bezugsrahmen; die axiologische Dimension

Weil es sich in der vorliegenden Betrachtung um die Idee eines Eigenwerts (natürlicher Gegebenheiten) handelt, liegt es auf der Hand, mit der werttheoretischen Komponente des gesuchten Bezugsrahmens anzufangen.

a.   Wenn man in Kategorien eines Eigenwerts denkt, geht es also um bestimmte Sachen, die in sich selbst, wegen ihrer Seinsweise ein spezifisches Gut darstellen. Anders gesagt: diese Sachen sind von sich aus Träger spezifischer materia-

---

[421] Husserl soll in einem Vortrag von 1914 mal gesagt haben: „Streichen wir das reine Bewusstsein, so streichen wir die reale Welt.“

[422] Siehe z.B. den Untertitel des bekannten Buches von John Mackie, *Ethics*: ‚Inventing Right and Wrong‘, Penguin, Harmondsworth, Middlesex 1977.

ler Werte, die nicht auf andere zurückführbar sind und gewiss ihren Wertcharakter nicht der Zuerkennung von Seiten des Menschen als einziger in sich wertvoller Entität in der Welt zu verdanken haben. *Wenn* also die Idee eines Eigenwerts natürlicher Gegebenheiten sinnvoll sein soll, dann im Rahmen einer Axiologie oder Ethik materialer Werte oder Güter.

b. Diese Güter sind, wie gesagt, in sich wertvoll und nicht, weil sie als solche gesetzt, gewollt oder ‚erfunden‘ würden oder weil jene Qualität der Werthaftigkeit ihnen von einer Kommunikationsgemeinschaft in einem machtfreien Diskurs zuerkannt würde. Nicht die Anerkennung schafft den Wert, sondern der Wert wird auf Grund seines Gegebenseins anerkannt, als etwas also, was gefunden oder entdeckt wird. *Wenn* demnach die Idee eines Eigenwerts sinnvoll sein soll, dann im Rahmen eines werttheoretischen Realismus, für den Werte einen ‚objektiven‘ Charakter haben. Wie das weiter auch zu interpretieren ist, es wird sich dabei um eine Form von ‚metaphysischem‘ Realismus handeln, wobei Werte auf ihre Weise zur Ausstattung der Welt gehören, und nicht um einen ‚internen‘ Realismus im Sinne des späteren Putnam - ich komme hierauf noch zurück.

c. Damit wird, wie klar ist, auch die Trennung von Sein und Sollen *in der für das moderne Denken charakteristischen Form* verworfen. Schon immer wurde in der Philosophie, auch in der Antike und im Mittelalter, zwischen Tatsache und Norm, Realität und Idealität unterschieden. Im Aristotelismus z.B. so, dass die Wirklichkeit im Prinzip ihre Norm und ihr Ideal in sich trägt, dieser idealen Situation jedoch oft nicht entspricht. Sein und Sollen gehen in der empirischen Wirklichkeit nicht selten auseinander. In diesen Fällen haben wir es dann mit einer defizienten, ihrer Norm nicht entsprechenden Realität zu tun.

Für die moderne Wirklichkeitsauffassung ist aber, wie oben dargelegt, kennzeichnend, dass die Realität keine inhärente Norm besitzt. Sie ist norm- und wertlos, was mit der Tatsache, dass sie keine immanente Zielstrebigkeit kennt, zusammenhängt. Keine Seinsweise oder Eigenschaft repräsentiert hier, d. h. im Objektbereich, von sich her einen Wert oder ein Gut. Werte werden in dieser Sichtweise von außen her an die Sache herangetragen, von der Seite von Subjekten nämlich, die ihre eigene Norm sind. (An einer Stelle in der Welt wird also, wie gesagt, die Trennung von Sein und Norm oder Wert durchbrochen: in der Subjektivität der Person, der aufgrund ihrer Vernunft, ihres Selbstbewusstseins und ihres Willens ein Eigenwert oder eine Würde zugeschrieben wird.)

Wenn also der Begriff eines Eigenwerts der Natur oder natürlicher Entitäten sinnvoll sein soll, dann in einem Bezugsrahmen, innerhalb dessen diese Entitäten wegen bestimmter Seinsweisen oder Eigenschaften als solche wertvoll sind[423]. In diesem Fall tragen sie ihre Norm bzw. ihr Ideal in sich. Das heißt aber zugleich, dass sie hinter diesem Standard zurückbleiben können. Sie geben sich dann, was ihre empirische Erscheinungsweise betrifft, als defiziente Gestalten der Wirklichkeit zu erkennen.

Die Ontologie

Eine vollständige philosophische Position umfasst, wie eher gesagt, ein Wirklichkeitsbild, eine Erkenntnistheorie und eine Wertlehre oder Theorie des Normativen. Als Teile *einer* philosophischen Konzeption sind diese drei Komponenten gegenseitig komplementär. Oben handelte es sich um ein axiologisches Schema, innerhalb dessen die Idee eines Eigenwerts der Natur Sinn haben könnte, im Gegensatz zum Cartesianischen Modell. Dann wird auch die Ontologie (und zugehörige Anthropologie) eine ganz andere als die Cartesianische sein müssen. Erste Fingerzeige in jene Richtung hatten wir im Vorangehenden schon bekommen, als der (im metaphysischen Sinn) realistische Status von Werten zur Sprache kam. Werte gehören dieser Auffassung zufolge zur Art und Weise, wie die Welt ist. Diese Welt wird daher eine viel reichere als die Cartesianische Natur sein (müssen), aus der außer den mathematisierbaren primären Qualitäten alle sonstigen Eigenschaften herausgefiltert worden sind. In der Tat bekommen wir auf diesem Weg eine berechenbar, voraussagbar und beherrschbar gewordene Natur, genau jene Natur, wie die Idee des sich in einer machbaren Objektwirklichkeit realisierenden Subjekts sie erfordert.

Der Preis und auch der kontraintuitive Gehalt jenes Wirklichkeitsbildes sind hoch. Erstens, wir haben uns damit schon befasst, beinhaltet es die Notwendigkeit, dass der Mensch sich aus der Natur hinwegkatapultiert und sich als ‚losgelöstes Subjekt‘ (‚disengaged subject‘) versteht, um den von Charles Taylor für diese Auffassung geprägten Ausdruck zu verwenden[424]. Das bedeutet, dass das Verhältnis des Menschen zur Natur, zu Tieren, Pflanzen, Landschaften usw. und nicht zuletzt zu seinem eigenen Leib und seinen Emotionen, ein sehr distanziertes wird. Er muss

---

[423] Eine ähnliche Auffassung, dass das Wert-Haben von Entitäten auf den Qualitäten derselben beruht, findet sich auch beim belgischen Philosophen Jaap Kruithof. Siehe seinen Artikel ‚De waardenproblematiek‘ [Die Wertproblematik], in: Wouter Achterberg et al., *Rimpels in het water. Milieufilosofie tussen vraag en antwoord*, Acco, Leuven 1994, 16f. Weiter ist Kruithof der Ansicht, dass eine solche ‚antisubjektivistische Axiologie‘ eine realistische Epistemologie erfordert, *a.a.O.*, S. 21, 24, u.ö.
[424] Charles Taylor, *Sources of the Self. The Making of the Modern Identity*, CUP, Cambridge 1989, S. 49, 159f u.ö.

sich selbst als radikal von der Natur entfremdet verstehen, während er faktisch, in seiner Leiblichkeit, Bedürftigkeit, in seinem Verhältnis zu Tieren usw. jeden Augenblick erfährt, wie sehr er mit zahllosen Fäden mit der natürlichen Wirklichkeit verbunden ist. Schon Schriftsteller wie Marx, aber dann vor allem Philosophen des zwanzigsten Jahrhunderts wie Plessner, Merleau-Ponty, Jonas und andere haben sichtbar gemacht, wie sehr die menschliche Subjektivität durch die Natur vermittelt ist, der ‚Geist' daher naturgemäß nicht anders als ‚inkarniert' gedacht werden kann. Das macht also eine Zwei-Welten-Ontologie nach Cartesianischem Muster sehr unplausibel, überhaupt eine stark in Gegensätzen denkende Philosophie, wie sie von Descartes über Kant und die Kantianer bis zu Sartre und später vertreten worden ist. Das war aber ihrerseits die Legitimationsbasis der Arroganz des modernen Menschen, der sich eine völlige Ausnahmestellung und damit das Recht anmaßte, die natürliche Wirklichkeit als in sich selbst wertlose Ressource zu behandeln.

Aber wenn in diesem Licht betrachtet die ontologische Dichotomie von Subjekt und Objekt, von Geist und Natur, aufgegeben werden muss, wenn wie gesagt der Geist notwendig verkörpert ist, ist die Kehrseite dessen dann nicht, dass die Natur eine geistige, ideelle Dimension hat und auf Grund dessen ein Ort der Werte sein könnte? *Wenn*, so kann man diesen Punkt zusammenfassen, der Begriff eines Eigenwerts natürlicher Gegebenheiten sinnvoll sein soll, dann nur in Verbindung mit einer Ontologie, die Werten einen eigenen Status zuerkennt, z.B. indem sie sie in einen inneren Zusammenhang mit bestimmten natürlichen Eigenschaften wie Aktivität, Kreativität, Spontaneität und Zielstrebigkeit bringt. Diese wären dann kein exklusiver Besitz außerhalb der Natur stehender menschlicher Subjekte, sondern Qualitäten zumindest bestimmter Kategorien natürlicher Entitäten und möglicherweise der Natur in all ihren Gestalten, nur in verschiedenen Abstufungen.

Die Erkenntnislehre

Nach der Axiologie und Ontologie schließlich noch ein Blick auf die erkenntnistheoretischen Bedingungen, denen ein Bezugsrahmen minimal genügen muss, soll der Begriff eines Eigenwerts natürlicher Gegebenheiten nicht nur eine rhetorische Floskel, sondern eine sowohl in theoretischer wie in praktischer Hinsicht sinnvolle Idee sein. Oben hatte sich schon herausgestellt, dass der Begriff eines solchen Werts eine Form des axiologischen und ontologischen Realismus voraussetzt. Es muss sich dann somit um eine auch ihrer eigenen Natur nach erkennbare Realität handeln. Dann aber kann ihre Erkennbarkeit nicht (nur) die Kehrseite ihrer Machbarkeit von Seiten des Subjekts sein, oder stärker noch: diese Machbarkeit als ihre Bedingung haben, wie es im Cartesianischen Schema der Fall ist. So könnte man nämlich, es wurde schon gestreift, die diesem Schema zugrunde liegende Grundhaltung auch charakterisieren: dass das Gegebene *als Gegebenes* nicht akzeptiert wird, dass der eigene Widerstand und die eigene Densität der Dinge als ‚Gegen-stände' soweit wie möglich ausgeschaltet wird. Idealiter werden die Dinge aus dieser Sicht eben als unbeschränkt knetbares Material in den Händen schaltender und waltender Subjekte aufgefasst. Die Wirklichkeit ist hier m.a.W. soviel wie nur möglich ihres eigensten Merkmals entledigt worden: dasjenige zu sein, was mit einer eigenen Seinsweise dem Willen vorgegeben ist und ihm entegegenwirkt – ‚soviel wie nur möglich ist', denn die Elementarerfahrung des Widerstands der Realität lässt sich einfach nicht leugnen.

Es genügt dann auch nicht, wie Kant diese Erfahrung honorieren zu wollen, indem man den Erscheinungen ‚empirische Realität' zuerkennt, zugleich aber die ‚transzendentale Idealität' dieser Erscheinungen lehrt. Das bedeutet doch, wie Kant in der Tat behauptet, dass die Intelligibilität der Dinge völlig aus dem Subjekt stammt, bzw. dass dem Bewusstsein etwas nur auf anschauliche Weise gegeben sein kann durch die mitwirkende Aktivität des Ich, das mit Hilfe eingeborener Anschauungsformen und Verstandeskategorien das formlose ‚Gewühl der Empfindungen' zu der uns bekannten Erfahrungswirklichkeit synthetisiert. Das Gegebensein der Dinge ist hier auf das reine ‚Dass' einer Wirklichkeit außerhalb des Subjekts reduziert und die Erkennbarkeit auf die Aktivität des Subjekts zurückgeführt und damit in ihrer Gegebenheit nicht ernst genommen worden. Dass die Gegebenheit, die Herkunft der Erkennbarkeit der Dinge von einer Instanz außerhalb des erkennenden Subjekts damit letztlich verloren ist, geht aus Kants hartnäckigen, aber zum Scheitern verurteilten Versuchen hervor, neben einer auf transzendentalen Prinzipien beruhenden und somit apriorischen Naturerkenntnis noch Raum für eine ‚wirkliche' empirische Naturwissenschaft zu finden. Letztere wäre also eine Wissenschaft faktischer, nicht aus apriorischen Naturgesetzen abzuleitender Zusammenhänge von Naturerscheinungen. Dieses Problem des Verhältnisses kategorialer und empirischer Zusammenhänge hat Kant seit der Veröffentlichung der *Kritik der reinen Vernunft* bis zum *Opus postumum* immer wieder beschäftigt, jedoch letztlich ohne Erfolg[425]. Es war auch wirklich unlösbar. Es war der Versuch, eine empirische, nicht im Grunde schon apriorisch festgelegte Erkennbarkeit der Dinge zu retten, ein Versuch aber, der mit der Setzung der transzendentalen Ideali-

---

[425] Siehe dazu die gediegene Studie von Andreas Noordraven, *Kants moralische Ontologie. Historischer Ursprung und systematische Bedeutung*, Königshausen & Neumann, Würzburg 2009, Kap. IV,1. Siehe auch Hansgeorg Hoppe, ‚Forma dat esse. Inwiefern heben wir in der Erkenntnis das aus der Erfahrung heraus, was wir zuvor in sie hineingelegt haben?' In: *Übergang. Untersuchungen zum Spätwerk Immanuel Kants*. Hg. vom Forum für Philosophie, Bad Homburg, Frankfurt a.M. 1991, 49-64.

tät der Erscheinungen aussichtslos geworden war. Denn bei Kant, aber das Gleiche trifft auf Fichte, Husserl, Cassirer, Heidegger (den Verfasser von *Sein und Zeit*) und andere Transzendentalphilosophen zu, ist das erkennende Subjekt sozusagen im Garten hinter dem eigenen Haus am Werk, durchforscht es dessen Plan, den es selbst entworfen, und untersucht es dessen Pflanzen, die es selber gezüchtet und gepflanzt hat. Die transzendentale Idealität der Dinge bedeutet kurzum, dass sie *sich selber nicht wirklich geben*, sondern de facto als Wiederspiegelung des Sich-selber-zum Ausdruck-Bringens von Seiten des Subjekts funktionieren[426]. Der Intellekt ist dann vollends in die eigene Welt eingeschlossen und die Wirklichkeit tatsächlich unerkennbar.

Soll es also eine wirkliche Erkenntnis der Dinge geben, die nicht verkappt lediglich Selbsterkenntnis ist[427] – und es ist sowieso ein interessantes Phänomen, dass Kant und alle diejenigen, die seiner Denkweise folgen, immer wieder Versuche anstellen, Einsicht in die Natur der Wirklichkeit zu bekommen –, dann ist die These von der (totalen) transzendentalen Idealität der Erfahrungswirklichkeit unhaltbar. Dann werden die Dinge nicht nur ihrem ‚Dass‘, sondern auch ihrem ‚Was‘ nach dem erkennenden Subjekt zugänglich sein müssen, und müssen sie deshalb, wie das weiter auch zu denken ist, in sich intelligibel sein.

Dann ist auch, um einen schon gestreiften Gedanken wieder aufzunehmen, ein ‚interner Realismus‘, wie Hilary Putnam ihn heutzutage vertritt, unzureichend – Putnam schreibt übrigens selbst, sein interner Realismus sei dem empirischen Realismus Kants gleichwertig[428]. Was er damit zurückweist ist die Vorstellung einer Wirklichkeit, die als außersprachliche Realität schon eine bestimmte Struktur besitzt, bzw. aus Entitäten besteht, die von sich her, unabhängig von der Sprache und von unserer erkennenden Aktivität, bestimmte Eigenschaften besitzen. Abermals wird damit, wie bei Kant und der ganzen nominalistischen Tradition, Intelligibilität ausschließlich im Bereich des Subjekts situiert. Warum sollten wir dann aber die (uns erscheinende) Wirklichkeit denken, wie wir es tun? Dahinter müssen dann aus der Sphäre des Subjekts selbst stammende Gründe liegen. Aber dann ist es auf keinerlei Weise möglich, noch dem Verdacht zu entgehen, ‚Objektivität‘ sei nur die verkappte Form einer Willensäußerung oder Interessenvertretung. Einen derartigen Relativismus à la Nietzsche oder Rorty versucht Putnam sich jedoch mit aller

---

[426] So bemerkt E.W. Orth in Bezug auf die Philosophie Cassirers, aber etwas Ähnliches gilt für die ganze Transzendentalphilosophie: „Gemäß dem Spätwerk Cassirers ist der Mensch ‘animal symbolicum‘ und begegnet in der ‘Welt‘ als seinem ‘symbolischen Universum‘ nur sich selbst (...)“. *Historisches Wörterbuch der Philosophie* (hg. von Joachim Ritter und Karlfried Gründer), s.v. ‘Symbolische Form‘, Bd. 10, WBG, Darmstadt 1998, Sp. 739.

[427] Um noch ein Beispiel zu geben: bei Heidegger (gemeint ist der Verfasser von *Sein und Zeit*, der immer noch eine Form der Transzendentalphilosophie vertritt) ist ‚vergessen‘ primär ‚sich selbst vergessen‘, *a.a.O.*, S. 339.

[428] Hilary Putnam, *Meaning and the Moral Sciences*, London 1978, S. 1f.

Macht vom Leibe zu halten. Und wieder, wie bei Kant, ist jener Versuch, bei den Prämissen, von denen ausgegangen wird, zum Scheitern verurteilt.

Einen Ausweg könnte noch die pragmatistische Position bieten, bei welcher der ‚Wahrheits'-Gehalt unserer theoretischen Konstruktionen sich nach dem erfolgreichen Zugriff, den sie uns auf die Wirklichkeit verschaffen, bemisst. Der Grund dafür bleibt dann aber völlig unklar. Sein und Erkennen sind aus dieser Sicht doch inkommensurabel. Erfahrung kann bei dieser Auffassung des Erkennens nur äußerliche Erfahrung sein, wobei Subjekt und Objekt, Erkennen und Sein sich gegenseitig gänzlich fremd bleiben.

Erfahrung aus Empfänglichkeit

Wir sind aber mit ganz anderen Formen von Erfahrung bekannt, wobei Subjekt und Objekt einander gar nicht so fremd sind, wie im Fall der rein äußerlichen Erfahrung. Stärker: diese Erfahrungsformen erfordern eben ein Einbezogensein des Subjekts anstatt einer beziehungslosen Distanz. Viele Dinge versteht man erst, wenn man sie selber auf irgendeine Weise erlebt hat. Wer bestimmte Dinge am eigenen Leib erfahren hat (Hunger, Terror, fliehen zu müssen, ein Kind zu verlieren, sich einer schweren Operation unterziehen zu müssen, usw.), bekommt auf diese Weise erst ein Auge für viele von ‚Ungeschulten' übersehene Phänomene. Was auf diese Arten von Erfahrung im Besonderen zutrifft, ist, dass man über sie gewöhnlich nicht oder kaum die Regie behält, im Gegensatz zur äußeren Erfahrung, wo man, namentlich im wissenschaftlichen Experiment, selbst die Bedingungen, unter denen Phänomene sich ereignen, bestimmen kann. Demgegenüber sind für die hier gemeinten Erfahrungen Haltungen der Empfänglichkeit erforderlich, wobei man sich den Dingen öffnet und sie auf sich zukommen lässt. Der niederländische Psychiater Kuiper spricht in diesem Zusammenhang von ‚bevindelijke'[429] Erkenntnis, eine Erkenntnis (!) von Phänomenen, für die man eine Sensibilität entwickelt, indem man bestimmte nicht inszenierte, oft recht peinliche Erfahrungen macht. Weiter kann man an Erscheinungen denken, für die bestimmte Vorbereitungen (‚geistige Übungen') erforderlich sind, man denke z.B. an ästhetische oder mystische Erfahrungen, übrigens ohne dass die Vorbereitungen eine Garantie böten, dass jene Erfahrungen sich nun auch ereignen werden.

---

[429] P.C. Kuiper, *Ver heen. Verslag van een depressie* [Weit weg. Bericht über eine Depression], SDU, Den Haag 1988, S. 57; vhl. 102, 119. Der Terminus ‚bevindelijk' (Erkenntnis aus eigener Erfahrung) stammt aus dem niederländisch-pietistischen Idiom. In dieser religiösen Strömung geht es weniger um Glaubensüberzeugungen als um die Erfahrung einer inneren Wandlung.

Damit ist also gesagt, dass diese Typen von Phänomenen nicht (eben nicht) durch die Aktivität des Subjekts ‚konstituiert' werden, sondern dass umgekehrt die erkennende Person eine Empfänglichkeit für die Eigenart bestimmter Erscheinungen entwickelt. Im Gegensatz zu Kants ‚Kopernikanischer Wendung', wobei die Phänomene sich nach dem Subjekt richten, richtet dieses sich hier eben nach den Phänomenen, um sie möglichst getreu zu fassen. In diesen Formulierungen liegt übrigens die Auffassung von Wahrheit als Korrespondenz von Denken und Sein beschlossen, die eine unausrottbare Intuition, sowohl der alltäglichen Erfahrung wie der wissenschaftlichen Praxis[430], darstellt. Tatsächlich bin ich der Meinung, dass die philosophisch oft sehr raffinierten Einwände gegen die Korrespondenztheorie schließlich, wie es in der philosophischen Tradition schon so oft der Fall gewesen ist, den kürzeren ziehen gegenüber der massiven Evidenz, dass das Denken auf eine möglichst wirklichkeitsgetreue Wiedergabe der Dinge ausgerichtet ist, wie das des Näheren auch zu denken ist. Alle anderen Wahrheitstheorien leiden an der fatalen Schwierigkeit, einerseits in die Falle des Relativismus zu gehen und andererseits wenigstens implizit bei der Korrespondenztheorie Anleihen zu machen. Ich belasse es bei diesen skizzenhaften Bemerkungen, weil es den Rahmen des hier gefolgten Gedankengangs sprengt, weiter darauf einzugehen.

Ein derartiges Korrespondenzverhältnis bedeutet dann, dass die Phänomene ihre eigene spezifische Intelligibilität besitzen, die vom Subjekt nicht diktiert, sondern ermittelt wird. Die Tatsache der Vielfältigkeit der Erfahrung, von der oben die Rede war, bedeutet dann weiter, dass es eine Mannigfaltigkeit von Korrespondenzen gibt, von Arten und Weisen also, wie Subjekt und Objekt zueinander in Verbindung treten. Eine der Errungenschaften der Philosophie des zwanzigsten Jahrhunderts ist nämlich die Einsicht, dass es nicht eine, sondern mehrere Zugänge zur Wirklichkeit bzw. eine Vielfalt nicht reduzierbarer Dimensionen von Wirklichkeitserfahrung gibt. Jeder davon entspricht eine eigene Art der Wirklichkeitserschließung bzw. ein eigener Rationalitats- und Erkenntnismodus.

Diese Linie des Denkens bedeutet auch eine Rehabilitierung der alltäglichen Erfahrung und Praxis – ein weiterer Fall konvergierender Entwicklung der Philosophie des zwanzigsten Jahrhunderts. Nicht länger gilt, wie das um 1900 herum der Fall war, das alltägliche Denken und Erfahren als antiquiert und wert, durch eine wissenschaftliche Weltanschauung ersetzt zu werden. Vielmehr werden umgekehrt

---

[430] So scheibt J.C. Polkinghorne: : „The overwhelming impression of the participants [i.e. scientists] is that they are investigating the way things are. Discovery is the name of the game." Und nach einer Reihe von Beispielen solcher Entdeckungen: „Considerations like these make scientists feel that they are right to take a philosophical realist view of the results of their researches; to suppose that they are finding out the way things are." (*The Quantum World*, Penguin, Harmondsworth, Middlesex, England 1986, S. 2 u.ö.) Im gleichen Sinn gibt es Äußerungen von Planck, Einstein, Chandrasekhar, Davies und vielen anderen Wissenschaftlern.

die Phänomene der Wissenschaft als unter ganz bestimmten Bedingungen und mit spezifischen Absichten aus dem reichen Spektrum der alltäglichen Erfahrung heraus präparierte Erscheinungen betrachtet, als Residuen m.a.W., wobei eine Vielfalt von qualitativen Eigenschaften hinweg gefiltert wurde.

Es ist übrigens bemerkenswert, dass auch die Wissenschaften regelmäßig zu dem Befund kommen, dass zu viel hinweg gefiltert wurde. Auf diese Weise arbeiten sie somit an der Ehrenrettung der alltäglichen Erfahrung mit. Interessante Beispiele sind der ‚Pfeil der Zeit‘, die Tatsache also, dass die Zeit ihrer Natur nach eine Richtung hat, und die Rolle der Empathie in der Erforschung des Tierverhaltens. Was den erstgenannten Punkt betrifft, haben wir uns in einem früheren Kapitel ausführlich damit befasst, dass die moderne Physik die völlig gegen das alltägliche Zeitempfinden verstoßende Eliminierung des ‚Zeitpfeils‘ durch die klassische Physik wieder rückgängig gemacht hat. Was wir in unserem Bewusstsein unmittelbar erleben, und zwar dass die Zeit von sich her eine Richtung hat, bzw. unumkehrbar ist, wird auf diese Weise von der modernen Physik bestätigt. Wie Eddington schreibt, ich zitiere ihn nochmals: „[wir] müssen (wenigstens in gewisser Beziehung) unser unmittelbares Gefühl für ‚Werden‘ als Einblick in die wahre Natur des physikalischen Weltgeschehens auffassen."[431] Wir haben m.a.W. zwar „in gewisser Beziehung", aber dennoch, eine intuitive Erkenntnis der Wirklichkeit wie sie ist (oder besser: wird). Das Bewusstsein ergreift hier also, weil es in gewisser Weise gleichgestimmt ist, ein ‚objektives‘ Merkmal dieser Wirklichkeit, die *in sich* zeitlich ist, und nicht, weil sie mittels der dem Subjekt inhärenten Anschauungsform der Zeit als zeitlich konstituiert würde (Kant), oder als solche als Komplement der ‚zeitigenden‘ Aktivität des Daseins erschiene (Heidegger).

Und was den anderen Punkt, den der Empathie, betrifft, ist es in der Ethologie nicht länger tabu, von der evidenten alltäglichen Einsicht auszugehen, dass Tiere Schmerz empfinden, neugierig sind und Emotionen wie Angst, Erregung, Zorn, Vergnügen, Spielfreude u.d. kennen, die ihr Verhalten einfühlbar und verständlich machen. Selbstverständlich muss mit der Analogie menschlichen und tierischen Verhaltens behutsam umgegangen werden. Aber die behavioristische Unterbindung jedes Versuchs, tierisches (und sogar menschliches) Verhalten ‚von innen heraus‘ zu verstehen, während es ‚sichtbar‘ von solchen inneren Triebfedern bestimmt wird, bedeutet, sich wegen eines reduktiven (und inzwischen philosophisch unglaubwürdig gewordenen) Erkenntnisideals den Weg zu einem adäquaten Verständnis jenes Verhaltens zu verbauen.

---

[431] Arthur S. Eddington, *The Nature of the Physical World*, Dent (Everyman), London 1935, S. 95; vgl. 96, 102.

Nicht nur die alltägliche Erfahrung und die Empathie wurden im vergangenen Jahrhundert als Zugangswege zu (Aspekten) der Wirklichkeit rehabilitiert, auch mit der Leiblichkeit, der Sinnlichkeit und (es wurde schon gestreift) den Emotionen ist das geschehen. Letztere gelten nicht länger als von sich aus vernunftlos oder sogar vernunftwidrig wie in der philosophischen Tradition oft behauptet wurde (obwohl sie sich unter Umständen so entpuppen können). Viele Autoren sind im Gegenteil jetzt überzeugt, dass ihnen die Augen geöffnet wurden mit Bezug auf die Wirkung von Emotionen wie Sympathie, Liebe, Hass, Wut usw., m.a.W. ihre Erkenntnisfunktion.

Faktisch handelt es sich dabei um immer wieder neue Variationen über das gleiche Thema, und zwar dass der Intellekt kein ‚losgelöstes‘, unkörperliches, sondern ein ‚inkarniertes‘ und ‚sinnliches‘ Vermögen ist[432]. Rationalität ist folglich in verschiedener Weise vermittelt, bzw. es gibt eine Vielfalt von Erkenntnisweisen und -formen. In jeder von ihnen enthüllt sich ein anderer Aspekt der Wirklichkeit mit den zugehörigen spezifischen Merkmalen.

Der normative Gehalt der Wirklichkeitserfahrung

Einer der genannten Aspekte ist die Wertdimension. Die Art und Weise, wie sich die Wirklichkeit gibt, kann oft nicht anders als mit evaluativen Prädikaten wiedergegeben werden. Menschen werden als liebenswürdig, gemütlich, durchtrieben, hartherzig, usw. empfunden, Tiere als anhänglich, treu, sorgsam (für ihre Jungen), Landschaften als lieblich, majestätisch, mysteriös, usw. Auch hier hat eine konstruktivistische Metaethik diese Erfahrungen ihres referentiellen Aspekts entkleidet und zu innersprachlichen Bedeutungen wie Projektionen oder Reifizierungen reduziert. Aber auch hier glaube ich wieder, dass wir zu den ursprünglichen Evidenzen zurückkehren müssen, und zwar, dass auf die genannten Weisen (lieblich, majestätisch usw.) die Wirklichkeit *sich nachdrücklich als solche* gibt. Das heißt: die *prinzipielle* Beseitigung des referentiellen Charakters unserer Wertintuitionen (die selbstverständlich in konkreten Fällen ‚falsch‘ sein können) ist, besonders wenn der Cartesianische Hintergrund derselben klar bewusst ist, unglaubwürdig und gezwungen.

Wieder liefert Kant ein schönes Beispiel der kontraintuitiven Manöver, die man durchführen muss, um den referentiellen Gehalt normativer Prädikate zu neutralisieren. Wenige haben auf den gebietenden Charakter des schlechthinnigen Gehorsam fordernden Sittengesetzes einen solchen Nachdruck gelegt wie er - der Pflicht-

---

[432] Siehe dazu die wertvollen Betrachtungen von Wim Zweers, *Participating with Nature. Outline for an Ecologization of Our Worldview*, International Books, Utrecht 2000, chapter 4: Ecological Aesthetics, 229-277.

begriff und die damit verbundenen Assoziationen sprechen in dieser Hinsicht Bände. – Danach wird dann der Angeredete selbst zum Gesetzgeber ernannt, selbstverständlich in seiner Qualität als noumenales Subjekt, das daher letztlich auch allein Gegenstand von Respekt sein kann. Aber das ist eine Erklärung der moralischen Erfahrung, die sich mit deren autoritativ verpflichtendem Charakter nur schwerlich reimt. Und schon gar ist Kants Umdeutung der Erfahrung des Erhabenen, die sich bei der Anschauung großartiger Naturphänomene unwiderstehlich aufdrängt, gezwungen, wenn er schreibt, es gehe dabei eigentlich gar nicht um die Naturerscheinungen an sich, sondern um den Respekt für unser über die Natur erhabenes Selbst – eine Schwenkung, welche die ursprüngliche Erfahrung geradezu wegerklärt[433].

Werte, die ihre referentielle Bedeutung verlieren, gehen damit ihres Wertcharakters verlustig. Denn welche ‚zwingende‘ Kraft kann ein Wert haben, der nur noch als Konstruktion, Willensbekundung oder Setzung unsererseits gelten kann? Wenn die Prämissen, auf denen jener Konstruktivismus beruht, (sehr) problematisch geworden sind, öffnet sich damit zugleich der Weg, den von der Wirklichkeit an uns gerichteten Appell ernst zu nehmen. Sie drängt sich uns tatsächlich als wertvoll, prächtig, großartig usw. auf, trifft uns, fesselt, macht still, bittet um Respekt, Schonung, Sorge.

Noch eine Bemerkung in diesem Zusammenhang. Oft wird gesagt, dass wir schon aus logischen Gründen einer anthropozentrischen Einstellung nicht entrinnen können. „Es sind immer Menschen, die denken und beurteilen."[434] Wir können, anders gesagt, nur unseren eigenen parteiischen Wertungen folgen und unsere eigenen Interessen wahren, weil wir halt nicht außerhalb unseres Standpunkts stehen können. Das Argument kommt mir nicht stichhaltig vor. Es bezöge sich, um zu beginnen, nicht nur auf unsere wertenden, sondern auch auf unsere deskriptiven Urteile. Diese sagten dann auch mehr (oder alles) über unsere eigene Ausstattung als über die Wirklichkeit aus und machten so die ‚Objektivität‘ jener deskriptiven Urteile zu einer zweifelhaften Angelegenheit – davon war schon die Rede. Für eine mehr direkte Erwiderung auf dieses Argument erscheint mir der von Teutsch gemachte Unterschied zwischen Anthropozentrismus und Anthroponomie erhel-

---

[433] *Kritik der Urteilskraft*, B 109 u.a. Siehe dazu Ton Lemaire, ‚Sublieme natuur als grenservaring van de moderniteit‘ [Sublime Natur als Grenzerfahrung der Moderne], in: Maarten Coolen & Koo van der Wal (red.), *Het eigen gewicht van de dingen. Milieufilosofische opstellen* [Das Eigengewicht der Dinge. Umweltphilosophische Aufsätze], Damon, Budel 2002, 13-42, insbes. 14-17.

[434] F. von Ketelhodt, ‚Umweltschutz. Schutz des Menschen vor selbst verursachten Naturkatastrophen?‘ *Criticón* 129 (1/2), S. 13, zitiert bei Martin Gorke, *Artensterben. Von der ökologischen Theorie zum Eigenwert der Natur*, Klett-Cotta, Stuttgart 1999, S. 203.

lend[435]. Ersterer bedeutet tatsächlich, dass alles menschlichen Gesichtspunkten und Zwecken untergeordnet wird, letzterer, dass die Dinge nun eimal nur mit Hilfe unserer menschlichen Vermögen wahrgenommen und beurteilt werden können. Letztere Aussage impliziert keineswegs notwendig erstere: wenn Menschsein eine Aufgeschlossenheit für die Wirklichkeit beinhaltet (was keine allseitige und unbeschränkte Aufgeschlossenheit zu sein braucht), wenn also menschliches Wahrnehmen und Denken imstande ist, ein bestimmtes Maß an Übereinstimmung mit der Wirklichkeit außer uns zu erreichen und diese so ihrer eigenen Art nach zu treffen, dann können wir in unserem Denken und Urteilen die nichtmenschliche Realität selbst zu Wort kommen lassen und ihren Wert und ihre Interessen (mehr oder weniger) unparteiisch erfassen. Nochmals also: sind wir im Gegensatz zu fundamentalen Intuitionen aussichtslos in unsere Denkweisen und Verhaltensmotivationen eingeschlossen (aber diese Formulierung deutet bereits auf ein Bewusstsein der Situation hin, bedeutet also im Prinzip schon eine Durchbrechung davon); oder sind die dafür angeführten Gründe, wie raffiniert auch, schlussendlich doch nicht triftig und können wir uns, möglicherweise mit bestimmten Qualifikationen, auf jene Intuitionen verlassen? Es ist klar, dass letztere Position mir als die plausiblere erscheint. Nur in diesem Fall hat auch die Idee eines Eigenwerts der Natur wirklich Bedeutung und wird sie nicht durch Umdeutung ihres eigentlichen Inhalts beraubt.

Um diese dem erkenntnistheoretischen Aspekt des Eigenwertbegriffs gewidmete Passage zusammen zu fassen: *Wenn* die Idee eines intrinsischen Werts natürlicher Entitäten sinnvoll sein soll, dann nur in Verbindung mit einem nicht-operativen Erkenntnisbegriff. Erkennbarkeit setzt dann nicht primär eine konstruierende Aktivität voraus (obwohl diese gewiss mit im Spiel ist), sondern eine Aufgeschlossenheit des Subjekts für die eigene Art und Intelligibilität der Wirklichkeit. Das erkennende Subjekt wird in Verbindung damit nicht als ‚losgelöstes‘, sondern als ‚inkarniertes‘, sich aus diesem Grund mit der umgebenden Wirklichkeit verwandt wissendes Subjekt gedacht. Deshalb nimmt es die Haltung ein, die Dinge, wie sie von sich her sind, auf sich wirken zu lassen, anstatt sie dem eigenen Diktat zu unterwerfen. Auf diese Weise kann es auch den normativen Gehalt der Wirklichkeitserfahrung zur Geltung kommen lassen, nimmt es m.a.W. die referentielle Bedeutung unserer Wertintuitionen ernst.

---

[435] G.M. Teutsch, ‚Schöpfung ist mehr als Umwelt‘, in: K. Bayertz (Hg.), *Ökologische Ethik*, Schnell & Steiner, München/Zürich 1989, S. 60, zitiert bei Gorke, *a.a.O.*, S. 204; vgl. 269. Im gleichen zustimmenden Sinn Martin Gorke, *Eigenwert der Natur. Ethische Begründung und Konsequenzen*, Hirzel, Stuttgart 2010, 29.

Der thetische Modus

Soweit haben wir im hypothetischen Modus argumentiert, haben wir versucht, die ontologischen, erkenntnistheoretischen und axiologischen Bedingungen zu umreißen, denen ein Bezugsrahmen genügen muss, um dem Begriff eines Eigenwerts natürlicher Entitäten sowohl in kognitiver wie in motivationaler Hinsicht Gehalt zu geben. Aber unverkennbar finden sich im Vorangehenden schon Hinweise, woran der Wahrheitsgehalt des Gedankengangs geprüft werden kann, z.B. als ich Eigenschaften wie Kreativität und Zielstrebigkeit als Qualitäten bezeichnete, die zu Wertkonnotationen in einer inneren Beziehung stehen. Nur methodisch und vorläufig lässt sich ein derartiger Unterschied von Argumentieren im hypothetischen und im thetischen Modus durchführen. Das Gleiche trifft z.B. auf Kants *Grundlegung zur Metaphysik der Sitten* zu, die bis zum letzten Abschnitt gleichfalls hypothetisch vorgeht (wenn es Moralität gibt, wird sie diesen und jenen Merkmalen genügen müssen), die aber in diesem hypothetischen Teil auch immer schon dem thetischen Teil vorgreift und so indirekt schon mit der Begründung beschäftigt ist. Oben habe ich weiter auch schon gesagt, dass es sich um den Umriss eines noch auf mancherlei Weise vollständiger zu gestaltenden Bezugsrahmens handelt. Im Nachfolgenden gebe ich zum Abschluss des Gedankengangs eine Skizze einer möglichen inhaltlichen Explikation, die zugleich als Untermauerung der Analyse als solcher dient.

Wichtigster Zweck dieses Kapitels war der Versuch, annehmbar zu machen, dass der Begriff eines intrinsischen Werts einen viel breiteren Anwendungsbereich als im Cartesianischen Bezugsrahmen hat, wo er sich nur auf den Menschen bezieht. Ein erstes Argument für diese breitere Anwendung ist die Einsicht, dass der Cartesianische Dualismus von Mensch und Natur unhaltbar ist. Die Sicht der Natur, die in den vorangehenden Kapiteln entwickelt worden ist, bedeutet doch eine (auf eine bestimmte Weise verstandene) Rückkehr zur Idee der ,Great Chain of Being' oder der Leiter der Natur, wobei die Wirklichkeit als ein zusammenhängendes Ganzes betrachtet wird, das sich dann zugleich auf den verschiedenen Komplexitätsebenen mit ihren zugehörigen Organisationsmustern auf ganz verschiedene Weise manifestiert. Die Wirklichkeit erscheint m.a.W. als ein Gefüge von Kontinuität und Diskontinuität, wobei die Diskontinuität in die Kontinuität hineingewoben ist. Und, das ist ein äußerst wichtiger Zug dieser Sichtweise, der Mensch ist hier aufs Neue Teil der großen Seinsfamilie der Natur. Er ist nicht länger die ,displaced person' oder der große Fremdling in einem Universum toter Objekte, sondern kann die Welt wieder als seine Wohnstätte empfinden. Dann ist es aber sehr unplausibel, dass der Mensch eine absolute Ausnahmestellung einnehmen würde, wenn es sich um die Zuerkennung eines intrinsischen Wertes handelt. Wenn der Mensch für eine solche Zuerkennung in Betracht kommt, liegt es auf der Hand, dass es dafür auch (viel) mehr andere Kandidaten gibt.

Soweit ist die Argumentation reichlich abstrakt, obwohl, wie mir scheint, nicht ohne Überzeugungskraft. Sie gewinnt aber beträchtlich an Kraft, wenn wir uns die Gründe anschauen, kraft deren ein Eigenwert zuerkannt, oder besser: anerkannt wird. Immer werden dafür Merkmale angegeben werden müssen, welche die betreffende Sache zu einem Kandidaten für eine solche Anerkennung machen. Im modernen Denkrahmen ist es, wie dargelegt, ein Cluster von gegenseitig verbundenen, für den Menschen spezifischen Eigenschaften, welche als Grundlage für seinen einmaligen und absoluten Wert angegeben werden. Das in diesem Buch entwickelte Naturbild hat sichtbar gemacht, dass auf irgendeine Weise alle Qualitäten, die der Mensch sich selber vorbehalten hatte, auf einer breiten Front in der Natur auffindbar sind. Tiere, um damit anzufangen, haben ein Inneres, was unter anderem in ihrer Schmerzempfindlichkeit zum Ausdruck kommt. Sie streben Zielen nach, wie Selbsterhaltung, aber auch Wohlbefinden für sich selbst und ihre Jungen und breiter sogar für Artgenossen. Sie haben demnach ein ‚Gut von sich aus‘ (‚a good of their own‘), wie es genannt wird. Sie leben in einer Welt von Bedeutungen, richten sich in ihrem Verhalten danach, sie sind, kurzum, mit von Uexküll zu sprechen, Subjekte. Wer erfährt nicht, wenn ein Tier, ein scheues Reh z.B., einen ansieht, dass er ein personhaftes Wesen mit einer eigenen Erlebniswelt vor sich hat? Das kann bei höheren Tieren mit Selbstbewusstsein und Bewusstsein der eigenen Situation wie Menschenaffen und Elefanten sogar höhere Emotionen wie Kummer oder Trauer beinhalten. Und nicht zu vergessen finden wir bei Tieren allerlei Formen subtiler Intelligenz.

Auch hier kann wiederum dasjenige, was auf höheren Ebenen zum Ausdruck kommt, verweisen auf ähnliche Erscheinungen auf niedrigeren Niveaus. Mit dem Leben als solchem erscheint, wie Portmann und Jonas meines Erachtens überzeugend dargelegt haben, eine Seinsform mit einer inneren Dimension auf der Bildfläche. Leben hat m.a.W. schon auf den primitivsten Niveaus (aber was heißt ‚primitiv‘ in Anbetracht der schon auf diesen Niveaus feststellbaren Komplexität) Selbstcharakter. Bei Lebewesen wird die Identität durch ein inneres Prinzip oder ‚Selbst‘ gebildet, das, so Jonas, „unvermeidlich in der Beschreibung selbst des elementarsten Falles von Leben" ist[436]. Und als Selbst organisiert es, selbstverständlich innerhalb gewisser Grenzen, seine eigene Seinsweise. Deshalb haben wir den Eindruck, bei allem Leben mit einem ‚Gegenüber‘ zu tun zu haben, nicht nur bei Tieren, son-

---

[436] Hans Jonas, *Das Prinzip Leben. Ansätze zu einer philosophischen Biologie*, Suhrkamp, Frankfurt a.M. 1997, S. 155.

dern ebenso gut bei Blumen, die deshalb Anspruch auf Ehrfurcht und Umsicht unsererseits erheben. Goethe (aber bei vielen anderen sind ähnliche Stimmen vernehmbar) hat das in einem bekannten Gedicht schön zum Ausdruck gebracht:

Gefunden

Ich ging im Walde
So für mich hin,
Und nichts zu suchen,
Das war mein Sinn.

Im Schatten sah ich
Ein Blümlein stehn,
Wie Sterne leuchtend,
Wie Äuglein schön.

Ich wollt'es brechen,
Da sagt'es fein:
Soll ich zum Welken
Gebrochen sein?

Ich grub'es mit allen
Den Wurzeln aus.
Zum Garten trug ich's
Am hübschen Haus.

Und pflanzt'es wieder
Am stillen Ort,
Nun zweigt es immer
Und blüht so fort.

Wir erfahren – jedenfalls wenn wir uns dafür öffnen, aber das gilt nicht nur für Wertaspekte, sondern ebenfalls für Tatsachen –, wir erfahren so eine Blume als ein Gegenüber (nicht zufällig wird sie sprechend eingeführt), mit einem eigenen Willen zum Leben und Gedeihen (nicht zum Welken da zu sein).[437] Oder nochmals:

---

[437] Wie bekannt untermauert Albert Schweitzer seine Ethik der Ehrfurcht vor dem Leben mit der Einsicht: „Ich bin Leben, das leben will, inmitten von Leben, das leben will." *Aus meinem Leben und Denken,* Stuttgarter Hausbücherei, Stuttgart o.J., S. 153.

die Blume verkörpert ein Gut in und von sich selber, das ihre Seinsweise mit konstituiert und und einen Appell zu deren Anerkennung an uns richtet. Das bedeutet also, dass nicht wir der Autor dieser Werterfahrung sind, sondern dass sie mit dem Sein der Blume, im objektiven Sinn somit, gegeben ist.

Die in dieser Studie entwickelte Naturkonzeption kann dann als Rahmen dienen, innerhalb dessen diese Erfahrung näher artikuliert und ausgelegt wird. Natürliche Entitäten, so kann man das Vorangehende zusammenfassen, die Selbstcharakter haben, sich selbst aktiv organisieren, teleologisch strukturiert sind, d.h. von sich her Zielen nachstreben und so ein Gut von sich selber verkörpern, solche Entitäten sind Träger eines intrinsischen Werts. Dieser Wert ist also ein Faktum, das als solches zur Einrichtung der Wirklichkeit gehört. Und nur eine realistische Axiologie gibt über diesen Umstand auf adäquate Weise Rechenschaft.

Noch eine letzte Bemerkung in diesem Zusammenhang. Verschiedene Verteidiger der Idee eines intrinsischen Werts natürlicher Entitäten wie Arne Naess und Wim Zweers sind der Ansicht, dass die Anerkennung eines solchen Werts eine Sache ist, bei der es um Alles oder Nichts geht, also nicht um ein Mehr oder Weniger, eine Sache also, die keine Differenzierung zulässt (Non-Differentialitätsprinzip[438]). Der Grund wäre, dass ein Unterschied im Abwägen von intrinsischen Werten dann doch wieder eine menschliche Angelegenheit wäre und von menschlichem Belieben abhinge. Der Preis, den sowohl Naess wie Zweers für diese Auffassung zahlen, ist, dass der Anerkennung eines intrinsischen Werts keine Normen oder Hinweise für das Handeln zu entnehmen sind, weil dieses doch fast fortwährend impliziert, dass man eine Wahl treffen und somit eine Abwägung machen muss.

Wie lobenswert das Motiv hinter dieser Positionierung auch ist, und zwar das Inschutznehmen der nichtmenschlichen Wirklichkeit gegen die „self-congratulatory and lordly attitude" des Menschen, um die Worte von Naess zu verwenden, sie leidet an zwei Mängeln. Erstens braucht die Idee einer Gradation von verschieden gewichteten Eigenwerten nicht eo ipso zu bedeuten, dass damit menschliche Vorurteile doch wieder bestimmend würden, was Naess und Zweers, wie es den Anschein hat, glauben. Werte werden immer aufgrund bestimmter Qualitäten zuerkannt – darauf zu verzichten, würde bedeuten, dass allem auf gleichem Fuß ein solcher innerer Wert gehört, was dem Begriff jedes unterscheidende Vermögen nehmen und ihn nichtssagend machen würde. Die Absicht einer philosophischen Artikulation und Durchdenkung des Begriffs eines intrinsischen Werts ist gerade, möglichst unvoreingenommen den Erscheinungen Recht widerfahren zu

---

[438] Arne Naess, 'Intuition, intrinsic value, and Deep Ecology', in: *The Ecologist*, 1984, no. 5-6, S. 202; Wim Zweers, *a.a.O.*, 115ff u.ö.

lassen und tief empfundene Gefühle ernst zu nehmen, z.B. dass die eher in diesem Kapitel genannten großen Räumungen von oft gesunden Tieren während der MKS-Krise ‚nicht sein können'. Dann müssen wir also nach haltbaren Kriterien Umschau halten, auf welchen Gründen und in welchem Maße natürliche Entitäten schützenswert sind.

Der zweite Mangel des Non-Differentialitätsprinzips ist, dass ihm überhaupt keine Richtlinien für menschliches Handeln zu entnehmen wären. Aber ist es nun eben nicht die Funktion normativer Begriffe, unseren Haltungen und Verhaltensweisen Orientierung zu bieten? Ein Eigenwertbegriff, dem dieses Vermögen abgeht, ist ein ‚zahnloser Tiger'. Paradoxalerweise scheint mir, dass ein Eigenwertbegriff, der zu absolut als eine Sache von Alles oder Nichts vorgestellt wird, eben die Intention von Naess, Zweers und anderen schwächt, einen Damm gegen die erbarmungslose Ausbeutung und Plünderung der Natur durch die moderne Gesellschaft zu errichten. Selbstverständlich sympathisiere ich mit ihren Absichten. Aber ich glaube, dass im Vergleich mit ihrem undifferenzierten Begriff eine ausgearbeitete Konzeption eines intrinsischen Werts, einschließlich der Gründe, auf denen sie beruht, und der Differenzierungen, die sie impliziert, philosophisch besser begründet ist und praktisch eine reellere Aussicht auf einen verantwortungsvollen Umgang mit der Natur bietet.

Anhang

Nach Abschluss des Manuskripts fiel mir die sehr gründliche Studie von Martin Gorke, *Eigenwert der Natur. Ethische Begründung und Konsequenzen* (Hirzel, Stuttgart 2010) in die Hände. Beide bemühen wir uns, einen Eigenwert der Natur bzw. natürlicher Gegebenheiten zu begründen. Gorke wählt dabei den moralischen Standpunkt als Basisprämisse seiner Begründung einer holistischen (die ganze Natur umfassenden) Umweltethik, weil er die moralische Berücksichtigung natürlicher Gegebenheiten von dem Besitz bestimmter empirischer Eigenschaften unabhängig machen will. Denn damit kämen bestreitbare weltanschauliche Überzeugungen ins Spiel.

In meinem Gedankengang ist die Eigenwertthese Teil bzw. Implikation einer naturphilosophischen Konzeption. Abgesehen davon, dass eine Ethik in ontologischer bzw. naturphilosophischer Hinsicht nie wirklich voraussetzungslos und ‚neutral' ist (was Gorke auch zugesteht), haben unsere Positionen dennoch vieles gemeinsam. Ich nenne nur die Überzeugung, dass eine Ethik sich immer auf moralische Intuitionen stützt, die dann theoretisch durchgearbeitet und untermauert werden, wobei wir beide von ähnlichen Intuitionen ausgehen: die Idee des Selbstcharakters der Natur; die Bedeutung von Ideen wie Selbstorganisation und Emergenz, u.a.

Der Unterschied zu meinen Darlegungen liegt besonders darin, dass Gorke eine Umweltethik in aller Breite vorgelegt hat, meine Absicht jedoch eine viel weniger weitgehende war, nämlich wie von einer bestimmten naturphilosophischen Konzeption ausgehend, die Idee eines Eigenwerts natürlicher Gegebenheiten gut vertretbar ist. Obwohl damit nur das erste Fundament zu einer Umweltethik gelegt worden ist, die Implikationen für allerlei konkrete moralische Probleme noch näher zu entwickeln wären, glaube ich doch, dass das allgemeine Bild dasjenige einer (schwach) ‚holistischen' Ethik wäre.

Kapitel 15: Erkenntnistheoretische Fragen

Eine mögliche ‚Theorie von allem'?

Ein Großteil dieses Buches war der Frage gewidmet, in was für einer Wirklichkeit wir leben. Philosophisch gesprochen standen diese Betrachtungen im Zeichen der Ontologie, der Lehre von der Art und Bauform der Realität. Im vorigen Kapitel kamen daneben Wertfragen, die mit dem entwickelten Naturbild zusammenhängen, zur Sprache. In diesem Zusammenhang erwähnte ich bereits, dass seit der Antike drei Hauptrichtungen der Philosophie unterschieden wurden, die zusammen das Ganze der Philosophie bilden. Sie stehen dann auch in unmittelbarem Zusammenhang mit einander und bestimmen sich gegenseitig. Neben der soeben genannten Ontologie oder Seinslehre und der Axiologie bzw. Ethik bildet die Logik die dritte Hauptrichtung, ‚Logik' verstanden im weiten Sinn als Lehre des Logos, der Besinnung auf das Erkennen (seine Möglichkeiten und Grenzen) und das gültige Argumentieren. Wegen des gegenseitigen Zusammenhangs der Richtungen oder Dimensionen der Philosophie ist dann zu erwarten, dass das hier entwickelte Naturbild erkenntnistheoretische Folgen haben wird[439]. Einer Erörterung derselben ist dieses Kapitel gewidmet.

Eine erste Konsequenz dieser Art ist die Unmöglichkeit einer ‚Theorie von allem'. In der Philosophie sind solche Gesamttheorien immer wieder versucht worden, man denke z.B. an die Konzeptionen von Spinoza, Leibniz und Hegel. Und auch in der heutigen Naturwissenschaft hat die Idee einer solchen ‚theory of everything' noch immer ihre Anhänger. Ein prominenter Vertreter dieser Idee, die beinhaltet, dass mit einer definitiven unifizierenden Theorie die Naturwissenschaft abgeschlossen wäre, ist der schon früher genannte Stephen Hawking[440]. Mit dieser definitiven unifizierenden Theorie läge dann, um seine Worte zu verwenden, die Natur uns transparent zu Füßen und hätten wir die Antwort auf die immer wieder gestellte Frage nach dem Warum unseres Daseins und des Universums. „Wenn wir

---

[439] Aus diesem Grund sind in früheren Kapiteln, die primär ‚ontologische' Angelegenheiten behandelten, auch gelegentlich schon erkenntnistheoretische Sachen zur Sprache gekommen. Z.B., dass das Newtonsche Bild einer Natur toter Dinge einem Erkenntnisbegriff entspricht, der an Machbarkeit und Manipulieren orientiert ist.

[440] Siehe z.B. noch seine Antrittsrede des Plumean Professorship in Cambridge ‚Is the End in Sight for Theoretical Physics?'

die Antwort auf jene Frage finden, ist das die Bekrönung des menschlichen Verstandes – denn dann würden wir den Geist Gottes kennen."[441]

Wenn wir jedoch in einem dynamischen, kreativen und sogar inventiven Universum leben, das ständig neue Seinsformen hervorbringt, kann jede Theorie nur über den momentanen Stand der Dinge Rechenschaft geben. Mit der Behauptung, dies sei *die* Theorie bezüglich der Wirklichkeit, schließt sie den Horizont, lässt sie sozusagen den Status quo gefrieren und schließt sie jede Form von Fortschritt und Erneuerung aus. Die Natur ist in dieser Optik m.a.W. ein geschlossenes System, in dem sich alles Geschehen in festen Bahnen und nach bestimmten Mustern vollzieht. Das war selbstverständlich genau die Vorstellung der Dinge des Newtonschen Naturbildes, in dem alle Prozesse in Newtons eigenen Worten in einem Trennen und erneutem Vereinigen von letzten unveränderlichen Elementarbausteinen bestanden. Alles ist dort, anders gesagt, mehr von derselben Art, das (wirklich) Neue hat in dieser Sichtweise keinen Platz. Aber auch wo die Geschichte, dem Anschein nach jedenfalls, eine Chance bekommt, wie z.B. bei Darwin, Hegel und Marx, vollzieht sie sich nach einem feststellbaren Muster, liegt ihr Gang sowie ihre Logik fest und ist ebenso wenig von einer nach der Zukunft hin offenen, neue unvorhersagbare Sachverhalte hervorbringenden Geschichte die Rede. Eine solche Geschichte, die im hier vorgelegten Naturbild sehr wohl impliziert ist, ist deshalb mit der Idee einer Theorie von allem unvereinbar.

So eine Theorie setzt auch voraus, das soeben Gesagte enthielt schon einen Hinweis in diese Richtung, dass wir die höchste Sprosse der Leiter von Rationalitätsformen erklommen haben. Wenn jedoch die hier skizzierte Naturkonzeption vertretbar ist, wenn die Natur das Bild einer Leiter von Seinsformen mit immer höheren Komplexitätsniveaus und zugehörigen emergenten Eigenschaften und Rationalitätsformen bietet, dann ist ein offenes Universum ebendies auch in erkenntnistheoretischer Hinsicht. Es zeugt dann von nicht geringer Arroganz, zu glauben, nach uns werde von einem Fortschritt an Einsicht nicht mehr die Rede sein, die Geschichte habe mit uns ihren Gipfel- und Endpunkt erreicht – im Gegensatz zu aller Erfahrung in dieser Hinsicht übrigens.

Es könnte noch eine Reihe von Argumenten für die Unmöglichkeit einer solchen endgültigen Theorie gegeben werden. Ich tippe einige kurz an. Wenn alle Regelmäßigkeiten (,Gesetze') der Natur sich bei fortschreitender Forschung immer wieder als Approximationen erweisen – von Nancy Cartwright in die drastische, allzu drastische Formel gekleidet, dass die Naturgesetze ,lügen'- und wenn obendrein die Idee einer Einheit der Natur sich als eine immer kompliziertere Angelegenheit er-

---

[441] Stephen Hawking, *A Brief History of Time*, Bantam Books, Toronto etc. 1988, 175.

weist und möglicherweise nur in der Form einer Grenzidee aufrecht zu erhalten ist[442], dann wird der Gedanke einer allumfassenden Theorie sehr problematisch, wenn nicht illusorisch. Höchstens könnte sie als eine regulative Idee im Sinne Kants fungieren, die aber *per definitionem* nur richtungweisend, jedoch nicht in Realität umsetzbar ist.

Daran schließt sich unmittelbar ein anderes Bedenken gegen eine solche realisierte Totaltheorie an. Wenn wir davon ausgehen, dass die Geschichte des wissenschaftlichen und philosophischen Denkens durch Paradigmenwechsel gekennzeichnet ist, dann finden diese, wie sich herausstellt, ihren Anlass und Grund fast immer in Unzulänglichkeiten, Sackgassen und Paradoxien des gängigen Denkmodells. Oft treten diese Mängel erst nach und nach an den Tag und werden anfänglich nicht als sehr problematisch erfahren: man vertraut darauf, dass, innerhalb des bestehenden Rahmens, eine Lösung der Probleme gefunden wird. Wenn das aber allen Versuchen zum Trotz nicht gelingt, entsteht das Bewusstsein, dass Anpassungen des gangbaren Modells keine Auskunft bieten, sondern dass einzig eine mehr oder weniger tiefgreifende Transformation des theoretischen Netzes einen Ausweg bieten kann. Was anfänglich eine kleine Falte in der Theorie war, kann ein Hinweis auf einen fundamentalen Mangel derselben sein. Aber das ist erst mit der Zeit und in der Retrospektive, jedoch selten oder nie zu einem früheren Moment feststellbar. Wir wissen also, kurz gesagt, nie, ob eine kleine Unebenheit in der Theorie letztlich nicht in der Notwendigkeit einer fundamentalen Revision der Theorie, die wir zu einer gewissen Zeit für die Theorie von allem halten, resultieren wird.

Fügen wir dem hinzu, dass jede Theorie nur *ceteris paribus* gültig ist, wir aber nie wissen, was in jenen Vorbedingungen alles impliziert ist, so können wir nie mit Sicherheit wissen, ob wir es wohl wirklich mit der allumfassenden Theorie zu tun haben, in der wir uns nach allen Aspekten eine adäquate Übersicht über die Natur verschafft haben. Theoretisch kann eine Theorie doch nie aus eigenen Mitteln die Bestätigung, dass sie allumfassend ist, erbringen – Gödel hat dafür mit seinem Unvollständigkeitssatz sogar den Beweis erbracht. Und praktisch-empirisch hat man schon so oft die Überzeugung gehabt, jetzt über die Totalsicht der Dinge zu verfügen, bis wieder Risse im Bild erschienen und sich in der Form frei hängender Fäden oder übersehener Sachverhalte ein nicht zu verantwortender Rest zeigte. Dass für

---

[442] Ein zentrales Problem im Denken des Physikers und Philosophen Carl Friedrich von Weizsäcker ist, in welchem Sinn die Natur eine Einheit ist. Schon der Titel eines seiner Bücher *Die Einheit der Natur. Studien* (Hanser, München 1971; Reprint DTV, München 1995) bringt das zum Ausdruck. In seiner stark an Kant orientierten Sichtweise kann jene Einheit keine andere als eine Grenzidee sein. Siehe dazu auch Dieter Hattrup, *Carl Friedrich von Weizsäcker, Physiker und Philosoph*, WBG, Darmstadt 2004, den ganzen Paragraphen 'Die Einheit der Natur', S. 60-84, insbesondere 61: „(...) die Einheit tritt bei Von Weizsäcker als Grenzgedanke auf, nicht als begreifbares Wissen der Einheit."

den Augenblick alles anscheinend haargenau stimmt und man das Gefühl haben kann, das Stadium der Paradigmenwechsel hinter sich gebracht zu haben, ist gewiss kein zureichender Grund für jene Überzeugung.

Und um schließlich noch einen Grund zu nennen, den ich persönlich für den interessantesten halte: die Wissenssoziologie hat sehr annehmbar gemacht, dass Typen von Erkenntnis in einer inneren Beziehung zu gesellschaftlich-kulturellen Situationen stehen. In positiver Hinsicht bedeutet dies, dass bestimmte Typen von Gesellschaften mit den dafür kennzeichnenden Vorstellungsweisen und Mentalitäten eine spezielle Affinität zu zugehörigen Typen von Erkenntnis haben. Eine Bauerngesellschaft denkt in anderen Kategorien als eine Kriegerkaste oder eine Gesellschaft von Handwerkern und hat auf diese Weise einen Blick für Sachen, die letzteren entgehen oder stärker: für sie unannehmbar sind[443]. Negativ gesehen bedeutet es, dass bestimmte Formen von Erkenntnis unter bestimmten gesellschaftlichen und kulturellen Umständen ‚unmöglich‘ sind. So denkt, um ein Beispiel zu geben, die griechische Antike in Kategorien von klar umgrenzten, statischen Gestalten – man denke an die Ideen (buchstäblich: Gestalten) von Platon oder an die mit statischen Figuren arbeitende euklidische Geometrie (nicht umsonst ist die Mathematik bei den stark auf das Anschauliche eingestellten Griechen großenteils mit der Geometrie identisch[444]). Prinzipiell ist deshalb die Idee des aktual Unendlichen ein für sie unvollziehbarer Gedanke[445], ebenso wenig wie sie die Idee einer Funktion (eines in einer kontinuierlichen Bewegung an einer Kurve entlang laufenden Punktes) oder einer infinitesimalen Approximation an ein Limit kennen. So konnte Archimedes sehr ausgeklügelte Approximationsverfahren bei der Berechnung von Inhalten und Oberflächen gekrümmter Körper verwenden, die ihn in die Nähe der Differential- und Integralrechnung brachten, aber verhinderte die gängige Denkweise ihn, den letzten Schritt zu tun.[446] Erst mit der dynamischen Kultur der Renaissance,

---

[443] Siehe z.B. Karl Mannheim, *Wissenssoziologie*, Luchterhand, Berlin 1964, passim, u.a. ‚Das konservative Denken‘, S. 408ff.

[444] Noch Spinoza gibt seiner *Ethik* den Untertitel: ‚ordine geometrico demonstrata‘, auf mathematische Weise bewiesen.

[445] Bei Aristoteles ist, ebenso wie bei Plato, alles Seiende gekennzeichnet durch seine ‚Form‘, ist es also klar umrissen und begrenzt. Sogar Gut und Böse werden von ihnen in diesen Kategorien erörtert: „das Böse ist eine Form des Unbestimmten [Unbegrenzten] … und das Gute des Bestimmten“. *Nikomachische Ethik*, II,6, 1106b 29ff und IX,9, 1170a 21f.

[446] Siehe dazu z.B. Carl B. Boyer, *The History of the Calculus and Its Conceptual Development*, Dover, New York 1949, insbes. S. 48-60. Boyer schreibt u.a., dass „Greek geometry was concerned with *form* rather than with *variation*. It was, as a result, necessarily unable to frame a satisfactory definition of the infinitesimal, which of necessity was to be regarded as a fixed quantity rather than as an auxiliary variable."(S. 51). Über die *Elemente* von Euklid schreibt Boyer, dass sie „show an uninteresting inflexibility of rigor" (48). Siehe auch seine Bemerkung zu zentralen Begriffen des Calculus wie Kontinuität, Limite, und unendliche Mengen „to which the Greeks had not risen and to which they were in fact never to rise" (S. 250).

die keine unüberschreitbaren Grenzen mehr anerkennt und die Idee des aktual Unendlichen annimmt bzw. die Idee des geschlossenen Kosmos hinter sich lässt, wird der Weg für moderne Formen von Mathematik wie den Calculus eröffnet.

Es ist weiter schon oft darauf hingewiesen worden, dass die moderne mathematische Naturwissenschaft ihren sozialen Nährboden in dem rechnenden und wägenden Bürgertum gehabt hat[447], das eine völlig andere Denkart als die qualitativ denkende Geistlichkeit und der Adel praktiziert. Und um es dabei bewenden zu lassen: Während die Aufklärung in Kategorien des Allgemeinen, Typischen und Normalen denkt und deshalb keine Antenne für das Besondere und Einmalige hat, entwickelt die Romantik mit ihrer Sensibilität für das Besondere, Einmalige und Außergewöhnliche einen Blick für das Spezielle der verschiedenen Sprachen, Kulturen und Personen. Auf diese Weise wird sie der kulturelle Boden, auf dem die Geschichts- , Sprach- und Kulturwissenschaft, die Pädagogik, die Tiefenpsychologie u.a. zur Entwicklung kommen können.

Gesellschaften sind sich für gewöhnlich ihrer Scheuklappen und Blockaden nicht bewusst. Deshalb, sollten wir es schon zu einer vermeintlichen Theorie von allem bringen (quod non), wer garantiert uns dann, dass wir unsere sozial-kulturelle Kurzsichtigkeit abgelegt haben? Und wenn wir schon ein gewisses Bewusstsein davon hätten, dass in unseren Theorien Dimensionen verschwiegen worden sind, dann könnten sie sich immer noch als ungreifbar erweisen, weil eingewurzelte Denkweisen, die unseren Gesellschaftstypus spiegeln, uns hindern, dafür adäquate Erkenntnismittel zu entwickeln. Ich denke, dass in der heutigen Situation die sogenannten paranormalen Erscheinungen dazu ein anschauliches Beispiel bieten, die einerseits zu gut bezeugt sind um sie kollektiv ins Reich der Fabel zu verweisen, aber von denen es anderseits nicht gelingen will, darüber auf befriedigende Weise Rechenschaft abzulegen.

Ein mehrfacher Erfahrungs- und Rationalitätsbegriff

Soweit eine etwas weiter ausgesponnene erkenntnistheoretische Betrachtung, weshalb die Idee einer realisierbaren Theorie von allem nicht mit dem Bild einer dynamischen, kreativen und nach der Zukunft hin offenen Natur in Übereinstimmung zu bringen ist. Um nun zur Philosophie der Naturwissenschaft zurückzukehren, ein in diesem Kontext aufgekommener Gedankengang passt gut zum Tenor des oben Gesagten. Ich denke dann an eine der schönsten Parabeln der Wissen-

---

447 Siehe dazu z.B. B. Groethuysen, *Die Entstehung der bürgerlichen Welt- und Lebensanschauung in Frankreich*, 2 Bde, Halle/Saale 1927/1930; und H. Floris Cohen, *The Scientific Revolution. A Historiographical Inquiry*, Chicago 1994, Kap. 5, S. 308-377.

schaftstheorie des zwanzigsten Jahrhunderts, und zwar die vom Ichthyologen (Fischkundigen), die von dem englischen Astrophysiker und Philosophen der Naturwissenschaft Sir Arthur Eddington stammt. Eddington vergleicht in dieser Parabel den Naturwissenschaftler mit einem Ichthyologen, einer Person also, die das Leben in den Meeren erforscht. Dazu wirft er sein Netz aus, dessen Maschen fünf Zentimeter groß sind, holt es wieder ein und untersucht seinen Fang auf die ihm gewohnte Weise. Nach vielen Fängen glaubt er auf ein fundamentales Gesetz der Fischkunde schließen zu können, und zwar, dass alle Fische größer als fünf Zentimeter sind. Er betrachtet diese Aussage als ein fundamentales Gesetz, weil sie bei jedem Fang ohne Ausnahme von Neuem bestätigt wird.

Ein Zuschauer wirft ein, dass dieses Gesetz alles mit der Größe der Maschen des Netzes, nämlich fünf Zentimeter, zu tun haben könnte. Darauf antwortet der Ichthyologe, nicht im mindesten aus der Fassung gebracht: „Was ich mit meinem Netz nicht fangen kann, liegt prinzipiell außerhalb des Feldes fischkundiger Kenntnis. Es hat keine Verbindung mit Objekten, wie sie in der Ichthyologie als Fische definiert worden sind. Für mich als Ichthyologen gilt: was ich mit meinen Netzen nicht fangen kann, ist kein Fisch.“ Hier wird also die Wirklichkeit an die Definition angepasst, anstatt anders herum.

Was Eddington selbstverständlich meint, ist: was wir zu sehen bekommen, hängt in hohem Maße von unserer Sichtweise und dem dabei verwendeten kategorialen Schema ab. Dieses macht die Dinge greifbar, aber zugleich auch ungreifbar, wenn sie nämlich nicht mit jenem kategorialen Schema korrespondieren. Der Zuschauer betrachtet die vom Fischkundigen verwendete Bedingung von Fangbarkeit in *seinem* Netz als eine unzulässige subjektive Verschmälerung der Realität, und mit Recht. Er verneint nicht, dass der Ichthyologe Wirklichkeit ‚fängt‘, wohl aber, dass dies *alle* Wirklichkeit, das ganze Spektrum der in den Meeren lebenden Fische ist.

Eddingtons Punkt ist, auf die prinzipielle Beschränktheit alles wissenschaftlichen Erkennens hinzuweisen. Das bedeutet, dass Phänomene, die für die heute gebrauchten Netze non-existent sind, das morgen beim Gebrauch anderer Netze nicht zu sein brauchen. Es können m.a.W. ganze Gruppen von Erscheinungen oder Dimensionen derselben übersehen worden sein. Eine andere Konsequenz, die man mit der Fabel verbinden kann, ist, dass verschiedenartig geknüpfte Netze verschiedene Arten von Phänomenen ans Licht bringen können, ohne dass es dazwischen Gegensätze geben muss. Es gibt, anders gesagt, ganz verschiedene Zugänge zu ‚derselben‘ Wirklichkeit, je nach dem Gesichtswinkel, von dem aus verschiedene Disziplinen die Phänomene angehen. Befinden wir uns soweit noch im Bereich der Wissenschaften, daneben kann noch eine dritte Folgerung aus der Parabel abgeleitet werden, und zwar dass nichtwissenschaftliche Zugänge zur Wirklichkeit im

Prinzip ihr Recht zurückerhalten, wie die alltägliche Erfahrung und Praxis und auch die Kunst, die Moral, die Religion, der Mythos und die mystische Erfahrung – selbstverständlich unter der Bedingung, dass sie sich als valide Formen von Einsicht ausweisen können.

Wir sehen, dass alle diese Konsequenzen in der Philosophie des zwanzigsten Jahrhunderts auch tatsächlich gezogen werden. Der erste Punkt, dass innerhalb einer und derselben Wissenschaft anders geknüpfte Netze eine andere Sicht der betreffenden Erscheinungen eröffnen kann, liegt in der von Thomas Kuhn in seinem Buch *The Structure of Scientific Revolutions* (1962) eingeführten These beschlossen, dass alle wissenschaftliche Erkenntnis paradigmagebunden ist. Eine Illustration des zweiten Punktes ist in der Nachfolge Diltheys die Aufteilung der wissenschaftlichen Landschaft in Natur- und Geisteswissenschaften, jede mit ihrer eigenen spezifischen Methode (des Erklärens bzw. des Verstehens). Aber die Bewegung weg vom Methodenmonismus, wie er noch bis zum Anfang des zwanzigsten Jahrhunderts (und z.T. auch danach noch) verteidigt worden ist, ist bei diesem Dualismus nicht stehen geblieben, sondern in die Richtung eines Methodenpluralismus weiter gegangen. Und was den dritten Punkt betrifft, thematisierte die Existenzphilosophie die durchlebte innere Erfahrung. Ferner wurde vom späten Wittgenstein die Rehabilitierung der alltäglichen, ‚gewöhnlichen‘ Sprache gegenüber der Dominanz der wissenschaftlichen Sprache eingeleitet, die dann von der sogenannten ‚ordinary language philosophy‘ fortgesetzt wurde. Eine Parallelbewegung zeigt sich in der Phänomenologie, wo das Thema der ‚Lebenswelt‘ eine zentrale Position (zurück)erhält. Und, um es dabei bewenden zu lassen, in Cassirers monumentalem Werk *Die Philosophie der symbolischen Formen* werden neben der Wissenschaft nun auch die Sprache, der Mythos, die Religion, die Geschichte und die Kunst zu eigenständigen Formen der Wirklichkeitskonstitution. Sie repräsentieren m.a.W. nicht zurückführbare Formen von Wirklichkeitserfahrung. Mit jeder dieser Dimensionen korrespondiert dann eine eigene Erkenntnisweise, ein eigener Rationalitätsmodus also. Die Idee ist, kurzum, wiederum, dass sich die Wirklichkeit nicht auf eine einzige Weise, mit Hilfe einer Methode oder Erkenntnisweise, erschließen lässt, sondern nur auf vielfachem Weg. Die Philosophie des zwanzigsten Jahrhunderts zeigt so das Bild einer Entwicklung von einem uniformen nach einem mehrfachen Rationalitätskonzept und dementsprechend von einem ein- nach einem mehrdimensionalen Wirklichkeitsbild[448]. Auf die Frage, was das für das Thema dieses Buches, das Sichauskristallisieren eines neuen Naturbildes, bedeutet, komme ich im letzten Kapitel zurück.

---

[448] Diese Einsicht in die Pluralität des Rationalitätsbegriffs, in Verbindung mit der Tatsache, dass alle Wissenschaften regiogebunden sind, liefert noch wieder ein Argument gegen die Möglichkeit einer Theorie von allem.

Erkenntnistheoretische Probleme im Zusammenhang mit der neuen Naturkonzeption

Wie am Anfang dieses Kapitels gesagt wurde, gehört zu jeder Wirklichkeitsauffassung ('Ontologie') ein (mindestens impliziter) Erkenntnisbegriff. Zugleich beinhaltet das, dass jedes Wirklichkeits- oder Naturbild seine eigenen spezifischen Probleme mit sich führt. Das ist im Fall der in diesem Buch vertretenen Idee einer offenen, dynamischen, mehrfach geschichteten und qualitativ pluriformen Natur dann nicht anders. Auch diese beinhaltet ein seriöses erkenntnistheoretisches Problem. Wir sind nämlich auf unserer Reise durch dieses Buch einer Reihe von Fällen begegnet, in denen das menschliche Vorstellungsvermögen überfordert worden ist. Um einige zu nennen: Einstein brach mit der für die alltägliche Anschaulichkeit auf der Hand liegenden Idee einer für jeden Beobachter identischen Zeit. Anders ausgedrückt: mit der Idee, dass es sozusagen eine große Uhr für das Universum als Ganzes gibt, auf die man nur zu blicken braucht, um die Gleichzeitigkeit von Ereignissen festzustellen[449]. Dem stellte er den der gewohnten Vorstellung zuwider laufenden Gedanken gegenüber, dass die Zeit eines bewegenden Systems einem sich in Ruhe befindlichen Beobachter zufolge träger verläuft, und dies um so mehr, je nachdem sich jenes System im Hinblick auf den stillstehenden Beobachter schneller bewegt (die sogenannte Zeitdilatation).

Wie kontraintuitiv dieser Gedanke ist, geht aus dem sogenannten Uhrenparadox hervor. Im Jahre 1911 leitete Einstein eine überraschende Vorhersage aus seiner (speziellen) Relativitätstheorie ab. Er schrieb nämlich, es sei denkbar, dass zwei Personen auseinander gehen, wobei einer mit einer im Vergleich mit dem Anderen großen Geschwindigkeit einen Raumflug macht, und sie sich später wieder begegnen, um zu bemerken, dass dieser Andere inzwischen viel älter geworden ist als der Raumfahrer. Dieses Szenario ist als das Zwillingsparadox bekannt geworden. Whitrow bemerkt dazu: „Die normale Reaktion des gesunden Menschenverstandes ist, dass Einsteins Behauptung genau so fabelhaft ist wie die Geschichte des Mönchs, der in den Wald hineinging, hörte, wie ein Vogel zu singen anfing, während einiger Triller verzückt zuhörte und danach als Fremdling am Tor seines Klosters zurückkehrte, denn er war fünfzig Jahre abwesend gewesen und von seinen Kameraden lebte nur noch ein einziger, der ihn erkennen konnte."[450] Eine der

---

[449] Man denke nochmals an die hervorragende Intelligenz von Laplace, die mit einem Blick alles Geschehen im Universum überschauen und von daher alle Ereignisse in Vergangenheit und Zukunft zurück- und vorhersagen kann.

[450] G.J. Whitrow, *The Natural Philosophy of Time*, Clarendon, Oxford 1980[2], 261 Anm.

Sachen, die bei unseren alltäglichen Intuitionen im Spiel sind, ist selbstverständlich die implizite Voraussetzung, es gäbe so etwas wie eine absolute Zeit.

Von der alltäglichen Erfahrung aus ist es ebenso wenig glaubhaft wie die obigen Ideen, wenn die Relativitätstheorie behauptet, dass schnell bewegende Körper für den externen ruhenden Beobachter eine räumliche Verkürzung erfahren, oder dass die Masse derselben mit der Geschwindigkeit zunimmt. In derselben Weise war Einsteins Idee kontraintuitiv, dass die Lichtgeschwindigkeit immer konstant ist, unabhängig von demjenigen, der die Geschwindigkeit misst und von der Art und Weise, wie sich die Lichtquelle und der Beobachter in Hinsicht auf einander bewegen. Und nicht weniger fremd für die alltägliche Vorstellungsweise ist die Verwerfung des Äthers als Substrat von Licht- und anderen elektromagnetischen Wellen. Bewegen sich Wellen nicht in einem Medium, wie Schallwellen die Luft als Trägerin voraussetzen und Wasserwellen das Wasser?

Einen noch beträchtlich größeren Bruch mit der Vorstellungsweise des ‚gesunden Menschenverstandes‘ bedeuteten dann Ideen in der Sphäre der Quantenphysik: dass sich Licht und sogar Materie sowohl in der Gestalt von Teilchen wie von Wellen zeigen können. Aber dass die Teilchen dann kaum noch als Teilchen im gangbaren Sinn aufgefasst werden können – Atome (und schon gar z.B. Elektronen) sind eben keine Dinge, wie Bohr und Heisenberg immer zu sagen pflegten. Aus diesem Grund vertreten viele Physiker – exemplarisch dafür ist die sogenannte Kopenhagener Deutung der Quantenphysik – eine rein konstruktivistische und operationale Auffassung ihrer Disziplin: die Begriffe und theoretischen Aussagen verweisen ihrer Ansicht nach nicht auf eine korrespondierende Wirklichkeit, sondern sind nur Mittel, Beobachtungen vorauszusagen. M.a.W.: man soll es aufgeben, sich noch eine Vorstellung der Prozesse als solcher zu machen und soll nur noch Berechnungen anstellen: „Shut up and calculate", wie ein geflügelter Ausdruck in dem Kontext lautet. In einem früheren Kapitel haben wir den Physiker Paul Davies in einer eingeschobenen spontanen Gefühlsäußerung auch schon sagen hören, er sei mit Mühe und Not zu der Einsicht gelangt, dass wer moderne Physik betreiben will, seinen gesunden Menschenverstand zuhause lassen müsse. Wir können nun einmal nicht alles, was es gibt, begreifen und sollten auch nicht länger versuchen, das zu tun – so schließt er dieses Stückchen Selbstbesinnung ab. Wohl am drastischsten hat Eddington diese Einsicht in Worte gekleidet, ich habe sie auch als Motto dieses Buches gewählt: „Das Universum ist nicht nur fremder als wir es uns vorstellen, es ist fremder als wir es uns vorstellen können."

Noch ein Beispiel aus den vielen, die zu geben wären, dass unsere alltäglichen Intuitionen und Kategorien offenbar zweifelhafte Führer bei unseren Versuchen sind, die Natur zu verstehen, ja uns regelmäßig auf eine falsche Spur bringen. Im Kapitel über die Bewusstseinsphänomene habe ich die Passage aus dem Buch von Denis Noble *The Music of Life* angeführt, in der er über seine Versuche, die für den Herzrhythmus verantwortlichen Prozesse zu enträtseln, berichtet. Er erzählt dort, wie erwähnt, dass ihm die Frage vorgelegt wird, wo denn der den Herzrhythmus antreibende ‚Aktor' ist. Und wie er auf diese ganz vernünftig klingende Frage die Antwort schuldig bleiben muss. Aber wie es ihm allmählich dämmert, dass es, dem Anschein der scheinbaren Vernünftigkeit zum Trotz, eine ‚silly question' ist. Der Grund ist, dass dieser Rhythmus, im Gegensatz zu dem, was eine reduktionistische Denkweise will, keine ‚aufwärts' (bottom-up) verursachte und auf die Weise eines Baukastens vorstellbare Angelegenheit ist, sondern ein Systemmerkmal. Offenbar kann ein System, sofern es auf eine bestimmte Weise organisiert ist, als Ganzes eine bestimmte Funktionsweise zeigen, ohne dass nach einem separaten antreibenden Faktor gesucht zu werden braucht. Das war in der Tat die Folgerung, die ich damit für die Bewusstseinserscheinungen verband: dass es dann einer Seele als gesonderter Entität und Trägerin der psychischen Erscheinungen nicht mehr bedarf. Aber die Verbreitung des Glaubens an eine solche selbständige Seele zeigt schon, wie naheliegend von der alltäglichen Denkweise aus gesehen eine derartige Vorstellung ist. Nicht anders war das übrigens bei den Lebenserscheinungen der Fall, wo ebenfalls die Idee einer selbständigen Lebenskraft ein intuitiv ansprechender Gedanke war, wenn auf physikalischem und chemischem Weg keine Erklärung für spezifische Merkmale des Lebens gegeben werden konnte und für dieses ‚Mehr' eine Lösung gesucht werden musste.

Wohl selten ist die Diskrepanz zwischen unserer alltäglichen Erfahrung der Wirklichkeit und der wissenschaftlichen Auffassung dieser ‚gleichen' Wirklichkeit so plastisch dargestellt worden als von Arthur Eddington in seinem berühmten ‚Gleichnis von den zwei Schreibtischen'[451]. Der eine Tisch ist derjenige der alltäglichen Erfahrung, ein massives Ding, das nicht nachgibt, auf das ich mich stützen und auf dem ich mein Schreibpapier ruhen lassen kann, das eine Quantität Raum ganz einnimmt, usw. Der andere Tisch ist der der Wissenschaft. Dessen Raum ist fast ganz leer. „Sparsam verbreitet in jener Leere sind zahlreiche elektrische Ladungen, die mit großer Geschwindigkeit herumschwirren; aber der gemeinsame Inhalt beläuft sich auf weniger als ein Milliardstel des Inhalts des Tisches selbst. Trotz der sonderbaren Konstruktion desselben (…) unterstützt er mein Schreibpapier ebenso zureichend wie Tisch 1."

Eddington fährt dann fort: „Ich brauche Ihnen nicht zu erzählen, dass die moderne Physik durch genaue Experimente und unerbittliche Logik mich dessen ver-

---

[451] Gifford Lectures 1927 an der Universität Edinburgh, veröffentlicht als *The Nature of the Physical World*, Macmillan, London 1928, 5f, Introduction (meine Übersetzung).

sichert hat, dass der zweite Tisch der einzig wirkliche ist (…)" Um dem sofort hinzuzufügen: „Ich brauche Ihnen anderseits nicht zu erzählen, dass es der modernen Physik nie gelingen wird, den ersten Tisch auszutreiben – das sonderbare Gefüge von äußerlicher Natur, geistiger Vorstellung und geerbtem Vorurteil, das sichtbar für meine Augen und tastbar für meinen Griff vor mir liegt. Wir müssen für den Moment davon Abschied nehmen, denn wir sind im Begriff, uns von der bekannten Welt zur wissenschaftlichen Welt, wie sie uns durch die Physik offenbart wird, zu wenden."

Die ‚Lebenswelt' als Brückenkopf unserer Wirklichkeitserkenntnis

Die alltägliche Anschaulichkeit bietet also einen unzuverlässigen Kompass für das Begreifen vieler Naturerscheinungen, stärker: sie lenkt uns oft auf die falsche Fährte und versperrt uns so eine adäquate Sicht jener Erscheinungen. Aber, und da liegt ein grundlegendes philosophisches Problem, mit dem wir hier konfrontiert werden: die alltägliche Erfahrung ist eben auch der Brückenkopf, den wir für unseren Kontakt mit und unsere Erkenntnis der Wirklichkeit haben. Sie ist einfach das Einzige, das wir in dieser Hinsicht haben, um das wir deshalb auch nicht herumkönnen. Die Möglichkeit dazu ist regelmäßig verteidigt worden, z.B. wenn man glaubte, die flauschige alltägliche Sprache durch eine exakte, wissenschaftlich geeichte Sprache ersetzen zu können (und demnach auch zu müssen) – in den Niederlanden war das in den Anfangsjahren des vorigen Jahrhunderts das Projekt der Bewegung der Signifika. Oder man hatte, parallel dazu, als Ideal die Ablösung der alltäglichen Wirklichkeitsauffassung durch eine wissenschaftliche Weltanschauung. Inzwischen ist wohl allgemein das Bewusstsein der Nichtrealisierbarkeit dieses und anderer vergleichbarer Projekte durchgedrungen, und das nicht nur aus praktischen, sondern vor allem auch aus prinzipiellen Gründen. Alle Kunstsprachen (denn das wäre eine solche nachgeeichte Sprache, ebenso wie die Sprachen aller Wissenschaften und anderer spezifischer Bereiche wie der Kunst oder des Rechts) haben als ihren Mutterboden oder ihre Metasprache die Alltagssprache. Und ebenso ruht jede spezifische Form von Erkenntnis auf der Grundlage der alltäglichen Erfahrung, welche der Ausdruck unseres primären Kontakts mit der Wirklichkeit ist.

Merleau-Ponty spricht in diesem Zusammenhang von einer präreflexiven Vertrautheit mit der uns umgebenden Wirklichkeit. Ausgangspunkt unserer Beziehung zur Welt ist in seiner Terminologie die Wahrnehmung (‚perception'), die eine Aktivität eines leiblichen Subjekts ist, das immer schon in die umgebende Wirklichkeit eingetaucht ist. Das Subjekt ist m.a.W. keine Entität, die erst sekundär zur Umgebung in Beziehung tritt, im Gegenteil, die Kommunikation mit ihr ist ein

Wesenszug desselben. Die Wahrnehmung als grundlegende Aktivität dieses ‚Leib-Subjekts‘, wie Merleau-Ponty es nennt, *ist* nämlich dieser intime Umgang mit dem Umgebenden. Nicht die objektivierende Aktivität von einer primären Haltung von Distanz gegenüber den Dingen aus ist also kennzeichnend für die Wahrnehmung, sondern eben eine partizipierende Haltung. Kurz gesagt: Partizipation, die der Distanz nehmenden Haltung vorausgeht, ist der Grundzug unserer Wahrnehmung: eine Art stiller Konversation mit den Dingen. Auf dieser Grundlage der partizipierenden Wahrnehmung ruht also jede Form einer mehr objektivierenden Beziehung zur Wirklichkeit. Oder nochmals: es gibt eine präreflexive und vorbegriffliche Urvertrautheit mit der uns umfassenden Wirklichkeit, die jeder diskursiven und reflexiv-bewussten Beziehung dazu vorangeht. So zeigt Merleau-Ponty z.B., dass unser Raumbegriff, wie ausgeklügelt er in einem Transformationsprozess in der Mathematik oder der mathematischen Naturwissenschaft auch geworden sein mag, letztlich auf die leibliche Erfahrung des Raumes, die wir seit unserer Babyzeit in der Wiege gemacht haben, zurückgeht.[452]

Neben dieses Beispiel der Herkunft unseres Raumbegriffs aus der präreflexiven ‚alltäglichen‘ Erfahrung könnten viele andere gestellt werden. So hat Hans Jonas, es war schon früher davon die Rede, meines Erachtens überzeugend gezeigt, dass ‚Kausalität‘ ursprünglich keine theoretische Idee ist, sondern der unmittelbaren Erfahrung eines Kraftaufwands entnommen ist, z.B. um einen schweren Gegenstand an eine andere Stelle zu versetzen. Nicht der zuschauende Verstand ist der Ursprung des Kausalbegriffs, wie sowohl Hume als auch Kant meinten – was auch der Grund ist, dass ihre ‚Lösungen‘ des Kausalproblems unzureichend waren. „Doch“, so schreibt Jonas, „eine unvoreingenommene Prüfung ergibt, dass nicht der reine Verstand, sondern nur das konkrete leibliche Leben, im Widerspiel seiner sich selbst fühlenden Kräfte mit der Welt, die Quelle der Kraft- und damit der Kausalitätsvorstellung sein kann. (…) Die Kausalität ist so nicht eine apriorische Grundlage der Erfahrung [wie Kant dachte], sondern selbst eine Grunderfahrung. Sie wird erworben in der *Anstrengung*, die ich aufwenden muss, um den Widerstand der Weltmaterie in meinem Tätigsein zu überwinden (…)"[453] Mit Merleau-Ponty erklärt Jonas also den Leib in seinem unmittelbar erlebten Umgang mit der Welt als den Ursprung des Kausalbegriffs. Und ebenso wie bei Merleau-Ponty geht die Partizipation der Objektivierung voraus. Anders gesagt: Kausalität ist primär ein Handlungsbegriff, eine Kategorie also der Teilnehmer- und nicht der Zuschauerperspektive, kurzum ein ‚Actum‘ und nicht ein ‚Datum‘.

---

[452] M. Merleau-Ponty, *Phénoménologie de la perception*, Gallimard, Paris 1945.

[453] Hans Jonas, *Das Prinzip Leben. Ansätze zu einer philosophischen Biologie*, Suhrkamp, Frankfurt a.M. 1997, S. 44; vgl. 54ff.

Noch ein Beispiel, um es dabei dann bewenden zu lassen: In seinem höchst interessanten und aktuellen Buch *Die fragwürdigen Grundlagen der Ökonomie. Eine philosophische Kritik der modernen Wirtschaftswissenschaften*[454] sagt Karl-Heinz Brodbeck, dass „Theorien *ungedachte* Begriffe voraussetzen." Er erläutert das am Beispiel 'Arbeit'. „'Arbeiten'", so schreibt er, „hat in fast allen europäischen Sprachen die Doppelbedeutung von gestalterischer Kraft (Werk) und Mühsal (Mühe, Leid). Die erste Bedeutung als kreative Kraft wurde im Mittelalter fast ausschließlich *Gott* als Schöpfer zugesprochen. Aus der Erfahrung der Arbeit in der zweiten Bedeutung entwickelte sich dagegen der abstrakte Terminus der 'Arbeitsleistung'." Darauf wurde mit der ökonomischen Revolutionierung des Arbeitsprozesses die menschliche Arbeit funktional in einen arbeitsteiligen Produktionsverlauf aufgenommen. Dieses bereitete seinerseits die Übernahme der Kategorie 'Arbeit' in die Physik vor und schuf den theoretischen Kunstbegriff 'physikalische Arbeit'. Das ging sogar so weit, dass der seinerzeit bekannte Philosoph Wilhelm Ostwald, der die Physik noch ganz mit der Mechanik gleichsetzte, von den 'Arbeits- oder physischen Wissenschaften' sprechen konnte. Und, so fährt Brodbeck fort, Ähnliches kann von den Begriffen 'Kraft', 'Leistung' u.a. gesagt werden. „Es handelt sich ursprünglich um Begriffe des alltäglichen Gebrauchs, die erst schrittweise eine *wissenschaftliche* Bedeutung erlangten. Da jede *theoretische* Sprache aber aus der *alltäglichen* Sprache übersetzt ist, bleibt die *Bedeutung* der theoretischen Begriffe auf das bezogen, was Husserl die 'Lebenswelt' nennt."[455]

Die 'Entanthropomorphisierung' unserer Erkenntnis der Wirklichkeit

Durch weitgehende Abstrahierung dieser und anderer wissenschaftlichen Begriffe in Bezug auf ihren Ursprung ist das Bewusstsein ihrer Herkunft nicht nur oft verloren gegangen, sondern muss darauf nun auch explizit verzichtet werden. So schreibt Michael Esfeld in seiner *Einführung in die Naturphilosophie*[456] hinsichtlich der „anthropomorphe(n) Sicht von Kausalität als Erzeugung (...), dass Kausalität in diesem Sinne in den Naturwissenschaften nicht auftritt. Die Naturwissenschaften setzen die Zustände von physikalischen Systemen untereinander in Beziehung. Sie enthalten aber nicht Begriffe wie den der Erzeugung." Und Bertrand Russell, der ganz von der modernen Wissenschaft aus denkt, geht sogar so weit, den Begriff 'Kraft' (von dem auch er annimmt, dass er der Empfindung des Sichanstrengens und des Aufbietens seiner Kraft entnommen ist) einen 'Irrtum' zu nennen. Deshalb

---

[454] WBG, Darmstadt 1998.
[455] *A.a.O.*, S. 7f.
[456] WBG, Darmstadt 2002, S. 75.

ist es seiner Ansicht nach notwendig, „den Begriff ‚Kraft‘, der eine Folge einer dem Tastsinn entliehenen irreführenden Vorstellung ist, aufzugeben"[457]. Soweit solche Termini sich jedoch nicht beseitigen lassen, ohne dass wir ‚sprachlos‘ werden, wird darin doch immer etwas wie ein Nachhall der Mutterbedeutung durchklingen.

Daraus ergibt sich, wie gesagt, inzwischen wohl ein beträchtliches Problem. Wenn wir letztlich nicht völlig außerhalb unserer Alltagserfahrung stehen können, wenn unsere unmittelbare, leiblich gefärbte Erfahrung letztlich der Ursprung all unserer Erkenntnis der Wirklichkeit ist, ist dann nicht eine Form von Anthropomorphismus[458] unvermeidlich? Hans Jonas hat ausdrücklich auf dieses Problem hingewiesen. Und von seiner Grundthese aus, dass all unsere Wirklichkeitserkenntnis letztlich an unserem unmittelbaren Umgang mit den Dingen gebunden ist, kann er nicht anders als die Frage vorsichtig in bejahendem Sinne zu beantworten. „Die Verpönung jeglichen Anthropomorphismus oder Zoomorphismus in Bezug auf die Natur (...) könnte sich in dieser extremen Form als ein Vorurteil herausstellen."[459] „Vielleicht", so fährt er fort, „ist in einem richtig verstandenen Sinne der Mensch doch das Maß aller Dinge, (...) durch das Paradigma seiner psychophysischen Totalität..."

Hier liegt also, wie man es auch dreht und wendet, das Zentrum unserer Bekanntheit mit den Dingen und die hier erworbene Erkenntnis bildet somit das Paradigma aller übrigen Erkenntnis. In dem Maße, wie wir uns von diesem Zentrum entfernen, dazu durch die Wirklichkeit gezwungen, entanthropomorphisieren wir die Erkenntnis und wird der Faden, der die Verbindung mit der Ausgangsposition bildet, immer dünner, ohne jedoch je abreißen zu können. Es ist daher unmöglich, alle Vorstellbarkeit aus der Wissenschaft bannen zu wollen, wie Davies faktisch vorstellt. Es würde bedeuten, dass die Wissenschaft fortan ohne Paradigma, das doch bei aller konkret geleisteten Arbeit ein leitendes Modell ist, auskommen müsste. Ein Modell aber beinhaltet immer eine Form von Vorstellbarkeit, ein ‚Bild‘, wie die Dinge in einem bestimmten Gebiet ‚gebaut‘ sind. Ich erinnere in diesem Zusammenhang auch nochmals an die (meines Erachtens richtige) Auffassung von Feyerabend, Maxwell und anderen, dass eine neue Theorie primär eine neue metaphysische Sicht enthält, die danach dann analytisch durchkomponiert wird.

Kurzum: einerseits ist der Ausgangspunkt unserer Erkenntnis die unmittelbare leibliche Erfahrung. Aber andererseits zwingt die Wirklichkeit uns, fortwährend Stücke des Anthropomorphismus zurückzunehmen und uns so von unserem Aus-

---

[457] Bertrand Russell, *The ABC of Relativity*, a.a.O. (Kap. 6., Anm. 16), S. 14f; vgl. 135f.
[458] Nicht in der buchstäblichen Bedeutung, dass alles menschförmig ist, wohl aber, dass er unsere alltägliche menschliche Erfahrung widerspiegelt.
[459] A.a.O.,S. 45.

gangspunkt zu entfernen. Namentlich ist das der Fall bei Wirklichkeitsbereichen, in denen Umstände herrschen, die stark von den auf Erden bestehenden abweichen (extreme Temperaturen, Geschwindigkeiten, Schwerkraftfelder usw.). Wenn dem so ist (siehe oben), dass unser direkter leiblicher Umgang mit den Dingen der archimedische Punkt unserer Erkenntnis ist, dann sind darin die Umstände einbezogen, unter denen wir Menschen die Gestalt und Seinsform angenommen haben, die wir faktisch haben. Die irdischen Zustände sind die Umgebung, auf die unsere körperlichen und mentalen Qualitäten und Vermögen abgestimmt worden sind. Wie Ronald Graham schreibt: unser Gehirn ist in der Evolution so gebildet worden, dass es uns Schutz suchen lässt, wenn es regnet, uns Beeren suchen lässt, wenn wir hungrig sind und uns fliehen lässt, wenn Gefahr droht. Aber es ist nicht programmiert worden, um große Zahlen und komplizierte mathematische Strukturen wie Dinge mit hunderttausend Dimensionen zu begreifen[460].

Die philosophische Erkenntnislehre steckt alles in allem in einer spannungsvollen Situation. Einerseits ist sie zur Einsicht gelangt, dass, wie gesagt, der objektivierende Blick nicht das erkenntnistheoretische Urphänomen ist, sondern dass die partizipierende leibliche Erfahrung der Distanz nehmenden Objektivierung vorangeht. Lange haben die Philosophie und die Wissenschaften über dieses grundlegende Datum hinweggeschaut, wohl weil es kein ‚Datum' im gewöhnlichen Sinne ist, sondern dem vorangeht und selbst nicht in den Blick fällt. Es bedeutet auch, dass wenn wir die Welt aus ‚Daten' aufbauen wollen, wir mit Erscheinungen der zweiten Stufe anfangen, aber die erkenntnistheoretischen Bedingungen dafür, und zwar dass es primär ‚Acta' waren, übersehen. Wir haben es hier mit horizonterweiternden Einsichten zu tun, wie sie von Phänomenologen wie Husserl (mit seiner Lebensweltphilosophie) und Merleau-Ponty und von Denkern wie Jonas und Plessner erworben worden sind.

Der Mensch, kurzum, ist in Bezug auf seine ganze Seinsweise, seine körperliche Ausstattung, seine Sinne und sein Vorstellungs- und Denkvermögen mit den auf Erden herrschenden Umständen verwoben – und sogar nur mit einer Selektion daraus: er kann keine Röntgenstrahlen oder Viren wahrnehmen, wie nützlich das

---

[460] Zitiert bei Cifford A. Pickover, *The Math Book*, Sterling, New York 2009. Im gleichen Sinn der prominente Molekularbiologe Gunther Stent, *Paradoxes of Progress*, Freeman, San Francisco 1978, 51f.: „This [intellectual limit to physics] devolves from the circumstance that the fundamental, and I suppose innate, human epistemological concepts, such as reality and causality, arise from a dialectic between the facts of life of our infantile environment and the genetically determined wiring diagram of our brain. Evolution selected this brain (and the bent for ontogenetic development of its innate epistemology) for the capacity to deal ‚succesfully' with superficial, everyday phenomena, but was not selected for handling such deeper problems as the nature of matter or of cosmos." Mit Schriftstellern wie Pierre Auger, J. Horgan u.a. zieht Stent aus der Tatsache der fortschreitenden Unanschaulichkeit der modernen Naturwissenschaft die Konsequenz, es sei ernsthaft damit zu rechnen, dass diese Wissenschaft zu einem Stillstand kommt.

für ihn auch wäre. Deshalb liegt es auf der Hand, dass er sich die ganze Wirklichkeit nach dem Vorbild der bekannten Dinge aus seiner Umgebung vorstellt. So konnte die Kategorie des Dinges oder der Substanz eine so zentrale Stellung in der Philosophie und Wissenschaft erlangen und wurde die Materie mit dem ‚Lehm' gleichgesetzt, den man anfassen kann, um mit Julian Barbour zu sprechen.

Der Fortschritt der wissenschaftlichen Forschung, das ist die Kehrseite dieser Geschichte, bedeutete dann, dass jene ‚Evidenzen' immer weiter zurückgedrängt werden. Wie weit man mit dem Verzicht darauf gehen soll, ist immer wieder Einsatz heftiger Diskussionen gewesen. Ich erinnere nochmals daran, dass Einstein gegenüber der Quantenphysik an einer Reihe von Axiomen der klassischen Physik festhielt, besonders auch weil sie an die alltägliche Erfahrung anschlossen. Auch in seinen berühmten Gedankenexperimenten spielt Vorstellbarkeit eine wichtige Rolle. So stellte er sich z.B. vor, auf einem Photon reiten zu können.

Die alltäglichen Evidenzen und Intuitionen preisgeben zu müssen, ist selten con amore gegangen, sondern ist eigentlich immer mühsam erzwungen worden. Allmählich sollte aber das allgemeine Bewusstsein davon durchdrungen sein, dass das menschliche Vorstellungs- und Denkvermögen seine deutlichen Beschränkungen hat. Nicht alle Dimensionen der Wirklichkeit sind uns m.a.W. auf dieselbe Weise zugänglich, manche vielleicht nur sehr teilweise und indirekt. Auch auf anderen Wegen als über eine Besinnung auf die Naturwissenschaften und die Naturerscheinungen selbst drängt sich uns diese Einsicht regelmäßig auf, wenn wir z.B. in den Höhlen des menschlichen Bewusstseins umherschweifen und wir die oft rätselhaften Phänomene, denen wir dort begegnen, zu sondieren versuchen – die Tiefenpsychologie, aber nicht weniger die Romanliteratur, Dostojewski z.B., liefern davon viele eindrucksvolle Beispiele.

Aber es geschieht doch wohl mit besonderem Nachdruck, dass die Naturwissenschaften uns mit den Beschränkungen des menschlichen Vorstellungs- und Denkvermögens konfrontieren. Auch aus diesem Grunde wäre es für die heutige Philosophie, die, wie ich im ersten Kapitel dargelegt habe, den Kontakt mit den Naturwissenschaften großenteils verloren hat, sehr nützlich, diesen Kontakt wiederherzustellen. Denn die Preisgabe alltäglicher Evidenzen und Vorstellungen geschieht, wie gesagt, für gewöhnlich keineswegs freiwillig, sondern von außen her erzwungen. Sie steht auch im diametralen Gegensatz zu fundamentalen Ideen des abendländischen Denkens, wie dem Prinzip des zureichenden Grundes und der (wenigstens idealiter) ‚Identität' von Denken und Sein. Aber auch wo diese Identität aufgegeben wird, wie bei Kant, wird die Vernunft doch für imstande erachtet, die eigenen Grenzen zu bestimmen und bleibt die Korrespondenzbeziehung von Denken und Sein intakt, indem dieses Sein als die Wirklichkeit der Erscheinungen bzw. die (von der Vernunft konstituierte) Erfahrungswelt verstanden wird.

Die Philosophie, kurzum, hat auch weiterhin daran festgehalten, die Wirklichkeit als solche in Kategorien der uns bekannten und zugänglichen Wirklichkeit zu denken. Im Zusammenhang des hier verfolgten Gedankengangs bekommt z.B. Husserls Devise ‚Zu den Sachen selbst‘ einen einigermaßen merkwürdigen Beiklang. Während es Husserls Absicht war, die Dinge wieder selbst, ohne verzerrende Beimischung unsererseits, sprechen zu lassen, können wir Menschen uns der Wirklichkeit nur öffnen mit Hilfe der Antennen, die wir haben, d.h. mit Hilfe der sinnlichen und intellektuellen Vermögen, über die wir nun einmal verfügen. Dass frühere Phasen der Philosophie (und Wissenschaft) sich Vorstellungen der Wirklichkeit machten, ausgehend von der Art und Weise, wie sie sich uns mehr unmittelbar zeigt, ist nicht im Geringsten verwunderlich. Das gilt sowieso für die prämoderne Philosophie der Griechen und des Mittelalters, aber ebenfalls für die Konzeptionen von Bruno, Spinoza, Leibniz und für die empiristischen und transzendentalphilosophischen Traditionen. Das Denken kann sich hier noch leidlich unbefangen an der uns umgebenden Wirklichkeit orientieren und voraussetzen, das Universum als Ganzes und in all seinen Gliedern sei auf die uns bekannte Weise gebaut und funktioniere dementsprechend – die Newtonsche Physik z.B. steht unverkennbar in diesem Zeichen.

Aber jetzt, da die Naturwissenschaften diese ‚naive‘ Haltung in einem oft peinlichen Prozess der Selbstkorrektur haben ablegen müssen, kann die Philosophie, wenn sie zeitgemäß und glaubwürdig bleiben will, nicht anders als sich immer wieder zu fragen, ob sie nicht in inzwischen überholten Auffassungen über die Erkennbarkeit der Dinge stecken geblieben ist. Nicht, dass damit die Erkennbarkeit als solche bezweifelt würde – in der hier vertretenen Anschauung besitzt die Wirklichkeit eine ideelle und damit erkennbare Dimension. Es könnten sogar, im Gegensatz zum totalen Zufallsdenken, Versionen des Prinzips eines guten (nur nicht zureichenden) Grundes vertretbar sein. Aber dann in einer erheblich bescheideneren Form als in der abendländischen Tradition gängig gewesen ist. Ich komme im Schlusskapitel nochmals auf dieses Thema zurück.

Kapitel 16: Abschließende Betrachtungen

Rehabilitierungen

Wenn wir auf die Geschichte der Menschheit, so weit wir sie überblicken können, zurückschauen, können wir, wie ich im ersten Kapitel dargelegt habe, ganz allgemein gesprochen drei Naturbilder unterscheiden, und zwar das prämodern-mythische, das klassisch-moderne und das sich zur Zeit auskristallisierende postklassische. Ich bin auf die prämoderne Sicht der Natur (die für den Großteil der Geschichte repräsentativ ist) aus zwei Gründen ausführlicher eingegangen: Erstens, um im Kontrast dazu eine bessere Einsicht in die spezifischen Merkmale der modernen Naturauffassung zu erhalten. Und zweitens, weil die postklassische Sicht der Natur interessanterweise eine gewisse Konvergenz mit der prämodernen Sichtweise aufweist. In dem Sinne kann von einer Rehabilitation von Aspekten der prämodernen Sicht der Wirklichkeit, die aus dem modernen Naturbild eliminiert worden waren, gesprochen werden – ich komme im Folgenden darauf zurück. Übrigens muss schon hier gesagt werden, dass wenn Dimensionen der Natur, für die im modernen Naturbild kein Platz war, wieder ernst genommen werden, dies doch nur eine partielle Rehabilitierung bedeutet und dass - was eigentlich selbstverständlich ist -, von einer reinen Restauration nicht die Rede sein kann. Die wieder zu Ehren gebrachten Dimensionen – zu denken ist dann z.B. an die Wert- und die ideelle Dimension – werden also die Grundzüge des neuen Wirklichkeitsbildes, zu dem sie gehören, bei sich tragen.

Die Umrisse des neu sich abzeichnenden Wirklichkeits- bzw. Naturbildes habe ich in den vorangehenden Kapiteln skizziert. Es ist, wie eher gesagt, das Bild einer dynamischen, kreativen, offenen und vielfältigen Natur, die immer aufs Neue ‚emergent' neue Typen von Phänomenen mit neuen Eigenschaften und Verhaltensweisen hervorbringt. Es bildet auf diese Weise den großen Gegensatz zum klassisch-modernen (‚Newtonschen' oder ‚mechanisierten') Weltbild, nach dem die Wirklichkeit einförmig, ‚platt' und passiv ist. Nicht an letzter Stelle war dieses Naturbild so problematisch, weil es für den Menschen (‚Zigeuner am Rand des Universums') keinen Platz hatte, ebenso wenig übrigens wie für all jene ‚immateriellen' Phänomene wie Leben, Bewusstsein, Sozialität, Kultur, Normativität und die ganze Sphäre von Erzeugnissen von Wissenschaft, Kunst, Spiritualität - und nicht zu vergessen die Philosophie selber. In dem Sinne war die klassisch-moderne Sicht der

Wirklichkeit durch eine radikale Entkoppelung von Realität und Idealität gekennzeichnet, war sie m.a.W. völlig entzaubert. Das alles ist in den vorangehenden Kapiteln ausführlich zur Sprache gekommen, braucht hier deswegen nicht nochmals wieder aufgenommen zu werden.

Auf der Suche nach Faktoren, die Licht auf die Hintergründe der Naturvergessenheit der heutigen Philosophie werfen können, habe ich im ersten Kapitel als einen dafür in Betracht kommenden Kandidaten die ‚Wende nach innen' oder zum Subjekt, die für große Teile der abendländischen Philosophie charakteristisch gewesen ist, genannt. Und gewiss ist damit ein Reichtum an Einsichten und Erfahrungen erschlossen worden. Man denke, um nur dies herauszugreifen, an Augustins Betrachtungen zur Zeiterfahrung, an Montaignes Reflexionen über die *condition humaine*, an Kants bohrende Überlegungen über die dunkle Rückseite der Freiheitsidee (und den damit zusammenhängenden menschlichen Hang zum Bösen), an Kierkegaards Erforschung der Subjektivität, an Bergsons über die Introspektion gewonnene Erfahrung der fortwährend fließenden Zeit, an Jaspers' Erhellung der existentiellen Erfahrungen und Grenzsituationen, an die Phänomenologie der menschlichen Stimmungen wie Ekstase, Angst, Ekel, Langeweile, usw.[461]

Aber diese lange Tradition tiefschürfender Untersuchungen konfrontierte den Menschen nicht nur auf immer neue Weisen mit sich selber. Es wurden auch neue Bereiche von Vorstellungen und Ideen erschlossen, wie in der Mathematik, der Musik, der Literatur und anderen Künsten, jeweils mit einer eigenen spezifischen ‚Logik' und eigenen Entwicklungsmöglichkeiten, die von immer neuen Generationen, auf einander fortbauend, erforscht wurden.

Diese Welten der innerlich durchlebten Erfahrung und des Ideellen sind in diesem Buch kein Gegenstand näherer Betrachtung gewesen. Dennoch ist in früheren Passagen schon mehrmals gesagt worden, dass auch diese Bereiche nicht außerhalb der Natur liegen, sondern in der Natur angelegte Potenzen repräsentieren. Die vorliegende Studie beschränkt sich also darauf, diese ‚Reiche' der Wirklichkeit zu positionieren und deren Vorbedingungen zu skizzieren. Z.B., wie sich spätestens mit dem Erscheinen des Lebens eine ‚Innenseite' der Dinge meldete, zusammenhängend mit den spezifischen Organisationsmustern auf diesem Niveau. Das heißt, spätestens mit dem Erscheinen des Lebens kann die Natur nicht mehr in Kategorien reiner Exteriorität und Passivität verstanden werden, wie es in der Newtonschen Optik der Fall ist. Leben bedeutet doch, wie Jonas und Portmann glaubwürdig gemacht haben, das Haben einer Innendimension oder Innerlichkeit.

---

[461] Siehe z.B. O. Fr. Bollnow, *Das Wesen der Stimmungen*. Klostermann, Frankfurt a.M. 1974⁴.

Es zeigt sich damit als ein ‚Selbst', das sich von sich her aktiv auf die Umgebung bezieht. Und nicht an letzter Stelle zeigt es sich als ‚Selbst' durch die Fähigkeit zur Selbstorganisation, zur Organisation der eigenen Daseinsweise von innen her. Diesem Vermögen zur Selbstorganisation waren wir übrigens schon auf dem präorganischen, physikalischen und chemischen Niveau begegnet. Auf der organischen Ebene manifestiert jenes Vermögen sich nur deutlicher und in der dem Leben zugehörigen Form.

Die Leiter der Natur hinaufsteigend äußert sich die Innendimension der Dinge dann als Bewusstsein, als Innerlichkeit, die nun auch innerlich erlebt wird. Bewusste Lebewesen *sind* dann nicht nur Subjekte, sondern sie erleben in ihren Wahrnehmungen und Gefühlen und in ihrem Streben nun auch ihr Subjektsein. Noch wieder weiter zeigt jedenfalls eine Reihe höherer Tierarten (unter denen der Mensch) Selbstbewusstsein, erfahren m.a.W. diese Wesen *sich selber* als Subjekte. Ich glaube, diese aufsteigende Reihe von Formen von Interiorität und Subjektivität als Ausdruck einer ideellen Dimension bzw. des ‚Geistcharakters' der Natur interpretieren zu können. Der ‚Geist' (Bewusstsein, Subjektivität, Selbstsein usw.) erscheint dann nicht nur im Medium der ‚Materie' als verkörperter Geist – selbstverständlich tut er das. Sondern umgekehrt besitzt ‚die Materie' bzw. der Körper auch eine geistige Dimension, und das um so mehr, je nachdem höhere Organisationsebenen erreicht werden. Hans Jonas hat im Hinblick hierauf einmal als ‚metaphysische Vermutung' ausgesprochen, die Materie sei ‚schlafender Geist'.[462]

Ein anderes Thema, das eher im Zusammenhang mit Leben und Subjektivität zur Sprache gekommen ist, bezieht sich auf Bedeutungen. Als erster hat meines Wissens Jakob von Uexküll auf diesen Zusammenhang hingewiesen, aber auch bei anderen Autoren wie Adolf Portmann, Nico Tinbergen, Frans de Waal und Clive Wynne sind ähnliche Stimmen vernehmbar. Tiere sind in dieser Optik keine passiven Objekte, die nur in der Form von Reflexen oder ‚Tropismen', rein mechanisch also, auf Reize reagieren. Anstatt als Reflexmaschinen erscheinen Tiere hier als Wesen, die in einer Welt voller Bedeutungen leben und sich in ihrer Wahrnehmung und ihrem Verhalten danach richten – kurzum als Subjekte in einer eigenen bedeutungsvollen ‚Umwelt'. Das Bedeutungsphänomen steht weiterhin, wie schon dargelegt, in einem unlöslichen Zusammenhang mit dem Bewusstsein, das doch wesentlich durch Intentionalität gekennzeichnet ist. Bzw., mit Searle zu sprechen,

---

[462] Hans Jonas in seinem schönen Aufsatz ‚Materie, Geist und Schöpfung', in: ders., *Philosophische Untersuchungen und metaphysische Vermutungen*, Insel, Frankfurt a.M. 1992, S. 234; vgl seine Aussage: „Materie ist Subjektivität von Anfang an in Latenz", S. 221. Hiermit vergleichbar hat C.F. von Weizsäcker mehrmals die Aussage von Schelling zitiert, dass „die Natur der Geist ist, der sich nicht als Geist kennt"; siehe Hattrup, *a.a.O.*, (Kap. 15, Anm. 4), S. 60. Übrigens geht das weiter als die von mir vertretene Position, dass die Natur nicht so sehr Geist ist, als wohl eine geistige oder ideelle Dimension besitzt.

ist das Bewusstsein seiner Natur nach semantisch. Selbst habe ich dies im Kapitel über das Bewusstsein als Argument für dessen eigenständigen und aktiven Charakter verwendet. Wenn das Bewusstsein nun, wie eher behauptet, ein natürliches Phänomen ist, gehören Bedeutungen gleichfalls zur natürlichen Wirklichkeit und widerspiegeln sie auf einem bestimmten Organisationsniveau die Struktur derselben. Auch hier ist also ein ‚Mehr' in Bezug auf eine Wirklichkeit reiner Exteriorität und Reaktivität im Spiel, das es meiner Ansicht nach rechtfertigt, von einer ideellen Dimension der Natur zu sprechen.

Kurzum, Innerlichkeit, Subjektivität, Bewusstsein, Selbstbewusstsein, Bedeutungen, sie gehören alle zur ‚fabric of reality' und zeigen sich unter für sie günstigen Umständen. Eine Naturphilosophie wie die hier vorgestellte schafft auf diese Weise in allgemeinem Sinn Raum für diese Wirklichkeitsbereiche, positioniert sie, aber überlässt es dann den Konzeptionen der Innerlichkeit somit den Künsten, Wissenschaften und Philosophien der verschiedenen Bereiche, um die Reichtümer, die sich darin auffinden lassen, ans Tageslicht zu bringen.

Eine ideelle Dimension der Natur

Ich führe das Thema einer ideellen Dimension der Natur, von dem oben die Rede war, noch einen Augenblick weiter. Ein Gedanke, der diese Auffassung unterstützt, ist die von Ian Stewart (und wie erwähnt vor ihm schon von Hermann Friedmann und Bernard Bavink) vorgebrachte Idee, dass es eine Mathematik der Form, eine ‚Morphomatik', geben müsse, wobei die genannten Autoren allererst an die organische Wirklichkeit denken, die doch wie keine andere durch ihre Form bestimmt wird. Wenn aber, wie ich glaube behaupten zu dürfen, alle Wirklichkeit primär durch ihre Struktur und ihr Organisationsmuster gekennzeichnet wird, dann könnte die Idee einer Morphomatik auch breiter, im Prinzip sogar für die ganze Wirklichkeit gelten. Das käme dann nochmals auf den Gedanken von Pythagoras und Platon heraus, dass die Wirklichkeit in ihrem Wesen mathematisch ist. Zwar könnte diese Mathematik, wie Stewart schreibt, nicht die statische Mathematik von Euklid und noch lange nachher sein, sondern müsste sie eine in begrifflicher Hinsicht flexible, einem dynamischen Universum entsprechende Mathematik sein.

Möglicherweise kehrt hier sogar in gewisser Weise die Auffassung eines ‚musikalischen' Universums zurück, jedenfalls in der Form, dass die Musik eine Widerspiegelung der Ordnung des Universums ist. Wie bekannt ist der Gedanke, dass Mathematik und Musik eine innere Affinität aufweisen, eine Idee, die ihre Spuren durch die ganze abendländische Kultur hindurch gezogen hat. Wenn demnach, so wurde gedacht, die Wirklichkeit eine mathematische Struktur besitzt, so müsse sich das auch auf musikalische Weise zum Ausdruck bringen, müsse sie eine ,Musik der Sphären' hervorbringen. In einem wahrhaft glänzenden Buch *The Music of the Spheres. Music, Science and the Natural Order of the Universe*[463] ist der Musikjournalist Jamie James diesem Gedanken von Pythagoras bis Xenakis und Schönberg nachgegangen. Die Intuition, dass es sich hier bei Mathematik und Musik nicht um eine zufällige und weiter nichtssagende Koinzidenz, sondern um eine ,Wahlverwandtschaft', eine innere Affinität, handelt, macht sich m.a.W. immer wieder geltend. Dies würde darauf hindeuten, dass auch in diesem Fall wieder von einer internen ,Logik' der Erscheinungen, die nicht auf eine Konstruktion oder Erfindung unsererseits zurückgeführt werden kann, die Rede ist.

Vielleicht lässt sich dies sogar zum immer wieder sich regenden Gedanken weiterführen, dass Eleganz und Schönheit ebenfalls nicht nur subjektive Sachen sind, sondern auf der Natur selber inhärente Ordnungsaspekte verweisen. Viele Wissenschaftler sind in der Tat der Ansicht, dass die Natur eine Vorliebe für Einfachheit und Sparsamkeit zeigt, und dass Schönheit und Eleganz deshalb als Kriterien des Wahrheitsgehalts ihrer Theorien betrachtet werden können. So ist von Hermann Weyl die Aussage bekannt: „In meiner Arbeit versuchte ich immer das Wahre und das Schöne zu vereinen. Und wenn ich zweifelte, wählte ich gewöhnlich für das Schöne."[464] Auf ähnliche Weise haben viele Wissenschaftler, wie Einstein, Bohr, Von Neumann, Dirac und Polanyi, um nur diese zu nennen, eine innere Verbindung zwischen der Wahrheit und Schönheit von Theorien gelegt, haben sie m.a.W. das Ästhetische als motivierend und normierend bei ihrer wissenschaftlichen Arbeit betrachtet.

Man erinnere sich dabei, dass Wahrheit, Güte und Schönheit, die sogenannten Transzendentalien, in der prämodernen Philosophie als objektive Eigenschaften der Wirklichkeit betrachtet wurden[465]. Schönheit bekäme im hier skizzierten Gedankengang also aufs Neue einen Adressaten in der Wirklichkeit, brächte etwas über die Art derselben zum Ausdruck. Und was die ,Güte' bzw. das Gute betrifft, die Bezeichnung des normativ Richtigen und Wertvollen, habe ich in einem früheren Kapitel untersucht, ob und wie Werte wieder ein Fundament in der Natur der

---

[463] Abacus, London 1995. Über die Zahlensymbolik in Bachs Kompositionen z. B. ist schon sehr viel geschrieben worden. Für eine rezente Publikation, siehe Valeria Zenowa, *Zahlenmystik in der Musik von Sofia Gubaidulina*, Studia slavica musicologica 21, Kuhn, Berlin 1996.

[464] H. Weyl, *Philosophy of Mathematics and Natural Sciences*, Princeton 1949, 155f. Siehe für eine ausführliche Behandlung des Themas Wil Derkse, *On Simplicity and Elegance. An Essay in Intellectual History*, Eburon, Delft 1992; S. Chandrasekhar, *Truth and Beauty. Aesthetics and Motivations in Science*, University of Chicago Press, Chicago/London 1987. Siehe auch das Zitat von Von Weizsäcker, Kap. 12, zu Anm. 31.

[465] Siehe dazu z.B. Brigitte Scheer, *Einführung in die philosophische Ästhetik*, WBG, Darmstadt 1997, S. 11, 19, 26 u.ö.

Dinge bekommen können. Was schließlich die ‚Wahrheit' bzw. die Intelligibilität betrifft, hat Einstein mehrmals als seine Meinung ausgesprochen, dass für ihn die Verständlichkeit der Wirklichkeit das Unverständlichste aller Dinge war, ein „ewiges Geheimnis" und ein „Wunder", wie er in einem Brief aus dem Jahr 1952 an seinen Jugendfreund Maurice Solovine schrieb. Wenn, wie es im Cartesischen (oder Newtonschen) Bezugsrahmen der Fall ist, Geist und Natur, bzw. Denken und Sein, völlig inkommensurable Größen sind, dann ist in der Tat die Verständlichkeit der materiellen Wirklichkeit ein tiefes Mysterium. Es ist eigentlich höchst verwunderlich, dass das selten oder nie als ein Problem erfahren worden ist, dass man die Erkennbarkeit der Natur einfach als ein Datum akzeptiert hat. Wenn aber von einer, wenn auch nur partiellen Verständlichkeit der Natur die Rede sein soll, so muss es zwischen ihr und dem Geist auf einigerlei Weise eine Verbindung geben. Was wiederum den Gedanken unterstützt, dass ‚Wahrheit' ein ‚fundamentum in re' haben muss, bzw. einen objektiven Aspekt der Wirklichkeit betreffen muss. Kurzum, auch in Bezug auf die Transzendentalien zeichnen sich gewisse Parallelen zwischen der prämodernen und der postklassischen Sicht der Natur ab. Und um noch eine Sache zu nennen, ich habe schon darauf hingewiesen, dass das sich neuerlich abzeichnende Bild einer vielschichtigen Natur, d.h. einer Leiter von Seinsformen mit immer komplexeren Organisationsmustern, eine deutliche Reminiszenz an die prämoderne ‚Great Chain of Being' aufruft.

Partielle Konvergenz

Dennoch, und das ist die andere Seite der Sache, ist die Konvergenz nur eine partielle. Ich habe eher gesagt, dass für das prämoderne Denken Realität und Idealität Kehrseiten derselben Medaille sind, was unter anderem beinhaltet, dass die Dinge ihre eigene Norm in sich tragen. Stärker noch: im prämodernen Bezugsrahmen wird die Realität aus dem Gesichtswinkel der Idealität gesehen, im Mythos unter dem Aspekt des Urtypus oder des Urgeschehens ‚in eo tempore', in der Philosophie unter dem Aspekt der Ideen (Platon), der Form (Aristoteles), des Logos (die Stoa), Gottes als des vollkommensten Seienden (die christliche mittelalterliche Theologie und Philosophie), des Geistes (Hegel), kurzum, unter dem Aspect der ‚Ewigkeit' oder der Vollendung. Das prämoderne Denken glaubt m.a.W. die Idealität und Ordnung der Welt bis auf den Grund durchschauen zu können, bzw. Wahrheit, Güte und Schönheit in unverschnittener Form erfassen zu können. Deshalb wird in dieser Optik die ‚Realität' im Sinne der Faktizität zu einer verschwindenden Restkategorie, die anfangs wohl da ist (oder anscheinend da ist), aber letztlich von der

Idealität verschlungen wird[466]. So dass letzten Endes sogar das Übel gerechtfertigt und in die Harmonie der Dinge aufgenommen ist.

Diesem Grundzug des prämodernen Denkens gegenüber habe ich die klassisch-moderne Sicht der Wirklichkeit als eine Entkoppelung von Realität und Idealität charakterisiert. Wenn Idealität in dieser Sichtweise noch ein Faktor ist, so nur in vermittelter, verkörperter Form, als Aspekt oder Dimension einer materiellen, organischen, psychischen, sozialen oder kulturellen Wirklichkeit. Auch hier wiederum, dies als Zwischenbemerkung, stoßen wir auf die Tatsache, dass die moderne Sicht der Dinge eine ‚Umkehrung der Welt‘ bedeutet. Im Vergleich mit der prämodernen Vorstellungsweise wird alles hier unter umgekehrtem Vorzeichen gelesen, und so auch Idealität aus dem Blickpunkt der Realität. Vermittlung, Kontextualität und Historizität werden im modernen Denken dermaßen beherrschend, dass die Idealität darin aufzugehen und nun ihrerseits zu einer Restkategorie zu werden droht. Kurz gesagt: für die klassische Philosophie gilt nur die Botschaft, in Bezug auf die das Medium nicht von Belang ist. Während beim modernen Denken die Botschaft immer weniger von der Einkleidung unterschieden wird: „The medium is the message." Die moderne Philosophie ist deshalb zum großen Teil eine Analyse des Mediums oder der medialen Strukturen geworden, der Form anstatt des Inhalts – man denke an die Logik, die Semiotik, die Sprachanalyse, das transzendental-pragmatische Verfahren bezüglich normativer Fragen u.a. Immer handelt es sich hier um die Bedingungen oder den Kontext, die für eine Sache bestimmend sind, beschränkt die Philosophie sich auf eine Art Propädeutik, kommt sie kaum noch dazu, sich mit Fragen inhaltlicher (metaphysischer, normativer usw.) Art zu befassen.

Einer der Gesichtspunkte, aus dem die Entwicklung der Philosophie des 20. Jahrhunderts betrachtet werden kann, ist der einer Rehabilitierung unberücksichtigter oder sogar verdrängter Dimensionen der Erfahrung. Diese Rehabilitierungen deuten auf das Bewusstsein hin, dass der Rückzug der Philosophie auf die Erforschung der medialen Strukturen keine adäquate Herangehensweise jener inhaltlichen Fragen ist. Fragen, wie solche, wie wir die Wirklichkeit um uns herum deuten sollen, was unsere Stellung im Schema der Dinge ist, was das Leben die Mühe wert macht, usw., lassen sich nicht unterdrücken. Die Philosophie wird sich damit inhaltlich befassen müssen. Die in der Philosophie (und Kultur) weit verbreitete Neigung, sich nicht an diese Art Fragen heranzuwagen, hängt m.E. mit der anti-ideellen Einstellung des Großteils des modernen Denkens zusammen.

---

[466] Zu denken ist z.B. an die ‚erste Materie‘ bei Aristoteles und den Scholastikern, das noch ungeformte Substrat aller Dinge, über das deshalb auch keine Aussagen gemacht werden können, Gegenstück der Form, welche die Dinge erst zu dem macht, was sie sind. Die ‚erste Materie‘ ist so eine Rest- oder Grenzkategorie.

Es ist übrigens unverkennbar, dass die moderne Kritik am naiven Idealismus der klassischen Philosophie in wichtigen Hinsichten richtig gewesen ist: sie öffnete die Augen für das Phänomen der Vermittlung, für die merkwürdige Verflochtenheit des Ideellen und Nichtideellen. Was sich jetzt abzeichnet ist, dass diese Kritik zu einem verschmälerten und dürftigen Wirklichkeits- und Selbstbild geführt hat, das der gesellschaftlichen Fehlentwicklung in Richtung einer einseitigen Dominanz bestimmter Sektoren der Gesellschaft, des sogenannten WTÖ-Komplexes, des Komplexes von Wissenschaft, Technologie und Ökonomie, stark Vorschub geleistet hat. Diese drei Sektoren stehen, jedenfalls in der gangbaren Interpretation, im instrumentellen Modus, die Ökonomie und Technologie sowieso, aber auch die Wissenschaft, wenn sie in operativem Sinn aufgefasst wird, als Mittel, Vorhersagen zu machen und für das Leben nützliche Anwendungen zu liefern.

Zweite Reflexion

Was wir demgegenüber brauchen, ist eine zweite Reflexion, welche die erste kritisiert und korrigiert und eine Rehabilitierung des Ideellen einleitet[467]. Die in diesem Buch entwickelte Naturphilosophie kann eine solche Rehabilitierung unterstützen. Nicht, wie gesagt, in der Form einer schlichten Rückkehr zu prämodernen Denkweisen, wobei die Welt aufs Neue als Erscheinungsweise des Ideellen gesehen wird, und Wahrheit, Güte, das Wesen der Dinge usw. unmittelbar, d.h. in unvermitteltem Zustand als greifbar erachtet werden. Wohl aber, indem, gestützt auf neuere Entwicklungen in den Natur- und Lebenswissenschaften, eine Alternative für eine Wirklichkeitsauffassung geboten wird, die für eine ideelle Dimension der Natur keine Antenne mehr besaß.

Vorhin habe ich Argumente für die Anerkennung einer solchen ideellen Dimension gegeben. Aber der gesamte Trend der hier vorgestellten Naturphilosophie geht in diese Richtung, indem das Leben mit seiner Innerlichkeit, das Bewusstsein mit seiner Bedeutungsdimension, indem Sozialität, Kultur und Moral, und Erzeugnisse von Kunst und Wissenschaft als Manifestationen einer in der Natur angelegten Ordnung betrachtet werden.

Diese Ordnung ist jedoch keine einfache Gegebenheit – das ist wohl eine der großen Unterschiede gegenüber der prämodernen Sicht der Wirklichkeit. Sie ist eine Ordnung, die immer im Werden (‚in the making') ist und, wie wir gesehen haben, sowohl aktiv von innen heraus bewerkstelligt wird (das Thema der Selbstor-

---

[467] Siehe dazu meinen Artikel 'On High and Low Styles in Philosophy. Or Towarts a Rehabilitation of the Ideal'. In: Diederik Aerts, Bart D'Hooghe and Nicole Note (eds.), *World Views, Science and Us. Redemarcating Knowledge and Its Social and Ethical Implications*. World Scientific Publishing Co. New Jersey etc. 2005, 123-145.

ganisation) als auch kontextabhängig ist. Stets haben wir es m.a.W. mit ‚derselben‘ Natur zu tun, die sich fortwährend auf andere Weise organisiert und sich damit in einer Vielheit verschiedener Seinsformen zeigt, die immer neue, in jener Natur liegende Dispositionen ans Licht bringen.

Die Frage (wir sind bei der Erörterung des Emergenzphänomens schon eher darauf gestoßen) wird dann, wie das zu denken ist: ‚Bestanden‘ jene Dispositionen schon immer? Gibt es, anders gesagt, auf einigerlei Weise eine eigenständige Welt geistiger Gestalten (‚Ideen‘), die im Laufe empirischer Prozesse gleichsam realisiert werden? In verschiedenen Zusammenhängen sehen wir immer wieder, dass auf solch eine platonisierende Auffassung zurückgegriffen wird, z.B. in der Mathematik, wo sich den Forschern immer aufs Neue die Überzeugung aufdrängt, dass mathematische Einsichten keine Angelegenheit des Erfindens, sondern des Findens, Entdeckens sind[468].

Im letzten Jahrhundert hat Popper eine ähnliche Auffassung mit Nachdruck vertreten, mit seiner Idee einer ‚dritten Welt‘ neben der ersten einer materiellen und der zweiten einer psychischen Wirklichkeit. Denn, so argumentiert Popper mit gutem Grund, ‚mentale Objekte‘ erschöpfen sich nicht in ihrem Gedachtwerden als einem empirischen psychischen Prozess. Im Gegenteil besitzen sie ihre eigene ‚Logik‘, die den faktischen Prozess normiert. Wenn z.B. Frege aus einem Brief von Russell schließt, dass in seinem Buch *Grundgesetze* ein innerer Widerspruch steckt, der von ihm eher nicht bemerkt worden war, so dass er seine Theorie für richtig halten konnte, so besaß seine Theorie in ‚objektivem‘ Sinn diese Inkonsistenz immer schon und wird sie, wenn das entdeckt wird, noch nachträglich revidiert werden müssen. Popper nimmt mit seiner (richtigen) Auffassung, dass mentale Entitäten nicht mit ihrem faktischen Gedachtwerden zusammenfallen, auf seine Weise die eher von Brentano, Husserl und anderen am Psychologismus geübte Kritik wieder auf. Von seinem wissenschaftstheoretischen Hintergrund aus entwickelt Popper seine Dritte-Welt-Idee primär im Hinblick auf wissenschaftliche Theorien

---

[468] Siehe R. Hersch & Ph. Davis, *The Mathematical Experience*, Houghton Mifflin, Boston/New York 1981, S. 321: „the typical mathematician is a Platonist on weekdays and a formalist on Sundays.“ Für Platonisten, so sagen Hersch und Davis, sind mathematische Objekte reell. Mathematische Aussagen verweisen nach objektiven Tatsachen, „quite independent of our knowledge of them.“ Der Mathematiker kann darum „not invent anything, because it is there already. All he can do is discover.“(S. 318) Sogar im Bereich der Technik, wo es sich doch um Erfinden, Entwerfen und Konstruieren handelt, finden sich ähnliche Ansichten. So schreibt Friedrich Dessauer, selber ein Techniker, der sich später auf die Philosophie der Technik verlegt hat, dass es für jedes technische Problem, rein technisch gesprochen, eine ideale Lösung, ‚a best one way‘, gibt. Was wir demnach in der Praxis sehen, so sagt er, ist dass die Reihe der Lösungen für ein Problem, es sei nun das Fahrrad, das Auto oder ein Medikament, nach einem bestimmten Punkt hin konvergiert. Er postuliert darum auf platonisierende Weise ein Reich von schon bestehenden idealen Lösungsgestalten für jeden technischen Problemtypus. Kurzum, technische Lösungen werden von uns nicht willkürlich entworfen, sondern letztlich nur *gefunden*. Fr. Dessauer, *Philosophie der Technik*, Cohen, Bonn 1928, 19f, 50ff u.ö; und *Streit um die Technik*, Herder, Freiburg i.B., 1959, 79, 82ff.

und bezieht er seine Beispiele auch vorwiegend aus jenem Bereich. Aber sie gilt, wie er schreibt, ebenfalls für andere mentale ‚Objekte' wie Geschichten, Mythen, soziale Institutionen, Kunstwerke, und so könnten wir hinzufügen, politische, moralische und religiöse Ideen, kurzum für alle Erzeugnisse des menschlichen Geistes. M.a.W. besitzt alles im geistigen Bereich also seine eigene spezifische ‚Logik'.

Die Frage war, wie sich die sich selbst entwickelnde Ordnung der Natur näher denken lässt. Auf irgendeine Weise muss sie dispositionell in der Natur angelegt sein. Ein interessanter Gedanke in diesem Zusammenhang scheint mir David Bohms Idee einer ‚impliziten', ‚latenten' oder ‚eingefalteten' Ordnung zu sein, die unter bestimmten Bedingungen realisiert oder ‚ausgefaltet' wird. Sie würde auch mit dem eher zur Sprache gebrachten Gedanken der Materie als ‚schlafendem Geist' von Hans Jonas übereinstimmen. Und überhaupt mit der in diesem Buch entwickelten Idee der Natur als Leiter von Seinsformen, die unter günstigen Umständen auf immer höheren Organisationsebenen ‚emergent' neue Qualitäten und Verhaltensweisen zeigt.

Dieser Gedankengang bedeutet jedoch, dass wir die ‚eingefaltete' Ordnung der Natur nie als solche zu sehen bekommen, sondern nur soweit sie ‚ausgefaltet' wird. Aber nicht nur in dieser ‚objektiven' Hinsicht ist die Ordnung der Natur uns nur (möglicherweise *sehr*) teilweise zugänglich. Auch in subjektiver Hinsicht, von uns Menschen als erkennenden Wesen aus, gilt etwas Entsprechendes. Im vorigen erkenntnistheoretischen Kapitel haben wir schon Anzeichen davon gesehen, dass in den Naturwissenschaften des letzten Jahrhunderts das menschliche Vorstellungsvermögen bei der Erforschung der Natur regelmäßig überfordert wurde. Anders ausgedrückt, das alltägliche Vorstellungsvermögen hat sich in dem Maße, wie wir tiefer in die Natur eindringen, nicht als ein zuverlässiger Kompass erwiesen. Ich habe schon eher den Seufzer von Paul Davies zitiert, dass wer moderne Physik betreiben will, gut beraten wäre, seinen gesunden Menschenverstand zuhause zu lassen, kurzum, dass man es aufgeben muss, zu versuchen, sich von den Prozessen auf der Mikroebene oder in der Sphäre des sehr Großen eine Vorstellung zu machen.

Behexung unseres Denkens durch den gesunden Menschenverstand?

Das alltägliche Vorstellungsvermögen oder der ‚gesunde Menschenverstand' ist aber, wie wir im vorigen Kapitel schon feststellten, kennzeichnend für die menschliche Seinsweise, wie sie im Evolutionsprozess Gestalt angenommen hat, funktional wie er ist in Bezug auf die Umstände, unter denen die menschliche Art sich entwickelt hat. Er entspricht m.a.W. diesen Umständen und diesem Sektor der Wirklichkeit. Wir hörten im vorigen Kapitel schon, wie der Mathematiker Ronald Graham sagte, dass in der Evolution das menschliche Gehirn auf direkt nützliche Sachen abgestimmt worden ist, aber nicht programmiert ist, um komplizierte wissenschaftlichen Strukturen zu verstehen. Demselben evolutionären Hintergrund schrieb Herbert Simon es zu, dass wir unheilbar kurzsichtig sind, auf die unmittelbare Umgebung eingestellt und ohne viel Gefühl für langfristige Entwicklungen[469]. Wittgenstein mag dann von einer Behexung unseres Verstandes durch die Sprache gesprochen haben, aber es scheint, dass es ebenso gut eine Behexung unseres Begreifens der Wirklichkeit durch den gesunden Menschenverstand und die alltägliche Vorstellbarkeit gibt.

Zugleich ist dieser Verstand mit seiner alltäglichen Erfahrung eben auch unser Brückenkopf in der Natur, das einzige Zugangstor zu ihr, das wir haben. Früher habe ich im Zusammenhang damit schon die Philosophie der Wahrnehmung von Merleau-Ponty zur Sprache gebracht. Er zeigt überzeugend, wie wir als leibliche Subjekte eben via die Leiblichkeit immer schon eine stille Konversation mit der uns umgebenden Wirklichkeit führen und wie die präreflexive Wahrnehmung der Mutterschoß aller weiteren Erfahrung ist. Wie z.B. unser Raumbegriff in unserem unmittelbaren leiblichen Umgang mit den Dingen um uns herum gewonnen ist, wie ausgepicht und abstrakt er nachher in der Mathematik und Naturwissenschaft auch werden mag. Ebenso kam schon Jonas' in dieselbe Richtung gehende Observation zur Sprache, dass der Kausalitätsbegriff letztlich auf das Erlebnis des Leistens einer Anstrengung zurückgeht. Kausalität ist in dieser Optik (mit Recht, meiner Meinung nach) also primär keine Vorstellung oder kein Begriff, kurzum kein *Datum*, wie z.B. Hume und Kant glauben, sondern ein *Aktum*, das dem handelnden Umgang mit den Dingen entnommen ist. Und diese Konnotation eines Zustandebringens haftet, in wie geschwächter Form auch immer, dem Kausalitätsbegriff auch weiterhin an. Wenn auch Michael Esfeld, wie schon erwähnt, in Bezug auf die „anthropomorphe Sicht von Kausalität als Erzeugung" schreibt, „dass Kausalität in diesem Sinne in den Naturwissenschaften nicht auftritt. Die Naturgesetze setzen die Zustände von physikalischen Systemen untereinander in Beziehung. Sie enthalten aber nicht Begriffe wie den der Erzeugung."[470]

Aber wenn unser ganzes Erfahren, Vorstellen und Denken unseren menschlichen Bau, unsere Geschichte und unsere Stellung inmitten der Dinge spiegelt, ist dies unheilbar anthropomorph – ich komme, wie im vorigen Kapitel angekündigt,

---

[469] Herbert Simon, 'Man and his Tools: Technology and the Human Condition', Duijker-lezing, Amsterdam 1981 (Intermediar bibliotheek), S. 4.

[470] Michael Esfeld, *Einführung in die Naturphilosophie*, WBG, Darmstadt 2002, S. 75. Von den modernen Naturwissenschaften aus gesehen schreibt Bertrand Russell sogar: „The law of causality (…) is a relic of a bygone age, surviving, like the monarchy, because it is eronneously supposed to do no harm." *Mysticism and Logic*, Unwin, London 1963 (1917¹), 132.

nochmals auf dieses Thema zurück. Und nicht nur, dass wir uns von diesem anthropomorphen Charakter nicht befreien können – ist es doch unser einziger ‚Standpunkt' (Ort, auf dem wir stehen) –, die Realität würde uns, wenn es schon möglich wäre, vollkommen fremd werden. Nicht zuletzt würden wir unkenntlich für uns selbst werden. Es ist das Argument von Spaemann und Löw gegen eine totale Entteleologisierung der Natur in der modernen Naturwissenschaft und Philosophie[471]. Wenn alle Erkenntnis sich auf unsere Selbsterfahrung als handelnde Wesen gründet, wie sie schreiben, ist sie konstitutiv für unser Verständnis der Dinge, gehört sie zu einer normalen, intakten und sinnvollen Beziehung zur Welt. Wenn darum, so Spaemann und Löw, im modernen Denken die Teleologie beseitigt wird, so bedeutet das zugleich eine Umkehrung aller Kategorien: Normalität wird vom abnormalen Fall aus gedeutet (wie z.B. bei Freud), das Leben vom Tode her, Sinn vom Unsinn aus, Wahrheit von der Unwahrheit aus [472]. Das Vertraute, kurzum, war nicht länger die Grundlage unseres Verständnisses der Wirklichkeit, sie wurde uns fremd, und nicht an letzter Stelle wir Menschen für uns selbst, weil alle aus der Selbsterfahrung stammenden Kategorien jetzt von quer dazu stehenden Kategorien umgedeutet wurden.

Die Kritik von Spaemann und Löw ist faktisch gegen die ganze klassisch-moderne Sicht der Wirklichkeit gerichtet. Aus einem ganz anderen Gesichtswinkel als dem, den ich in diesem Buch gewählt habe, zeigen sie die Unmöglichkeit eines Denkens, das ganz außer der alltäglichen Erfahrung stehen zu können glaubt und sich somit in allerhand Paradoxen verfängt, z.B., wie gesagt, dass Wahrheit eine Variante von Unwahrheit und Vernunft eine Variante von Unvernunft ist. Indirekt schließen sie sich auf diese Weise den Ideen von Merleau-Ponty und Jonas an. Und indirekt unterstützen sie die Argumentation in diesem Buche gegen den Reduktionismus in Bezug auf die Lebens- und Bewusstseinserscheinungen und überhaupt gegen eine Zurückführung von Phänomenen höherer Ordnung auf solche niederer Ordnung.

Die exzentrische Positionalität des Menschen

Aber – und in diesem Punkt bleiben Spaemann und Löw undeutlich –, bedeutet dies nun eine völlige Rehabilitierung des anthropomorphen Denkens? Davon kann,

---

[471] Robert Spaemann & Reinhard Löw, *Die Frage Wozu? Geschichte und Wiederentdeckung des teleologischen Denkens*, Piper, München/Zürich 1981.

[472] Man denke z.B. an Nietzsches bekannte Aussage: „Wahrheit ist die Art von Irrtum, ohne welche eine bestimmte Art von lebendigen Wesen nicht leben könnte. Der Wert für das Leben entscheidet zuletzt." Aus dem Nachlass der achtziger Jahre, *Werke in drei Bänden* (hg. von Karl Schlechta), Hanser, München 1956, Bd. III, S. 844.

angesichts unserer früheren Feststellung der Unzuverlässigkeit der alltäglichen Anschaulichkeit, nicht die Rede sein. Die Frage ist also wiederum: wenn unser Vorstellen und Denken unheilbar anthropomorph ist, wie wirklichkeitsgetreu ist es dann? Es scheint mir, dass Helmuth Plessners Idee der exzentrischen Positionalität des Menschen hier einen Fingerzeig geben kann[473]. Einerseits ist der Mensch dieser Auffassung zufolge ebenso wie die Tiere zentrisch strukturiert, *ist* er sein Körper und handelt er von dort aus. In diesem Sinne bestimmt diese Zentrizität in wichtigem Maße seine Seins-, Erfahrungs- und Denkweise. Aber durch seine Exzentrizität besitzt der Mensch das Vermögen, sich außerhalb seines Zentrums zu stellen, sich selbst gleichsam von außen her, mit den Augen anderer anzuschauen. (Ich lasse dahingestellt, ob vielleicht bei bestimmten höheren Tierarten auch Spuren von Exzentrizität wahrnehmbar sind.) Der Mensch *ist* auf diese Weise nicht nur sein Körper, sondern *hat* ihn auch, d.h., dass er ihn instrumentell einsetzen kann, mit ihm in dieser Hinsicht also nicht einfach zusammenfällt. Er lebt dann m.a.W. nicht auf direkte Weise von sich heraus, sondern kann Verhaltungsweisen *spielen*, kann, wie Plessner sagt, ein Rollenspieler sein. In dem Sinne hat der Mensch das Vermögen, seine zentrische Seinsweise und damit die alltägliche Anschaulichkeit zu übersteigen, Distanz zu sich selbst zu nehmen und für die Welt aufgeschlossen zu sein.

Dennoch sind diese Distanz und Offenheit nur beschränkt; denn die Zentrizität bleibt eine unumgängliche Gegebenheit der menschlichen Seinsweise. Er kann deshalb die direkte Gebundenheit an das Vertraute und das seinem Bau und seiner Funktionsweise entsprechende Eingestelltsein auf bestimmte Typen von Situationen zwar eine Strecke übersteigen. Aber in dem Maße, wie wir uns immer weiter von unserer ‚Lebenswelt‘ entfernen, lässt unser gewohntes Vorstellungs- und Denkvermögen uns immer mehr im Stich, wird kurzum die Wirklichkeit immer schwerer zugänglich und greifbar. Eddington hat diese Einsicht in der bereits zitierten Aussage in die Worte gefasst, dass das Universum nicht nur fremder ist als wir es uns vorstellen, sondern dass es fremder ist als wir es uns vorstellen *können*, eine sehr beherzigenswerte Aussage, die ich deshalb auch als Motto für dieses Buch gewählt habe.

---

[473] Siehe *Die Stufen des Organischen und der Mensch*, De Gruyter, Berlin/Leipzig 1928, 288ff; und *Die Frage nach der Conditio humana*, Suhrkamp, Frankfurt a.M. 1976.

Dimensionen im Hintergrund

Wir gelangen auf diese Weise zu der Schlussfolgerung, dass wir in einem reichen und tiefen Universum leben mit einer Verschiedenheit an Dimensionen, die uns nicht alle in demselben Maße zugänglich sind. Sensitive Personen, unter ihnen viele hervorragende Wissenschaftler, sind sich dessen immer bewusst gewesen. Sie haben m.a.W. die Empfindung gehabt, dass es Wirklichkeitsdimensionen gibt, die hinter dem Horizont der Wissenschaften und sogar unseres Denkens im Allgemeinen liegen. Ihrer Ansicht nach deuten die Wissenschaften selbst darauf hin. So schreibt Hermann Weyl: „Die heutige Wissenschaft, soweit ich mit ihr durch meine eigene wissenschaftliche Arbeit vertraut bin, die Mathematik und Physik, zeigen die Welt mehr und mehr als eine offene Welt, als eine Welt, die nicht geschlossen ist, sondern die über sich hinausweist. (…) Die Wissenschaft sieht sich durch die erkenntnistheoretische, die physikalische und die konstruktiv-mathematische Seite ihrer eigenen Methoden und Ergebnisse zugleich gezwungen, diese Lage anzuerkennen. Es muss hinzugefügt werden, dass die Wissenschaft nicht mehr tun kann, als diesen offenen Horizont aufzuzeigen; wir sollen nicht versuchen, durch Einbeziehung des transzendentalen Bereichs von neuem eine geschlossene (wenn auch umfassendere) Welt zu gestalten."

Ich entnehme dieses Zitat einem Aufsatz von Eddington, aufgenommen in einen vom Kernphysiker Hans-Peter Dürr herausgegebenen Sammelband mit dem bemerkenswerten Titel und besonders Untertitel *Physik und Transzendenz. Die großen Physiker unseres Jahrhunderts über ihre Begegnung mit dem Wunderbaren*[474]. In der Tat waren viele tonangebende Physiker (nicht alle) des vergangenen Jahrhunderts, wenn sie sich auf ihr physikalisches Handwerk besannen, klar durchdrungen vom ‚wunderbaren‘ und unergründlichen Charakter der Wirklichkeit, von der Tatsache also, dass diese eine Tiefe besitzt, die unser endliches Vorstellungs- und Denkvermögen (weit) übersteigt. So schreibt Erwin Schrödinger: „Ich bin verblüfft darüber, dass das wissenschaftliche Bild der wirklichen Welt so unvollkommen ist (…) Es kann nichts über Rot und Blau, Bitter und Süß, physischen Schmerz und physischen Genuss aussagen; es weiss nichts von Pracht oder Hässlichkeit, Gut oder Böse, Gott und Ewigkeit. Die Wissenschaft erhebt manchmal den Anspruch,

---

[474] Scherz Verlag, Bern 1986. Die Beiträge zu diesem Sammelband sind von David Bohm, Niels Bohr, Max Born, Arthur Eddington, Albert Einstein, Werner Heisenberg, James Jeans, Pascual Jordan, Wolfgang Pauli, Max Planck, Erwin Schrödinger und Carl Friedrich von Weizsäcker. Eddingtons Aufsatz hat als Titel ‚Naturwissenschaft auf neuen Bahnen‘, in Dürr, *a.a.O*, 121ff; Zitat auf S. 121. Es ist erwähnenswert, dass fast zugleich mit dem Buch von Dürr eine vergleichbare Anthologie beschaulicher Texte von großen Physikern des vorigen Jahrhunderts erschien: Ken Wilber (Hg.), *Quantum Questions. Mystical Writings of the World's Great Physicists*, Shambala, Boston/London 1985.

Antworten zu geben, aber die Antworten sind oft so töricht, dass wir nicht geneigt sind, sie ernst zu nehmen."[475] Und um Einstein zu zitieren: „Das Schönste, was wir erleben können, ist das Geheimnisvolle. Es ist das Grundgefühl, das an der Wiege von wahrer Kunst und Wissenschaft steht. Wer es nicht kennt und sich nicht mehr wundern, nicht mehr staunen kann, der ist sozusagen tot und sein Auge erloschen. Das Erlebnis des Geheimnisvollen (...) hat auch die Religion gezeugt. Das Wissen um die Existenz des für uns Undurchdringlichen, der Manifestationen tiefster Vernunft und leuchtendster Schönheit, die unserer Vernunft nur in ihren primitivsten Formen zugänglich sind, dies Wissen und Fühlen macht wahre Religiosität aus; in diesem Sinn und nur in diesem gehöre ich zu den tief religiösen Menschen."[476] Deshalb kann er auch schreiben: „Naturwissenschaft ohne Religion ist lahm [wenn ihr nämlich eine Antenne für das Mysteriöse fehlt], Religion ohne Naturwissenschaft ist blind."[477] Es scheint mir, dass etwas Ähnliches auch von dem Verhältnis von Naturwissenschaft und Philosophie gesagt werden kann, dass Naturwissenschaft ohne Philosophie, d.h. ohne Bewusstsein der grundlegenden Fragen dieser Disziplin, lahm ist, aber umgekehrt Philosophie ohne Naturwissenschaft blind. Deswegen habe ich diese Aussage als zweites Motto für dieses Buch gewählt.

Über jene hintergründigen Dimensionen kann, wenn schon, nur andeutungsweise, in Symbolen, Chiffren und Gleichnissen gesprochen werden. Jaspers' Metaphysik, d.h. seine Sicht der fundamentalsten Aspekte unserer Wirklichkeit, nimmt von dieser Einsicht aus die Form eines Lesens von Chiffren, der Geheimschrift der Wirklichkeit, an[478]. Und in analogem Sinn schreibt Heisenberg: „Nachdem nun dies alles gesagt ist, muss schließlich noch von der obersten Schicht der Wirklichkeit die Rede sein, in der sich der Blick öffnet für die Teile der Welt, über die nur im Gleichnis gesprochen werden kann. Man könnte auch eben ein Gleichnis hier an den Anfang stellen und von der Schicht der Wirklichkeit sprechen, die uns mit der Ewigkeit verbindet. Aber Gleichnisse sind hier noch nicht verständlich, und außerdem muss vorerst noch einmal rückschauend von der Stufenleiter [!] der Wirklichkeitsbereiche gesprochen werden, die mit dieser obersten Schicht ihren

---

[475] Siehe H.F. Schaeffer, *Scientists and their Gods*, http://leaderu.com/offices/schaeffer/docs/scientists.html.

[476] Albert Einstein, *Mein Weltbild*, Ullstein, Frankfurt a.M. 1956, S. 9f. Das Mysteriöse oder Wunderbare ist ein in der Philosophie- und Geistesgeschichte regelmäßig zurückkehrendes Thema. So stammt die Aussage von Thomas von Aquin, dass der Philosoph und der Dichter es beide mit dem Erstaunlichen (‚mirandum') zu tun haben (Kommentar zu Aristoteles' Metaphysik, I, 3, zitiert bei Josef Pieper, *Was heisst Philosophieren?*, Kösel, München 1967[6], S. 19). Vgl. Goethe zu Eckermann: „Das Höchste, wozu der Mensch gelangen kann, ist das Erstaunen." Und um es dabei bewenden zu lassen, Wislawa Szymborska schreibt: „Verwunderung ist die wichtigste Mission des Dichters."

[477] ‚Naturwissenschaft und Religion', in: Dürr, *a.a.O.*, S. 75.

[478] Siehe u.a. Karl Jaspers, *Philosophie*, Bd. III, ‚Metaphysik', Springer, Berlin 1956[3], passim; *Chiffren der Transzendenz*, Piper, München 1970.

Abschluss findet."[479] Man weiß m.a.W. erst, was es bedeutet, dass man nur noch in Gleichnissen sprechen kann, wenn man den ganzen Gang der ‚Stufenleiter‘ durchlaufen hat.

Jemand, der tief davon durchdrungen war, dass letztlich die Wirklichkeit Symbol- bzw. Gleichnischarakter besitzt, war Goethe. Es ist übrigens treffend, dies nebenher, dass mehrere Naturwissenschaftler, wenn sie sich auf ihre Disziplin besinnen, wichtige Inspiration aus Goethischem Gedankengut schöpfen[480]. Nicht um in der alltäglichen Praxis in der Weise Goethes zu Werk zu gehen, wohl aber, wenn es um Bilder und Metaphern für das Bewusstsein geht, dass die Wirklichkeit letzten Endes unerforschlich ist (das Wort ‚unerforschlich‘ ist ein von Goethe viel verwandter Terminus). Der uns zugängliche Vordergrund der Welt verweist in Goethes Optik nach einer dahinter liegenden Dimension, die nur in der Form von Symbolen auflichtet. „Alles Vergängliche ist nur ein Gleichnis", wie am Schluss des *Fausts* zu lesen steht. So dass er sogar zum Philologen Riemer, eine Zeit lang sein Hausgenosse, sagen kann, dass „alle [!] unsere Erkenntnis symbolisch ist". Das unnachspürbare Geheimnis der Wirklichkeit, so war Goethes Grundhaltung, können wir nicht anders als „ruhig verehren". Denn dass in den Prozessen der ewig schaffenden Natur sich das Göttliche zu erkennen gibt, war seine tiefe Überzeugung[481]. Deshalb kann er die Natur auch „der Gottheit lebendiges Kleid" nennen oder auch „Gottes Handschrift". Dies beinhaltet, dass, wenn schon in Kategorien des Göttlichen gesprochen wird, es eher immanent als transzendent gedacht werden muss. Was deutlich zum Ausdruck gebracht wird in den bekannten Verszeilen

> „Was wär’ ein Gott, der nur von außen stieße,
> Im Kreis das All am Finger laufen ließe!
> Ihm ziemt’s, die Welt im Innern zu bewegen (…)"

Ich schließe mit Goethes Gedicht ‚Parabase‘ ab, in dem er seine Sicht der Natur und seine Haltung ihr gegenüber auf poetische Weise zusammenfasst, einem Text

---

[479] W. Heisenberg, ‚Ordnung der Wirklichkeit‘, in: Dürr, *a.a.O.*, S 323.

[480] Siehe z.B. Werner Heisenberg, ‘Das Naturbild Goethes und die technisch-naturwissenschaftliche Welt‘, in: *Gesammelte Werke* (hgg. von W. Blum, H.-P. Dürr und H. Rechenberg), Bd. II, Piper, München 1984, 27-42; Eberhard Buchwald, *Naturschau mit Goethe*, Kohlhammer, Stuttgart 1960; C.F. von Weizsäcker, ‘Über einige Begriffe aus der Naturwissenschaft Goethes‘, in ders., *Die Tragweite der Wissenschaft*, Hirzel, Stuttgart 2006⁷, 222ff.

[481] Siehe z.B. den Anfang seines ‘Versuchs einer Witterungslehre‘: „Das Wahre, mit dem Göttlichen identisch, lässt sich niemals von uns direkt erkennen, wir schauen es nur im Abglanz, im Beispiel, im Symbol (…); wir werden es gewahr als unbegreifliches Leben und können dem Wunsch nicht entsagen, es dennoch zu begreifen." Zitiert bei Buchwald, *a.a.O.*, S. 75.
Siehe zum Thema, besonders zu Goethes ‘Pantheismus‘: Günter Niggl, *‚In allen Elementen Gottes Gegenwart‘. Religion in Goethes Dichtung*, WBG, Darmstadt 2010, 16ff, 33ff und passim.

übrigens, in dem eine Anzahl Motive anklingt, die mit Zügen des in diesem Buch vorgestellten Naturbildes übereinstimmen:

> „Freudig war, vor vielen Jahren,
> Eifrig so der Geist bestrebt,
> Zu erforschen, zu erfahren,
> Wie Natur im Schaffen lebt.
> Und es ist das ewig Eine,
> Das sich vielfach offenbart:
> Klein das Große, groß das Kleine,
> Alles nach der eignen Art;
> Immer wechselnd, fest sich haltend,
> Nah und fern und fern und nah,
> So gestaltend, umgestaltend –
> Zum Erstaunen bin ich da.“[482]

Zum Erstaunen bin ich da. Aber war Platon und Aristoteles zufolge das Erstaunen bzw. die Verwunderung nicht der Anfang der Philosophie? Die Natur gibt dazu jedenfalls allen Anlass.

---

[482] Johan Wolfgang Goethe, *Sämtliche Werke, Briefe, Tagebücher und Gespräche* (Hg. Karl Eibl), Bd. 2 (Gedichte 1800-1832), Deutscher Klassiker-Verlag, Berlin 1987, S. 495.